깐깐한 화장품 사용설명서

광고에 속지 말고 성분으로 선택하라!

깐깐한
화장품
사용설명서

리타 슈틴엔스 지음 · 신경완 옮김

전나무숲

화장품 회사들이 감춰온 비밀을 파헤칠 단 하나의 방법

제 책이 유럽에서 먼 여행을 떠나 한국에서 출판된다니 매우 기쁩니다. 더욱이 한국은 자연치료에 관한 상당한 지식이 축적된 위대한 문화적 전통을 지닌 나라입니다. 하지만 한국어판에 붙이는 이 서문을 쓰는 지금 안타깝게도 "석면 오염 의혹을 받는 한국 화장품(Korean Cosmetics suspected of asbestos contamination)"이라는 제목의 기사가 놀라움과 공포를 불러일으키고 있습니다. 일정한 길이를 가진 연쇄형 섬유 상태의 석면은 암을 유발합니다. 예를 들어 호흡기를 통해 흡입되면 강독성 물질이 되어 폐암을 유발합니다.

그런데 석면 오염 의혹을 받는 제품들 가운데 심지어 베이비파우더도 있어 더욱 놀라울 따름입니다. 유아용품들은 특히 주의를 기울여 세심하게 만들어야 합니다. 아이들 중에서도 어린 젖먹이들은 건강을 해치는 작은 자극에도 몇 배로 민감하게 반응합니다. 아기들의 피부는 어른들의 피부보다 약해서 유해 물질이 훨씬 더 잘 통과하기 때문입니다.

언론매체에서는 2009년 4월 9일 "한국은 1000종의 석면 함유 의약품을 회수한다"고 보도했습니다. 석면에 오염된 제품이 상품 진열대에 놓인 것은 누구의 책임일까요? 당국과 생산 업체는 시중에 유통하는 제품 안전에 책임을 져야 합니다. 소비자 보호를 위한 엄격한 규정이 있다면 적어도 이런 규정 위반에 대해 생산자들에게 책임을 물을 수 있습니다.

'리치 논쟁'과 화학물질에 관한 소비자 보호

화장품 함유 성분에 대해 경종을 울리는 소식들이 전 세계 주요 뉴스의 헤드라인을 연이어 장식하고 있습니다. 그러나 그 끝은 보이지 않습니다. 예나 지금이나 건강에 의심스러운 물질들을 많이 사용하기 때문입니다. 화장품에 배합되는 성분 중에 어떤 것은 허용하고 어떤 것은 허용하지 말아야 하는지는 몇십 년 전부터 계속 논란이 되고 있습니다. 화학물질과 소비자 보호라는 것이 얼마나 양립하기 어려운지는 유럽에서 3년 동안에 걸쳐 일어난 화학물질법을 둘러싼 논쟁에서 잘 드러났습니다. 이 법은 줄여서 '리치'(REACH : Registration, Evaluation, Authorisation and restriction of Chemicals—유럽연합 내 연간 1톤 이상 제조 또는 수입되는 모든 물질에 대해 위해성을 평가하여 사용을 제한하거나 안전한 물질로 대체하도록 하는 화학물질 관리제도)로 불립니다. 리치는 2006년 유럽의회가 제정해 2007년 7월 1일 발효되었습니다. 리치에 관한 논의가 이루어지고 있던 당시에 유럽에서 파악된 약 10만여 종의 화학물질 가운데 9만 5000가지가 전혀 연구되지 않았거나 연구가 불충분하다는 사실이 일반 대중들에게 알려졌습니다.

천연·유기농 물질이라면 다 믿을 수 있다?

화학 성분을 사용한 기존의 화학 화장품에 대한 의혹이 점차 커지면서 천연·유기농 화장품은 그야말로 엄청난 붐을 이루고 있습니다. 수많은 천연·유기농 화장품을 제조하는 업체들은 실제로 기존 화장품들과 근본적으로 다른 차원의 제품들을 내놓고 있습니다. 이들 업체들은 화장품에 어떤 물질은 들어가도 되고 어떤 것은 안 되는지를 규정하는 확고한 기본 원칙을 갖고 있습니다. 이런 제조철학은 소비자들에게는 매우 바람직한 일이라고 할 수 있습니다. 그렇지만 안타깝게도 '천연·유기농' 또는 '식물성'이라는 수식어로 치장된 화장품을 내놓는 제조사들을 모두 믿을 수는 없습니다. 일부의 비양심적인 회사들은 순진한 소비자들의 불안한 마음과 무지를 이용합니다.

석면에 오염된 베이비파우더의 재료로 사용된 탈크는 비록 천연 물질이지만 제조사들은 막중한 책임 의식을 가지고 다뤄야 한다는 사실을 극단적으로 보여주는 예입니다. 당국의 규정과 관리만으로는 충분하지 않습니다. 제조 회사들의 책임 의식이 가장 먼저 올바르게 자리를 잡아야 합니다. 많은 제조사들은 자신들이 사용하는 원료가 오염되지 않고 건강에 해를 끼치지 않는다는 점을 확실하게 하기 위해 명확한 품질관리 제도와 규정을 갖추고 있습니다. 그렇지만 수많은 사례에서 드러났듯이 공급자를 믿는 것만으로는 부족합니다. 기업의 내부 관리 규정을 강화하여 감독의 범위를 확장하고 소비자의 안전을 위해 최선을 다해야 합니다.

성분, 좋은 화장품을 선택하는 기준

우리를 불안하게 하는 화장품 성분에 대한 부정적인 연구보고서들과 화장품 회사들의 화려한 약속 사이의 깊고 넓은 간극은 앞으로 어떻게 메워야 할까요? 부정적인 소식들은 언젠가는 잊히겠지요. 반면 화장품 회사들의 귀가 솔깃한 제품 광고 문구에 현혹되어 피부가 좋아지리라는 희망으로 가득 찬 소비자들은 다시 크림과 젤, 로션을 바를 것입니다. 이런 반응은 반복되는 현상으로, 극복해야 할 행동입니다.

하지만 무엇이 정말로 좋은 화장품일까요? 많은 상품들이 난무하는 화장품의 밀림을 뚫고 길을 찾으려는 사람은 옥석을 가려내야 하는 도전 앞에 서 있는 셈입니다. 이때 가장 중요한 과제는 화장품 회사들이 펼치는 제품 광고의 유혹에 현혹되지 않는 것입니다. 그러므로 살결과 머릿결을 보호하고 잘 관리하는 첫걸음은 광고의 소용돌이에서 벗어나 한 가지에 주의를 집중하는 것입니다. 그것은 바로 우리가 매일 사용하는 제품에 들어 있는 성분입니다.

내 피부에 맞는 화장품 선택 기준

오랫동안 화장품 회사들은 절대 공개해서는 안 될 비밀처럼 화장품의 제조법을 숨겨왔습니다. 그러나 이런 시대는 끝났습니다. 화장품에 함유된 모든 성분을 의무적으로 표시하는 전성분 표시제도 덕택에 이제 소비자들은 어떤 제품을 위해 자신의 돈을 쓸지, 또는 자신의 피부를 보호하기 위해 어떤 제품을 선택할지를 스스로 결정할 수 있습니다. INCI(International

Nomenclature of Cosmetic Ingredients : 국제 화장품 성분 명칭) 공정서는 투명성을 보증하는 마법의 주문입니다. 이 규정집이 정한 명칭에 따라 모든 화장품에는 제조에 사용된 모든 성분이 제품의 포장이나 용기에 표기되어 있습니다. 아마 어떤 소비자도 디엠디엠하이단토인(DMDM Hydantoin : 방부제 역할을 하지만 알레르기를 유발할 가능성이 높은 성분), 사이클로펜타실록산(Cyclopentasiloxane : 피부 상태를 개선하는 효과가 있는 화학 성분), 테트라소듐이디티에이(Tetrasodium EDTA : 화장품의 안정성을 위해 제품 내에 상존하는 금속 성분을 불활성화시키는 물질) 등과 같은 복잡하고 생소한 표기방식의 화학물질 이름에 신경을 곤두세우고 싶지는 않을 것입니다. 하지만 매장에서 마음에 드는 화장품을 발견하고 구입하려고 할 때 그 제품의 성분과 품질이 어떤지 알고 싶은 사람이라면 한 가지 방법밖에 없습니다. 그것은 성분의 구성 상태를 살펴보는 것입니다. 화학 성분만 있는지, 천연 성분을 많이 포함하고 있는지를 확인하는 것입니다. 이어서 개별 성분이 피부에 어떤 효과를 미치는지 알아보는 것입니다. 이러한 분석은 이 책에 실린 〈화장품 성분 사전〉을 활용한다면 충분히 가능한 일입니다.

리타 슈티엔스(Rita Stiens)

똑똑한 소비자와 신뢰받는 판매자를 위한 화장품 선택 가이드

　　프랑스 파리의 샹젤리제에 있는 유명한 화장품 판매 체인점인 '세포라(Sephora)'에 들어서면 강렬하지만 기분 좋은 향수 냄새가 가장 먼저 반긴다. 매장 안으로 들어가면 입구에서부터 세련되고 화려하게 전시되어 있는 향수병들이 시선을 사로잡는다. 하나같이 보석만큼이나 잘 다듬어진 향수병들을 구경하는 것 자체가 재미있는 일이다. 향을 머금은 샘플지를 하나하나 집어서 코끝에 살짝 스치면서 즐거운 향의 세계를 만끽하다 보면 말 그대로 단조로운 일상에서 벗어나는 기쁨을 느낄 수 있다. 화창한 봄날 만개한 꽃들의 향연, 짙푸른 바다와 맞닿은 여름 하늘의 충만함, 노란 낙엽과 가물거리는 청명한 대기의 가을, 새벽에 내린 눈밭에서 느낄 수 있는 찬란한 겨울의 대낮 …… 이 모든 것을 연상시키는 향은 사람을 순식간에 황홀경에 빠지게 한다. 눈으로 보는 시각적인 즐거움보다는 코로 맡는 후각적인 기쁨이 훨씬 강도가 세다는 것을 절감하는 순간이다.

프랑스 여자들이 화장품을 살 때 하는 일

그런데 세계 최고의 화장품 선진국이라 할 수 있는 프랑스 화장품 매장에 들어서면 한 가지 놀라운 사실을 발견할 수 있다. 향수가 진열된 공간이 매장의 70퍼센트를 차지하고, 색조 제품이 20퍼센트 정도를 차지한다. 기초 스킨케어 제품은 매장을 한참 걸어 들어간 깊숙한 곳에 몇 종류가 있을 뿐이다. 크림이나 로션은 아무래도 구색 상품이 아닌가 싶을 정도로 매우 적은 비중을 차지한다. 프랑스 여자들은 스킨케어 제품보다는 향수나 색조 제품에 더 많은 관심이 있으며 그쪽 제품을 더 많이 산다. 프랑스에서는 우리나라와 달리 기초 스킨케어 종류의 화장품은 약국이 가장 큰 유통경로다. 하지만 약국에서 판매한다고 특별한 의미가 있는 것은 아니다.

기초 스킨케어 제품에 별로 관심이 없는 것처럼 보이는 프랑스 여성들도 막상 구입하려고 할 때는 많은 주의를 기울인다. 그들이 화장품을 구입하기로 마음먹으면 반드시 확인하는 사항이 있다.

"화장품의 품질을 좌우하는 것은 브랜드, 가격, 인지도, 포장 등이 아니라 오로지 성분이야!" 그들이 화장품을 구입할 때 가장 먼저 확인하는 것은 성분 목록이다. 먼저 피부와 건강에 해로운 화학 성분이 들어 있는지 확인한 다음 천연 식물 성분이 어느 정도 들어 있는지를 살펴본다. 성분에 대한 기초 지식을 어느 정도 갖춘 프랑스 여자들은 성분을 분석해서 제품의 품질을 가늠하는 수준이다.

광고와 마케팅으로 소비자를 유혹했던 회사들

2008년은 우리나라 화장품 역사에서 중요한 전환점이 된 해다. 같은 해 10월 18일부터 우리나라에서 판매되는 모든 화장품의 포장이나 용기에 성분을 모두 기재하는 '화장품 전성분 표시제도'가 실시됐기 때문이다. 이제 소비자가 화장품의 품질을 스스로 판별할 수 있는 정보를 가지고 제품을 고를 수 있게 된 것이다. 이 제도는 무엇보다도 소비자들이 화장품을 고르는 데 도움을 주기 위해 도입한 것이다. 지금까지 화장품에 적힌 내용은 주로 성분과는 별로 관계가 없는 제품 정보나 주의사항과 같은 것들이었다.

성분에 관한 사항도 기껏해야 표시성분만 기재해 피부에 위험할 수 있는 성분임을 알리는 정도였다. 그런데도 많은 소비자들은 표시성분이 무엇을 뜻하는지도 모른 채 그냥 지나쳤다. 화장품에서 성분은 품질을 좌우하는 가장 큰 요소다. 화장품 제조 회사들은 자사 제품들이 특수 제조공정을 거쳤다거나 효능이 대단하다고 자랑하지만 실상은 여러 가지 성분들의 단순한 혼합물에 불과하다. 좋은 성분을 섞어 사용하면 품질 좋은 화장품이 된다는 단순한 공식을 적용할 뿐이다.

성분 구성은 화장품의 품질을 평가하는 명확한 기준이다. 화장품에 함유된 모든 성분을 표시하는 제도는 유럽, 미국, 일본에서는 이미 오래전부터 시행해왔다. 우리나라 여성들의 화장품 구입비용과 사용량은 외국과 견주면 월등히 높지만 이제껏 이런 제도가 시행된 적은 없다. 또 소비자들의 화장품에 대한 관심과 소비량은 높은 반면 화장품에 관한 올바른 지식은 거의 없는 편이다. 화장품에 관한 체계적인 정보는 없고 편향되고 단편적인 지식만 있을 뿐이다. 새로운 지식보다는 오래전에 떠돌던 정보만 계속 유포될 뿐이다. 화장품은 직접 피부에 사용하므로 효능과 안전성을 확보해야 함에도 화장품 산업이 이미지 산업으로 인식돼 광고와 마케팅으로 소비자들을 유혹해 왔던 것은 그 누구도 부정할 수 없는 사실이다.

깐깐한 화장품 소비자가 되는 방법

현재 화장품 성분으로 사용되는 물질은 적어도 6000여 개가 넘는다. 이 책은 화장품 성분에 관한 올바른 시각을 정립하는 데 그 목적이 있다. 가장 많이 사용하는 약 2000여 개 화장품 성분에 대한 간단한 설명과 평가를 권말 부록에 수록했지만, 더 중요한 점은 소비자들이 제품의 성분 목록을 보았을 때 과연 그것이 무엇을 의미하는지를 알 수 있는 안목을 갖추는 것이다. 건강에 해로운 화학 성분, 합성 성분이지만 피부에 좋은 물질, 알레르기를 유발하지 않는 천연 식물 성분을 구별할 수 있도록 하는 데 그 목적이 있다.

이 책은 화장품에 관심 있는 사람들과 향장학 전공자는 물론 제품 개발자까지 폭넓은 독자층을 대상으로 한다. 수입 화장품을 접해본 소비자들은 깨알같이 작은 글씨로 인쇄된 성분들이 무엇을 의미하는지 궁금했겠지만 명확하게 알 수 있는 방법이 없었다. 호기심을 지닌 소비자들을 위해서라도 성분에 관한 책은 오래전에 출판됐어야 했다. 일반 소비자들 가운데도 화장품에 관한 올바른 정보를 제공하는 책에 목말랐던 사람들이 꽤 있다. 제조사들이 광고하는 내용만으로는 제품을 파악하기 어렵다거나, 주위 사람들의 경험과 권고만 듣고 사기에는 뭔가 부족하다고 생각한 소비자들이 화장품 성분에 관한 바른 정보를 찾기 시작했다.

이 책은 그런 소비자들의 갈증을 해소하고 화장품을 구매하는 길잡이 역할을 할 수 있을 것이다. 또 화장품뿐만 아니라 향장을 전공하는 학생들에게도 이 책은 매우 유용한 참고서가 될 수 있다. 기본적으로 제품 분석 능력을 갖춰야 화장품 업계에서 일할 수 있는 든든한 발판을 마련할 수 있다. 뿐만 아니라 제품 효능을 밑받침해주는 성분을 설명할 수 있어야만 화장품에 대한 올바른 지식을 갖추었다고 할 수 있다.

이 책을 읽은 독자들은 화장품을 구매하는 올바른 기준을 세울 수 있을 것이다. 지금까지 많은 여성들은 화장품을 사려고 할 때 주위 사람들이 써보고 난 뒤 말해주는 정보나 대중매체에 실린 광고 문구를 바탕으로 나름대로 판단해서 골라야 했다. 또 피부에 맞거나 필요한 효능을 지녔다는 사실에만 관심을 쏟았을 뿐 성분은 확인하지 않은 채 가격만 보고 지갑을 열었다. 즉, 제조사들의 일방적인 마케팅 전략에 따라 구매해온 것이다. 그러나 이 책을 통해서 화장품 성분을 이해하면 화장품의 실체를 알 수 있는 완벽한 정보를 얻을 수 있다. 어떤 제품이 내 피부에 맞는지 스스로 확인할 수 있으며, 어떤 제품이 유해한 성분을 포함하고 있는지 알 수 있다. 또한 타인의 경험담을 듣지 않고도 제품을 구매할 수 있다.

화장품 성분을 분석하는 것은 처음에는 너무나 생소한 용어 때문에 결코 쉽지 않을 것이다. 또한 화장품에 표시된 성분과 성분 사전을 일일이 대조하는 일 자체가 귀찮게 느껴질지도 모른다. 그러나 10여 개 정도의 제품만 분석해보면 대체로 비슷비슷한 성분을 사용하고 있음을 알게 되고 성분의 명칭과 기능을 암기할 정도가 될 것이다. 실제로 화장품에 자주 사용되는 성분들은 한정돼 있어 이 책의 부록에 실린 성분 사전을 활용하면 적어도 제품에 함유된 성분의 98퍼센트 이상을 알 수 있다. 그러면 주위에서 손에 잡히는 아무 제품이라도 분석해볼 용기가 생길 것이다. 분석에 자신감이 생겨 가까운 친구나 동료가 사용하는 화장품의 성분을 분석해주면 화장품 전문가라는 명성을 얻는 기쁨도 느낄 수 있지 않을까.

'영양 크림'이라는 명칭도 사실은 과대 광고

국내든 해외든 화장품 회사들이 소비자의 시선을 끌어 매출을 올리는 데만 집중할 뿐 화장품의 효능을 솔직하게 고백하는 예는 거의 없다. 화장품 업체는 판매를 위한 마케팅에만 열을 올릴 뿐, 소비자에게 화장품에 관한 정확한 지식과 정보를 전달해주려고 노력하지 않았다. 프랑스에서는 우리가 흔히 '영양 크림'이라고 부르는 화장품에 대해서도 과대 광고라는 판결을 내렸다. 화장품이 피부에 영양을 준다는 것은 피부 과학적으로는 일어날 수 없는 일이므로 소비자에게 정확한 정보를 알리라는 취지에서였다. 따라서 이 책은 소비자에게 직접 화장품을 판매하는 종사자들이 판매의 최일선에서 제품 정보를 올바르게 전달할 수 있도록 충실한 안내자 역할을 할 것이다. 성분에 대한 설명을 요구하는 소비자에게, 그렇다면 정확한 지식을 갖춰 올바른 정보를 제공해야만 진정한 판매자로서 인정받을 수 있기 때문이다. 이런 점에서 보면 이 책은 소비자뿐만 아니라 화장품 판매와 관련한 모든 사람들에게도 중요한 정보의 보고가 될 것이다.

엄청난 이윤을 보장하는
거대한 화장품 시장

만약 자신의 몸에서 냄새가 나고 머리는 헝클어지고, 얼굴은 부스스하다고 해보자. 과연 이때 편안한 마음을 가질 수 있는 사람이 있을까. 위생관념이 몸에 밴 많은 사람들은 씻어야 한다고 생각할 것이다. 욕실이나 핸드백 안을 살펴보면 청결을 위한 위생용품과 화장품으로 가득 차 있다. 많은 가정에서는 적어도 스무 가지가 넘는 화장품이나 위생용품을 쓴다. 그러면 이 제품들은 과연 제조사들이 선전하는 것처럼 피부에 유익한 효과들을 보장하는 것인가? 의문을 품지 않을 수 없다.

소비자들의 오랜 투쟁으로 밝혀진 성분의 비밀

화장품 회사는 자사 제품들의 성분을 비밀로 간직하고 싶어 한다. 소비자 보호협회는 사용자의 안전과 알 권리를 위해 오랫동안 화장품 성분 공개를 요구하는 투쟁을 벌인 끝에 승리하였다. 그 결과 유럽의회는 화장품 제조사들로 하여금 멋진 포장과 소비자들을 유혹하는 선전문구로 치장한 이면에 감추어 있던 화장품의 성분을 표시하도록 결정 내렸다. 피부에 해로운 성분이 포함돼 있는지 확인할 길이 없었던 소비자들은 이제 더 이상 성분도 모른 채 화장품을 사는 일은 없을 것이다. 화장품에 들어간 성분은 '국제 화장품 성분 명칭'(INCI : International Nomenclature of Cosmetic Ingredients)이 정한 규정에 따라 표기한다. 유럽연합에 속한 모든 국가의 화장품 회사는 제품에 사용한 모든 성분들을 이 용어집에 실린 명칭에 따라 제품 포장 상자나 용기에 반드시 기재하여 판매해야 한다.

국제 화장품 성분 명칭의 뜻

이 책의 부록인 〈화장품 성분 사전〉을 가치 있게 활용하는 방법은 독자들이 사용하는 화장품의 포장 상자나 용기에 표기된 성분들을 사전과 비교하면서 확인하는 것이다. 성분명과 사전을 대조하는 작업은 아마 출발부터 혼란스러울 것이다. 아마도 다음과 같이 이야기하지는 않을까.

"리시놀레...아미도...프로필, 아휴, 발음하기도 힘들고, 돋보기를 갖다 대고 봐야 할 만큼 작은 글씨로 써 있어요"

읽기에 불편할 정도로 너무나 작은 글씨체로 인쇄된 이유는 따로 있다. 그것은 글자 크기를 규정하는 화장품 성분 표기법에 위배되지 않는 한도 내에서 최대한 작은 글씨로 인쇄했기 때문이다. 이것은 소비자들이 성분을 쉽게 식별하지 못하도록 하기 위한 제조사들의 전략이다.

일부 고급 화장품은 성분명이 깨알보다 더 작은 글씨로 인쇄돼 있을 뿐만 아니라 포장 상자의 바탕색과 거의 비슷한 색으로 씌어 있어 거의 읽기 힘든 예도 있다. 성분을 살펴보려고 했던 여성들은 라틴어가 어원인 화학 용어를 확인하는 지겨운 작업에 진절머리가 날 것이다. 그렇지만 생소한 성분명을 보고 처음 느낀 거부감과 성분 대조를 포기하고 싶은 마음을 극복하고 나면 다음과 같은 호기심이 발동할 것이다. '도대체 이 화장품에는 어떤 성분이 들어 있을까?', '과연 이 크림은 제 값어치를 할 만큼 효과가 있는 것일까?'.

〈화장품 성분 사전〉을 참고하여 성분을 확인한 독자들은 많은 제품들이 그 가격과는 별 관계없이 비슷한 성분을 사용했다는 사실에 놀라움을 금치 못할 것이다. 이 책을 읽은 독자들은 일반 원료를 사용한 제품이든 천연 원료를 사용한 제품이든 간에 품질의 차이는 가격과 관계없이 성분에서 비롯됨을 깨닫게 될 것이다. 그러면 현명한 소비자가 되어 화장품 회사가 주장하는 허황된 약속에 더는 속지 않고 제품 선택의 갈림길에서 방황하지 않을 것이다.

주름 제거에 대한 환상

혁신적인 성분을 포함한 값이 가장 비싼 크림은 흔히 '기적'을 이루어낸다고 말하곤 한다. 제품명에 '리프트'나 생소한 과학적 용어를 삽입하는 것이 유행이 되고 있다. 화장품 광고에서 제품의 효능을 설명하기 위해 어려운 과학적 근거를 갖다 대는 이유는 다년간 기울인 연구 성과로서 만들어진 제품임을 증명하기 위한 것이며, 그 결과 고가가 될 수밖에 없다고 주장하기 위해서다. 그러나 이처럼 최신의 과학적인 원리를 응용한 제품을 사용한다 해도 엄밀하게 측정된 관찰 결과 보고서를 면밀하게 살펴보면 탁월한 주름 제거 효과를 보장한다는 환상은 봄눈 녹듯이 사라지고 만다.

여성들은 화장품 광고를 접할 때 '주름 깊이 37퍼센트 감소'라는 문구를 보면 바로 젊어진 얼굴을 떠올리지만, 22퍼센트 주름 감소는 왠지 효과가 없는 제품처럼 여겨진다. 그러나 실제로 이런 초고가 크림을 썼을 때 얻는 효과는 겨우 주름 깊이의 0.001퍼센트 감소, 다시 말해서 확대 거울로도 그 차이를 식별할 수 없을 정도로 극히 미미할 뿐이다. 게다가 제품의 효능면에서 별 차이가 없음에도 가격이 천차만별이라는 사실을 알고 나면 아연실색하고 만다. 예를 들어 100밀리리터 샤워젤 제품만 하더라도 2유로에서 20유로까지 가격 차이가 벌어지고 있다.

화장품 성분을 정확히 알려면 국제 화장품 성분 명칭을 이해할 수 있어야 하지만 관련 지식이 없다면 어려운 일이다. 화학을 공부하지 않았다면 '피이지-4 코코아미도미파설포석시네이트'가 무엇을 뜻하는지 알 길이 없다. 그러나 어찌되었든 유럽의회는 국제 화장품 성분 명칭에서 사용되는 명칭을 소비자들이 쉽게 이해할 수 있도록 개선했다. 이 책의 부록을 참고한다면 화학의 문외한도 성분의 기원과 기능을 알 수 있어 성분의 정체를 어느 정도 이해할 수 있다. 화장품 성분의 표기를 의무화한 덕분에 소비자들은 이제 화장품의 특정 효과를 내는 성분이 어떤 것인지 이해할 수 있게 됐다. "이 성분은 효과를 내는 역할이 아니라 단지 보형제로서 배합되었네" 또는 "이 성분은 제품의 90퍼센트 이상을 차지하면서 품질을 좌우하는 중요한 역할을 하고 있네"라고 말할 수 있게 된 것이다.

근래에 사용하기 시작한 화장품 성분 중에 배합이 금지되거나 안전성에 문제가 제기된 사례가 많다. 이러한 사실로 미루어볼 때 '허가된 화장품은 나쁘지 않을 것'이라는 믿음 역시 환상에 불과하다. 이에 따라 소비자 협회의 요구를 바탕으로 성분과 관련된 기준이 새롭게 만들어지고 있다. 그 기준들은 건강에 해가 될 수 있는 물질의 포함 유무와 성분이 나타내는 효과, 화학적 제조 과정 등에 주안점을 둔다. 예를 들면 화장품을 생산할 때 군사용 독가스를 어떤 이유로 사용하는지, 실제로 이 독가스가 중화돼 소비자에게 전혀 해가 없다고 해도 이제 그것을 그만 사용하고 위험한 제조 공정을 없애는 편이 바람직하지 않겠는지, 라는 것 등이다.

품질 향상을 위한 끊임없는 관심

독일의 화장품 회사인 로고코스(Logocos) 그룹의 개발책임자인 H. J. 베일란트그로테르얀(H. J. Weiland-Groterjahn)은 화장품 신제품 개발자들이 성분을 고를 때 허용된 범위를 지키고 있는지를 매일같이 감시한다. 우리들은 그를 전문가로 위촉해 이 책을 감수하게 했고, 아울러 화장품 성분을 평가하는 데 그의 도움을 받았다. 수십 년 전부터 환경운동가들은 인류와 자연을 위협하는 요인들을 부각시켜 사회적인 관심을 불러일으켰다. 그들은 '발전'이라는 개념에 문제와 의문을 제기했고, 신상품 개발이라는 명목하에 자연을 파괴한다면 화장품 산업도 비판 대상에서 벗어날 수 없다고 주장한다. 베일란트그로테르얀 박사는 다음과 같이 말한다.

"문제는 자연이냐, 화학이냐가 아니고 '품질을 위한 선택'이라고 할 수 있습니다. 예를 들어 어떤 화장품 제조 회사도 아몬드나 꽃이 비록 자연물이라 해도 가공을 거치지 않은 채 그대로 사용하지 않습니다. 천연 오일 등의 추출물만 하더라도 모두가 화학적인 공정을 거쳐 얻는 생성물입니다. 문제의 핵심은 바로 여기에 있습니다. 중요한 것은 추출 과정에서 되도록 화학물질에 오염되지 않는 성분을 얻는 것입니다. 천연 화장품 제조 회사에서 일하는 장점은 자연 그대로의 성분을 얻기 위한 최상의 해결책을 강구할 수 있다는 데 있습니다."

국제 화장품 성분 명칭에 반대하는 사람들도 있다. 그들은 국제 화장품 성분 명칭 자체가 충분치 않고, 소비자들을 위한 최대한의 보호 장치를 마련하지 않았다고 비판한다. 그러나 비록 완벽하지는 않더라도 충실하게 정리된 성분 목록은 소비자들이 성분을 확인하는 길잡이가 되며, 알레르기 체질인 사람에게는 유용한 지표가 되고 있는 것은 사실이다.

성분 정보는 제품을 선택하는 데 많은 도움이 된다

이 책을 읽고 나면 당신은 각각의 화장품들이 지닌 특징을 구별할 능력을 얻을 수 있을 것이다. '성분의 정글'에서 흥미진진한 구성 성분 간의 차이점을 알아낼 수 있도록 해주는 정보를 통해 화장품의 차이를 파악할 안목을 얻게 된다. 초보자에게 성분 분석은 새로운 사실을 알게 됐다는 기쁨으로 바뀔 것이다.

소비자의 구매 행동은 화장품 산업의 발전에 많은 영향을 미칠 수 있다. 추천받는 제품들이 생기는 반면 외면당하는 제품도 나올 수 있다. 소비자들은 선택을 통해 화장품 회사의 생산 방향에 결정적인 영향을 미친다. 분석적 관점과 정확한 지식을 가진 소비자는 '영향력을 창조하는 소비자'가 된다. 이 책이 화장품 시장이 발전하는 데 작은 도움이 되고, 더 나아가 소비자의 의견을 반영해 좋은 제품을 생산하기를 바란다. 더불어 소비자가 생산자의 역할을 하여 자신의 피부와 머릿결을 아름답게 꾸미는 기쁨을 누릴 수 있기를 기원한다.

차 례

PART 1　화장품 회사의 비밀과 거짓말

PART 2

아름다운 피부를 위한 영원한 욕망
스킨케어

PART 3

위생, 청결, 안티에이징을 위한 신기술
보디케어

PART 4

풍부한 표현력을 살려주는 꿈의 컬러
색조 화장

PART 5

화장품은 정말로 안전한가?
부작용의 위험

PART 6

안전한 화장품을 위한 국제적인 노력
천연 화장품

부록

화장품 성분 사전

PART 1

화장품 회사의
비밀과 거짓말

과학 기술이 가져다준
값비싼 환상

과학 기술의 발달은 늘 새로운 화장품의 출시로 이어졌다. 계절이 바뀔 때마다 혁신적이라고 주장하는 새로운 스킨케어 제품들이 시장에 쏟아진다. 첨단 기술에 힘입은 제품들은 기적적으로 젊음을 되찾아줄 수 있다고 자랑하며, 화려한 선전문구들은 사지 않으면 안 될 것처럼 여성들을 유혹한다. 헬레나 루빈스타인 (Helena Rubinstein)의 '페이스 스컬프터' 크림이나 '라인 리프트' 세럼(serum)은 성형수술을 하지 않고도 이목구비가 단정한 얼굴로 만들어준다고 약속한다. 성형 효과를 발휘하는 활성 성분이 마치 리프팅(얼굴의 주름을 펴는 성형수술)한 것처럼 얼굴을 탄력 있게 해준다고 선전한다. 정말 화장품 기술은 그들이 선전하듯이 놀라운 진보를 거듭하고 있는 것일까? 신기술을 뽐내는 다양한 제품 출현에 소비자는 정신을 차릴 수 없으며 무엇을 골라야 할지 모를 정도로 곤란한 지경에 처해 있다.

화장품 회사의 연구실에서 발표한 최근의 놀라운 성과를 보노라면 조만간 노화를 정복해 젊음을 되찾는 것은 시간문제라는 생각이 든다. 모든 회사는 혁신적인 스킨케어 제품을 내놓기 위해 100미터 달리기에서 전력 질주를 하듯이 경쟁하고 있다. 랑카스터(Lancaster) 사는 자성 성분을 띤 '바륨페라이트(barium ferrite, 산화물자석)'의 미세 결정을 이용해 피부 미세혈관의 혈액순환을 강화하고, 세포의 신진대사를 원활하게 해줘 세포 재생을 돕는 화장품을 기획했다. 물리학과 화학 지식이 있어야만 이러한 생물학적 원리를 이해할 수 있다. 에스티 로더(Estée Lauder) 사는 '리뉴트리티브 인텐시브 리프팅 시스템'이라는 제품의 독특한 주름 제거 기술 덕분에 엄청난 성공을 이룬 것으로 보인다.

화장품 회사에서 연구하는 나노기술(Nano-technology, 10억 분의 1크기의 전자현미경이나 원자현미경으로 볼 수 있는 크기의 분자나 원자를 제어하여 나누는 기술)이란 자외선, 스트레스, 흡연으로 콜라겐과 엘라스틴이라는 피부 섬유 세포가 파괴돼 일어나는 노화의 진행을 막기 위한 기술이다. 이 기술은 비타민 E를 피부 각질로 통과시켜 진피에 바로 주입하는 것을 목표로 삼고 있다. 이러한 기술로 제조한 제품을 사용하면 피부에 쉽게 흡수되어 햇빛이나 흡연에 덜 영향을 받아 노화를 비켜 갈 수 있다고 한다. 바이오테크놀로지(biotechnology, 비슷한 말로 생명공학 또는 유전자공학)는 화장품 기술의 차원에서 봤을 때는 노화에 대항할 수 있는 신무기와 같은 것으로 인정받고 있지만 실제 소비자들은 '각질체'나 '각질 세포와 피부 세포 사이의 신호 교류 능력'이라는 이해할 수 없는 용어와 복잡한 이론 때문에 헷갈려하고 있다.

스페인 탐험가 퐁스 드 레옹(Ponce de Léon)은 헛되게도 카리브 해에서 청춘의 샘을 찾았지만 화장품 산업에서는 아직도 그 희망을 끈질기게 이어가고 있다. '망상효소', '나노권역', '해수권역', '세포중합체', 'AHA', '코엔자임', '비타민 기술', '항노화 분자' 처럼 희망을 약속하는 단어를 지속적으로 접하다 보면 다른 차원의 아름다움을 꿈꾸게 된다. 하지만 안타깝게도 이러한 기술을 통해 얻을 수 있는 놀라운 효과는 모든 사람에게 허용되지 않는다. 많은 돈을 지불할 수 있는 사람만 접근할 수 있는 미의 세계다. 쉽게 말하면 '값비싼 환상'인 셈이다. 매출액을 늘리기 위해 획기적인 것처럼 보이도록 만든 제품일 뿐이며, 또한 여성들의 관심을 끌려는 우스꽝스러운 논리들일 뿐이다.

'바디샵(Body Shops)'의 창시자였던 애니타 로딕(Anita Roddick)은 이 점을 다음과 같이 비난한다.

"셀룰라이트와 노화를 앞세운 신종 질병이 생겼습니다. 이 모든 것은 화장품 산업이 꾸며낸 거짓 문제일 뿐입니다. 오십 줄에 들어서면 사람들은 의학적인 치료를 받아야 할 것 같은 생각을 합니다. 이제 노화는 자연스런 생리현상이 아니라 마치 화장품만이 치료할 수 있는 신체장애로 여겨지는 것 같습니다. 얼마나 날조된 거짓인지 놀라울 따름입니다."

유럽의 화장품 시장 규모

화장품 매출만 놓고 봤을 때 독일이 18조 8000억 원으로 유럽에서 가장 큰 시장이다. 이어서 프랑스(16조 9000억 원), 영국(15조 7000억 원), 이탈리아(14조 3000억 원), 스페인(12조 3000억 원), 네덜란드(3조 6000억 원), 벨기에와 룩셈부르크(2조 6000억 원), 스위스(2조 5000억 원), 스웨덴(2조 4000억 원), 그리스(2조 3000억 원), 오스트리아(2조 1000억 원), 포르투갈(1조 9000억 원), 노르웨이(1조 7000억 원), 덴마크(1조 5000억 원), 핀란드(1조 4000억 원), 아일랜드(9000억 원)의 순이다. 유럽의 화장품 시장 규모는 전체 106조 원에 이른다.

〈출처 : 유럽화장품 협회 2006년 통계자료〉

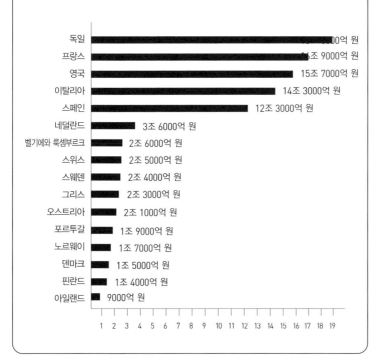

마케팅이 만들어낸
노화에 대한 두려움

화장품 회사들은 25세부터 서서히 피부의 노화가 진행된다는 메시지를 대중매체를 통해 반복적으로 퍼뜨렸다. 그 결과 젊은 여성들은 늙는 것에 대한 두려움에 시달렸다. 화장품 회사들은 두려움에 빠진 여성 고객에게 안티에이징 제품(안 늙거나 노화를 늦추는 제품)이라는 미끼를 던지면 그만일 뿐 더 이상 판매 전략이 필요하지 않았다. 그러나 20세에서 25세 사이의 여성은 보습과 지질(脂質)이 균형을 이루는 적당한 제품을 쓴다면 피부 트러블은 쉽게 일어나지 않는다. 정신과 육체가 젊어지는 비결은 건강하고 바른 생활에 있다. 일례로 슬픔이나 괴로움에 빠진 사람은 피곤해 보이거나 매력이 없는 사람으로 보인다고 한다. 걱정은 주름이라는 흔적을 남긴다.

화장품을 다루는 대중매체와 광고는 모든 사람에게 피부에 관한 메시지를 끊임없이 주입한다. 여자들뿐만 아니라 이제는 남자들에게까지도 주름, 피부건조, 피지, 땀, 유해 산소에 대항하라고 부추긴다. 최첨단 화학 기술로 개발한 제품만이 피부가 지닌 문제를 해결해줄 수 있다고 광고하는 화장품 회사의 과욕은 소비자들의 건전한 상식과 비판 정신을 마비시키고 있다.

화장품에 대한 소비자들의 요구는 점점 다양해지고 효능에 대한 기대치는 점점 높아진다. 제조사들은 제품의 종류와 관계없이 '효능'이 가장 중요하다고 말한다. 화장품 회사들은 이것을 만족시키지 못하면 소비자들을 반박할 권리가 없다. 도대체 누가 먼저 효능을 장담했는가? 이 약속의 90퍼센트는 광고에서 비롯됐다. 제조사는 시장점유율을 높일 목적으로 화려한 선전문구로 치장한 제품을 무차별적으로 광고해 소비자의 눈길을 끈다.

과대 약속을 남발한 현상 때문에 이러한 흐름을 따라가지 못하는 회사는 경쟁에서 뒤처진다. 과도한 마케팅이 만들어낸 과장된 효능 때문에 곧이곧대로 정직하게 효과를 앞세운 제품들은 같이 경쟁하기가 어렵다. 화장품 분야에서 세계적으로 유명한 인사들 가운데 한 사람이며 독일에서 가장 유명한 화장품 회사인 바이어스도르프(Beiersdorf) 사의 비테른(K. P. Wittern) 박사는 다음과 같이 말한다.

"화장품 개발과 연구는 전적으로 마케팅과 연관됩니다. 그렇지만 우리들은 효능에 대한 약속은 증명할 수 있고, 현실적이고 확실한 근거가 있어야 한다는 제조 방침을 고수하려고 노력합니다." 과학적인 것처럼 보이거나 과장된 효과를 싣는 광고 문구는 소비자들에게 제대로 된 정보를 제공하려는 진지한 노력을 헛되게 만든다. 그러나 이처럼 소비자들에게 올바르지 못한 방식으로 접근하는 화장품 회사의 상술을 거부하면서 왜곡된 정보가 난무하는 현실을 바로잡는 일은 매우 힘들다.

광고 문구에 '새로운!'이라는 형용사를 사용하면 소비자에게 인기를 얻을 뿐 아니라 합당한 증거를 제시할 필요도 없이 은연중에 우수한 품질의 제품으로 인정받는다. 뿐만 아니라 '혁신적인' 성분과 '승인받은' 제품이라는 광고 문구들은 소비자들에게 착각을 불러 일으킨다. 그것은 화장품 개발자들이 아름다움에 이르는 길을 개척하기 위해 혁신적인 연구를 끊임없이 하고 있다는 근거없는 '추측'이다.

화장품 광고를 보노라면 제조사들은 뛰어난 효능을 가진 제품을 개발하기 위해 엄청난 노력을 기울이고 있는 것처럼 보이지만 실제 결과는 애처로울 지경이다. 성형외과는 피부 관리실을 정기적으로 다니면서 초고가의 최신 화장품을 주로 사용하는 상류층을 상대로 큰돈을 벌고 있다. 만일 화장품이 주름 형성을 실제로 억제할 수 있었다면 이 세상의 돈 많고 잘생긴 사람들은 어떠한 대가라도 치르려고 했을 것이다. 그러면 도대체 크림을 한 번 발라 주름을 싹 날려버린 여자들은 어디에 있단 말인가? 사실을 말하자면 어디에서도 찾아볼 수가 없다. 어떠한 크림도 주름 형성을 막을 도리가 없기 때문이다.

화장품에 들어간 성분과 그 기능을 알지도 못한 채 제품을 사용하는 소비자는 피부를 위험에 빠뜨리고 '더욱더 효과적'이라는 말 한마디에 맹목적으로 화장품을 구입하느라 돈을 낭비한다. 여성의 38퍼센트는 원래부터 민감한 피부를 가지고 태어날 뿐만 아니라 평생 동안 좀처럼 잘 낫지 않는다. 몇몇 제조사들은 피부에 해가 될 수 있는 성분들을 배합하는 것에 대해 경고를 받았는데도 여전히 의심스러운 물질을 사용하여 제조한 화장품에 비싼 값을 매기고 있다.

그러나 모든 제조사가 똑같다고 여기는 우를 범해서는 안 된다. 소비자의 편에 선 올바른 회사들은 우수한 품질의 화장품을 생산하고 있고, 안전하고 오염을 유발하지 않는 제조방식을 개발했으며, 가격 대비 품질이 우수한 제품을 내놓고 있기 때문이다.

**

소비자들이 알아야 할 한 가지 사실이 있다. 화장품 전문가들이 매우 자주 언급하는 화장품들이 있다. 이는 그 제품의 효과를 수시로 강조하여 여성들의 구매 의욕을 일으키고, 그것을 통해 화장품 회사들이 많은 돈을 벌 수 있도록 도와주기 위한 것이다. 크림의 수분 함유 비율은 보통 70퍼센트에 달하는 데 어떤 제품들은 무려 80퍼센트에서 90퍼센트에 이른다. 이는 제품의 질을 향상시키기보다는 광고 확대를 통해 수입을 늘리려는 화장품 회사들의 의도를 단적으로 보여주는 예다.

소비자를 보호하는
국제 화장품 성분 명칭 표기법

**

화장품은 피부를 통과하지 않는가? 유방암 종양에서 발견된 파라벤이나 글라이콜에테르의 임상 사례에서 알 수 있듯이 피부는 흔히 알고 있는 것과 달리 완벽한 차단막이 아니다. 화장품의 많은 성분들은 피부 장벽을 쉽게 통과할 수 있다.

1998년 1월 1일부터 유럽의회 법령 6조에 따라 유럽연합에 속하는 모든 국가에서 판매되는 화장품의 용기나 포장에 화장품의 성분을 의무적으로 표시하도록 했으며 그 표시 방식은 '국제 화장품 성분 명칭'을 기반으로 한다.

화장품 성분 표기 의무화는 소비자 보호를 위해 채택되었으며, 이는 그동안 화장품 산업의 내막을 살펴보거나 제품 정보를 얻기 힘들었다는 것을 반증한다. 화학은 비록 전문적인 학문 분야지만, 피부와 모발에 사용하는 제품들에 함유된 성분이 어떤 종류고, 어떤 성질을 지녔는지를 모든 사람이 알게 하고 판단하는 데 도움을 주기 위해 활용할 수 있다. 화장품 법령이 거의 해마다 개정되는 이유는 소비자의 안전을 위해 제품의 품질을 관리하기 위해서다. 독일에서는 최근 몇 년 동안 상당한 규제를 도입해 시행하고 있지만 이는 단지 국가 차원의 문제만은 아니다. 화장품과 관련한 법의 효력은 유럽연합에 속한 모든 국가에게 동일한 영향력을 미친다.

화장품이란 치료 효과를 내지 않는 범위 내에서 의약품과 구별되며, 또한 혈관계에 침투돼서는 안 된다. 의약품용으로 분류돼 인체 내에서 상당한 효과를 내는 물질들은 화장품의 주성분으로 사용할 수 없다. 따라서 이러한 성분이 포함되어 건강에 위험을 초래할 수 있는 화장품은 시판할 수 없다. 그렇지만 화장품 전문가들은 행정당국이 유해성의 기준을 명확히 파악하지 못해 위험할 수도 있는 성분들의 사용을 허가해주는 경우가 많으며 화장품과 관련한 법망에 허점이 있다고 주장한다. 화장품 원료 전문가의 의견에 따르면 '화장품에 사용할 수 없는 원료 목록'에 실제로 추가해야 할 성분이 아직도 많이 남아 있다고 한다.

화장품에 포함된 일부 성분 때문에 생긴 알레르기로 고통받는 사람들은 알레르기를 유발하는 성분 목록이 업데이트될 때마다 관심을 가지고 살펴봐야 한다. 화장품 성분 표기 의무화는 이들에게는 다행스러운 일이다. 화장품 포장에 적힌 성분 목록을 살펴보면 자신에게 알레르기를 일으킬 수 있는 성분의 포함 여부를 확인할 수 있기 때문이다.

 화장품 성분으로 사용할 수 없는 것들

■ 법적으로 사용 금지된 성분들.

■ 방부제, 자외선 차단제, 염료 등에는 허용 목록에 실린 것만 사용할 수 있다. 이 경우에도 모발용 염료는 허용하지 않는다. 또한 허용된 모발용 염료라 해도 일제와 이제로 구성된 염모제에 사용하거나, 매우 진한 색소는 의심스러운 물질이 함유돼 있을 가능성이 높기 때문에 감시 대상이다.

■ 일부 성분들은 사용에 제한을 받거나 포장 상자나 설명서를 통해 소비자에게 주의사항을 주지한 후에 사용할 수 있다.

국제 화장품 성분 명칭 표기법의
문제점과 개선 방향

소비자들은 화장품 성분 표기 의무화 규정 덕분에 모든 성분을 알 수 있게 돼 많은 이득을 보았다. 그러나 이 규정은 시행 초기부터 개선책이 필요하다는 의견이 있었으며, 미비점이 발견돼 여러 번 개정이 이루어졌다. 국제 화장품 성분 명칭 용어에 대해서도 여러 가지 비판들이 제기되었는데, 그중 하나는 천연 물질인지 아닌지를 쉽게 구별할 수 없다는 점이다. 그 이유는 스웨덴의 식물학자 칼 린네(Carl Linne, 1707~1778)의 식물 분류명에 따라 천연 물질에 명칭을 부여했기 때문이다.

미국화장품협회(CTFA)에서 만든 화장품 성분 용어집에는 매우 쉽게 이해할 수 있도록 명칭이 기재되어 있다. 예를 들면 '호호바 오일'은 'Jojoba Oil'로 등재돼 화학을 잘 모르는 사람도 쉽게 이해할 수 있다. 반면 국제 화장품 성분 명칭 표기법에는 'Simmondsia Chinensis'라고 적혀 있어 무슨 뜻인지 알 수 없다. 게다가 천연 화장품을 생산하는 회사는 더 심각한 문제점이 있다.

국제 화장품 성분 명칭에서 표기하는 명칭이 단지 성분의 기원만 밝히고 있기 때문이다. 'Prunus armenica(살구)'나 'Chamomilla recutita(캐모마일)'처럼 표기되면 이 식물성 원료들이 오일 형태의 추출물인지 수분 형태의 추출물인지, 아니면 분말 형태인지 알 길이 없을 뿐만 아니라 이 추출물이 식물의 어느 부분에서 채취한 것인지도 알 길이 없었다. 식물의 뿌리와 잎 중 어느 부위에서 채취하느냐에 따라서 효과가 달라지므로 표기법상 정보 부족은 개선해야 할 점으로 남았다.

다행히 새로운 표기법을 2005년 말부터 시행해 제품 성분 목록에서 'Simmondsia Chinensis'라고만 적지 않고 'Simmondsia Chinensis(Jojoba)'처럼 추가적으로 기재할 뿐만 아니라 다른 한편 원료가 어떤 형태로 포함되었는지도 명기하도록 개정했다. 소비자가 원료가 오일 형태인지 수분 형태인지 분말 형태인지도 확인할 수 있게 된 것이다. 아울러 개선된 표기법은 식물의 어느 부분(잎, 뿌리 기타)을 사용했는지도 밝히도록 했다.

'알로에베라(Aloe vera)'라는 성분을 예로 들면 이 식물의 채취 부위에 따라 다음과 같이 다양한 형태로 표기된다. 알로에베라꽃추출물 – Aloe Barbadensis Flower Extract, 알로에베라잎 – Aloe Barbadensis Leaf, 알로에베라잎추출물 – Aloe Barbadensis Leaf Extract, 알로에베라잎즙 – Aloe Barbadensis Leaf Juice Oder, 알로에베라잎즙가루 – Aloe Barbadensis Leaf Juice Powder.

✽✽
독물학은 독에 따른 중독이 일으키는 현상을 연구하는 학문 분야이다. 어원으로 보면 그리스어 '톡신(toxine)'은 항원으로 작용하는 동물성 또는 식물성 독을 가리킨다.

화장품 성분 표시 규정

성분들은 정해진 원칙과 순서에 따라 포장 상자나 용기 및 첨부한 사용 설명서에 기재해야 한다.

- 순서는 함유량이 많은 주성분을 첫머리에 놓는다. 제품 구성 성분 중 가장 많이 차지하는 것들부터 차례대로 적는다. 제품의 1퍼센트 이하를 차지하는 성분들은 순서에 관계없이 배치할 수 있다. 제품의 0.003퍼센트를 차지하는 성분이 0.99퍼센트를 차지하는 성분 앞에 놓일 수도 있다.

- 색소 표시는 CI(Color Index) 다음에 색분류 번호에 해당하는 5자리 숫자를 붙이는 방식으로 성분 목록 마지막에 기재한다. 립스틱처럼 호수별로 다른 종류의 착색제를 포함하고 있는 색조 화장품에는 색소 표시를 [+/− CI 15580, CI 18965]처럼 표시한다. 기호 +/−는 호수별로 사용 유무가 달라지지만 동일 제품에 사용된 모든 착색제를 표시할 때 사용한다.

- 특별한 경우에 한해서 제조사는 특정 성분에 비밀 코드를 부여할 수 있으며, 7자리 숫자로 표시한다.

성분 표시 규정에 맞춘 성분 표시 사례

브랜드 : Sante(상떼)

제품명 : Lip−stick 〈Shiny Red〉 05(립스틱)

가 격 : 9.95유로

☺☺☺ 물 ☺☺☺ 피마자오일 ☺☺☺ 라놀린 ☺☺☺ 칸데릴라왁스 ☺☺☺ 비즈왁스 ☺☺☺ 호호바오일 ☺☺☺ 서양유채/유동오일코폴리머 ☺☺☺ 카나우바왁스 ☺☺☺ 탈크 ☺☺☺ 시계꽃추출물 착향제 ☺☺☺ 토코페롤 ☺☺☺ 마이카 ☺☺☺ CI 77007(착색제) ☺☺☺ CI 75120(착색제) ☺☺☺ CI 75470(착색제) ☺☺☺ CI 77499(착색제) ☺☺☺ CI 77491(착색제) ☺☺☺ CI 77492(착색제) ☺☺☺ CI 77891(착색제)

소비자 보호 추가 법령

(유럽의회 7차 집행위원회의 화장품 분과 발표)

- 정보접근권

2004년 9월 이후부터 소비자들이 화장품에 대한 상세한 정보를 제조사에 요청하는 것을 허용한 새 시행령을 발효했다. 소비자는 제품 성분에 대한 자세한 정보를 화장품 회사에 요구할 수 있으며, 제조사는 발생할 가능성이 높은 부작용을 의무적으로 공지하도록 했다. 부작용의 종류는 대체로 의학적으로 증명된 것인데, 주로 피부나 눈에 영향을 미치는 알레르기나 가려움증이 대표적이다. 소비자들이 이러한 부작용에 관한 정보들을 쉽게 알아볼 수 있도록 제품에 기재하게 했다.

■ 사용기한과 관련한 새로운 법 규정

유통기한이 30개월 이상인 화장품의 경우 '최장 사용기한'을 표시하지 않고 개월 수로 표시한 '최적 사용기한'을 명기하도록 했다. '최적 사용기한'이란 제품을 개봉한 이후 사용할 수 있는 기간을 말한다. 한편 유통기한이 30개월 미만인 제품에는 최적 사용기한을 명기하지 않아도 되도록 허용했는데, 왜 이런 결정을 내렸는지 의문을 품지 않을 수 없다.

 우리나라 화장품 전성분 표시지침

제1조(목적) 이 지침은 화장품의 모든 성분 명칭을 용기 또는 포장에 표시하는 '화장품 전성분 표시'의 대상 및 방법을 세부적으로 정함을 목적으로 한다.

제2조(정의) 이 지침에서 사용하는 용어의 정의는 다음과 같다.

1. "전성분"이라 함은 제품표준서 등 처방계획에 의해 투입·사용된 원료의 명칭으로서 혼합원료의 경우에는 그것을 구성하는 개별 성분의 명칭을 말한다.

제3조(대상) 전성분 표시는 모든 화장품을 대상으로 한다. 다만, 다음 각호의 화장품으로서 전성분 정보를 즉시 제공할 수 있는 전화번호 또는 홈페이지 주소를 대신 표시하거나, 전성분 정보를 기재한 책자 등을 매장에 비치한 경우에는 전성분 표시 대상에서 제외할 수 있다.

1. 내용량이 50g 또는 50㎖ 이하인 제품
2. 판매를 목적으로 하지 않으며, 제품 선택 등을 위하여 사전에 소비자가 시험·사용하도록 제조 또는 수입된 제품

제4조(성분의 명칭) 성분의 명칭은 제8조 규정에 의한 기관의 장이 발간하는 「화장

품 성분 사전」에 따른다.

제5조(글자 크기) 전성분을 표시하는 글자의 크기는 5포인트 이상으로 한다.

제6조(표시의 순서) 성분의 표시는 화장품에 사용된 함량 순으로 많은 것부터 기재한다. 다만, 혼합원료는 개개의 성분으로서 표시하고, 1퍼센트 이하로 사용된 성분, 착향제 및 착색제에 대해서는 순서에 상관없이 기재할 수 있다.

제7조(표시생략 성분 등)
① 메이크업용 제품, 눈화장용 제품, 염모용 제품 및 매니큐어용 제품에서 홋수별로 착색제가 다르게 사용된 경우 「± 또는 +/−」의 표시 뒤에 사용된 모든 착색제 성분을 공동으로 기재할 수 있다.
② 원료 자체에 이미 포함되어 있는 안정화제, 보존제 등으로 제품 중에서 그 효과가 발휘되는 것보다 적은 양으로 포함되어 있는 부수성분과 불순물은 표시하지 않을 수 있다.
③ 제조 과정 중 제거되어 최종 제품에 남아 있지 않는 성분은 표시하지 않을 수 있다.
④ 착향제는 「향료」로 표시할 수 있다.
⑤ 제4항 규정에도 불구하고 식품의약품안전청장은 착향제의 구성 성분 중 알레르기 유발물질로 알려져 있는 별표의 성분이 함유되어 있는 경우에는 그 성분을 표시하도록 권장할 수 있다.
⑥ 산도 조절 목적으로 사용되는 성분은 그 성분을 표시하는 대신 중화반응의 생성물로 표시할 수 있다.
⑦ 표시할 경우 기업의 정당한 이익을 현저히 해할 우려가 있는 성분의 경우에는 그 사유의 타당성에 대하여 식품의약품안전청장의 사전 심사를 받은 경우에 한하여 「기타 성분」으로 기재할 수 있다.

제8조(화장품 성분 사전 발간기관 등)
① 제4조 규정에 의한 「화장품 성분 사전」의 발간기관은 '대한화장품협회' 로 한다.
② 발간기관의 장은 성분 명명법, 성분 추가 여부 및 발간방법 등에 대하여 화장품 제조업자 및 수입자 등의 의견을 수렴하고 식품의약품안전청장의 사전 검토를 받아 「화장품 성분 사전」을 발간 또는 개정한다.

[별표]

착향제 구성 성분 중 표시 권장 성분

단, 사용 후 세척되는 제품은 0.01퍼센트 이상, 사용 후 세척되는 제품 이외의 화장품은 0.001퍼센트 이상 함유하는 경우에 한한다.

1. 아밀신남알(CAS No 122-40-7)

2. 벤질알코올(CAS No 100-51-6)

3. 신나밀알코올(CAS No 104-54-1)

4. 시트랄(CAS No 5392-40-5)

5. 유제놀(CAS No 97-53-0)

6. 하이드록시시트로넬알(CAS No 107-75-5)

7. 이소유제놀(CAS No 97-54-1)

8. 아밀신나밀알코올(CAS No 101-85-9)

9. 벤질살리실레이트(CAS No 118-58-1)

10. 신남알(CAS No 104-55-2)

11. 쿠마린(CAS No 91-64-5)

12. 제라니올(CAS No 106-24-1)

13. 하이드록시이소헥실3-사이클로헥센카복스알데하이드(CAS No 31906-04-4)

14. 아니스알코올(CAS No 105-13-5)

15. 벤질신나메이트(CAS No 103-41-3)

16. 파네솔(CAS No 4602-84-0)

17. 부틸페닐메칠프로피오날(CAS No 80-54-6)

18. 리날룰(CAS No 78-70-6)

19. 벤질벤조에이트(CAS No 120-51-4)

20. 시트로넬올(CAS No 106-22-9)

21. 헥실신남알(CAS No 101-86-0)

22. 리모넨(CAS No 5989-27-5)

23. 메칠2-옥티노에이트(CAS No 111-12-6)

24. 알파-이소메칠이오논(CAS No 127-51-5)

25. 참나무이끼추출물(CAS No 90028-68-5)

26. 나무이끼추출물(CAS No 90028-67-4)

제품 안전성
입증의 의무

1998년 7월 1일에 공표된 화장품의 유해성을 규정한 법령은 기업이 아니라 소비자를 보호하는 데 초점이 맞추어져 있다. 제조사는 관련 행정기관에 모든 화장품의 제조와 성분에 관한 상세한 서류를 제출할 의무가 있다. 제출해야 할 서류는 국제 화장품 성분 명칭에서 표기된 명칭으로 된 성분명과 정확한 함유량, 발생할 가능성이 있는 부작용을 담은 자료와 관련 성분 목록, 제품 명세서 등으로 구성되어 있다. 보통 10~20가지의 성분을 포함하는 크림의 경우 제조사에서 제출해야 할 서류의 양은 A4 서류정리함을 가득 채울 정도에 이른다. 대규모 제조사들은 제품의 무해성을 입증할 능력과 시설을 갖춘 협력사에 이러한 까다로운 일을 맡긴다. 소규모 제조사들은 필수 제출 서류를 준비하기 위해 승인된 외부기관에 의뢰하고 있다.

제품 안정성을 이처럼 엄격하게 감독하는 것은 무해성이 입증되지 않은 의심스러운 물질의 사용을 배제하고, 사용된 원료 물질들 사이에 예상치 못한 상호작용으로 발암물질이 형성되는 것을 예방하는 데 목적이 있다. 화학 박사인 베일란트그로테르얀은 다음과 같이 설명한다.

"독성 확인 사항 중 동물을 대상으로 한 실험에서 무해성을 입증하지 못한 물질들은 의심의 눈초리를 보낼 수밖에 없습니다. 독성 실험의 첫 번째 단계는 해당 물질의 발암 가능성을 측정하는 아메스(Ames) 테스트라 부르는 돌연변이 속성에 관한 실험입니다. 이어서 모든 화학제품에 적용되는 법률에 따라 제품 사용을 승인받기 위해 LD50이라는 독성 지수를 측정해야 합니다."

언뜻 보기에 아무런 악의도 없어 보이는 명칭인 LD50은 실제로는 실험용 동물들의 대량 살상을 의미한다. 즉 어느 물질이 실험 대상 동물의 50퍼센트를 죽게 했을 때 그 치사량을 표시하는 용어다. 한편 이러한 실험을 모든 화학물질을 대상으로 체계적으로 실시하는 것은 이해가 되지만, 식물성 원료의 경우에도 동일한 실험을 거치도록 한 것에 대해서는 논란이 일고 있다. 그렇지만 법조항은 예외를 두지 않고 적용하는 실정이어서 일반적으로 독성이 없다고 알려진 식물을 원료로 하여 제품을 생산하는 제조사에 피해를 주고 있다. 이런 이유로 실험 비용이 매우 비싼 독성 확인 실험을 하지 않아도 되는, 유독성에 관해 이미 연구가 이뤄진 식물성 원료만을 선택하고 있다.

보통 의약품에 사용되는 식물들은 사전에 실험을 거친 뒤에 사용한다. 식물성 원료를 채택하여 제약용으로 사용허가를 받으려면 반드시 학술연구 논문이 뒷받침돼야 한다. 그렇지만 실제로 화

**
돌연변이 속성은 유전적 변화를 유발할 수 있는 힘의 크기를 나타내고, 발암 가능성은 암을 유발할 수 있는 힘의 크기를 나타낸다. 독성 지수는 독성 물질의 종류와 그 특성에 따른 영향력을 나타낸다.

**
대부분의 천연 식물 성분은 순수한 상태 그대로 이용할 수 없으며, 에센셜오일, 분말, 액상, 알코올과 같은 형태로 가공해야 한다. 이러한 다양한 형태의 추출물 간에는 품질의 차이가 있다.

장품에 사용되는 수많은 식물성 원료들 가운데는 유독성 실험을 거치지 않은 것이 많다고 한다. 따라서 이런 원료들이 건강에 위험하지 않다는 것을 보장하고, 구체적으로 어떤 효과가 있는지를 밝혀 사용하도록 하는 편이 바람직할 것이다. 이것이야말로 바로 소비자의 안전과 이익을 위한 올바른 조치다.

안전성 시험 규정을 준수하는 일은 무엇보다도 비용 문제가 중요한 관건이다. 약학, 독성학, 의학, 피부학, 화학 등에 관한 풍부한 지식을 가진 전문가들만이 안전성 증명서를 발급할 권한이 있다. 유감스럽게도 명확한 연구 결과를 얻지 못해 식물성 원료가 무해한지 유해한지 확신하지 못하는 몇몇 학자들은 결론을 유보하기도 한다. 따라서 제조사에서 자신들의 이익을 대변하는 전문가 집단을 선택하는 일이 다반사로 벌어진다. 식물성 원료에 부정적 의견을 나타내지 않는 학자들을 선택하거나 전통적인 화장품 화학을 옹호하는 과학자들을 선호하기도 한다. 반면 자연 물질에 정통한 일부 학자들은 자연 물질들이 알려지지 않은 위험을 초래할 수 있다고 생각하지 않고, 더 이상 자세한 연구는 불필요하다고 주장한다.

리치 : 유럽연합이 제정한 화학물질 규제법

소비자를 위험에서 보호하기 위해 유럽연합 차원에서 화학물질 사용을 규제하는 특별법을 제정하기 위해 3년이라는 시간이 걸렸다. 2007년부터 시행된 이 제도는 리치(Registration, Evaluation, Authorization and restriction of Chemicals)라는 약자로 표기되고 있다. 리치 규제법에 대한 논의가 진행되면서 대중들은 유럽연합에서 사용하고 있는 10만여 가지 화학물질 가운데 무려 9만 5000여 개에 대해 연구가 불충분하거나 아예 전무하다는 놀라운 사실을 알게 되었다.

화학물질 사용 규제에 관한 이 새로운 법이 과연 소비자를 안전하게 지켜줄 것인가? 유럽화장품협회는 리치법 시행에 환영의 뜻을 표했을 뿐만 아니라 이 새로운 법이 화장품에 대한 소비자의 신뢰를 높이는 데 한몫해주기를 기대한다고 했다. 이 제도는 현재 시행 초기 단계에 있지만 채택된 세부 사항을 살펴보면 화학 산업의 이익을 위해 양보를 했다는 느낌을 지울 수 없다.

사실 리치 제도는 3만여 개의 화학물질에 대해서만 적용되며 그중 2만여 개에 대해서는 이 규제법이 입안되는 과정에서 엄격히 요구했던 실험의 종류가 대폭 줄어들었다. 애초에 이 법은 화학 산업계에 압력을 가하여 인체에 해를 끼칠 수 있는 물질을 안전한 종류로 대체하도록 하고 건강과 환경을 고려하는 해결책을 찾는 것이 원래 목표였지만, 여기에는 아직 도달하지 못했다. 현재 시행되는 리치 규정에 따르면 안전한 대체 물질이 있는데도 발암성이 있거나, 생식 작용에 해를 끼치거나, 내분비계를 교란할 수 있는 화학물질의 사용을 여전히 허가해주고 있다. 제조사들에게 해로운 물질들이 인체에 야기할 수 있는 위험성을 통제할 방법을 강구한다는 조건으로 사용을 허가해주고 있다. 그러나 누가 이 위험성을 통제할 수 있을지는 아무도 알 수 없다. 왜냐하면 아무도 그 위험성을 정확하게 예측할 수 없기 때문이다.

리치 규제법이 도입돼 그 효과를 알 수 있기까지는 적어도 15년은 기다려야 한다. 이 법이 정한 강제조항이 완전히 이행되기까지의 기간이다. 소비자와 환경보호 협회에서는 이 법에는 수정이 필요한 구석이 매우 많다고 지적한다. 소비자의 안전과 이익을 위하는 방향으로 법을 개정해야 할 뿐 아니라 규제 대상 화학물질의 범위를 확대해야 한다고 주장한다.

제품의 효능 역시
반드시 증명해야 한다

　　화장품이 고가임에도 소비자가 지갑을 열어 구매하려고 마음을 먹는 것은 제품이 약속하는 효능을 믿기 때문이다. 따라서 제품의 효능을 반드시 증명할 필요가 있다. 화장품의 효과가 제품이 가진 특별한 기능 때문이라고 광고하거나, 효과가 광고에서 말하는 것처럼 확인할 수 있다고 광고할 때마다 제조사들은 화장품의 효능을 증명할 수 있는 자료들을 감독기관에 제출할 의무를 법적으로 명시해놓았다. 이러한 법 규정의 적용은 제조사들이 평소에 주장해왔던 화장품의 효능이 사실과 다름을 폭로하는 계기가 되어 화장품 회사들의 이중적인 가면을 벗기는데 한몫을 할 것이다. 이제는 크림이 피부를 젊게 한다고 주장할 수 없게 된 제조사들은 크림이 피부에 젊어진 듯한 분위기를 낸다고 말하면서 말장난을 일삼을지도 모른다.

　　'화장품 산업'의 장막 뒤에서는 보이지 않는 전쟁이 벌어지고 있다. 역동적인 화장품 시장의 뒤편에서는 항상 법이 감시의 눈길을 보내고 있다. 제조사들은 허가받지 못한 원료들을 사용하기도 하고, 법이 허용하는 테두리와 제조에서 실제 적용하는 분야 사이의 모호한 구별을 넘나들고 있다. 방부제 사용은 눈감아줄 수 있는 가벼운 위반이지만, 건강에 해로운 물질을 사용한 것이 드러나면 문제가 심각해진다. 이처럼 법 규정을 위반하는 일이 발생했을 때 감독기관은 일단 잠정적으로 사용을 허용한 뒤에 제조사들이 제출한 자료를 과학적으로 검토하여 사용이 가능하다는 결론이 나면 정식으로 판매 승인을 해준다.

만일 조사 과정에서 건강에 위해하다고 밝혀지면 소비자협회는 감독기관의 끈질긴 검토가 보람이 있었다고 칭찬할 것이다. 그렇지만 소비자는 제품을 테스트하는 실험용 모르모트가 되기 전에 먼저 법적인 보호를 받을 필요가 있다. 문제는 제품이 시판되기 전에는 어느 정도로 해를 끼칠지 그 피해 범위를 알 수 없다는 점이다. 반면 제조사들은 허용되지 않은 물질들을 성분 목록에 등재하는 것을 꺼리고 있다.

제조사들은 자신들이 개발한 새로운 성분을 되도록 오랫동안 비밀로 간직하거나 특허로서 보호받고 싶어한다. 한편 성분을 감추기 위해 예외적인 경우에 부여받은 비밀 코드가 성분 표시 의무를 피하기 위한 합법적인 술책인지 아니면 새로운 성분을 보호하기 위해서인지는 나중에 밝혀질 것이다. 유럽연합 소속 각 국가의 사법당국은 제조사의 편에 서서 비밀로 감춰진 성분의 보호를 옹호할 것인지 아니면 공개를 요구하는 소비자의 권익을 존중하여

✱✱

성분의 공개를 막아주는 합법적 술책이 있다. 성분을 비밀로 감추어야 할 요건이 충족되면 담당 기관은 해당 성분에 비밀 코드를 부여한다. 대다수 화장품 회사들은 이를 성분 은폐 방법으로 악용하고 있으며 이는 공공연한 비밀이기도 하다. 상당수 성분이 비밀 코드로 감추어진 제품들의 출현이 이제는 흔한 일이 되고 있다.

성분을 공개할 것인지 중요한 선택을 해야 한다. 소비자들은 최대한의 정보 공개를 바라지만 어느 제품의 성분 목록에 표시된 600355D나 ILN5760이라는 코드의 조합이 과연 좋은 효능을 보장하는지는 소비자로서는 알 길이 없다.

소비자 보호를 위한
안전장치

'**화장품**' **분야는** 성분의 사용과 관련한 제약이 심하
다. 사용 가능한 가짓수가 현저히 줄어든 색소의 경우에는 엄격한 규
제를 가하고 있다. 또 과거에 화장품이 시판 허가를 받기 위해서 기
준에 맞추어 배합해야 했던 방부제가 이제는 도리어 검토 대상이 되
고 있다. 그중 몇몇 성분은 사용이 금지되었거나 새롭게 도입된 규정
에 의한 실험 결과에 따라 효과에 의문이 제기되는 경우도 있다.

소비자의 안전을 보장하는 대책을 마련하는 과정에서 소비자
협회와 정부의 담당 기관은 항상 같은 편이라 할 수 없다. 오히려
합의점을 찾지 못하고 평행선을 달리고 있다! 보통 화장품 제조사
와 정부 담당 부서의 타협에 의해 탄생한 새로운 법 규정은 소비자
의 눈으로 보면 만족스러운 면이 전혀 없다. 게다가 규정은 너무나
느리게 적용되고 있다. 그러다 보면 결정된 것은 아무것도 없는 것
같고 예전과 다를 바 없는 것처럼 느껴진다. 정작 소비자의 이익을
위해 만들어진 조항조차도 화장품 제조사의 편의를 위해 그 적용

시기를 자꾸만 늦춰주고 있다.

✱✱
화장품 제조사들은 신제품을 출시할 때마다 '유럽화장품협회' 부설 독성연구소에 제품에 대한 몇 가지 정보를 제출해야 한다. 이와 같은 보고를 의무화한 목적은 독성 허용 규정에 따라 특정 성분의 배합을 허용 범위 안에서 처방했는지를 확인하기 위해서다. 또한 제조사들은 자사의 제품이 규정이 정한 정상 범위 안에 들어가는지를 확인하기 위해서 독성연구소에 문의하기도 한다.

전 세계 모든 국가에 하루라도 빨리 화장품을 판매하고 싶어하는 제조사의 전략이 유럽 차원의 소비자 안전 지침과 충돌하는 일이 빈번하게 발생하고 있다. 일본, 러시아 등 세계 각국에 자사의 제품을 팔고 싶어하는 화장품 제조사는 각 국가의 고유한 화장품 규제법을 염두에 두어야만 한다. 방부제의 경우에 국가별로 규제하는 정도가 서로 다를 수 있다. 유럽에서는 필요하지 않은 성분을 다른 국가에서는 요구하기 때문에 첨가할 수도 있다. 마찬가지로 유럽에서는 허용하는 성분이 다른 나라에서는 보건 안전 측면에서 문제가 되는 성분으로 지목받을 수도 있다.

화장품 회사의 비밀과 거짓말을 파헤친 이유는 소비자들이 제품의 성분을 검토하고, 제조사는 소비자의 피부와 생태환경을 중시하는 정책을 전개하도록 하기 위한 목적에서다. 이 책의 부록에 실려 있는 〈화장품 성분 사전〉을 참고로 제품을 분석해보면 어떤 제조사들은 과거의 타성에 젖어 변화의 흐름에 동참하지 못하고 있음을 알 수 있을 것이다. 오래된 습관들을 버리는 것이 변화이지만 그것은 곧 해결해야 할 수많은 변경 사항과 복잡한 조치를 유발하게 된다. 제조사들은 20여 년 동안 자기만의 방식으로 생산해왔기 때문에 공정을 쉽게 변경할 수 없다. 치밀하고 섬세한 조정이 필요한 시스템의 경우에는 차라리 기존의 방식을 고수하는 편이 손쉬운 일이다.

잔인한 동물실험은
계속되고 있다

화장품 동물실험은 세계화와 관련이 있다. 동물실험이 계속 이루어지고 있는 이유 중 하나는 일부 국가가 의무적으로 요구하는 조건이기 때문이다. 미국, 일본, 러시아 등과 같은 국가에서는 동물실험을 근거로 한 무해성을 입증하는 자료를 반드시 제출해야만 화장품 수입을 허가해준다.

화장품과 관련한 동물실험은 1980년대 이후부터 점점 규제가 심해지고 있다. 동물실험이라는 주제는 여전히 열띤 논쟁의 대상이다. 화학제품과 관련한 법, 위험물질과 관련한 법령, 각 국가 및 유럽연합의 공통적인 규제 법령에 따르면 합성화학물질이 대부분이라 할 수 있는 신물질을 공표하기 위해서는 반드시 동물실험을 거친 결과 보고서를 제출해야만 한다. 신물질은 필수적으로 동물을 대상으로 실험을 해야 한다는 뜻이다. 화장품의 경우에 신성분은 동물실험을 거치거나 만일 가능하다면 대체실험을 거쳐 무해성을 입증한 후에야 사용할 수 있다.

경제협력개발기구(OECD)는 장기간의 심의를 통해 하나의 결론을 도출했다. 그것은 동물을 대상으로 실험하지 않고 유독성을 실험할 수 있는 네 가지 방법을 지정하여 의무적으로 실시할 것을 명시한 것이다. 그렇지만 화장품에 사용되는 원료에 대한 동물실험을 금지하는 법안은 2009년 봄 이후에나 시행될 것이다. 프랑스 정부는 2003년 유럽의회와 유럽이사회가 최소한의 투표로 얻은 동물실험 금지를 규정하는 합의법안에 대해 소송을 제기했지만 2005년 5월 24일에 패소판결을 받았다. 이 판결로 유럽에서 화장품 제조를 위해 행하는 동물실험은 2009년부터 금지될 것이며, 개발도상국에서 실시된 실험으로 확인된 성분을 사용한 화장품 판매도 2013년부터 금지될 것이다.

현재 '동물실험을 거치지 않은 화장품'이란 문구를 광고에 사용하려면, 제조사는 자사뿐만 아니라 원료 공급회사의 정식 제품은 물론 견본품까지 동물실험을 거치지 않았고, 다른 회사가 신제품을 개발할 목적으로 동물실험을 거친 원료도 사용하지 않았음을 밝혀야 한다. 부연 설명을 하자면, 한 화장품이 동물실험을 거치지 않았다고 주장하기 위해서는 제품의 어떤 성분도, 세상의 어느 누구에 의해서도 동물실험을 거치지 않았다는 것을 증명해야 한다. 사실 이런 동물실험 과정을 전혀 거치지 않은 성분을 원료로 하여 제품을 생산한다는 것은 거의 불가능에 가깝다.

2004년 이래 유럽에서 동물을 대상으로 화장품 완제품을 검사하는 것은 허용되지 않는다. 유럽연합은 2009년 3월에 발효된 규정으로 동물실험에 다음과 같은 또 하나의 규제 조치를 취했다.

"유럽연합 국가 안에서 동물실험을 거친 성분이 포함된 화장품은 판매할 수 없다." 그러나 이 새로운 규정에는 동물실험을 계속 가능하게 하는 허점이 포함돼 있다. 이러한 금지는 전적으로 화장품에 사용되는 성분에만 관련된다. 그런데 이런 성분은 극소수에 불과하다. 화장품에 함유된 성분들은 대부분 다른 제품에도 첨가되는 성분이기 때문이다. 이런 물질들은 앞으로도 계속, 적어도 몇 년 동안은 동물을 대상으로 실험할 수 있다. 따라서 동물실험 '폐지'는 더 기다려야 한다. 화학물질의 부작용을 검사할 다른 대안이 아직 없기 때문이다.

그러나 몇 가지 특정한 실험들은 대안 검사법이 있든 없든 즉각 금지된다. 2013년까지는 (동물을 이용하지 않는) 대안 검사법을 사용해야 한다는 것이 기본 원칙이다. 각각의 검사법을 대체할 방법이 있다는 전제하에서다. 그러나 그런 방법이 없다면 '리치'에 따라 계속 동물실험을 허용한다. 하지만 특정 검사법은 한시적으로만 허용한다고 확정했기 때문에 대안 개발을 더는 피할 수 없다.

그사이 다섯 가지 대안이 유럽연합 국가들 안에서, 부분적으로는 전 세계적으로 인정받았다. 주요 '핵심(crunch point)'은 예나 지금이나 장기 독성(長期毒性)이다. 장기 독성이란 많은 동물들을 죽음에 이르게 하는 장기 실험을 상징한다. 이런 검사는 종료일인 2013년 3월 11일까지 계속 허용된다.

유럽과 달리 다른 지역에서는 동물실험을 여전히 당연하게 여긴다. 심지어 법으로 규정돼 있어 거의 문제 삼지도 않는다. 유럽

✳✳
화장품에 관한 정보 및 화장품 사용 중에 발생할 수 있는 부작용에 관해 더 자세한 사항을 알고 싶으면 제조사 및 수입사 정보를 공개하고 있는 인터넷 사이트 www.european-cosmetics.info를 참고하면 된다.

연합 이외의 나라들에서 수입되는 화장품들은 동물실험을 거쳤거나 동물실험을 통해 검사한 성분을 함유할 가능성이 있다. 그런 제품에 대한 수입 금지 역시 오래전부터 요구해왔다. 현재 다음과 같은 제한 조항이 포함된 상태다.

"일본과 미국 등 제3국가에서 동물실험을 거친 화장품들은 이미 수입을 허용하지 않는다. 그러나 동물실험을 거친 성분들을 포함한 수입 제품은 2013년 3월 11일까지 수입을 허용한다."

PART 2

아름다운 피부를 위한
영원한 욕망

스킨케어

아름다운 피부의 비밀은
균형 있는 영양 섭취

어떤 사람들은 화장품을 거의 쓰지 않거나 아예 안 쓰는데도 피부가 좋다. 그 이유는 뭘까? 이 질문은 일상적으로 화장품을 사용하고, 그것을 당연하게 여기는 우리를 다시금 일깨운다.

피부는 우리 몸의 다른 기관과 마찬가지로 자율성을 가진 건강한 기관이다. 다시 말해 피부는 스스로 안정적인 상태를 유지한다. 따라서 화장품을 계속 사용해야만 좋은 상태를 유지하는 '만성 질환'을 가진 신체 부위가 아니다. 이론상으로 피부는 외부의 도움을 전혀 필요로 하지 않는다. 피부는 끊임없이 자라나고 스스로를 보호할 뿐 아니라 피부 보호막이라는 매우 효과적인 방어 체계를 가지고 있다. 이 피부 보호막이 온전하면 피부는 외부 자극을 방어할 충분한 능력을 갖춘다.

피부가 노화를 겪는 과정은 다음과 같다. 처음에 피부는 예민한 상태가 되어 보습 작용이 제대로 이루어지지 않게 된다. 이어서 탄력이 떨어진 피부는 주름이 생겨 세포를 원활하게 재생하지 못한다. 피부가 반복적으로 많은 자극을 받으면 더욱더 빨리 노화한다. 그렇지만 환경을 바꾸면 노화를 막을 수 있다. 피부 관리를 저울에 비유해보자. 왼쪽 접시에는 화장대와 욕실을 가득 채우는 화장품을 이용하여 외적으로 직접 피부를 관리하는 일(외적 피부 관리)을 올려놓고, 오른쪽에는 영양 섭취를 잘하고 피부에 해를 주지 않는 일들(내적 피부 관리)을 올려놓는다고 가정하자. 그러면 저울은 안정된 수평 상태를 유지하지 못한 채 한쪽으로 기울어질 것이다. 매일 엄청나게 팔리는 자칭 '기적의 화장품'들 때문에 우리는 내적인 피부 관리의 중요성을 잊어버리고 산다. 그렇지만 어떤 크림도 내적인 활력 부족을 채워줄 수 없으며, 신진대사를 활발히 해젊게 살려면 충분한 영양 섭취를 최우선으로 삼아야 한다.

화장품 광고가 남발하는 수많은 약속들과는 달리 가장 좋은 화장품은 신선한 과일과 야채, 그리고 음식물이다. 에베르하르트 하이만(Eberhard Heymann) 교수는 『피부, 모발 그리고 화장품』에서 피부는 혈액이 전달해주는 영양물질을 통해서만 영양을 공급받는다는 사실을 강조한다. 영양이 결핍되면 비타민이 부족해지고 피부 트러블이 발생한다. 그렇다고 비타민을 얼굴에 발라서 해결할 수 있다고 생각하면 큰 오산이다. 피부 세포를 구성하거나 정상적으로 활동하도록 해주는 영양물질이 부족한 피부를 정상으로 돌릴 수 있는 길은 음식을 통한 비타민 섭취밖에 없다. 화장품에 포함된 일부 비타민은 보조 역할만 할 뿐, 어떤 경우에도 필수 비타민의 일일 섭취량을 대신할 수 없다.

**
영국의 '로열 에든버러 병원'은 나이보다 열 살 넘게 어려 보이는 여성과 실제 나이와 외모상의 나이가 일치하는 여성을 비교한 연구 결과를 내놓았다. 젊어 보이는 여성은 영양 섭취를 고르게 하고, 운동을 꾸준히 하고, 흡연을 하지 않았다. 또 햇빛에 덜 노출되고, 스트레스에 더 차분하게 반응하는 것으로 알려졌다.

**
대구(大口)의 간에 있는 기름, 즉 간유(肝油)는 비타민 D를 풍부히 함유해 아름다운 얼굴을 만드는 데 큰 도움을 준다. 간유는 인체에 소중한 칼슘 흡수를 돕는다. 반면 커피나 차, 그리고 옥살산이 포함된 야채 등은 칼슘 흡수를 방해한다.

피부를 위한 비타민, 그리고 과일과 야채

비타민 A, D, E는 지용성이며, 이런 종류의 비타민을 너무 많이 섭취하면 몸 안에 축적돼 위험을 초래한다. 예를 들어 비타민 A를 과다 복용하면 간이 상할 수 있다. 따라서 지용성 비타민은 과잉 섭취를 주의해야 한다. 비타민 B군(B_1, B_2, B_6, 나이아신, 판토텐산, 엽산, 바이오틴, B_{12})과 비타민 C와 같은 수용성 비타민은 설령 과도하게 섭취하더라도 인체에 아무런 해를 주지 않는다. 남은 것은 소변으로 배출된다.

피부는 병원균의 침입을 막는 장벽 역할을 한다. 비타민 A가 없으면 세포는 세균이 침투해도 피부를 보호할 수 없다. 또 항체도 생산할 수 없다. 비타민 A는 '레티놀'이라는 상태나 '베타카로틴'이라는 전구체 형태로 세포 재생을 촉진하고 피부를 매끄럽게 한다. 비타민 A는 세포분열이 원활하게 일어나도록 돕는 역할을 하여 피부의 탄력과 저항력을 키우는 데 도움을 준다. '베타카로틴'은 햇빛을 막아 보호해주는 기능을 훌륭하게 수행한다.

피부는 항상 병원균과 맞서 싸울 준비를 하는 면역 체계에서 중요한 부분이다. 보호 세포가 제 기능을 발휘하는 데 꼭 필요한 비타민 C는 피부에 탄력을 주는 콜라겐이라는 섬유 세포와 상처를 치유하는 결합조직을 만드는 데 매우 중요한 역할을 한다. 비타민 E는 면역 체계를 떨어뜨리고 세포를 공격하는 유해 산소로부터 세포를 보호한다. 비타민 E는 피부를 보호하는 중요한 역할을 한다.

오래전부터 건강하게 살려는 사람들은 각종 비타민이나 미네랄의 일일 권장 섭취량을 알려주는 지침표를 참고한다. 따라서 영양을 균형 있게 섭취하는 일은 매우 쉬운 일이 되었다. 비타민이나 미네랄과 같은 영양 보조제 섭취는 일상화되었고, 어디서든지 쉽게 구입할 수 있을 정도로 흔하다. 최근에 사람들이 몸에 좋다는 이유로 기준도 없이 영양 보조제를 섭취하는 현상에 대한 심층 연구가 진행되었다. 다양한 연구 결과에 따르면 비타민이나 미네랄은 건강과 피부 미용에 절대적으로 필요한 요소임을 증명한다. 그러면 한 가지 의문이 생긴다. 몸 안에서 어떤 성분이, 어떤 형태로, 어떤 방식으로 유익한 작용을 하는가?

과일이나 야채는 비타민, 미네랄 성분, 섬유질처럼 이미 우리 몸에 익숙한 성분을 포함하고 있을 뿐만 아니라 추가로 '부차적인 성분'이라 할 수 있는 인체를 보호하는 역할을 해주는 물질이 포함돼 있다. 그 물질 중 대표적인 것이 '카로틴', '플라보노이드', '글루코시놀레이트', '페놀산', '식물스테롤', '식물성 에스트로겐', '황화물' 등이다. 그러면 과일이나 야채에서 이러한 성분들만을 추출해서 섭취해도 같은 효과를 얻을 수 있지 않을까?

독일 식품청이 2004년 식품 보고서를 통해 밝혔듯이 이 질문에 대한 답은 명백하게 '아니오'다. 그 이유는 신진대사의 메커니즘을 참고했을 때, 어떤 물질이 어떤 방식으로 건강에 유익한 효과를 내는지는 아무도 밝혀내지 못했기 때문이다. 다만 과일과 야채의 '부차적인 성분'들의 상호작용에서 비롯된 것으로 추측할 뿐이다. 설령 이 '부차적인 성분'과 함께 과일과 야채에서 추출한 비타민, 미네랄 성분, 섬유소를 동시에 섭취한다고 해도 '부차적인 성분'은 인체를 보호하는 기능을 하지 않는다고 한다.

독일 식품청은 "아직까지 어떠한 영양 보조제도 과일과 야채를 대체할 수 없으며, 콩을 비롯한 곡물류를 포함해서 과일과 야채는 우리 식단의 기본 음식물로 자리 잡아야 한다"고 주장한다. 과일과 야채에서 추출한 부차적인 성분으로 보완한 음식물이나 과일과 야채에서 추출한 가공식품도 하루 권장 섭취량인 다섯 접시 분량의 신선한 과일과 야채를 절대로 대체할 수 없다. 400그램 정도인 세 접시 분량의 야채와 250그램 정도인 두 접시 분량의 과일이 일일 적정 섭취량이다.

아름답고 건강한 피부를 유지하려면 당근 주스, 버터, 계란, 우유, 익히지 않은 야채, 콘샐러드, 근대, 시금치와 같은 음식물을 자주 먹어야 한다. 이러한 음식물은 건강한 피부를 유지하는 데 꼭 필요한 비타민 A(베타카로틴)를 공급한다. 사과, 붉은색 과일, 감자, 피망, 양배추도 피부에 매우 이로운 식품들이다. 프렌치드레싱을 만드는 데 쓰는 식물성 식용유, 계란 노른자, 곡물류, 브로콜리는 비타민 E가 풍부해 세포 노화를 늦추는 데 도움을 준다. 과일과 야채를 매일 다섯 접시 정도 섭취하는 습관을 들이면 '건강미 넘치는 아름다움'에 이를 것이고, 건강한 삶의 기반을 마련할 수 있을 것이다. 게다가 균형 잡힌 식단으로 하루 필요량을 제대로 섭취해 비타민과 미네랄의 과도한 섭취를 막을 수 있다.

피곤하고 푸석푸석한
피부의 원인

✱✱
정제 설탕은 비타민과
에너지를 엄청나게 소모
시킨다. 피부를 아름답게
하려면 설탕 소비를 줄
이고 비타민 섭취를 늘
려야 한다.

피곤하고 푸석해 보이는 피부는 대부분 아연이 부족할 때 일어나는 현상이다. 흔히 스트레스나 걱정거리가 많으면 '머리가 하얗게 센다'고 말한다. 그런데 이것은 단순한 비유가 아니라 진실을 말해준다. 분노는 우리 몸 안에 있는 아연을 없앤다. 아연은 머리카락이 하얗게 세는 것을 막아준다. 셀레늄은 세포를 손상시키는 유해 산소를 제거해주고, 머릿결을 윤나게 한다. 게다가 손톱과 머리카락을 건강한 상태로 유지해준다.

우리 몸은 피부 세포에 필요한 산소를 전달해주기 위해 철을 필요로 한다. 그러나 신체 대사활동은 음식물로 섭취한 모든 철을 같은 방식으로 처리하지 않는다. 식물에 함유된 철은 고기에 함유된 철보다 흡수가 덜 되는 편이다. 야채에 들어 있는 철을 생선이나 고기와 함께 섭취한다면 철이 잘 흡수되도록 섭취 방식을 달리해야 한다. 비타민 C가 풍부한 야채를 먹거나 과일 주스를 마시면 식물성 철을 더 잘 흡수할 수 있다.

피부 노화를 재촉하는
햇빛과 추위

나이보다 젊어 보이거나 나이보다 더 들어 보이는 원인
은 피부가 외부에서 받은 영향에 기인한다. 우리들의 피부는 시
간이 흐른 만큼 증거를 드러낸다. 영양 섭취를 균형 있게 하지 않
으면 피부 노화는 빨라질 것이다. 가벼운 피로는 쉬면 곧 사라지
지만, 다음과 같은 두 가지 요인은 몸에 회복 불가능한 흔적을 남
긴다.

적당한 햇빛은 피부와 기분을 좋게 한다. 반면 심한 햇빛 노출
의 후유증은 매우 크다. 피부는 여지없이 노화가 진행돼 늙기 시작
한다. 피부암에 걸리기도 한다. 지수가 높은 자외선 차단제를 써도
충분히 보호하지 못한다. 햇볕에 태우거나 인공 선탠을 하면 피부
뿐만 아니라 건강에도 영향을 미쳐 회복 불가능한 질병을 초래할
수 있다. 그 후유증은 40대 이후부터 뚜렷하게 드러난다. 우리 몸의
피부 보호 기능은 일광에 포함된 해로운 자외선이 피부 깊숙한 곳
인 진피까지 도달하지 못하게 막고, 적당한 구릿빛으로 태워준다.

● 피부가 햇빛에 노출되면 보호 차원에서 각질을 형성하면서 차츰 두꺼워진다. 만일 햇볕을 쬐지 않다가 갑자기 장시간 노출되면 이런 현상은 더욱 심해진다. 따라서 조금씩 노출 시간을 늘려가는 습관을 가지라고 전문가들은 권한다. 서서히 햇볕에 노출되면 피부는 잘 적응한다.

● 우리 피부는 피부색을 결정짓는 갈색 색소인 멜라닌을 형성하면서 자외선을 막아낸다. 멜라닌은 창백한 피부를 가진 북구 지역 사람들보다 거무스레한 피부를 가진 사람들에게서 더 빨리 형성된다.

● 햇빛에 노출되었을 때 피부가 제일 먼저 반응해 만들어내는 것은 요산이다. 피부 보호 역할을 하는 요산은 피부가 물기 없이 말라 있고 햇빛에 적당히 노출될 때만 효과적으로 햇빛을 차단한다. 따라서 물속에 자주 들어가면 요산이 씻겨나가 피부 보호 기능은 사라진다.

● 햇빛에 장시간 노출된 다음 피부는 다시 복구되기 시작한다. 만일 이러한 복구 과정 중에 또다시 햇빛에 오랫동안 노출되면 피부의 치유 기능과 보호 기능이 제대로 작동하지 못한다.

　추위도 피부를 상하게 할 수 있다. 겨울에 스포츠를 즐기다 보면 추위, 바람, 햇볕, 발한 등을 동시에 겪는다. 이는 피부 건강에 가장 안 좋은 조건이다. 추위 속에서 겨울 스포츠를 즐기는 사람은 피부를 보호할 수 있는 저온 보호 크림과 따뜻한 옷을 준비해야 한다. 겨울철 야외에서 많이 활동하는 사람은 일상적으로 쓰던 스킨케어 제품의 사용 순서를 바꾸어본다. 즉 나이트크림을 낮에 쓰고 데이크림을 밤에 써보면 피부 보호 효과를 더 높일 수 있다.

'하이테크놀로지'의
허구성

사람들은 '하이테크놀로지'라는 명칭이 붙으면 무조건 좋아한다. 그러나 신기술로 만들었다고 하는 수많은 화장품들은 실제로 하찮은 성분을 평범하게 재탕한 것에 불과하다. 석유 정제 작업에서 생긴 쓸모없는 부산물로 무엇을 할 것인가? 대다수 화장품에 사용하는 주요 성분 중 하나인 유동파라핀은 윤활유를 생산하는 과정에서 가공된 것이다. 이뿐 아니라 석유화학 기술의 발전으로 인해 다양한 부산물들을 유용하게 활용하기 위한 다양한 처리 방법이 개발되어왔다. 이런 기술 덕분에 화장품에 널리 사용되는 실리콘 오일이 있다. 크림을 제조할 때 이 물질을 배합하기만 하면 사용감이 좋고 피부를 부드럽게 만들어주는 효과가 있다.

다행히도 신뢰할 수 있는 양심적인 일부 제조사들은 환경보호에 상당한 관심을 기울이는 동시에 품질 좋은 화장품을 만들기 위해 연구와 개발에 박차를 가하고 있다. 근본적인 문제는 화학이냐 자연이냐가 아니다. 화학은 단지 물질의 성분과 구조와 결합을 연구하는 학문일 뿐이다. 눈앞에 놓여 있는 한 화장품을 의심의 눈초리로 바라봐야 할 것인지 말 것인지를 판단하는 기준은 사용된 원료가 무엇인지, 화학적인 제조 과정이 어떤지에 따라 결정된다.

**
최근 연구 결과 피부의 지질층은 수성과 지성의 층으로 구성되어 있고, 이 층 밑에는 리포솜 구조를 가진 또 다른 층이 존재한다는 사실이 알려졌다. 여기서 리포솜이란 화장품에서 말하는 마이크로캡슐과는 아무런 연관성이 없으며, 오로지 피부만이 생산할 수 있고 피부를 구성하는 특별한 한 가지 성분일 뿐이다.

제품의 효과를 좌우하는
보형제

피부의 수성 지질층이 보호 역할을 제대로 하려면 우리 피부에는 무엇이 필요할까? 수성 지질층은 표피에 있는 수분을 잡아 두어 발한에 따른 피부 건조 현상이나 탈수 현상을 막는 데 중요한 역할을 하는 수분 유지 인자를 포함한다. 이 층이 온전하게 유지되어야 수분 조절 기능이 제대로 작동한다. 그러나 수성 지질층은 매우 빈번하게 손상되며, 그 결과는 뚜렷하게 드러난다. 이 층이 균형을 상실하면 피부는 연약해지고 거칠어지거나 탄력이 떨어지고 가려움증이 생긴다. 건조하고 거친 피부는 미용은 물론 건강 문제도 일으키며 보호 기능을 잃어버려 세균이 침입하기 좋은 환경으로 변한다.

대다수 피부 트러블은 너무 강한 세척력을 가진 제품으로 씻는 습관 때문에 생긴다. 사용하는 제품이 기초 제품이든 색조 제품이든 립스틱이든지 간에 주성분은 부드러운 성질의 보형제를 포함한 제품이 피부에 가장 좋다.

효과적인 작용을 하는 피부 보호막

피부 보호막을 구성하는 성분은 물과 기름이므로 정확하게 말하자면 수성 지질막이라고 불러야 한다. 이 보호막은 매우 효과적인 방식으로 외부 자극으로부터 피부를 보호하는 동시에 보습 작용을 한다. 이러한 기능 덕분에 피부는 부드러움을 유지할수 있다. 피부 보호막은 생체 활동의 결과로 형성된 복잡한 화학적 산물이다. 이 막의 지방 성분 속에는 트리글리세라이드(triglyceride), 왁스, 지방산, 스쿠알렌, 콜레스테롤, 세라마이드(ceramide) 등이 포함된다. 또 수성 성분은 유산과 아미노산 등과 같은 약산성 물질을 포함하여 피부를 보호해준다. 피부 보호막은 유전적 요인으로 인해사람에 따라 조성 성분이 조금씩 다르게 구성된다.

화장품에는 엄청나게 다양한 종류의 제품이 있다. 예를 들면 프랑스빵에 비유할 수 있다. 무른 반죽, 효모가 든 반죽, 마른 반죽 이 세 가지를 기본 원료로 하여 다양한 제조 방법에 따라 수많은 종류의 빵과 과자를 만든다. 반죽의 질은 밀가루, 계란, 버터와 같은 재료와 그 배합 비율에 따라 달라진다. 효모가 충분하지 않으면 제대로 부풀지 않고, 무른 반죽을 제대로 만들기 위해서는 버터를 적당히 배합해야 한다. 각각의 반죽은 최종 목표가 빵인지 과자인지에 따라 달리 준비해야 한다. 사용할 준비가 끝난 반죽은 목적에 따라 다양한 방식으로 사용된다. 빵의 품질이 이처럼 반죽 상태에 따라 달라지듯 화장품의 품질을 결정하는 것은 바로 '보형제'다.

독일 바이어스도르프 사에서 오랫동안 개발 책임자로 근무했던 비테른은 다음과 같이 강조한다.

"보형제는 화장품에서 기대하는 효과를 얻는 데 매우 중요한

**

여드름, 뾰루지, 무른 피부, 주름, 악건성 또는 극지성 피부 등은 적절한 피부 관리를 하지 않아 발생한 경우가 많다. 여성들은 활성 성분의 포함 여부를 따지며 기능성 화장품을 고르는 경향이 있다. 그러다 보니 보형제가 매우 중요하다는 사실을 잊는다. 보형제의 품질을 따지지 않고 제품을 구입해 사용하면 피부가 좋아진다고 믿고 있지만 실제로는 피부를 망치는 셈이다.

역할을 하는 요소입니다. 좋은 품질의 보형제는 화장품 효능의 80퍼센트를 차지할 정도로 많은 영향을 미칩니다. 제품에 아무리 좋은 활성 성분이 포함돼 있다 해도, 그것은 겨우 20퍼센트의 효과만 낼 뿐입니다. 우리가 행한 수많은 연구 결과 우수한 효능을 발휘하는 활성 성분도 품질이 좋지 않은 보형제와 함께 사용하면 기대 이하의 효과를 낸다는 것을 알게 되었습니다"

좋은 효과를 내는 유탁액(emulsion)을 만드는 데 쓰는 보형제로는 우수한 품질의 오일, 왁스, 유화제를 들 수 있다. 몇몇 종류의 보형제는 그 자체로 좋은 효능을 내는 반면 어떤 것은 피부 미용에 별다른 효과를 내지 못하기도 한다.

 화장품의 주요 성분

■ **보형제** : 제품에서 가장 많은 부피를 차지한다. 유탁액을 만드는 데 쓰는 보형제는 주로 물, 오일, 왁스, 유화제 등이다. 샴푸나 샤워젤을 만드는 데 필요한 보형제로는 물, 계면활성제, 점도 증가제 등을 들 수 있다. 립스틱을 만들기 위한 보형제로는 왁스와 오일 및 지방알코올의 혼합물을 사용한다.

■ **활성 성분** : 화장품에 특별한 효능을 첨가하기 위해 사용하는 물질이며, 각 제품의 특징을 나타내는 역할을 한다. 비타민이 제각기 독특한 기능을 하는 것처럼 보습 작용을 하는 물질이나 자외선을 차단하는 성분 등이 대표적인 것이라 할 수 있다.

■ **첨가제** : 화장품의 화학반응이나 변질을 막고 안정된 상태로 유지하기 위해 첨가하는 성분이다. 주로 방부제나 산화방지제를 말한다.

■ **착향제** : 엄밀하게 말해서 화장품은 꼭 좋은 향이 나야 할 필요는 없다. 그러나 소비자는 향을 맡아보고 구매를 결정하므로 향료는 매우 중요한 역할을 한다.

유탁액의
중요성과 종류

대다수 사람들은 화장품 제조사들이 오랜 연구를 거듭한 끝에 혁신적인 제품을 내놓는다고 믿는다. 그러나 실상은 다르다. 수많은 제품의 구성 성분을 보면 90퍼센트 이상이 똑같은 유탁액을 사용한다. 유탁액이라는 '기본 복합체'를 재료로 하여 클렌징크림, 로션, 자외선 차단 크림, 헤어 제품 등 수만 가지 제품이 탄생한다. 유탁액은 피부 수용성이 매우 좋은데, 그 이유는 이 화합물의 조성 성분이 피부의 수성 지질층과 매우 비슷하기 때문이다.

피부의 수성 지질층은 피지선에서 분비되는 기름과 땀에서 나온 수분이 잘 조합된 놀라울 정도로 효과가 뛰어난 피부 보호막이다. 외부 환경에 따라 땀 분비량이 달라지는 것처럼 피부 조건이 달라지더라도 피부 보호막이 정상 상태를 유지하기 위해서는 피부에 상존하는 레시틴과 콜레스테롤의 작용에 따라 피부의 기름과 수분이 적절한 비율로 혼합되어야 한다. 피부 보호막은 보통 기름이 많은 비중을 차지하고 수분이 적은 양으로 형성되지만, 땀을 많이 흘리면 비율이 역전되어 기름은 적어지고 수분이 대다수를 차지하는 상태가 된다. 화장품에 사용하는 유탁액은 피부에 형성되는 보호막의 조성 성분과 거의 똑같다. 화장품에 사용하는 유탁액은 두 가지 종류로 나뉘는데 수성 상태와 유성 상태가 있다.

● 수성 상태는 물, 식물 추출물 등과 같은 수용성 물질로 형성된다.
● 유성 상태를 만들기 위해서는 오일, 왁스, 지방알코올, 지방산 에스테르, 살구씨 오일, 아보카도 오일 등과 같은 지방성 원료를 사용한다.

우리들의 피부에는 물과 기름을 잘 혼합시키는 천연 유화 기능이 있다. 화장품에 포함된 수성 물질과 유성 물질을 잘 혼합해 균질한 상태의 유탁액을 만들기 위해서는 매개체인 유화제가 필요하다. 간단한 실험을 해보면 유화제가 어떤 기능을 하는지 쉽게 알 수 있다. 컵에 물과 기름을 함께 넣으면 기름은 표면에 뜬다. 아무리 세게 저어도 서로 섞이지 않는 것을 볼 수 있는데, 그 이유는 두 물질의 표면장력의 차이가 너무 크기 때문이다. 주부들이 요리를 할 때 참기름과 식초를 섞은 후 계란 노른자에 부어서 잘 저으면 서로 잘 섞이는 것을 본 적이 있을 것이다. 화장품에는 여러 종류의 수성 성분과 유성 성분이 들어가므로 다양한 유화제를 섞어 사용한다.

유탁액이란 물과 기름이라는 서로 다른 성질의 액체가 혼합된 것임을 알았다. 유탁액의 유형을 결정짓는 요인은 유탁액 속에 포함된 물 분자와 기름 분자의 혼합 상태라고 할 수 있다. 쉬운 예를 들기 위해서 데이크림과 나이트크림을 비교해보자. 데이크림은 수분이 주가 되고 기름을 첨가한 형태고, 나이트크림은 기름이 주가 되고 수분을 첨가한 형태다. 따라서 하나는 수분이 풍부히 함유돼 있고, 다른 하나는 오일 성분을 풍부히 함유하고 있다.

● 수중유(oil-in-water) 형태의 유탁액

이 유형의 유탁액은 물속에 미세한 기름방울 입자가 분포돼 있다. 이때 물은 균질한 상태를 유지하고, 그 속에 미세한 기름방울 입자가 균질하지 못한 상태로 섞여 있다. 따라서 수성이 균질한 상태에 있는 이러한 유탁액은 강력한 보습 작용을 하므로 피부에 쉽게 바를 수 있고 흡수가 빠르다.

● 유중수(water-in-oil) 형태의 유탁액

이 형태의 유탁액은 기름 속에 미세한 물방울 입자가 포함된 상태이다. 이때 기름은 균질한 상태를 유지하고 있으며, 피부가 기름과 수분을 동시에 필요로 할 때 이러한 형태의 유탁액을 사용한다. 따라서 잠자기 전에 사용하는 스킨케어용 제품에 많이 쓴다.

이외에도 매우 드문 형태의 유탁액도 있다. 가끔 화장품 광고에서 특별한 제품임을 주장하기 위해 근거로 내세울 때 등장하는

** 유화제는 유탁액의 유형에 따라 하는 역할이 다르다. 수용성이냐 지용성이냐에 따라 '수중유' 유화제 혹은 '유중수' 유화제로 불린다.

** 인간의 몸은 수용성 지방을 운반하거나 음식물에서 섭취한 지방질을 소화하기 위해 필요한 유화제를 스스로 생산한다. 이처럼 사람의 몸은 지방, 인산염, 아미노산에서 유화제 역할을 하는 인지질을 생산한다.

유탁액의 형태이다. 예를 들어, 랑콤(Lancôme)은 '르 수스 래앙오 (Re-Source Lait-en-Eau)'라는 제품이 보습 작용 면에서 혁신적이라고 자랑한다. 제조사는 유액을 '특별한 기능을 하는 물'로 변환하는 특수한 공법을 세계 최초로 개발했다고 뽐낸다. 하지만 '수 유수' 형태의 유탁액은 진정한 신기술이라고 말할 수 없다. 새로운 점은 이러한 유탁액을 안정화하는 기술을 성공적으로 개발했다는 것일 뿐이다. 이 유탁액은 3단계 과정을 거쳐 얻는다. 처음에 묽은 유액과 같은 보통의 유탁액을 제조한다. 이어서 유화제를 첨가해 독특한 형태로 만드는데 이것이 바로 제3형태의 유탁액이다. 이 특별한 유탁액에 포함된 기름과 물은 독특하게 분포되어 있는데, 미세한 물방울 입자가 작은 기름방울 입자 속에 포함돼 있다. 정말 특이한 점은 물방울 입자를 머금은 작은 기름방울 입자가 물속에 균질하게 분포되어 있다는 것이다.

이러한 독특한 형태의 유탁액은 균질한 수성 입자 덕분에 피부에 빠르게 보습 작용을 하고, 동시에 균질한 유성 입자 덕분에 피부를 보호한다고 알려져 있다. 또 유성 입자 속에 포함된 수분 입자가 수분 창고 역할을 하여 피부가 오랫동안 수분을 머금을 수 있게 한다고 알려져 있다. 만약 이러한 방식으로 보습 효과를 좀 더 연장한다고 해도, 그것 때문에 '기적의 보습 화장품'이라는 이름을 붙일 수는 없다. 피부가 보습 효과를 보는 시간이 종전의 제품과 비교해 기껏해야 한두 시간 정도만 연장될 뿐이기 때문이다. 진정한 신제품이란 기본 원료로 어떤 성분을 사용하는 가에 달려 있다.

기본 원료들 :
좋은 성분 VS 형편없는 성분

소비자들이 화장품을 구매하는 첫째 기준이 '효능'이라고는 해도 그것만으로 제품이 성공을 거두지는 못한다. 화장품이란 피부에 흡수가 잘 되고, 바르면 좋아진다는 느낌을 주고, 사용감이 좋아야만 한다. 소비자들은 이렇게 생각하지만 화장품 개발자에게는 이런 것들이 결코 쉬운 일은 아니다. 소비자들은 화장대 위에 놓여 있는 크림이 좋은 성분들로 만들어졌는지 하잘것없는 싸구려 원료로 제조되었는지를 쉽게 판단할 수 없다. 점성도 적당하고, 향기도 좋고, 기품 있는 미색을 띠는 화장품이 가장 좋은 원료에서 탄생된 것일 수도 있고, 형편없는 성분을 사용하여 제조된 것일 수도 있다.

유탁액의 원료가 되는 성분들은 미네랄 오일일 수도 있고, 실리콘이 될 수도 있고, 식물 오일이거나 천연 지방 성분일 수도 있다. 비테른 박사는 다음과 같이 설명한다.

"우리들은 가급적이면 화학적으로 피부 적합성을 나타내는 원료들만을 사용합니다. 이런 점에서 볼 때 천연 원료를 선택하는 것이 대세라 할 수 있습니다. 우리들은 피부가 스스로를 보호하기 위해 이용하는 물질들과 같은 종류의 원료들을 선택하려고 합니다. 이러한 선택이 항상 성공을 거두지는 않지만, 가능하다면 피부에 존재하는 물질들과 비슷한 성질의 원료들을 사용하려고 노력합니다. 예를 들면 실리콘은 피부에서 발견되지 않지만 피부의 성질과 매우 비슷한 특징이 있습니다. 제품 기획자로서 저는 상황에 따라서 어떤 원료를 쓸지 결정하곤 하는데, 어쩔 수 없이 실리콘을 사용하기도 하지만 가능하면 다른 대체 물질을 사용하려고 합니다."

미네랄 오일은 체내에서 일어나는 신진대사 과정에 참여하지 않을 뿐만 아니라 생리작용에도 반응하지 않는 탄화수소 계열의 물질들로 구성되어 있다. 미네랄 오일이나 파라핀 왁스는 원유를 정제하거나 여과하는 과정의 하나인 증류 과정에서 생기는 폐기물에서 얻는 물질이다. 이것들은 파라핀 오일과 마찬가지로 피부가 숨을 쉬는 것을 방해하지만 피부에 막을 형성하여 보호하는 기능을 한다는 점에서는 좋은 점수를 줄 수 있다. 그렇지만 미네랄 오일을 핸드크림용 제품에 사용할 때는 어느 정도 이점이 되겠지만 매일 쓰는 얼굴 크림용 제품의 원료로 쓴다면 큰 지장을 초래할 것이다.

파라핀 오일은 화장품 제조사들이 비용을 절감할 수 있도록 해준다. 또 제조 과정에서 다루기도 매우 쉬운 원료이다. 미네랄 오일에 잘 반응하는 유화제를 투입하면 보관하기도 쉽고 취급하기도 쉬운 무취의 유탁액이 만들어진다. 그러면 오랫동안 보관해도 변색이나 변질이 되지도 않으며, 원하는 대로 향을 첨가할 수도 있다. 파라핀 오일은 원가가 낮아 대량으로 생산해 사용되며, 산화 현상이 일어나지 않아 산패를 막기 위해 산화방지제를 넣을 필요도 없다.

이런 이유로 천연 화장품을 만드는 제조사들은 당연히 이러한 미네랄 오일들을 사용하지 않는다. 인지 철학을 근본으로 삼아 설립된 천연 화장품 제조사인 벨레다(Weleda)는 "미네랄 오일 종류는 인체에 사용하는 화장품 원료로는 적합하지 않습니다. 우리 피부와는 너무나 이질적인 것들이기에 피부의 생리작용에 전혀 반응을 하지 않기 때문입니다"라고 말하면서 자신들의 제조 원칙을 밝히고 있다.

화장품 제조사의 개발자들은 만능 원료로 이용되는 실리콘 오일의 다양한 용도에 감탄해 마지않는다. 실험실에서 합성된 이 물질은 피부 보호용 크림, 착향제 고정 물질, 헤어 제품 등 거의 모든 제품에 사용한다. 실리콘 오일의 한 종류인 '디메치콘'은 피부 보호용 및 헤어용 제품과 립스틱에 주로 사용되는 원료다. 파운데이션이나 데오도란트에는 보통 '세틸디메치콘코폴리올'이나 '페닐트리메치콘'을 사용한다. 립스틱이나 색조 화장품에는 실리콘 왁스 형태인 '스테아릴디메치콘'과 '세틸디메치콘'이, 샤워젤이나 샴푸에는 '디메치콘코폴리올'이 포함돼 있다.

실리콘의 용도는 이루 헤아릴 수 없을 만큼 다양하다. 화학자들은 실리콘을 매개 물질로 사용하거나, 필요에 따라 인공적으로

✱✱
소비자들은 성분을 부르는 명칭의 다양함에 당혹감을 느낀다. 왁스(바셀린이라 부르지만 정식 국제 화장품 성분 명칭은 페트롤라툼)는 석유를 증류하는 과정에서 생기는 부산물이다. 세레신(국제 화장품 성분 명칭은 세레신 왁스)은 미네랄 오일이나 오조케라이트(화석 왁스라 부르지만 국제 화장품 성분 명칭은 오조케라이트)에서 얻는 성분이다.

실리콘은 규소에서 얻은 산소 원자를 포함하는 합성 물질이다. 실리콘은 종류에 따라 품질의 차이가 매우 크며 용도가 매우 다양하다.

특수하게 합성해 유화제로도 사용하곤 한다. 실리콘 오일은 매우 부드러워서 피부에 부드럽게 바를 수 있다. 그러나 피부 건강 면에서 볼 때 실리콘은 미네랄 오일보다 결코 낫다고 할 수가 없다. 그 이유는 품질은 좋다 해도 실험실에서 합성되었기 때문이다. 또 실리콘 오일이나 왁스는 과도하게 사용하지 않도록 제한하고 있는데, 그 이유는 자연 속에서 생분해가 되지 않아 환경에 큰 위협을 주기 때문이다.

피부 적합성이 뛰어난
식물성 오일과 유지

식물성 오일은 과일이나 씨앗에 열을 가하거나 빛을 쬐어 얻는 성분이다. 천연 식물성 오일은 피부에 작용하는 방식이 파라핀 오일과는 판이하게 다르다. 인체의 신진대사 방식과 동일하게 작용하며, 피부를 매끄럽게 하고 피부 보호막 형성에도 도움을 준다. 또 체온을 보존하는 막을 형성하는 데 많은 역할을 한다.

파라핀 오일과는 달리 식물성 오일과 유지는 활성 성분을 다량 함유하여 피부에 좋은 효과를 낸다. 보습 작용을 하는 아몬드 오일, 비타민을 풍부하게 포함한 아보카도 오일, 오일 성분이 많은 캐모마일 추출물, 에센셜오일 등이 대표적이다.

요즘에 들어서는 보형제 안에 함유된 천연 오일의 비율이 화장품의 품질을 결정짓는 척도가 되기 시작했다. 예전에는 합성 화합물 성분이 화장품 과학 기술이 발전하고 있는 증거처럼 여겨졌다. 따라서 자연 성분을 자연스럽게 무시하게 됐다. 하지만 이제는 거대 화장품 제조사들조차 방향을 전환해 성분 목록에 천연 물질을 포함시키고 있다. 새롭게 등장하는 화장품 가운데 '피마자 오일'과 같은 천연 오일과 식물성 원료를 혼합하여 만든 제품이 점점 많아지고 있다. 이런 흐름에도 여전히 실리콘은 광범위하게 사용되고 있는 실정이다. 그렇지만 건강한 피부를 위해서는 효과가 좋은 천연 오일의 배합 비율을 높이는 것이 바람직할 것이다.

- '아보카도 오일'은 비타민, 레시틴, 미량원소 등을 풍부히 함유하고 있다.
- '아몬드 오일'은 식물성 오일 가운데 최고라 할 수 있으며, 가장 부드러운 특징이 있다.
- '올리브 오일'은 올레인산, 리놀레인산, 팔미틴산 등의 함유량이 매우 높아 피부에 보습 작용을 하는 것은 물론 보호 기능까지 한다.
- '밀의 배아에서 추출한 오일'은 다중불포화지방산, 비타민 E, 레시틴, 프로비타민(체내로 들어가면 비타민으로 바뀌는 물질) A 등처럼 우리 몸에 유용한 물질이 풍부하다.
- '땅콩 오일'은 올레인산과 리놀레인산을 상당량 함유하고 있다.
- '마카다미아 씨 오일'은 스킨케어용과 헤어용 제품, 색조용 제품 등에 널리 사용한다. 이 오일은 피부 깊숙이 스며들어 효과를 내는 특징이 있다. 헤어용 제품에 사용하면 거친 머릿결을 매끄럽게 해준다.
- '팜 오일(야자유)'은 노화 방지를 목적으로 하는 제품에 사용할

정도로 우수한 성분을 함유하고 있다.

- '산자나무 열매 오일'은 비타민, 미량원소, 불감화성(비누화 되지 않는) 물질 등을 풍부히 함유해 손상된 피부의 재생을 촉진한다.
- '달맞이꽃 오일'과 '보리지(borage) 씨 오일'은 불포화지방산의 함유량이 높아 신경성 피부염에 탁월한 치료제로 쓰인다.

**
유기농법으로 키운 작물에서 얻은 식물성 오일, 지방, 왁스 등은 화학비료, 제초제, 농약 등을 사용하지 않고 재배한 식물에서 얻는다. 유기농법으로 생산됐다는 확인은 독립적인 인증 기관에 의해 이루어진다.

에스테르화 과정을 거친 오일은 국제 화장품 성분 명칭을 보면 쉽게 식별할 수 있다. '카프릴릭/카프릭트리글리세라이드', '디카프릴릴에텔', '옥틸도데칸올' 등이 여기에 속한다. 이 성분들은 식물성 오일을 분해하는 과정을 통해서 얻는다. 즉, 식물성 오일에서 여러 가지 지방산을 추출한 다음 글리세린이나 알코올 등을 첨가하면 새로운 성질을 띤 복합 성분이 만들어진다.

에스테르화 과정을 거친 오일은 스테아린산, 올레인산, 팔미틴산 등과 같은 지방산과 지방알코올, 글리세린 등과 같은 알코올의 혼합 반응에서 태어난 성분이다. 따라서 이 오일은 수성과 유성의 성질을 동시에 나타낸다.

에스테르화 과정을 거친 오일을 선택하느냐 아니면 순수한 식물성 오일을 선택하느냐 하는 문제는 천연 화장품을 제조하는 사람들 사이에서는 뜨거운 논쟁 거리가 되고 있다. 에스테르화 과정을 거친 오일을 선호하는 제조사들은 이 오일이 피부 사용감에서 일반 화학 화장품과 구별하기 힘들 정도로 동일한 효과를 낼 수 있다고 주장한다. 또한 일부 소비자들은 순수한 식물성 오일을 배합

✳✳

천연 오일은 수소를 첨가한 형태로 사용되기도 한다. 이러한 경우에 국제 화장품 성분 명칭은 '하이드로제네이티드'라는 단어로 시작된다(예를 들어 하이드로제네이티드 캐스터 오일은 '수소가 첨가된 피마자 오일'이다). 수소가 첨가된 천연 오일은 크림이나 스틱형 제품에 경도를 높여주는 작용을 하는데 왁스 정도의 점성을 갖게 해준다.

한 크림은 촉감상 유분기가 덜하며 덜 부드럽고 거친 감이 있다고 느낀다.

그러면 에스테르화 과정을 거친 오일의 단점은 무엇인가? 화장품의 기본 원료로 중요하게 사용되는 식물성 오일은 천연 또는 유기농 화장품을 만들 때 필수적으로 배합하는 성분이다. 그 이유는 순수한 식물성 오일은 다양한 물질을 함유하고 있는 활성 성분이기 때문이다. 무엇 때문에 소비자들은 우수한 품질의 식물성 오일을 선호하고 순도 높은 올리브 오일을 비싼 값에 구입하려고 하는 것일까? 식물성 오일들은 원래의 자연 상태에서만 피부에 좋은 효과를 발휘할 수 있기 때문이다.

에스테르화 과정을 거친 오일을 사용하지 않고도 피부 사용감이 우수한 천연 또는 유기농 화장품을 제조할 수 있는 방법이 있는데, 그 한 예로서 호호바 오일이나 여러 가지 식물의 배아나 씨에서 추출한 오일을 다양한 방법으로 혼합하는 방식을 들 수 있다.

오로지 천연 화장품만을 생산하는 회사에게 순수한 식물성 오일은 절대적으로 중요한 성분이다. 에스테르화 과정을 거친 오일의 사용이 늘어나고 있는 현실에서 독일의 유기농 화장품 인증 기관인 BDIH는 유기농 화장품 제조명세서에 화학과정을 거친 오일의 사용을 제한하는 조항을 첨가하였다. 또한 제품을 생산할 때 순수한 식물성 오일만을 주로 사용할 것을 권장한다.

화장품의 품질을 결정하는 요인

화장품의 효능을 결정하는 것은 성분 목록 첫 부분에 국제 화장품 성분 명칭으로 표기된 원료들이다. 이것들을 살펴보면 즉시 좋은 제품인지 아닌지를 한눈에 알 수 있다. 성분 목록의 처음은 '물'로 시작한다.

- 좋은 크림은 물 다음에 '피마자 오일', '글리세린', '아보카도 오일', '정제 비즈왁스', '소듐 스테아레이트(유화제 및 결합제 역할)' 혹은 '카프릴릭/카프릭트리글리세라이드(식물성 오일에서 추출한 물질)' 같은 성분들이 나타난다.

- 성분 목록 윗자리를 차지하는 명칭이 '미네랄오일', '페트롤라툼(피부호흡을 방해하는 정전기 방지제)', '오조케라이트(피부호흡을 방해하는 유화 안정제)', '마이크로크리스탈린왁스(파라핀 왁스 계열의 유화 안정제)', '하이드로제네이티드폴리이소부텐(피부호흡을 방해하는 피막 형성제)' 등인 제품은 피부와 건강에 좋지 않은 영향을 미친다.

- 실리콘 오일 계열인 '사이클로메치콘(피부에 잘 발리게 하기 위해 첨가한 성분)'은 피부 적합성 면에서는 만족할 만한 효과를 내지만 환경 면에서 볼 때는 자연에서 잘 분해되지 않는 단점이 있다.

성분 표시 규정에 맞춘 성분 표시 사례(스킨케어 제품)

브랜드 : Avène(아벤느)

제품명 : Emulsion apaisante équilibrante(리밸런싱 모이스처 로션)

용 량 : 50ml

가 격 : 13유로

☺☺☺ 물 ☺☺☺ 카프릴릭/카프릭트리글리세라이드 ☺☺☺ 잇꽃씨추출물 ☺☺☺ 슈크로오스스테아레이트 💧💧 피이지-8 ☺☺☺ 슈크로오스디스테아레이트 ☺☺ 디에칠헥실석시네이트 ☺☺ 벤조익애씨드 💧💧💧 비에이치티 ☺ 카보머 💧💧 클로페네신 💧💧 디소듐이디티에이 착향제 💧 페녹시에탄올 ☺☺☺ 소듐하이알루로네이트 ☺☺☺ 토코페릴글루코사이드 💧💧 트리에탄올아민

브랜드 : Les Douces Angevines(레 두스 앙쥐빈느)

제품명 : Fantômette(팡또메뜨 : 페이셜 및 아이 클렌징 오일)

용 량 : 125ml

가 격 : 26유로

☺☺☺ 물 ☺☺☺ *참깨 ☺☺☺ 서양고추나물 ☺☺☺ *해바라기 ☺☺☺ *피마자 ☺☺☺ *라벤더 ☺☺☺ *일랑일랑꽃 ☺☺☺ *클로브

"*"표시는 유기농법으로 재배한 산물에서 얻은 성분

브랜드 : Logona(로고나) **

제품명 : Tages Creme(알로에 데이크림)

용 량 : 50ml

가 격 : 14유로

☺☺☺ 물 ☺☺☺ *알로에베라젤 ☺☺☺ *스위트아몬드오일 ☺☺☺ 글리세릴스테아레이트에스이 ☺☺☺ 아보카도오일 ☺☺☺ 글리세린 ☺☺☺ *호호바오일 ☺☺☺ 비즈왁스 ☺☺☺ 라놀린 ☺☺☺ 포도씨오일 ☺☺☺ 녹차추출물 ☺☺☺ 소듐피씨에이 ☺☺☺ 실리카 ☺☺☺ 토코페롤 착향제 ☺☺☺ 잔탄검 ☺☺☺ 시트릭애씨드 ☺☺☺ 소듐시트레이트

"*"표시는 유기농법으로 재배한 산물에서 얻은 성분

** 로고나는 독일 천연 유기농 화장품 브랜드

유화제를 만드는
다양한 방법

식물성 및 동물성 왁스는 피부에 유익한 성분을 포함한다. 이 두 가지 왁스는 적절한 비율로 배합한다면 순한 유화제로 사용할 수 있는 장점이 있다.

● '비즈왁스'는 립스틱과 이제는 거의 사라진 콜드크림이나 포마드 제조에 사용한다.

● 색조 화장품에 사용되는 '카나우바 왁스'는 브라질 야자수의 잎에서 얻는다.

● '칸데릴라왁스'는 멕시코에 자생하는 식물의 잎에서 채취한 것이다.

● '라놀린'과 '라놀린알코올'은 피부에 유용한 물질이다. 라놀린은 '유중수' 형태의 유탁액을 만들기 위해 첨가하는 전통적인 유화제 중의 하나이다.

● 흔히 알고 있는 것과 달리 화장품 제조에 광범위하게 사용되는

성분인 '호호바 오일'은 오일이 아니라 왁스이다. 자연 상태에서 유일하게 액체 형태로 존재하는 왁스인 것이다.

● '쉐어버터'는 왁스와 지방 오일을 합성하여 만든 물질이며, 불감화성 물질을 많이 함유하여 피부를 보호하는 탁월한 기능을 한다. 대부분의 오일에서 불감화성 물질의 함유량은 0.5~2퍼센트 정도며, 아보카도 오일도 최대 6퍼센트 정도에 그친 반면 쉐어버터는 15퍼센트나 포함하고 있다. 이처럼 높은 함유량으로 피부에 좋은 효과를 내는 중요한 물질 중 하나이다. 쉐어버터는 피부에 잘 흡수되어 피부를 부드럽게 하고 수분 유지에 도움을 주고 특히 다른 성분의 흡수를 돕는 기능을 한다.

지방알코올은 점착제나 보조유화제로 사용되며, 피부를 순하고 부드럽게 만들어주는 성질을 갖고 있다. 흔히 '세틸알코올', '베헤닐알코올', '스테아릴알코올', '미리스틸알코올'이라는 불리는 것들이 대표적인 지방알코올이다. 백색의 '세틸알코올'은 피부에 자극적이지도 않고, 독성도 전혀 없고, 산패도 되지 않는 특징이 있다.

지방산은 화장품을 화학적으로 안정된 상태로 만들어주는 기능과 유화제의 기능을 갖고 있다. 가장 많이 사용되는 지방산 종류로는 '라우릭애씨드', '스테아릭애씨드', '미리스틱애씨드', '팔미틱애씨드' 등이 있다. '리놀레익애씨드'는 중요한 다중불포화지방산 중 하나이다. 이러한 지방산들은 화장품에 자주 쓰이는 우수한 성분들이며, 보통 지방이나 오일 형태로 자연계에 존재한다.

친수성이라 이름 붙여진 오일들은 유화제 역할을 한다. 친수성 오일은 물과 접촉하면 '수중유' 형태의 유탁액으로 저절로 만들어지는데 흐르는 물에 쉽게 씻기는 성질을 띤다. 이러한 특성은 에톡시화 유화제(군사용으로 사용하는 치명적인 독성 물질에서 얻는 유화제)를 친수성 오일에 혼합할 때 얻을 수 있다. 친수성 오일은 거칠어지고 굳어진 피부를 씻어낼 때 사용한다. 부드럽게 씻어내고자 하는 경우에는 유화제를 넣지 않은 오일을 사용하는 것이 좋을 것이다.

동일 제조사의 여러 가지 제품들의 성분을 살피다 보면 보형제와 특별한 효능을 발휘하는 원료들을 선택하는 방식에서 그 회사만의 고유한 흐름을 발견할 수 있다. 저렴한 가격대의 제품들은 거의 항상 미네랄 오일을 기본 원료로 사용하지만, 가끔 비싸지 않은 가격의 제품인데도 좋은 성분이 함유된 제품을 만나는 일이 생기기도 한다. 그러나 어떤 때는 초고가 제품임에도 보형제의 성분이 보통 가격대 크림의 원료와 거의 유사한 것을 발견하고선 놀라움을 금치 못한다. 결론적으로 제품을 자세히 살펴보면 돈을 절약할 수 있다는 것이다.

**

화장품의 성분으로 포함된 '지방물질'은 빠르게 흡수되고 피부에 부드럽게 발린다는 두 가지 특징이 있다.

젤 타입의
제품들

✱✱

청량감을 주는 젤의 원료
로는 일반적으로 과일 속
에 함유된 펙틴(식물의
세포벽과 세포 간 조직에
들어 있는 수용성 탄수화
물)을 사용한다. 해조류
의 일종인 황색 바닷말은
치약이나 헤어 제품에 주
로 사용된다.

젤 형태의 제품들은 지방 성분이나 유화제를 함유하고 있지 않으므로 당연히 유탁액이 아니다. 다양한 유형의 화장품에서 젤 형태의 제품을 만나볼 수 있다. 피부세척용 제품, 스킨케어용 제품, 자외선 차단용 제품, 스틱형 데오도란트 제품 등이 그것이다. 모든 젤 타입 제품의 원료에는 물과 상당한 양의 수분을 흡착할 수 있게 해주는 점도 증가제의 일종인 점착제가 포함되어 있다. 점착제는 보통 인공적으로 합성한다. 가끔 자연 상태로 발견되는 점착제는 품질은 우수하지만 실험실에서 합성한 원료보다 취급하기가 더 까다롭다. 젤이 투명하고 유연한 성질을 갖기 위해서는 폴리아크릴과 같은 점도 증가제를 사용하는데, 이 성분은 피부에 닿았을 때 끈적거리는 느낌을 사라지게 하는 효과를 낸다.

구아나무에서 얻는 분말, 두발용 제품이나 스틱형 데오도란트에 흔히 사용되는 캐럽콩에서 얻는 분말, 아라비아고무, 적색 해조류에 얻는 한천, 샴푸나 마스크팩에 사용되는 갈색 해조류에서 얻는 알진, 감자·쌀·밀 등에서 얻는 전분 등이 대표적인 식물성 점착제이다. 화장품에 빈번하게 사용되는 '잔탄검'이라는 점착제도 생물공학 기술의 산물이다. 아교는 동물성 원료에서 만들어지지만 벤토나이트라는 광물성 원료에서도 아교와 비슷한 성질을 띠는 물질을 얻을 수 있다. 셀룰로오스와 메칠셀룰로오스는 실험실에서 약간의 화학적인 가공을 거쳐서 생산한 천연점착제라 할 수 있다. 이 모든 점착제는 외관상으로는 젤의 형태를 띠지 않는 화장품들의 성분이 되고 있다. 많은 종류의 화장품에서 발견되는 수성 형태는 사실은 유성 형태를 띠는 유탁액에 젤을 혼합하여 만든 것이다.

원료 측면에서 봤을 때, 수분과 점착제로만 된 순수한 젤은 피부 흡수성과 보습성 면에서는 이롭지만 결국에는 피부를 건조하게 만든다. 이와 같은 이유로 일부 젤 제품은 특별한 용도를 위해서 사용하는 것이라고 인식되고 있다. 유탁액보다 피부를 관리하는 효능이 떨어지기 때문에 사용하기 전에 반드시 피부 상태를 분석해야 한다. 기름 성분에 민감하게 반응하여 이를 받아들이지 못하는 피부에는 훌륭한 대체 상품이라 할 수 있다. 제품 특성상 사용 후에 상쾌함을 느낄 수 있기 때문에 운동 후에는 이러한 젤 제품을 사용하는 것이 선호되고 있다.

**
크림형의 마스크팩은 모든 유형의 피부, 즉 정상이든 건조하든 민감성이든 가리지 않고 좋은 효과를 낸다. 팩에 포함된 유탁액이 피부를 매끄럽게 하고 혈액순환을 촉진하기 때문이다. 이 마스크팩은 피부 각질을 제거하는 효과가 있고, 활성 성분을 첨가하여 문제성 피부를 치료할 수도 있다.

다양한 젤 제품의 구별

- 수성젤은 피부에 바른 후 지속적인 효과를 보기 위한 종류인 마스크팩, 클렌징 제품, 자외선 차단 제품 등에 주로 사용된다.

- 수분분산젤은 지방성 물질을 수성젤에 첨가하여 기능을 향상시킨 것인데, 혼합한 성분과 제조 방식에 따라서 품질이 좌우된다.

- 크림젤은 유탁액과 젤의 혼합물이다.

- 리포젤은 수분을 포함하고 있지 않은 점성이 높은 오일이다. 화장품에서는 거의 찾아보기 힘들지만 젤의 특징을 갖고 있다.

소비자를 유혹하는
색다른 성분(?)의 진실

소비자는 무슨 뜻인지 알 수 없는 화장품 성분들이 저마다 최고라고 주장하는 현실 앞에서 도무지 갈피를 잡을 수가 없다. 남발되고 있는 기적의 약속을 유심히 살펴보면서 이 제품 저 제품 사이를 그저 기웃거리기만 하는 일 이외는 다른 방법이 없다. 광고에서는 효능을 보장한다는 내용이 고객을 눈길을 끄는 최고의 선전 문구가 되므로 각 제조사는 효능을 뒷받침할 수 있는 과학적 근거를 마련하기 위해 끝없는 경쟁으로 치닫고 있다. 기적의 물질을 사용하여 놀라운 약속으로 포장한 효능을 자랑하는 신제품은 항상 감탄의 대상이다. 프랑스 화장품 회사 비쉬(Vichy)는 '필라딘', '아데녹신', 크리스티앙 디오르(Christian Dior)는 '캡쳐 R60/80 비-스킨인사이드', 이브로쉐(Yves Rocher)는 '폴리사이드바이오베제토', 미국의 에스티로더(Estée Lauder)는 '폴리-콜라겐-펩타이드', 랑콤은 '레졸루션링클콘센트레이티드디-콘드락솔'이라는 마법 같은 이름을 가진 제품으로 소비자의 시선을 끌고 있다.

이 낯선 용어는 무엇을 말하고 있는 것일까? 코엔자임, 나노층, 프로비타민, 미세층, 바이오에포 등과 같은 이름을 가진 물질이나 원료들의 생소한 과학적 명칭들을 들을 때마다 우리들은 그 물질이 무엇인지, 그 기능이 어떤지 도저히 종잡을 수가 없다. 화장품 과학의 신기원을 이룩하여 자칭 진정한 도약을 이루었다고 뽐내기 위해서 '복합 바이탈', '저장 효과', '삼중 강화', '특허받은 성분' 등과 같은 과장된 표현들이 난무한다.

 새로운 식물성 활성 성분의 유행

화장품에 배합되어 제품의 가치를 높이는 성분에 어떤 것들이 있는지를 면밀히 따져보면 많은 종류의 성분은 별 효용이 없을 것이다. 특히 효능을 과도하게 부풀린 식물성 활성 성분은 더욱 그러할 것이다. 얼마 전부터 수많은 종류의 이국적인 성분들이 화장품 광고에 등장하기 시작했다. 오스트레일리아는 최근들어 신성분의 공급처로 부각되고 있다. 오스트레일리아의 사막, 열대밀림, 오지 등에서 자라는 식물에서 추출한 성분이 들어간 제품들이 날개 돋힌 듯이 팔리고 있다. 이러한 유행은 고급 화장품 제조사들이 색다른 성분을 배합한 제품을 먼저 도입하여 인기를 끌자 나머지 회사들도 뒤따라하기 시작한 데서 비롯된 것이다.

성분의 효과가 명확하게 밝혀지지 않은 상황에서 새롭다는 사실만으로 우수하다고 보장할 수는 없다. 화장품 회사의 입장에서 볼 때 아시아, 남아메리카, 아프리카, 오스트레일리아 등지에서 자라는 식물에서 얻은 새로운 활성 성분이 우수한지 아닌지를 따지는 것은 크게 중요한 문제가 아니다. 소비자에게 인기를 얻는 요인은 단지 전에는 볼 수 없었던 '색다른 성분의 배합'이라는 데 있기 때문이다.

화장품 마케팅에 감춰진
제품 효능의 비밀

귀를 솔깃하게 하는 과장된 선전문구들을 비판적인 시각으로 따져보면 실질적으로 효과가 좋은 제품을 찾아내는 기쁨을 누릴 수 있으며 상당한 금액을 절약할 수 있다. 함유량으로 보면 효능을 보장하는 우수한 성분들이 제품에서 차지하는 비율은 0.1 혹은 0.01퍼센트 정도밖에 되지 않을 정도로 극히 미미하다. '히알루론산'이 0.1퍼센트 포함되어 있다면, 그것은 정말 상당히 높은 함유량이라고 보아야 할 것이다.

그러면 어떤 성분이 정말 피부에 필요한 것일까? 건강한 피부와 싱그러운 얼굴을 갖기 위한 황금률은 피부에 물과 오일 성분으로 영양을 주고 잘 보호하는 일이다. 건강한 피부는 건조하고 거친 피부에 비해 훨씬 덜 민감하다. 스킨케어 제품의 목적은 피부가 필요할 때마다 수분과 오일 성분을 공급해주는 데 있다. 아름다운 피부를 가꾸는 최상의 조건은 피부 수성 지질층의 균형을 유지하는 것이다. 아름다운 피부를 약속하는 화장품의 이상적인 성분 배

영어로 'Moisturizer(수
분을 공급하다)'라고 적
혀 있다면 화장품의 효능
을 지칭하는 용어로서는
이해하기 쉬운 편이라 할
수 있다. 그러나 무엇을
말하는지 알 수 없는 용
어가 허다하다. 현재 유
럽연합의 화장품법에서
는 제품 용기나 포장지에
판매되고 있는 나라의 언
어로 용도나 효능을 기재
하도록 하고 있는데, 이
는 그나마 다행스러운 일
이다.

합은 다음과 같다.

● 품질이 우수한 보형제
● 효능을 발휘하는 활성 물질
● 피부 깊숙이 좋은 성분을 전달하는 '리포솜'과 같은 매개체

보형제는 제품의 효능을 높이는데 가장 많은 역할을 한다. 보형제의 주성분인 물과 오일은 피부의 수성 지질층을 균형잡힌 상태로 유지해주며, 손상된 경우에는 복원하는 일을 한다. 피부의 수성 지질층이 좋은 성분으로 영양 공급을 잘 받고 있다면 피부는 건강한 상태를 유지하는 것이다. 이런 면에서 볼 때 식물성 오일은 피부에 좋은 성분들을 공급하는 일을 하며, 이것이 바로 식물성 오일의 큰 장점이다.

가장 효능이 좋은
보습제

유탁액에 포함된 수성 성분은 피부가 건조해지는 것을 막기 위해 수분을 조절하는 물질을 피부에 공급함으로서 스킨케어 역할을 한다. 수분을 공급하는 가장 간단한 방법은 물로 씻는 것이다. 하지만 그 효과는 기껏해야 30분을 넘기지 못하고 곧 피부는 건조해지기 시작한다. 물이 피부 보습 인자를 용해시켰기 때문이다. 따라서 수분을 공급할 수 있는 물질을 바르거나 보습 효과를 연장시키는 방법을 찾기만 하면 된다고 가정하고 해결책을 찾아내는 데 성공했지만 생각만큼 효과적이지 못했다. 기존에 알려진 가장 좋은 보습 성분도 몇 시간만 지나면 효과가 사라지곤 했다.

피부의 천연 보습 인자(NMF : Natural Moisturizing Factor)는 물에 녹는 동시에 물을 붙잡아 간직하는 물질이므로 화장품 속에는 당연히 피부의 수분 함유율을 증가시킬 수 있는 보습 물질들이 배합되어 있다.

보습 성분으로서 '요소'는 천연 화장품과 마찬가지로 전통적인 화장품 제조에서도 선풍적인 인기를 끌었다. 화장품 전문가인 라브(Raab)와 킨들(Kindl)은 그들의 저서에서 의학적 면에서 건조한 피부의 '요소' 함유율이 건강한 피부의 절반밖에 되지 않는다고 밝히고 있다.

'히알루론산'은 자체로 상당한 양의 수분을 축적할 수 있다. 그런 연유로 기적의 물질로 알려지고 있는 이 산은 표피세포의 각질에서 특히 효과적으로 작용하면서 그 효능을 입증하고 있다. '히알루론산'은 각질 세포를 고정시키는 막을 형성하고, 수분을 붙잡아두어 피부를 부드럽고 매끄럽게 만들어준다. 매우 고가인 히알루론산은 아주 미량만을 사용하여도 보습 효과를 얻기에 충분하다. 그러나 배합량이 겨우 0.001퍼센트일 정도로 극소량일 경우에 얻는 효과는 아주 미미하여 단지 판매 촉진을 위한 광고용일 뿐이다. 보습 효과는 거의 없다고 봐야 할 것이다. 피부에 자연적으로 존재하는 히알루론산은 노화가 진행됨에 따라 현저히 감소하므로 화장품을 사용해도 소용이 없다. 아무리 좋은 제품도 피부의 가장 깊은 곳까지 침투할 수는 없기 때문이다. 과거 천연 히알루론산은 송아지 피부나 닭의 벼슬에서 추출했으나, 요즘에는 거의 대부분 생물공학 기술에 의한 합성을 통해 만들어진다.

'콜라겐(Collagen)'은 오래전부터 화장품 제조사의 광고를 통해서 과대평가된 성분으로 알려졌다. 콜라겐이라는 명칭은 동물의 뼈와 힘줄을 끓일 때 얻는 끈적끈적한 물질이 풀(프랑스어로 Colle)을 닮았다고 해서 붙여졌다. 피부조직이 대부분 콜라겐으로 이루어진 것은 사실이라 해도 콜라겐크림이 그 결합조직을 젊게 해준다고 생각하는 것은 잘못이다.

노화가 진행되면서 피부에 결핍이 생기는 물질을 외부에서 피부로 주입하는 행위는 잘못된 것으로 드러났다. 예를 들어 콜라겐 같은 분자들은 피부에 흡수될 수 없을 정도로 크기가 매우 크다. 하이만 교수는 "설령 콜라겐 분자가 피부에 흡수된다 해도 강력한 면역 체계가 작동하여 외부 이물질로 간주하여 파괴해버린다"고 설명한다. 따라서 콜라겐은 피부를 탱탱하게 하거나 탄력 있게 만들지 못하고 단지 보습 작용만 할 뿐이다.

'엘라스틴'도 마찬가지로 소에서 추출한 물질이며, 콜라겐처럼 스킨케어용이나 모발용 제품에 주로 사용된다. '실크 단백질'은 누에고치에서 추출한 물질이며, 주로 세리신이나 피브로인 단백질로 이루어져 있어 모발용 제품에 포함되어 보습 효과를 낸다. '알로에베라'는 건조하고 거칠어진 피부에 식물성 보습제로 효과를 발휘한다. 수많은 과학자들이 이 성분의 효과를 증명했는데, 알로에베라가 160개의 조성 물질로 구성되어 있음을 분석하는 데 성공했다. 미네랄, 효소, 비타민, 아미노산 등이 주요한 구성 성분이다.

수년 전부터 연구 대상으로 관심을 끌고 있는 2만 여 종류에 이르는 '해조류'는 새로운 성분의 원천이 되고 있다. 많은 화장품 과학자들은 화장품 성분 목록에 신물질을 등재시킬 꿈에 부풀어 있다. 해양식물은 이미 화장품 제조에 사용되는 우수한 성분의 공급원이다. 해조류에서 추출한 물질은 우수한 보습제며, 활성산소

**
화장품에 기재된 성분의 함유량은 소비자를 눈속임하는 경우가 많다. 일부 제품에서는 용제까지 포함하여 식물성 활성 성분의 함유량을 표시하고 있다. 이런 행위는 수치를 완전히 왜곡하는 짓이다.

(marginal note)

✻✻
피부 보호막의 조성 비율을 알면 피부 상태를 진단할 수 있다. 각질층의 수분 비율이 10퍼센트 이하로 떨어지면 피부는 거칠어지고, 딱딱해지면서 땅기기 시작한다. 그러면 쉽게 손상이 일어날 정도로 피부는 약해지고 습진이 발생할 위험이 높아진다.

단백질의 주요 구성 물질인 '아미노산'은 세포의 신진대사에 중요한 역할을 한다. 단백질은 스무 개의 아미노산으로 이루어져 있다. 아미노산은 수분을 고정시키고 피부 천연 보습 인자(NMF)의 형성에 관여한다. 피부 천연 보습 인자의 주요 구성 물질인 소듐피씨에이는 수분을 흡착하는 능력이 우수한 활성 성분이다. 알코올도 보습 작용이 우수한 성분이며 '프로필렌글라이콜', '부틸렌글라이콜' 등이 여기에 포함된다.

'판테놀'은 비타민 B에 속하며 피부와 접촉하면 판토테닉산으로 변한다. 피부에 수분을 간직하는 기능과 신진대사를 촉진하는 까닭에 판테놀은 아름답게 해주는 비타민으로 알려져 있다. 게다가 피부 진정 작용과 치유 기능도 있다. 판테놀은 건조한 민감성 피부에 보습 작용을 하는 제품에 주로 사용된다.

 진정한 혁신적인 제품은 매우 드물다

과거의 어떤 물질보다 뛰어난 효과를 보장하는 혁신적인 화학 혼합물을 만든다는 것은 대단히 어려운 일이다. 화장품 분야에서 혁신적이라 불리는 성분들은 비타민이나 프로비타민 또는 미네랄처럼 이미 알려진 성분들에 약간의 변화를 가미한 변종에 불과하다. 진짜로 혁신적인 물질을 만들기 위해서는 엄청난 시간과 비용이 필요하다. 대규모 연구와 노력의 결실로 가끔 새로운 분자결합체를 발견하는 행운을 잡기도 한다. 치의학 분야에서 불소와 인의 혼합물이 강한 효과를 내는 것을 우연히 발견한 것이 대표적인 사례이다.

최고의 피부 보습제, 글리세린과 비타민

일부 알코올은 보습제로 사용되는데, 6가 알코올은 피부 적합성이 우수한 보습 물질이다. '프로필렌글라이콜', '부틸렌글라이콜', '펜틸렌글라이콜' 등과 같은 합성 알코올과 나무에서 채취한 당분으로 만든 우수한 알코올인 '자일리톨'이 보습제로 사용된다.

새롭게 발견되어 주목을 받고 있는 수많은 보습제가 있는데도다가 알코올인 글리세린은 여전히 보습제의 왕좌를 차지한다. 비테른 박사는 다음과 같이 설명한다.

"우리는 글리세린에 대해 오랫동안 연구를 해왔지만 이의를 제기할 수 없는 가장 좋은 피부 보습제라는 것에 동의하지 않을 수 없습니다. '요소' 또한 글리세린에 버금가는 우수한 보습제입니다. 고농도의 히알루론산도 마찬가지로 보습 작용에서는 우수한 효과를 냅니다. 아미노산은 천연 보습 물질로서 요긴하게 쓰이지만 프로필렌글라이콜과 부틸렌글라이콜이 효과 면에서는 훨씬 앞서고 있습니다."

**

비타민 성분이 들어 있는 음식물 섭취는 피부를 아름답게 해주는 근원적인 처방이다. 오렌지 한 개는 세포 재생에 매우 중요한 역할을 하는 비타민 C와 과일 산을 비타민 크림보다 더 많이 공급해준다. 크림 한 통에는 고작해야 비타민 C가 0.1그램밖에 들어 있지 않다. 이 정도라면 오렌지 한 개를 먹어서 섭취할 수 있는 양과 거의 맞먹는 수준이므로 화장품을 사용하여 흡수할 수 있는 비타민 C는 그야말로 미미한 양이다.

피부 트러블을 완화하거나 노화를 늦추거나 세월의 흔적을 완화하기 위해서 흔히 활력 증강, 면역 강화, 생체 활성 등의 용도로 비타민을 복용한다. 비타민 A와 E, 비타민 B와 바이오틴(비타민 H), 불포화지방산(예전에는 비타민 F) 등은 피부에 유익한 중요 성분들이다. 그렇지만 이러한 성분의 영양학적인 결핍은 화장품에 함유된 비타민으로는 결코 보충할 수 없다.

'비타민 A(레티놀)'는 윤기가 없고 거친 피부를 개선하는 데 좋은 성분이다. 이것은 피부를 매끄럽게 하고, 세포 재생을 촉진하고, 나이에 따른 속일 수 없는 변화를 보완해준다. 그렇지만 비타민 A는 자연 상태에서는 산소와 접촉 시 즉시 분해돼버리는 매우 불안정한 물질이다. 이런 이유로 화장품에서는 '팔미틱애씨드'란 형태로 들어 있다. '비타민 B'는 모발용 제품에 요긴하게 쓰이며, 매우

 피부를 탄력 있게 하고 매끄럽게 해주는 성분들

- 비누화되지 않는 성분을 고농도로 함유한 '아보카도오일'은 피부를 보호하는 효과가 매우 뛰어나다.
- '알란토인'은 피부를 부드럽게 하고 매끈하게 해준다.
- '비사볼올'은 캐모마일에서 추출한 성분으로 민감한 피부를 진정시키고 소염 작용을 한다.
- '세라마이드'는 피부 장벽을 복원하는 데 좋은 효과가 있다.
- '사산쿠아오일'은 피부를 매끈하게 해주고 건강한 상태로 만들어준다.
- '쉐어버터', '마카다미아씨오일', '포도씨오일', '살구씨오일'은 오래전부터 피부를 부드럽게 하고 매끈하게 하는 성분을 포함하는 것으로 알려졌다.
- '밀배아오일'은 비타민을 풍부히 함유해 노화가 진행되는 거칠고 굳은 피부에 활력을 준다.
- '효모 추출물'은 피부에 활력을 준다.

고가인 '바이오틴(비타민 H)'은 피부와 모발용 제품에 쓰인다.

'토코페롤'이라 불리는 비타민 E는 산소와 햇빛이 작용해 일어나는 산화 현상을 억제하여 피부 보호 측면에서 매우 중요한 역할을 한다. 달리 말하면 비타민 E는 지방의 산패를 막는 기능을 한다. 지방(지질)은 피부에 꼭 필요한 성분이다. 비테른 박사는 새로운 항산화제를 찾는 이유를 다음과 같이 설명한다.

"피부의 항산화 기능을 강화하는 데 성공했다고 만족해서는 안 됩니다. 산화로 파괴된 지질을 다시 사용할 수 있도록 해 피부가 스스로 보호하는 능력을 다시 찾아 건강한 상태로 복원하는 능력을 강화하는 것이 중요합니다. 수년간 노력한 끝에 비타민 E의 항산화 기능을 돕는 비타민 C를 안정화하는 작업에 성공하였습니다."

현재 어떤 물질도 비타민 E만큼 항산화 효과를 발휘하는 성분은 없다. 수많은 물질을 시험하여 얻은 결론이다. 비테른 박사는 "나뭇잎들이 어떤 과정을 거쳐 햇빛을 차단하는지에 의문을 가졌습니다. 이 질문에 해답을 찾기 위해 오랜 기간 연구한 결과 '플라보노이드'가 항산화 과정에서 중추적인 역할을 한다는 사실을 알아냈습니다. 나뭇잎에서 일어나는 것과 마찬가지로 인간의 피부에서도 항산화 효과가 일어날 수 있는지를 규명하고픈 열망이 매우 컸습니다."

이것은 나뭇잎에 존재하는 물질을 화장품을 통해 인간의 피부에 옮기는 단순하고 쉬운 일이 아니었다. 하지만 일련의 복잡한 연구 과정을 거쳐 마침내 바이어스도르프 사는 플라보노이드를 항산화제로 화장품에 배합하는 데 성공하였다.

**
우리들은 언제부터 그리고 어떻게 늙기 시작하는가? 연구에 따르면 피부 노화를 결정짓는 요인의 65퍼센트는 유전적으로 정해져 있지만 나머지 35퍼센트는 생활 방식이나 피부 관리에 따라서 좌우된다고 한다. 건강하게 생활하고, 적극적으로 피부를 관리하면 노화를 늦출 수 있다. 반면 무신경하게 외부 환경의 위험에 무방비 상태로 있으면 피부를 망칠 수 있다. 예를 들어 목의 주름은 햇빛에 과도하게 노출된 결과일 수 있다.

안티에이지 화장품의
허구와 진실

피부암이나 피부 조로 현상을 일으키는 주된 원인 중 하
나는 자외선이 제대로 차단되지 않기 때문이다. 햇빛은 흔히 알려
진 것과는 달리 반드시 피해야 하는 피부의 위해 요소가 아니다.
일정량의 햇빛을 받아야만 비타민이 합성되어 피부의 보호 기능이
강화된다. 자외선 차단제는 일상생활에서 사용 빈도수가 그렇게
높지 않은 화장품 유형이다. 일상적으로 사용하는 페이셜크림은
차단 지수가 2인 제품이 보통이며, 이 정도면 햇빛을 막는 데 충분
하다. 자외선 차단제에 관한 최근의 연구에 따르면 무심코 사용하
던 습관을 돌아보게 한다.

젊은 피부를 약속하는 화장품들이 넘쳐나다 보니 안티에이지
나 안티링클 수준을 넘어 터무니없는 근거를 들면서 아예 '혁명
적'이라고 주장하는 제품들까지 등장한다. 이런 와중에 제품의 효
능을 과장하고 피부 트러블의 본질까지 왜곡하는 일이 다반사로
벌어진다. 근래의 화장품 유행에 따라 새롭게 등장한 '안티에이

지' 제품군은 피부 보호 측면에서 특별한 스킨케어 방식을 선보인다. 피부 과학적인 면에서 볼 때 피부는 25세부터 늙기 시작한다. 화장품 회사는 다양한 대중매체를 동원해 이 사실을 수시로 강조한다. 젊은 여성들이 노화 방지 제품을 이른 나이부터 사용하기를 종용하려는 의도가 아닐까? 그렇다. 노화를 억제하는 바이오테크놀로지 제품에 의존하는 것이 필수라고 믿게 하기 위해서 만든 각본이다. 반면 피부과 의사들은 제때에 스킨케어를 못하는 것보다는 부적절하고 너무 지나친 스킨케어가 더 심각하다고 지적한다. 많은 경우 허구의 이론으로 안티에이지 제품의 효과를 부풀리는 요란한 광고가 한몫을 한다.

안티에이지 제품은 제조사 입장에서 볼 때는 상당한 수익을 올려주는 매우 고마운 제품군이다. 화장품 매장에 가서 일반 제품과 비교해보아도 안티에이지 제품은 훨씬 비싼 것을 한눈에 알 수 있다. 정말 안티에이지 제품이 더 우수하고 놀랄 만한 효과를 발휘하는가? 먼저 효과의 진상을 밝히기 전에 피부의 노화 과정을 살펴보는 것이 순서일 것 같다.

우리 모두는 늙어가고 피부도 마찬가지다. 이것은 너무나 자명한 이치다. 그렇지만 노화 과정은 개인차가 매우 심하고 그 방식도 서로 다르다. 노화를 일으키는 요소는 여러 가지며, 어떤 사람은 노화의 원인을 잘 파악하여 오랫동안 젊음을 유지하는 기술도 갖고 있다. 피부 노화를 유발하는 가장 큰 요소는 유전적인 요인, 생활 방식, 햇빛 등을 꼽을 수 있다.

● 유전적인 요인

모든 사람은 다른 사람과 구별되는 고유한 유전적인 특징이 있다. 과학자들은 아직까지도 어떤 유전자가 노화에 관여하는지를 정확하게 파악하지 못하고 있다. 그들은 노화를 일으킨다고 추정되는 유전자를 선별하여 연구하고 있지만 피부 노화를 일으키는 유전자가 어떤 종류인지는 알지 못한다. 최첨단 과학을 동원한 유전자 연구도 아직까지 우리의 삶을 바꿀 정도로 혁신적인 성과를 내지 못하는 실정이다. 따라서 우리 각자는 여전히 자신의 유전자 코드에 지배를 받고 있다. 좋은 유전자를 가진 사람은 인생을 향유하며 살아갈 수 있는데, 그중 하나로 오랫동안 젊게 보일 수 있는 조건을 꼽을 수 있다.

● 생활 방식

우리들은 유전자의 지배력에서 도저히 벗어날 수 없지만 우리 몸의 건강을 지키기 위해서 어떻게 해야 할지는 마음대로 결정할 권한이 있다. 위생 관념이 철저하다면 건강이나 질병뿐만 아니라 피부 노화에도 상당히 긍정적인 영향을 미칠 수 있다.

● 햇빛

햇빛은 피부 노화를 재촉하는 가장 큰 요인 중 하나다. 빨리 늙기 위한 조건으로서 이것만큼 더 나쁜 것은 없다.

피부가 탄력을 잃게 되는 이유

예전에는 매끄럽고 탱탱했던 피부가 왜 탄력을 잃고 주름이 생기고 게다가 윤기마저 사라지는가? 이런 현상에는 다음과 같은 여러 요인이 작용한다.

■ 자외선 : 피부 탄력섬유가 지닌 기능을 약화시킨다.

■ 콜라겐 : 노화가 진행되면서 콜라겐 생산은 점차 줄어든다. 그 결과 얼굴의 윤곽이 희미해지고 반듯함이 사라진다.

■ 히알루론산 : 나이가 들면서 히알루론산이 발휘하는 효과가 떨어져 피부를 지탱하던 결합조직의 양이 줄어든다. 따라서 피부에 주름이 생긴다.

■ 세포 : 세포는 점점 기능이 약해지고 신진대사는 느려진다. 그 결과 피부는 보습 작용, 탄력성, 활력 등이 현저하게 떨어진다.

■ 진피층 : 표피층에 영양물질과 산소를 공급하는 진피층은 노화가 진행됨에 따라 기능이 약해진다. 그러면 생기 있던 얼굴에 주름이 지고 활력을 잃는다.

생물학자, 물리학자, 의사, 화학자 등으로 구성된 전문가들이 피부 노화의 비밀을 풀기 위해 연구에 몰두하고 있다. '셀라지(Cellage)'라고 부르는 유럽연합의 연구 프로젝트는 노화가 진행됨에 따라 피부에서 일어나는 생화학적 과정을 규명하는 데 초점을 맞추어 연구를 수행했는데, 그 결과 다음과 같은 성과를 얻었다.

● 세포 내에서 산화 현상이 증가한다.
● 세포의 효소 활동이 변화한다.
● 노화가 진행되는 세포는 특별한 징후를 드러낸다.
● 세포 내에서 대규모로 DNA가 파괴되는 현상이 나타난다.

그러나 이러한 발견에도 우리들은 피부 노화의 원인과 과정에 대해 별로 알게 된 것이 없다. 어떤 요인이 노화를 유발하는가? 세포 내의 어떤 물질이 노화 현상에 관여하는가? 노화와 관계된 여러 현상들은 서로 어떤 영향을 끼치는가? 폐경기의 호르몬 변화는 노화나 신체의 다른 변화와 상관관계가 있는가? 과학은 이처럼 복합적으로 얽힌 상호 연관성을 해명하는 데 아무런 해답을 내놓지 못하고 있다.

결론적으로 말하자면 피부 노화를 예방하는 가장 빠르고 좋은 방법은 건강하고 올바른 생활 습관을 갖는 것이다. 비록 화장품이 얼굴을 예쁘게 만드는 데 어느 정도 도움을 준다 해도 피부에 해로운 생활 습관 때문에 생기는 손상을 매우 미미하게 지워줄 뿐이다. 심리학자의 말에 따르면 노화에 대한 공포는 화장품의 효과를 반감시킨다고 한다. 장기적으로 볼 때 이러한 공포는 화장품으로도 지울 수 없는 깊은 흔적을 남기기 때문이다.

적은 돈으로 '동안'을 만드는 비결

건강하고 어려 보이는 얼굴은 젊은 여자만이 가진 특권이 아니다. 피부 노화 과정에서 환경적인 요인이 40퍼센트나 좌우한다고 전문가들은 말한다. 피부에 미치는 외적인 조건, 생활 방식, 삶에 대해 지닌 사고방식 등이 피부 조로 현상에 지대한 영향을 미친다고 주장한다. 미국 학자들이 발표한 결과에 따르면 슬프고 의기소침한 사람의 피부는 활력이 없고 윤기가 없다고 하는데, 이는 우리가 경험으로 알고 있는 사실이다. 심리적인 문제가 과로, 질병, 흡연, 과음과 같은 조건보다도 피부에는 더 나쁜 영향을 미친다. 그러면 피부를 젊고 건강하게 유지시켜주는 요인으로는 어떤 것들이 있는가?

■ 충분한 운동과 신선한 공기를 마시는 일은 젊음을 유지하는 비결이다. 이런 행위들은 효과가 우수하다고 알려진 화장품을 사용하는 것보다 훨씬 더 많은 활력을 피부에 불어넣어준다.

■ 물을 충분히 마시는 것도 피부를 젊고 아름답게 보이게 하는 방법 중 하나다.

■ 화학적으로 조제된 비타민 정제를 복용하는 것보다는 키위, 오렌지, 사과 등과 같은 과일을 통해 비타민을 섭취하는 것이 인체에 훨씬 이롭다. 피부에 직접 바르는 크림보다도 과일을 먹어서 흡수한 비타민이 피부를 보호하는 데 비교할 수 없을 만큼 효과가 있다.

■ 정기적인 일광욕이나 인공 선탠을 하는 행위는 노화를 촉진한다. 이러한 사실로 볼 때 명심해야 할 점은 예방이 매우 중요하다는 것이다. 피부는 과거에 경험했던 것을 결코 잊는 법이 없다. 젊은 시절에 햇빛이나 선탠 기계에 과도하게 노출되면 40대 초반부터 노화의 징후인 기미나 주름이 생기는 대가를 치르게 된다.

품질이 우수한 제품은
모두 안티에이지 화장품이다

사람들은 매장에서 안티에이지 제품을 보면 일반 화장품과는 다른 특별한 화장품이라고 생각한다. 유감스럽지만 이는 대단한 착각이다. 안티에이지 제품과 일반 화장품의 차이는 사람들이 생각하는 것과 달리 매우 미미한 수준이다.

● 안티에이지 또는 안티링클 제품은 일반 화장품과 거의 동일한 성분으로 제조하는 경우가 대부분이다. 기능상으로도 동일한 것은 두말할 나위가 없다. 혼합되는 활성 성분뿐만 아니라 기초 원료의 품질이나 배합 방식에서도 안티에이지 제품과 일반 화장품은 별다른 차이가 없다.

● 원칙적으로 말하면 우수한 품질의 화장품에는 모두 다 안티에이지 또는 안티링클 화장품이라는 라벨을 붙일 수 있다. 피부를 매끄럽게 해주거나 탄력 있게 해주고, 잔주름을 엷게 해주는 화장품 본래의 역할을 한다면 주름 개선 화장품이라는 명칭을 붙

일 수 있다. "날마다 얼굴의 윤곽이 또렷해지고, 깊은 주름과 잔주름이 줄어들어 반듯하고 정돈된 얼굴을 만들어준다"는 문장은 초고가 크림의 효과를 설명하는 선전 문구다. 우수한 효능을 자랑하는 모든 크림 광고에 채택할 수 있는 문장과 하등 차이가 없다. 우수한 효능을 발휘하는 화장품을 생산한 개발자들이란 피부를 수분과 유분으로 보호하고 주름을 없애주는 제품을 만들 줄 아는 노하우를 가진 사람들이다.

● 소비자들은 활성 성분의 정체를 알 길이 없다. 과연 활성 성분이 다른 성분보다 더 우수한가? 활성 성분은 경쟁이 치열한 화장품 판매에서 우위를 점할 수 있는 성분으로 알려져 있다. 대부분의 화장품 회사들은 혁신적이라 불리는 한두 개의 활성 성분을 선두에 내세워 완전히 새로운 제품이라고 소비자에게 미끼를 던지고 있다. '잘 모를수록 잘 팔린다'는 화장품 업계의 판매 법칙에 따르면 소비자들은 의미를 알 수 없는 과학적인 용어를 동원하여 요란하게 광고를 하면 할수록 더욱 관심을 갖는다고 한다. 랑콤의 '비타볼릭', '글리코벡터'란 단어를 소비자들이 보면 무슨 생각을 할 수 있겠는가. 광고가 효과를 보기만 하면 이 단어가 무엇을 의미하든 아무 상관이 없다.

● 활성 성분들은 종류가 많지만 안티링클 성분의 대다수는 비타민, 식물성 호르몬, 폴리페놀, 플라보노이드 등과 같은 네 가지로 나뉜다. 밀배아오일, 콩 추출물, 녹차 추출물 등은 서로 연관성이 있는가? 밀배아오일은 비타민이, 콩 추출물은 식물성 호르몬이, 녹차 추출물은 카테킨이 풍부하다. 이 성분들 모두 폴

리페놀 계열에 속한다. 안티에이지 효과를 내는 대다수 활성 성분은 식물성 오일과 식물 추출물과 같은 천연 성분이다. 따라서 식물 성분은 그 자체로 활성 성분으로 뭉친 덩어리인 셈이다. 그러면 기적의 신성분이 존재할 수 있는가? 새로운 성분은 넘쳐난다 해도 기적의 성분은 존재할 수 없다. 화장품 성분 시장에서는 매일같이 '새로운 성분'이 출현하며 치열한 경쟁을 벌일 뿐이다.

● 새롭게 선보인 식물성 화장품 원료는 특별한 활성 효과를 발휘하기를 기대한다. '틸리로사이드'란 성분을 예로 들어보자. 이것은 식물성 천연 플라보노이드인데, 자외선과 같은 외부 자극으로부터 스스로를 보호하는 작용을 한다고 알려진 성분이다. 식물에서 추출한 순도 100퍼센트에 가까운 순수한 성분이라 할 수 있다.

● 최근에는 바이오테크놀로지 기술을 통해 미세 생물체에서 추출한 활성 성분들이 점점 증가하고 있다.

● 활성 성분의 흡수를 향상시키는 방법에 대한 연구도 진행되고 있다.

● 안티에이지 제품을 만드는 과정에서 자외선 차단 성분을 배합하는 경우도 종종 발견된다. 일부 제조사들은 피부의 조로 현상을 억제하기 위한 한 방법으로 자외선 차단 성분을 고농도로 혼합하여 특별한 효능을 발휘하기를 기대하고 있다.

● 일반적으로 중년 여성의 피부를 겨냥한 화장품에는 색소 침착 문제를 해결하기 위한 활성 성분을 배합한다.

화장품 산업과 화학 산업은 매년 원료 개발과 연구를 위해 많은 돈을 쓴다. 당연히 투자한 금액 이상의 수익을 올리기 위한 판매 마케팅은 공격적으로 진행된다. '젊게 보인다'는 것은 금액에 개의치 않고 돈을 쓸 준비가 된 소수의 여성에게는 피할 수 없는 환상이다.

안티에이지용 활성 성분을 추출하기 위한 식물을 재배하는 농장 중 상당수는 세계적으로 유명한 거대 기업이 소유하고 있다. 10조 원에 육박하는 연매출을 자랑하는 머크(Merck)사는 브라질의 마란하오에 농장을 가지고 있다. 이 회사의 화장품 부분 책임자인 클라우스 비쇼프(Klaus Bischoff)는 "우리 회사의 고객은 노화, 주름, 환경의 폐해 등에서 피부를 보호할 수 있는 새로운 활성 물질이 발견되었는지를 수시로 문의하고 있다"고 말한다. 화장품 제조사에서만 신성분을 찾는 것은 아니다. 천연 화장품이나 유기농 화장품을 찾는 고객이 늘어남에 따라 이름에 걸맞은 품질을 유지하는 데 필요한 활성 성분의 수요는 증가하는 추세다. 천연 화장품으로 인증받기 위해 반드시 배합해야 하는 활성 성분을 제조사에 제때 공급하려면 기업이 필요로 하는 성분을 곧바로 추출할 수 있도록 국제적으로 인정된 기준에 따라 재배한 식물을 항상 준비해야 한다.

여성들은 안티에이지 화장품이라는 말을 들으면 노화를 부추기는 산화 과정을 줄여 피부의 조로 현상을 예방하는 데 도움이 되는 제품이라고 생각한다. 이러한 목적을 달성하는 데 주된 역할을 하는 성분 중 하나로는 예전부터 전통적으로 사용해 온 비타민이 있다. 산화 방지제는 피부가 필요로 하는 지방 성분을 변질시키지 않으면서 빛과 산소가 유발하는 산화 과정을 억제하는 작용을 한다. 독일 바이어스도르프 사에서 오랫동안 개발 및 연구 책임자로 근무했던 비테른은 산화 방지제의 중요성을 언급하면서 "만일 피부에서 산화 방지 성분을 스스로 만들어낼 수 있게 된다면 산화에 의해 파괴되지 않는 지질의 양은 증가할 것이고 피부 자가 보호와 자가 균형 유지 능력은 향상될 것이다"라고 설명한다.

산화 방지제는 피부의 질을 떨어트리는 노화를 억제하는 데 매우 중요한 성분이므로 과학자들은 끊임없이 산화 방지 기능이 있는 물질을 찾고 있다. 그들은 식물이 어떤 방식으로 자외선 등과 같은 외부 자극으로부터 자신을 보호하는지를 오래전부터 꾸준히 관찰하고 있다.

화장품에 사용하는
주요 산화 방지제

● 비타민 A(레티놀)

비타민 A는 매우 불안정한 물질이다. 따라서 순수한 비타민 A
는 산소와 접촉하면 분해되기 시작한다. 따라서 화장품에서는 피부
에 발랐을 때만 비타민 A로 변하는 팔미테이트 형태로 배합한다.

● 비타민 C(아스코빌 팔미테이트)

비타민 C는 햇빛, 공해, 담배 연기 등으로부터 세포를 보호하
는 역할을 한다. 신체를 활력 있게 만드는 면역 세포를 보호하는
데 중요한 성분이다. 강력한 항산화 기능이 있는 비타민 C도 매우
불안정하다. 그렇지만 화장품 성분으로 사용할 수 있을 정도로 안
정화시키는 데 성공하였다.

● 비타민 E(토코페롤)

비타민 E는 피부를 보호하는 데 매우 중요한 역할을 하는 활성
성분이다. 수많은 화장품 광고에 단골로 등장하는 성분이다. 국제
화장품 성분 명칭으로 '토코페롤' 이라 부르는 비타민 E는 화장품

의 변질을 예방하는 데 도움이 되는 산화방지제 역할을 한다. 국제 화장품 성분 명칭으로 토코페릴 아세테이트는 안정된 형태이므로 피부 보호용 제품에 활성 성분으로 배합한다.

● **코엔자임 Q10(국제 화장품 성분 명칭은 유비퀴논)**

　이것은 활성산소가 피부를 공격하는 것을 막아주는 전형적인 성분이다. 전문가들은 매우 소량만 사용해도 효과가 있다고 한다.

● **알파리포익애씨드**

　이것도 산화방지제 중 하나로 많이 사용된다.

● **폴리페놀**

　일상적으로 불리는 이 명칭은 국제 화장품 성분 명칭에 올라 있지 않다. 대신 녹차 추출물이라는 성분을 발견할 수 있다. 다른 식물 추출물도 그렇겠지만 특히 녹차 추출물은 천연 폴리페놀을 풍부하게 함유하여 인체에 매우 다양하고 유익한 작용을 한다.

　피부를 보호하는 효과가 있는 활성 성분은 다음과 같다.

● 베타글루칸은 느타리버섯에서 추출한 활성 성분인데 피부의 산화 스트레스를 감소시키고 피부의 자가 방어 기능을 강화한다

● 글리시레티닉애씨드, 루이보스잎추출물, 칼메그잎추출물, 아르간트리커넬오일 등도 피부를 보호하는 역할을 한다.

● 산화 스트레스를 억제할 목적으로 사용되는 합성 활성 성분 중에 상용 명칭으로 '퀸테신'이라고 불리는 프랑스에서 개발한 합성 펩타이드도 있다.

피부개선 효과 및 부차적 기능을 가진 식물성 활성 성분

폴리페놀이나 플라보노이드와 같은 우수한 품질의 활성 성분은 천연 화장품을 위해 자연이 준 선물이라고 할 수 있다. 이러한 식물성 활성 성분이 지닌 또 다른 기능은 의학적으로도 중요한 역할을 한다.

■ 폴리페놀은 감염과 심혈관 질환을 예방하거나 혈액순환을 촉진할 뿐만 아니라 백혈병, 폐암, 유방암 등의 경우에 종양 생성을 억제한다. 녹차나 서양고추나물(서양고추나물)에서 추출한 하이페리신 등에 함유된 특정 물질들은 종양 생성을 예방하는 기능이 있는 활성 성분이다.

■ 노벨상을 수상한 한 과학자가 1930년대에 처음으로 플라보노이드의 정체를 밝혔다. 이 성분은 레몬, 포도, 녹차, 카카오 등과 같은 과일 속에 주로 함유되어 있다. 플라보노이드가 건강에 매우 좋다는 사실은 수많은 연구를 통해 밝혀졌다. 그중에서도 사과, 녹차, 귤 등에 포함된 플라보노이드는 인체에 특히 유용한 작용을 한다고 알려져 있다. 떡갈나무에서 추출한 케르세틴도 항산화 작용이 우수한 것으로 밝혀졌다.

■ 녹차, 라벤더, 포도, 양귀비, 장미, 팬지 등과 같은 식물과 그 외 몇몇 종류의 식물들은 플라보노이드 계열에 속하는 안토시아닌을 함유하고 있다. 이 성분은 비타민 C나 비타민 E보다도 활성산소를 더 잘 제거한다. 이것은 피부를 보호하여 건강하고 생기 있게 만들어주는 데 사용되는 필수 물질이다.

■ 타닌도 인체에 유리한 작용을 하는 활성 물질의 일종이다. 이 성분은 소염 작용, 항산화 작용, 수렴 작용 등을 하는 것으로 알려져 있다. 안티에이징용 활성 성분으로 많이 사용된다. 피부를 보호하거나 건강한 상태로 유지하는 데 매우 유용하기 때문이다.

천연 화장품의 효과는 식물에서 유용한 성분만을 추출하여 선택적으로 이용한 것이 아니라 자연 그대로의 물질을 배합했기 때문에 가능한 것이다. 이런 사실은 식물성 활성 성분이 지닌 의학적 효과를 통해서 확인된 바 있다. 식물에서 분리한 단독 물질의 효능은 식물 자체에 포함되어 있는 다양한 물질들이 만들어내는 시너지 효과와 견주면 비교할 수 없을 만큼 미약한 수준이다.

자연은 화장품 원료의
보물창고

세계 곳곳에서 발견되는 안티에이지 처방과 관련한 비법은 거의 자연요법이라 할 수 있다. 인도의 아유르베다, 중국 의학, 약용식물 요법, 해수 요법 등과 같이 자연계에 존재하는 물질들을 이용한 치료법이 요즘에 와서 다시 부활하고 있다. 더 나아가 새로운 활성 성분의 개발 경쟁을 유도하고 있다. 새로운 식물 성분을 '에코서트(Ecocert)', 'BDIH' 등과 같은 기관의 유기농 인증을 받은 화장품 원료로 사용하려면 인증 기준에 부합하는 조건을 충족해야 한다.

● 스위스 취리히의 원료 회사인 IMPAG에서 출시한 '이지리언스'라는 일련의 활성 성분은 BDIH가 요구하는 기준에 부합할뿐만 아니라 에코서트에서도 인증했다. 이 성분들은 국제 화장품 성분 명칭 목록에 '하이드롤라이즈드라이조비안검'과 '아라비아고무'로 등록되었다. 하이드롤라이즈드라이조비안검의

바이오 중합체는 실제로 해바라기 뿌리에 살고 있는 미생물이 만들어낸 물질을 기초로 생산한 것이다. 아라비아고무는 아프리카에서 자생하는 나무의 몸체와 가지에서 추출하여 건조시킨 물질이다.

- 피부를 보호하는 기능이 있다고 알려진 활성 성분인 틸리로사이드는 천연 플라보노이드이며, 유기농 화장품의 원료로 인증받기 위한 기준에 부합하는 물질이다.

- 프랑스의 원료 회사가 사과 씨에서 추출한 한 성분은 주름을 감소시키며 '에더라인'이라는 명칭으로 유통된다.

- 머크 사는 '엠블리카'라는 이름으로 피부 미백 기능이 있는 항산화 물질을 개발하여 판매한다. 이 성분은 증류 방식을 거쳐 인디언구스베리 열매에서 추출한 것이다. 따라서 이것은 천연 식물에서 얻은 물질이므로 유기농 화장품의 원료로 인증받았다.

- 화장품 원료로 사용되는 신성분 중 하나로 '플레라산'이라는 상업적인 이름의 하이드로젤이 있다. 이것은 특별한 방법으로 느타리버섯에서 추출한 활성 성분인데, 국제 화장품 성분 명칭으로 베타글루칸이라 부른다.

- 캐비어는 요란한 마케팅 덕분에 화장품 회사가 돈을 많이 벌 수 있도록 해준 활성 성분이다. 캐비어 추출물은 스위스의 IMPAG 사가 개발한 '마린포스포리피드D'라는 상업적인 명칭의 복합 활성 성분을 구성하는 물질 중 하나다. 이 복합 활성 성분은 옥수수 오일, 폴리소르베이트 60, 콜레스테롤, 캐비어 추출물 등으로 구성되어 있다. 그러나 이 활성 성분에는 에톡시화 반응을

거친 유화제가 포함되어 있어 에코서트나 BDIH가 요구하는 기준을 위반하므로 유기농 화장품 원료로 사용할 수 없다.

 화장품 원료를 구성하는 물질

현재 한 종류의 물질로만 구성된 화장품 원료는 거의 없다. 식물성 원료들은 보통 물, 에탄올, 글리세린 등을 사용하여 다양한 방식으로 추출한다. 국제 화장품 성분 명칭 목록을 보면 캐모마일 추출물처럼 단순하게 식물 명칭에 추출물만 기재하는 예는 드물며 에탄올, 글리세린 등과 같이 추출에 사용된 물질명도 함께 기재한다. 마찬가지로 원료 제조에 사용된 유화제나 방부제도 복합적인 성분으로 이루어져 있다.

주름을 예방하는
최고의 방법

모든 행위에는 결과가 따른다. 마찬가지로 피부도 신경을 쓴 만큼 보답을 한다. 우리가 발끝부터 머리끝까지 햇빛을 가리면 피부는 오랫동안 젊고 주름이 없는 상태로 유지될 것이다. 이러한 사실은 쉽게 확인할 수 있다. 햇빛을 거의 받지 못하는 우리 신체 부위는 다른 곳보다 더 부드럽고 주름이 덜한 것을 알 수 있다. 햇빛을 싫어하는 유럽인들은 거의 없기 때문에 주름이 생기기 전에 차단 지수 15 이상의 데이크림을 젊었을 때부터 바르라고 뷰티 전문가들은 권장한다.

그러나 이러한 권고사항이 인간과 환경에 예기치 못한 결과를 초래하는 사실에 대해서는 거의 논의가 되지 않고 있다. 합성 자외선 차단 성분의 대다수는 오래전부터 그 폐해에 대해 논란거리가 되어왔다. 자외선 차단 성분이 포함된 화장품을 적어도 10년 이상 매일 사용한 결과가 어떤지에 대해 아무도 알지 못한다. 혹시 잠재적인 위험이 도사리고 있지 않은가? 이 문제는 화장품으로 인한 알레르기로 고통받는 사람의 수가 계속 늘고 있다는 사실보다 더 중요한 일일지 모른다.

햇빛이 피부 노화를 일으키는 주된 요인 중 하나지만 노화가 발생하는 원인으로 햇빛을 탓하거나 나이를 지목하는 것은 별 의미가 없는 공방이다. 햇빛은 인간이 살아가는 데 없어서는 안 될 요소며 삶의 행복을 느낄 수 있게 하는 데 많은 역할을 한다. 그렇지만 과도한 햇빛 노출이나 일사병에 걸릴 정도의 장시간 노출은 피해야 할 것이다.

오랫동안 젊음을 유지하는 것과 장수하는 것을 동시에 만족시키려면 식도락의 즐거움을 포기하는 식이요법을 준수해야 한다고들 말한다. 이렇게 살기 위한 좋은 방법으로 CRONies라는 비법이 있다. CRONies는 칼로리는 줄이고 영양 성분은 정상적으로 섭취하는 방법을 의미한다. 이 이론에 따르면 젊었을 때부터 음식물을 하루 권장 섭취량의 삼 분의 일로 줄인 사람들은 장수한다고 말한다. 세계 곳곳에서 이 법칙을 실천하는 마니아 집단이 있다.

이처럼 영양 섭취를 제한하면 어떤 부작용이 생길까? 먼저 추위를 느낀다. 심하면 의자 밑에 항상 방석을 깔고 앉아야 할 정도로 체온이 떨어진다. 또 육체적인 욕구도 현격하게 줄어든다. 고행에 가까울 정도로 음식물의 섭취를 제한해도 과학자들의 의견을 들어보면 기껏해야 일 년 반 아니면 이 년 정도의 수명이 연장될 뿐이라고 한다. 그래도 해볼 만한 가치가 있을까?

한편 합성 자외선 차단제를 발라서 항상 햇빛을 막으면 정말로 젊어 보일까? 이 질문에 아무도 정확하게 대답할 수 없다. 햇빛은 피부 노화를 일으키는 많은 요소 중 하나일 뿐이다. 장기적으로 보면 자외선 차단제를 이용하여 피부를 보호한 결과가 어떻게 될지는 아무도 예측할 수 없다.

 엑토인 : 첨단 기술로 박테리아에서 채취한 성분

활성 성분의 새로운 흐름을 대표하는 물질은 미생물에서 추출한 종류들이며, 엑토인이 가장 대표적인 성분이다. 자외선 차단 성분과 함께 화장품에 배합되는 이 성분은 랑게르한스 세포를 보호하여 햇빛 알레르기와 자외선으로 인한 피부 노화를 예방한다. 또 햇빛으로 인한 피부병도 막아준다고 한다. 엑토인은 염호, 극지방의 저온, 고온의 사막 등과 같은 극한의 생존 조건에서 살아가는 미생물에서 추출한 것이다. 바이오테크놀로지 기술을 이용하여 추출한 생존의 묘약이 바로 엑토인이라고 한다.

안티에이지 제품이 피부의 조로 현상만을 예방해준다고 광고했다면 아마도 판매량은 저조했을 뿐만 아니라 지금과 같은 인기를 누리지도 못했을 것이다. 성공의 이면에는 소비자의 구매 심리를 부추길 수 있었던 멋진 선전 문구가 자리 잡고 있었다. 그것은 '세포의 활동을 촉진하여 피부 재생을 돕고 탄력 있는 피부로 만들어준다'는 메시지를 심어주었기 때문이다. 시간의 흐름을 되돌릴 수 있다는 희망을 여성들에게 심어준 결과인 것이다.

피부가 생기를 잃고 탄력이 떨어지는 현상을 예방할 수 있다고 알려진 활성 성분을 내세워 '세포의 활동을 촉진하여 피부 재생을 돕고 탄력 있는 피부로 만들어준다'는 표현을 쓴 것이다. 이와 같은 안티에이지용 활성 성분을 대표하는 몇 가지를 살펴보자.

- 비타민 C는 콜라겐 합성을 돕고, 코엔자임 Q_{10}은 피부 세포에 활력을 준다.
- 로즈마리와 라벤더에 포함된 유솔릭산은 진피와 표피의 결합력을 높여준다.

  보습 작용, 피부 탄력과 활력을 증강하는 대표적인 식물 추출물은 다음과 같다.

- 대나무 추출물은 피부의 결합조직 내에 히알루론산의 균형을 맞추는 작용을 한다.
- 콩 추출물은 세포의 재생을 돕는 역할을 한다.
- 은행 추출물은 세포 내에 산소 공급을 촉진하고 콜라겐 생산력을 높인다.
- 몰약 추출물은 세포의 기능을 활성화하는 작용을 한다.
- 사과 씨 추출물은 콜라겐 섬유의 결합을 강화해 주름을 줄여준다.
- 카페인은 세포의 활력을 높인다.
- 스피룰리나, 미세 해조류 등에서 얻는 해조류 추출물은 피부의 재생 능력을 향상시켜 피부 탄력을 높인다.
- 석류 씨 추출물은 피부 재생을 촉진하여 피부를 탄력 있게 만든다.
- 구아바 추출물은 피부 탄력에 도움이 되는 보습 작용을 한다.
- 서양배 씨 추출물은 피부 결을 곱게 만들어준다. 이 추출물 속에는 유솔릭산, 플라보노이드, 식물성 호르몬 등이 포함돼 있다.

- 하이드롤라이즈드 라이조비안 검과 아라비아고무는 피부 결을 곱게 하고 주름을 줄여준다.
- 효모에서 얻은 효모 용해 추출물은 콜라겐 합성을 촉진한다.
- 하이드롤라이즈드 오크라 추출물도 안티에이지용 활성 성분으로 사용된다.

 화장품 성분이 된 금과 은

금이 지닌 마술적인 효과는 아무도 부인하지 못 한다. 비의적인 문학작품에 자주 등장하는 모습 중 하나로 금으로 둘러싸인 장소에서 의식을 거행하는 것을 종종 볼 수 있다. 그러나 이제는 금과 은이 노화가 진행되는 피부를 위한 활성 성분으로 화장품 산업 안으로 들어오게 되었다. 이 귀금속의 효과는 사실 화학적으로 이해되기보다는 신비주의의 영향을 받은 바가 크겠지만 금과 은은 살균 작용을 하고 산화 스트레스나 부종에서 피부를 지켜주는 데 효과가 있다고 한다. 특히 금은 자기 질량의 다섯 배에 해당하는 수분을 머금기 때문에 피부에 보습 작용을 하는 성분으로 쓰인다.

안티에이지 화장품의 성분 표시 사례

브랜드 : Christian Dior(크리스티앙 디오르)

제품명 : Crème correcteur rides Capture R60/80°(얼티메이트 링클 크림)

용 량 : 30ml

가 격 : 46.80유로

☺☺☺ 물 ☺ 에칠헥실메톡시신나메이트 ☺☺ 하이드로제네이티드폴리이소부텐 ☺ 부틸렌글라이콜 ☺☺ 벤조페논-3 ☺☺ 스테아레스-21 ☺ 사이클로펜타실록산 ☺☺☺ 글리세린 ☺☺☺ 세틸팔미테이트 ☺☺ 스테아레스-2 ☺☺☺ 세틸알코올 ☺☺☺ 글리세릴 스테아레이트 ☺☺☺ 스테아릭애씨드 ☺ 페녹시에탄올 ☺ 아크릴레이트/C10-30알킬아크릴레이트크로스폴리머 ☺ 메칠파라벤 ☺☺☺ 소르비톨 ☺ 부틸파라벤 ☺ 프로필렌글라이콜 ☺☺ 클로페네신 ☺ 디메치콘 착향제 ☺☺ 테트라소듐이디티에이 ☺☺☺ 토코페릴아세테이트 ☺☺☺ 알진 ☺☺ 우레아 ☺☺ 글루코사민에이치씨엘 ☺☺☺ 해조추출물 ☺ 효모추출물 ☺☺ 소듐하이드록사이드 ☺ 폴리비닐알코올 ☺ 에칠파라벤 ☺☺☺ 말로우추출물 ☺ 세라마이드 2 ☺ 이소부틸파라벤 ☺ 프로필파라벤 ☺☺ 셀룰로오스검 ☺ 카보머 ☺☺☺ 소듐하이알루로네이트 ☺☺ 알파-이소메칠이오논 ☺☺ 폴리소르베이트-20 ☺ 부틸페닐메칠프로피오날 ☺ 리날룰 ☺☺ 시트로넬올 ☺ 하이드록시이소헥실3-사이클로헥센카복스알데하이드 ☺ 제라니올 ☺☺ 리모넨 ☺☺☺ 비에이치티 ☺☺ 쿠마린 ☺ 헥실신남알 ☺☺☺ 토멘틸뿌리추출물 ☺☺ 벤질벤조에이트 ☺☺ 팔미토일펜타펩타이드-3

브랜드 : L'Oréal(로레알)

제품명 : Soin de jour antirides + fermeté Revitalift(안티링클+탄력리프트 데이 크림)

용 량 : 50ml

가 격 : 11.16유로

☺☺☺ 물 ☺ 하이드로제네이티드폴리이소부텐 ☺☺☺ 글리세린 ☺ 사이클로헥사실록산 ☺ 암모늄폴리아크릴로일디메칠타우레이트 ☺ 폴리실리콘-8 ☺☺☺ 토코페릴아세테이트 ☺ 보론나이트라이드 ☺☺☺ 완두콩추출물 ☺☺☺ 레티닐팔미테이트 ☺☺☺ 아스코빌글루코사이드 ☺☺☺ 소듐시트레이트 🌢🌢 디소듐이디티에이 ☺ 폴리카프롤락톤 ☺☺ 소듐하이드록사이드 ☺☺☺ 바이오사카라이드검-1 🌢 페녹시에탄올 🌢🌢 이미다졸리디닐우레아 🌢 메 칠 파 라 벤 🌢🌢 클로페네신 ☺☺ 포타슘소르베이트 착향제 ☺☺ 리날룰 ☺ 벤질살리실레이트 ☺☺ 시트로넬올 ☺☺ 알파-이소메칠이오논 ☺☺ 제라니올 ☺☺ 리모넨 ☺☺ 쿠마린 ☺ 하이드록시이소헥실3-사이클로헥센카복스알데하이드 ☺ 부칠페닐메칠프로피오닐 ☺☺ 시트랄

기미를 예방하는
활성 성분

기미에 대해 이야기하는 것은 미의 개념에 대해 한 번 더 생각하게 한다. 그 이유는 무엇인가? 화장품 회사의 자료가 여기에 대답한다. 미백 화장품은 유럽을 제외한 맑은 피부가 최고의 미로 간주되는 세계의 여러 지역에서 각광받는 제품이다.

미를 바라보는 관점의 다양성은 시대마다 다른 사회상을 반영한다. 과거 유럽을 살펴보면 상류층 사람들은 흰 피부를 유지하려고 노력했다. 반면 요즘 사람들은 최대한 햇빛에 노출시켜 구릿빛 피부를 만들려고 애쓴다. 왜냐하면 햇볕에 탄 피부는 활력 있게 보이고 성공한 사람처럼 보이기 때문이다. 이런 까닭에 유럽인들은 피부암 발생 가능성이 높아질 위험성에도 아랑곳하지 않고 일광욕에 빠져 있다. 마찬가지로 햇볕에 타지 않은 피부를 가진 많은 사람들은 햇볕의 폐해를 무시하면서 구릿빛 피부를 만들고 싶어 한다. 이러한 현상은 현실적으로 반대 상황을 만들기도 한다. 거무스레한 피부를 가진 사람이 흰 피부를 갈망하는 것과 같은 이치다.

아름다움을 구현하는 화장품이 인종에 따라 선호하는 유형이 달라지는 것은 놀라운 일의 하나라고 할 수 있다.

예외적으로 미백 화장품 분야에서 이런 현상이 일어나고 있다. 일본을 비롯한 여러 아시아 국가들, 아프리카, 미국, 남아메리카, 유럽의 일부 국가들 등에서는 피부를 밝은 색으로 화장하는 것이 유행이다. 그 이유는 무엇인가? 흰 피부는 높은 사회적 지위와 남들에게 인정받음을 상징하고, 부유함을 나타내기 때문이다.

● 하이드로퀴논은 미백용 크림에 주로 사용되었던 건강에 해로운 활성 성분이었다. 그렇지만 아직까지도 여전히 쓰인다. 하이드로퀴논은 이제 유럽에서는 자취를 감추었다. 유럽소비자협회는 이 성분을 자주 사용하면 피부에 홍반, 가려움증, 작열감 등과 같은 부작용을 유발할 뿐만 아니라 종양을 생성할 가능성이 있다고 보고한다.

● 피부가 하얀 사람이라도 나이가 들면 생기는 색소침착 문제를 해결하기 위한 여러 종류의 미백 성분도 개발되어 있다. 흔히 기미로 불리는 과도한 색소침착이 발생하는 원인은 멜라닌의 지나친 생산에 기인한다. 나이가 듦에 따라 표피세포 내에서 멜라닌의 생산과 분해 사이에 불균형이 일어 색소가 잘 분해되지 않는다. 기미 발생에 가장 큰 영향을 미치는 것은 유전적인 요인이지만 과도한 햇빛 노출도 무시할 수 없다. 기미는 자외선이 유발하는 피부 노화 과정의 하나로 보아야 한다. 미백 화장품은 일반적으로 효소를 이용해 자외선을 차단하는 원리를 응용한

것이다. 자외선은 멜라닌 생산을 유발하는 생체 내의 화학적 효소 반응을 촉발하기 때문에 화장품 과학자들은 이러한 연쇄반응을 억제하는 데 연구의 초점을 맞추고 있다.

● 비타민 C는 기미를 줄이는 데 유용한 성분이다. 비타민 C는 자연 상태에서는 불안정하므로 효과를 발휘하도록 안정화하는 것이 큰 과제였다. 머크 사의 '로나케어맵'이라는 활성 성분은 바이오테크놀로지가 만든 비타민 C의 안정 상태며, 국제 화장품 성분 명칭으로는 '마그네슘아스코빌포스페이트'이다. 그러나 이 성분은 자연에서 생분해가 일어나지 않는 이디티에이를 포함하여 천연 화장품의 원료로는 사용하지 않는다.

● 국제 화장품 성분 명칭 목록을 살펴보면 기미를 예방하는 대부분의 활성 성분은 기미를 억제하는 기능이 있음을 명시적으로 밝히고 있지 않다. 이 성분들은 거의 식물성으로 표시된다. 예를 들면 식물성 추출물 분야의 전문회사인 스위스의 알파플로(Alpaflor) 사에서 개발한 '기가화이트'라는 활성 성분은 물, 글리세린, 말로우추출물, 페퍼민트잎추출물, 카우슬립추출물, 성모초추출물, 꼬리풀추출물, 서양톱풀추출물 등과 같은 물질로 되어 있다.

● 또 다른 활성 성분으로 펜타팜(Pentapharm) 사가 개발한 '멜페이드-J'는 물, 베어베리잎추출물, 글리세린, 마그네슘아스코빌 포스페이트 등으로 구성돼 있다. 이 활성 성분은 방부제와 첨가제를 포함하는데, 페녹시에탄올과 파라벤류 방부제를 사용하여 장기간 보존을 가능하게 한다. 이런 이유로 이 성분은

BDIH의 기준에 따라 유기농 화장품의 원료로는 사용이 불가능하다.

● 바다는 기미를 예방하는 활성 성분의 원료를 공급하는 원천이 된다. '와카민'이라는 상업적 명칭을 가진 활성 성분은 참미역 추출물을 포함한다.

 남성 화장품은 화장품 산업계에 수익을 안겨줄 신개척지

화장품 산업에서 봤을 때 남성은 희망으로 빛나는 가능성의 세계다. 그 이유는 간단하다. 남자들의 화장품 소비가 점점 증가하는 추세이기 때문이다. 남성 화장품 매출은 해마다 두 자리 숫자로 오르고 있어 남성 화장품을 기획한 사람은 칭찬받아 마땅할 것이다. 남성용 화장품의 매출 증가 덕분에 남성용으로 쓸 수 있는 활성 성분을 연구하는 자금을 마련할 수 있게 되었다. 남아프리카 나미비아 초원 지대에서 자라는 식물인 악마의 발톱의 뿌리에서 추출한 성분은 매우 효과가 좋은 것으로 드러났다. 남성용 활성 성분의 이름이 주는 이미지는 매끄럽고 부드러운 얼굴보다는 오스트레일리아 오지에 살면서 자유를 추구하는 길들여지지 않는 영웅의 분위기를 닮아 있다. '데저트하베스트'라는 성분은 오스트레일리아 내륙 깊숙한 곳에 자생하는 여러 식물들에서 얻은 보습 작용을 하는 활성 성분이다. 사막에서 자라는 라임이나 배와 오스트레일리아 고유의 야생 고무나무에서 추출한 물질로 구성된 성분이다.

나노테크놀로지는
혁신적인 기술인가?

얼마 전까지 기적의 크림이라고 명성을 날리던 제품이 어떤 것이 있었는지 확인하기 위해 예전의 잡지를 넘기다 보면 놀라운 사실을 발견한다. 과거에는 마력을 지녔던 리포솜이라는 용어가 이제는 매력을 완전히 잃었을 뿐만 아니라 그 자취를 완전히 감추었기 때문이다. 반면에 나노테크놀로지라는 이름이 새롭게 각광을 받고 있다. 그러나 과거의 리포솜이 실제로는 나노테크놀로지의 일부분이었기 때문에 요즘 말하는 나노테크놀로지가 화장품 과학 기술의 새로운 장을 연 것이라고 말할 수가 없다. 리포솜은 정확히 말하자면 나노입자다. 피부 깊숙한 곳에까지 활성 성분을 전달하는 구슬 모양의 나노입자인 리포솜은 한동안 큰 인기를 누렸다.

리포솜은 보통 피부 깊숙한 층까지 침투가 가능한 미세한 캡슐 형태인데, 그 속에 피부 기저에 전달할 성분이 들어 있다. '나노'라는 이름으로 시작하는 보형제가 리포솜이다. 이것은 보습 물질

**

리포솜 속에는 화장품의 배합에 허용된 모든 종류의 활성 성분을 담을 수 있다. 비타민과 보습 효과를 내는 성분뿐 아니라 알로에베라, 은행, 호프, 캐모마일, 해조류 등에서 얻은 여러 가지 식물성 추출물을 비롯하여 흉선, 콜라겐, 엘라스틴 등과 같은 동물성 세포 및 조직의 추출물 등 다양한 성분을 넣을 수 있다.

을 운반하는 것이 아니라 오일이나 비타민처럼 지용성 성분들을 옮긴다. 마술적인 능력을 부여받은 리포솜의 작용에 대한 소문은 무성하였다. 리포솜은 피부의 온도와 산성도에 맞추어서 다양한 방식으로 내부에 들어 있는 성분들을 피부 깊숙한 곳까지 운반한다. 자세한 관찰을 통하여 리포솜의 크기와 구조 및 몇몇 특징들을 구별하는 것이 가능하다고 할지라도, 각 제품에 사용된 리포솜의 품질에 관한 중요한 정보는 제조사들의 비밀이었다.

보통 리포솜은 세 가지 종류로 나뉜다. 빈 캡슐의 종류에 따른 형태, 함유한 성분의 종류에 따른 형태, 다양한 성분을 포함한 복합적인 형태라 할 수 있다.

리포솜을 이용한 활성 성분 전달 방식을 통해 기대하는 것은 무엇보다도 효과적인 피부 보습 작용이다. 이러한 효능은 리포솜을 구성하는 물질이 무엇이냐에 따라 전적으로 달라진다. 만일 리포솜이 주로 친수성 지방을 포함한다면 기대하는 효과의 반대 현상이 나타난다. 피부는 건조해진다. 또 리포솜이 히알루론산이나 유산염을 포함한다면 수분 부족을 줄여주기는커녕 더욱 악화시킨다.

피부과 의사들은 리포솜에 지대한 관심을 가지고 연구를 한다. 그 이유는 리포솜이 피부병을 치료하는 데 유용하게 사용될 가능성이 많기 때문이다. 치료제로 승인을 얻기 위해서는 오랜 시간 동안 연구해야 하며 임상 실험이 수반돼야 하므로 현재까지 단 하나의 리포솜 제형의 약품만이 국제적인 사용이 허가되었다.

 리포솜, 나노스피어 그리고 제조사

■ 활성 성분을 전달하는 리포솜은 레시틴과 작은 캡슐로 구성되어 있다.

■ 니오좀 혹은 나노입자는 성분을 전달하기 위해 속이 빈 미세한 물체다.

■ 작은 자루 형태의 보형제는 제조사에 따라 다른 이름을 갖지만 근본적으로 모두
 리포솜이라 할 수 있다. 그들 중 어떤 것은 동시에 보형제가 될 수도 있고, 활성
 성분도 될 수 있는 장점을 가지고 있다.

■ 층층이 쌓아 포갠 리포솜 형태를 개발한 제조사에 따르면 이러한 방식을 적용한
 제품을 사용하면 저장 창고 효과를 볼 수 있다고 주장한다. 즉 활성 성분이 피부
 에 점진적으로 스며든다고 말한다.

　　오스트리아 빈의 화장품 전문가인 '라브'와 '킨들'은 "광고
에서 보란 듯이 선전하는 리포솜 기술을 이용한 모든 화장품은 철
저한 검증을 거치는 것이 바람직하다"고 말한다. 리포솜의 특성은
구조와 용도에 따라서 다양하게 나뉜다. 보습 작용을 하는 것이 있
는 반면 피부를 건조하게 하는 것도 있다. 젤 형태의 리포솜과 피
부 수용성이 우수한 성분을 함유한 유탁액 형태의 리포솜은 서로
다른 효과를 낸다. 층층으로 포개진 모양의 리포솜이 정말로 안정
된 상태인지 또는 유탁액 상태 하에서는 분해가 되지 않는지 등을
명백하게 증명하는 일이 과제로 남아 있다. 화장품 전문가인 베일
란트그로테르얀 박사는 "리포솜 형태의 보형제는 안정된 상태가
아닐 뿐더러 유탁액 안에서 용해되는 일이 아주 흔합니다. 제조사
들이 주장하는 리포솜 제품은 효능의 90퍼센트가 과장되었고 단
지 10퍼센트만 신뢰할 수 있을 정도로 예측할 수 없는 불확실성이

상존하고 있습니다"라면서 의문을 제기한다.

　리포솜의 효과에 관한 모든 것은 헛된 이론일지도 모른다. 과연 리포솜이 세포 내에서 제대로 작용하고 있는 것일까? 그렇다면 리포솜의 작용 기제가 어떤 방식으로 일어나는가? 리포솜이 트로이의 목마처럼 세포 속으로 잠입하는가 아니면 활성 성분만 침투하는 것인가? 어쩌면 세포막과 리포솜 사이에서 두 물질의 상호 융합 현상이 일어나기도 하지 않을까? 이 모든 문제에 대해서 비테른 박사는 "대부분의 리포솜이 너무나 이질적인 인간의 거친 피부 표면에 닿자마자 캡슐을 여는 현상을 자주 관찰했습니다. 따라서 리포솜의 파편만이 피부 속으로 침투해 들어가거나, 피부 속의 어떤 층에서는 일부 리포솜이 모양만 유지한 채 남아 있는 경우도 있습니다. 이때의 리포솜 형태는 피부에 처음 발랐을 때 원래의 리포솜과는 거의 공통점을 찾아볼 수가 없습니다. 실험을 통해 알게 된 것은 리포솜 크림이 이상하게도 우수한 보습 효과를 나타낸다는 점입니다. 하지만 그 정확한 이유는 현재 알 수가 없습니다. 아마도 리포솜이 겹겹이 피부에 쌓여 수분을 간직하게 된 현상에서 비롯된 것이 아닐까요?"라고 설명한다.

　리포솜 캡슐 안에 포함된 활성 성분이 피부 깊숙한 곳에 있는 세포까지 상당량 도달한다는 소문이 퍼진 이유는 제조사가 증명할 수 없는 효과를 과도하게 부풀린 데 있다. 리포솜의 효능은 피부 기저가 아니라 표피 수준에서 강조하는 것이 오히려 더 적절하다.

주름을 가리는 트릭형 화장품

　　화장품 광고를 보면 '즉각적인 효과', '주름 깊이의 60퍼센트를 줄여줍니다' 등과 같은 문구를 앞세우며 선전하는 특별한 제품을 만날 수 있다. 이러한 화장품은 파운데이션처럼 주름의 골을 메우는 효과를 낸다. 그러한 제품들은 주름을 감추어 매끈한 상태로 만들어 생기가 도는 것처럼 보이게 하는 일종의 투명 파운데이션이다. 따라서 한 번의 세안으로 감춰진 주름이 드러나기 때문에 외관상 일시적인 효과만 낼 뿐이다.

✱✱
나이보다 젊어 보이는 여성들이 있는데, 그 원인 중 하나로 광대뼈와 두드러진 턱이 피부를 잘 지탱해주어서 피부가 늘어지는 것을 막아주기 때문이다.

기술의 응용에 대한
의문

화장품이 피부 깊숙한 곳까지 침투하여 효능을 발휘하는 지에 대한 논쟁을 따라가다 보면 그것이 리포솜의 작용에 대한 논란과 동일하다는 사실을 확인할 수 있다. 그것은 화장품이 과연 피부의 생리작용에 참여할 수 있는가라는 점이다. 만일 화장품이 그 같은 작용을 할 수 있다면 그것이 바람직한 일인가? 나노테크놀로지라는 용어는 나노 차원에서 현상과 구조를 연구하는 수많은 기술을 지칭하는 말이다. 나노입자는 너무나 작기 때문에 광학현미경으로도 관찰할 수 없다.

나노테크놀로지는 미래의 기술로 통하지만 아직까지 정확한 개념이 정립되어 있지는 않다. 사람들은 무한히 작은 것과 관련된 모든 개념을 나노와 연관시킨다. 과학적인 지식이 없는 사람이 나노테크놀로지의 이론을 다룬 책을 읽다 보면 얼마 지나지 않아 한계에 다다를 것이다. 나노 과학은 생물학, 화학, 물리학 등과 같은 학문의 경계를 초월하여 모든 분야에서 활용할 수 있다. 연구와 응용의 영역은 의학에서 군사기술까지 매우 다양하고 과학자들은 끊임없이 실험에 몰두하고 있는 중이다.

한편 나노기술의 발전과 관련하여 안전에 대한 논란이 제기되고 있다. 모든 나노입자는 형태나 기능상으로 동일하지 않기 때문에 문제가 생길 수 있음을 고려해야 한다. 리포솜은 나노입자에 속하지만 체내에서 스스로 분해되므로 문제가 없다. 반면 초미세의 탄소나노튜브는 우리 몸 안에 남아 혈액 속에 떠다니다가 내부 장기의 어느 곳이든지 정착할 수 있다. 그 결과는 어떻게 될까? 현재로서는 예측할 수 없기 때문에 시급하게 규명해야 할 과제다.

미지의 신기술 개척, 이것은 한마디로 나노테크놀로지를 정의하는 문구라 할 수 있다. 화장품 분야에서 나노테크놀로지는 다른 분야만큼 눈부신 성과를 내놓지 못하고 있다. 화장품에 응용되는 나노테크놀로지는 활성 성분을 피부의 기저층에 운반하는 기술과 관련한 약간의 진전만이 있었을 뿐이다. 그러면 나노테크놀로지를 적용한 활성 성분은 피부의 어느 곳으로 운반되는가? 이 질문은 오래된 논쟁에 다시금 불을 지피는 것과 같다. '나노테크놀로지는 안티링클 화장품을 탄생시킨 혁신적인 기술인가'라는 논란이 바로 그것이다. 절대 그렇지 않다. 화장품이 노화로 생긴 주름이든 표정 때문에 생긴 주름이든 그것을 뚜렷이 줄여준다고 믿게 하는 것은 잘못된 일이다.

얼마 전부터 국가 감독 기관은 화장품 회사에 소비자들이 화장품 효과를 객관적이고 합리적으로 이해할 수 있도록 제품의 유효성을 증명하는 자료들을 요구하기 시작했다. 그러나 현실은 예상과는 다른 방향으로 흘러갔다. 한 화장품 회사는 자사의 '레쥬벤 큐10 크림'이라는 제품을 광고하면서 "생물공학을 이용한 생체 측정"을 통해 얻은 결과라며 "주름 깊이 48퍼센트 감소와 보습 효과 36퍼센트 상승"과 같이 구체적인 수치를 인용하면서 자료를 제시했다.

이러한 자료들은 효능 좋은 제품을 개발한 성공적 사례의 과학적 증거로 제출되었다. 이와 유사한 수많은 사례들이 넘쳐나고 있다. 측정은 오류가 없이 올바르게 수행되었고, 결과는 과학적으로 증명되었다고 명시하는 것이 유행이다. 사실 제시하는 측정 자료는 정확하지만 제조사들은 교묘하게 수치를 인용하기 때문에 순진한 소비자들은 그 숫자가 무엇을 뜻하는지 정확하게 알 수 없는 경우가 대부분이다. 이처럼 숫자 놀음은 현실성이 없지만 화장품 회사들은 사용자와 직접 대면하여 얻은 객관적인 자료라며 구체적인 수치를 당당히 제시하는 실정이다.

● 3주 동안 30명이 제품을 사용하여 얻은 결과
● 8일 동안 100명의 여성이 사용하여 증명한 효과
● 4주 동안 124명의 여성이 실험에 참여

실험이라는 단어는 객관적이고 과학적인 분위기를 풍기지만 우리가 보는 실험 결과는 사실상 제품을 사용한 여성들의 주관적인 의견을 종합한 것에 불과하다. 게다가 대기업에서 생산한 제품을 테스트하는 데도 실험에 참여한 인원수가 매우 적은 경우가 태반이다. 만일 소규모로 진행된 실험 결과가 기대했던 만큼 좋지 않다면 기업체가 과연 이 사실을 공표하겠는가? 더욱이 실험에 참가한 인원이 소수라고 한다면 회사에 우호적인 사람들을 모집했다고 생각하기 십상이다. 또 제품을 사용할 여성에게 배포되는 질문지를 작성하는 주체 역시 회사인 것이다. 선별된 소수의 인원이 평가한 제품의 실험 결과는 어떤 의미가 있을까. 한마디로 아무런 의미가 없다.

제시된 수치와 실험 데이터는 영양크림이나 안티링클 제품에 대한 과장된 감언이설만큼이나 사람들을 혼란에 빠뜨린다. 소비자로서는 눈앞에 보란 듯이 인쇄된 수치가 무엇을 가리키는지 알 길이 없다.

**
화장품의 효능 테스트는 상당한 기술의 진전이 있었고, 소비자들의 알권리를 반영하고 있다. 하지만 실험을 통해 드러난 수치는 실제 피부를 대상으로 측정해서 얻은 결과와는 서로 다르다. 주름 깊이의 30~40퍼센트 감소는 대단한 효과를 내는 것처럼 보이지만 실제로는 주름 깊이의 0.001밀리미터를 줄여주는 데 불과하다(맨눈으로는 0.1밀리미터의 차이도 확인할 수 없다).

화장품 효능은
과대평가되었다

보습성, 유연성, 탄력성과 같이 화장품의 기능을 대표적으로 정의하는 이런 효과를 얻기 위해서는 새로운 기술 도입이 필요하지 않다. 품질 좋은 원료와 몇몇 활성 성분으로 이루어진 크림만으로도 이와 같은 효능을 발휘하기에 충분하다. 바이어스도르프사의 비테른 박사는 "측정 수치를 명시하는 것이 유행이 되고 있습니다. 그렇지만 아무도 숫자가 무엇을 의미하는지에 대해 심각하게 생각하지 않습니다. 두 제품의 광고 문구에서 22퍼센트와 37퍼센트라는 수치를 보고 나서 15퍼센트의 차이가 단지 주름 깊이의 0.001밀리미터에 불과하다면 소비자는 큰 격차라고 여기지 않을 것입니다. 게다가 이러한 차이가 맨눈으로 확인할 수 없다면 제시된 데이터가 아무리 과학적이고 객관적인 실험을 통해 얻어졌다 한들 무슨 중요성이 있겠습니까?"라고 설명한다. 결론적으로 말하자면 제품 실험을 통해 얻은 구체적 수치와 데이터를 제시하는 이유는 화장품 회사들이 제품의 효능을 과대평가한다는 사실 화장품을 테스트하는 과정에는 피부 흡수성 측정도 포함된다. 크림을 피부에 발랐을 때 휘발성이 강한 실리콘 오일 성분을 포함하는 제품은 크림의 상당량이 증발하여 공기 중으로 사라진다. 피부 각질은 남아 있는 크림만을 흡수한다.

 '피부 탄력성 50퍼센트 증가'라는 마법의 비밀

대단한 피부 개선효과를 주는 듯한 '50퍼센트'라는 수치를 보면 적어도 비밀 코드로 위장한 신비스러운 활성 성분의 마법, 초고가, 첨단 기술에 의한 제조 등과 같은 조건이 반드시 따라야 한다고 생각하겠지만 실상 아무것도 필요 없다. 1밀리리터 용량의 앰플 열 개로 구성된 15유로짜리 독일산 고보습 제품을 사용하기만 해도 '대단한 효과'를 자랑하는 고가의 제품과 거의 같은 효과를 볼 수 있다. 피부 탄력성 51.6퍼센트 증가와 피부 보습률 30.9퍼센트 향상 효과를 볼 수가 있다는 이야기다. 이 제품은 천연 성분만 포함하는 것이 특징이다.

플라보노이드, 사포닌, 베타카로틴 등이 풍부한 식물성 원료와 카로티노이드, 아연, 셀레늄, 비타민 등이 풍부한 스피룰리나를 주성분으로 하고, 장미수와 그 외 천연 식물 추출물을 원료로 한다. 이 모든 성분들을 추출할 때 인공 합성용제를 사용하지 않았으며, 물과 글리세린 및 에탄올을 섞은 정도의 혼합물만을 사용했다. 스피룰리나의 채취는 천연 성분을 파괴하지 않고 온전한 상태로 유지하도록 동결건조 방식으로 처리되었다. 이 제품은 방부제를 사용하지 않았고, 피부 자극을 최소화하기 위해 어떠한 착향제도 첨가하지 않았다.

을 감추기 위해서다.

소비자의 편에 서서 정도를 걷는 화장품 제조사는 신제품을 기획할 때 수분과 지질의 이상적인 배합 비율과 피부 적합성을 최우선 고려 사항으로 삼는다. 또 그에 따른 모든 기술적 노하우를 갖고 있다. 적당한 보습은 주름 깊이를 줄이는 데 필수불가결한 조건이다. 간단한 테스트를 통해서 피부 탄력도, 피부 거침 정도, 피부 보습률을 비교적 정확하게 측정할 수 있다. 이 테스트들은 직접 사람의 피부를 대상으로 실시된다.

이 측정은 보통 팔뚝을 기준으로 실시한다. 먼저 실리콘을 피부 표면에 얇게 펴서 바른 후에 굳게 되면 떼어내어 피부 표면의 본을 뜬다. 이어서 떼어낸 본을 디지털 사진으로 촬영하여 얻은 이미지를 현미경으로 확대한 다음, 화상 측정기로 굴곡을 분석하는 과정을 거치면 측정이 끝난다. 이때 실리콘 본은 매끈한 피부보다는 거친 피부의 요철 상태를 측정하는 데 매우 유용하다.

한편 외부적인 기상 환경은 정확한 측정을 방해하는 요인이 된다. 해가 강하게 내리쬐거나 비가 오는 것이 테스트에 영향을 미친다. 이때는 측정 결과로 나온 수치의 5퍼센트를 줄인다. 피부의 거친 정도를 측정하는 또 다른 방법은 메칠렌블루를 사용하는 것인데, 염색이 되는 부위의 깊이에 따라서 피부의 라멜라 층의 범위를 관찰할 수 있는 측정 방식이다.

피부 보습률은 피부에 직접 계측기를 접촉한 상태에서 측정한다. 피부 표면에 측정기의 감응 센서를 갖다 댄 다음 각질 부분을 응축기의 작동 범위 안에 놓은 후 측정한다. 응축기의 용량은 수분의 양에 따라 다르다. 측정은 매우 짧은 시간에 실시되는데, 피부 상태의 변화나 피부 호흡에 의한 증발로 일어날 수 있는 편차를 최대한 줄이기 위해서다. 측정 과정은 항상 같은 방식으로 이뤄진다. 측정용 크림을 바른 부위와 바르지 않은 부위를 비교하면서 측정을 실시한다.

피부 탄력도의 측정도 마찬가지로 특수하게 제작된 기계를 이용한다. 진공의 원리를 이용한 측정 기계의 센서를 피부와 직접 접촉한 상태로 탄력도를 잰다. 측정기가 피부를 흡착하거나 중지했을 때 늘어나거나 원래 상태로 돌아가는 피부의 속도를 광학기계로 측정하는 방식이다. 흡착과 중지를 50번 정도 반복하면서 테스

**
화장품의 부작용 유발 여부를 확인하기 위한 임상 실험은 피부 의학적인 감시가 보장된 상태에서 실시한다. 피부 테스트 방법은 피실험자(대상자의 3분의 1은 습진이 있는 사람)의 등에 제품을 묻힌 패치를 붙이는 안전한 방식으로 진행한다.

트를 거친다.

시험관 실험이란 사람을 포함하여 실험쥐를 대상으로 실험하는 것과 달리 생체에 직접 측정하지 않고 시험관에서 이뤄지는 경우를 말한다. 이것은 모든 화장품 성분의 개발 단계에서 반드시 거쳐야 하는 과정이지만 화장품 회사는 광고로 활용하여 소비자에게 과학적인 연구를 거쳤다고 홍보한다. 사람들은 시험관 실험이라는 말을 들으면 현대식 장비를 갖춘 연구소에서 배양된 세포를 이용하여 실험하는 모습을 떠올린다.

화장품 광고에서 시험관 실험을 거쳤다면서 자랑스럽게 표방하는 것은 실험동물을 대상으로 하는 화장품 테스트를 금지한 이후로 등장한 단골문구다. 그러나 이런 실험은 직접 인간을 대상으로 하는 것이 아니라 인간의 피부에서도 똑같은 화학적 과정이 일어날 것이라고 가정하고 실험 장비를 이용하여 행하는 것이다. 원래 시험관 실험은 동물실험을 대체하기 위해 개발된 것이다. 그렇지만 이제는 활성 성분이 피부 재생을 돕거나 촉진하는 효능이 있다는 것을 증명하기 위한 마케팅 도구가 되어 소비자의 신뢰를 얻는 효과를 낳았다.

그렇지만 시험관 실험은 성분의 유해성을 확인할 수 있을 뿐만 아니라 생체공학적인 활성 성분의 효능을 입증하는 기회가 된다. 헬레나루빈스타인 사가 주장하는 바에 따르면 "피부에 존재하는 인 성분이 정상적으로 활성화되지 못하면 피부는 탄력을 잃고 약해지기 시작하고 주름이 생깁니다"라고 한다. 이 결과를 바탕으로 헬레나루빈스타인 사는 예방 차원에서 피부에 상존하는 천연 인의

**

시험관 실험은 계면활성
제에 대한 피부 적합성을
확인하기 위한 좋은 방법
이다. 계면활성제가 들어
있는 시험관에 희석된 소
의 피를 소량 흘려 넣었
을 때 피의 변화를 보면
계면활성제의 성질을 알
수 있다. 만일 소 피의 세
포가 파괴되었다면, 그
계면활성제는 독성이 있
는 것으로 판명된다.

기능을 활성화하는 물질인 '프로인'의 필요성을 주장한다. 최근
화장품 추세는 이처럼 활성 성분과 촉진 성분이 경합하는 상황이
라 할 수 있다.

아무리 비싼 크림도
노화과정을 되돌리진 못한다

효소와 같은 촉진제는 생체 화학반응을 가속하는 촉매 역할을 한다. 생물학자들은 촉진제가 피부 재생 과정에서 매우 중요한 역할을 한다고 강조한다. 촉진제는 보통 효소의 활동을 촉발하거나 억제하도록 제어하는 단백질과 조효소(코엔자임)로 되어 있다. 화장품에서 가장 많이 사용하는 조효소는 비타민 종류다.

과학자들은 세포조직, 섬유아세포, 각질 세포 등에서 분리한 시료 조직을 대상으로 한 시험관 실험에 사용된 촉진제가 세포상의 신진대사에서 촉매로 활동하고 있음을 발견했다. 그러나 시험관이라는 환경조건은 피부라는 복잡한 시스템이 가진 조건과는 매우 달랐다. 비테른 박사는 "각질 세포의 반응을 시험하기 위해 실제로 피부 세포에 접근한다는 것은 불가능한 일입니다. 시험관 실험으로 얻은 관찰 결과가 매우 복잡한 환경인 피부를 관찰하여 얻을 수 있는 결과와 동일한지를 확신할 수 없기에 우리는 시험관 실험에서 얻은 결과에 만족해야 합니다. 예를 들어 랑게르한스섬을

**

화장품 회사들은 화장품이 세포 재생에 상당한 영향을 미칠 수 있다고 주장한다. 그렇지만 크림이 얼굴을 환하게 해줄 수는 있지만 아무리 고가의 제품이라도 피부를 완전히 새롭게 바꿀 수는 없다.

보호하고 자외선 차단에 중요한 역할을 할 수 있을 것으로 보이는 물질을 시험관 실험을 통해 발견한 적이 있습니다. 랑게르한스섬은 자외선이 피부에 닿으면 외부 자극에 대항하는 면역반응의 일환으로 수축하는 촉수를 가지고 있습니다. 랑게르한스섬이 수축하면 시험관 안에서 피부는 세포 보호 역할을 하는 멜라닌을 생산하면서 스스로를 보호하기 시작합니다. 그러나 생체실험에서 이 물질을 사용해본 결과 랑게르한스섬 세포가 활동을 하는 것을 단한 개도 볼 수가 없었습니다"라고 단언한다.

활성 성분의 효능을 기술하는 사용 설명문을 자세히 읽어 보면 화장품 회사들이 진정한 효능이 무엇인지 밝히기를 꺼리면서 모호한 설명으로 연막을 친다는 느낌을 지울 수가 없다. 설명서를 통해 그나마 알 수 있는 것은 일반적으로 화장품이 피부에 주는 효과에 대해 알려진 너무나 평범한 내용들뿐이다. 실험실에서 확인된 특성이 살아 있는 피부에서도 그대로 재현되어 나타날 수 있다는 것을 전혀 증명하지 못한다. 따라서 효능이 분명하지 않기에 대충 얼버무리고 만 것이다. 피부 생물학적 차원에서 효능의 불명확함에 대해 좀 더 조사를 해야겠다는 생각이 들다가도 제품 가격을 알게 되었을 때의 놀라움이 방금 전에 품었던 제품의 과학적 진실성에 대한 의문보다 더욱 크게 부각되는 것은 무슨 이유 때문일까?

기만적인 허풍으로 귀를 솔깃하게 하는 효능을 장담하는 것은 오래된 전부터 내려오는 화장품 산업의 전통이다. "영양 크림", "피부 재생 촉진 화장품"과 같은 표현은 프랑스에서는 불법이라고 판결이 났다. 그러나 화장품 회사들이 봇물같이 쏟아내는 유혹적인 선전 문구에 일일이 법적인 판단을 내리기에는 역부족이다. 특정 표현을 금지하면 다른 문구를 쓰는 방식으로 더 많은 문안을 만들어내는 것이 현실이기 때문이다.

리포솜이 세상에 선보인 이후 얼마간은 특색 있고, 독점적인 제품의 대명사로 알려졌지만 요즘은 너무나 흔한 것이 되고 말았다. 이제는 '바이오테크놀로지 성분'을 강조하는 방식으로 새롭게 제품을 치장하기 시작했다. '리프팅시스템', '젊음으로의 복귀', '외과적인 수술 없이 탄력 있는 얼굴 만들기'와 같은 문구와 '프로인(燐)', '바이오EPO', '안티에이지 분자' 등과 같은 신비스러운 물질임을 연상시키는 단어들을 듣게 되면 여성 소비자들은 늙어가는 자신의 피부를 젊고 생기 넘치는 피부로 바꿀 수 있다는 가능성에 마음이 설렌다. 그렇지만 이런 희망을 실현하는 데는 대가를 치러야 한다. 터무니없는 효능에 대한 투자를 하기에는 엄청난 가격을 지불하는 대담함이 필요하다.

엄밀히 말하자면 정상적인 스킨케어를 받은 얼굴에서 일어나는 피부 노화 흔적은 시간이 흐르면서 눈에 띄지 않을 정도로 해마다 조금씩 축적된 자연스러운 노화 과정의 산물이다. 나이가 들면서 세포 재생 속도는 느려지고, 피부는 건조해지고, 각질층은 두꺼워진다. 세포의 활동이 줄어들고 피부는 점점 더 연약해진다. 아무리 비싼 크림도 이런 노화 과정을 되돌릴 수 없으며 젊음과 생기를 되돌려줄 수 없다.

피부 노화를 막기 위한 눈물겨운 투쟁이 벌어지는 가운데 피부과 의사며 화장품 전문가들인 라브와 킨들은 화장품 제조자들의

**

단기간에 살을 빼면 예기치 못한 일을 당한다. 피하조직이 물러져 피부에 굴곡이 생기고 주름이 진다. 그러므로 감량 정도를 약하게 하여 서서히 체중을 줄이는 것이 바람직하다. 약간 통통한 얼굴은 젊어 보일 뿐만 아니라 윤기가 흐르는 것처럼 보인다.

신뢰성과 성실성의 부족을 토로하면서 화장품 효능에 대한 의견의 차이가 서로 매우 크다고 말한다. '리프트(lift)'라는 이 짧은 단어는 여성 소비자를 사로잡기 위해 선택한 기적의 용어가 되있다. 헬레나루빈스타인의 제품 광고를 보면 "어떤 크림도 리프팅 효과를 낼 수 없습니다"라는 문장이 보인다. 이것은 매우 정상적인 표현이다. 그러나 그 광고를 조금만 더 읽게 되면 제품 구매 유혹에 넘어가지 않을 수가 없게 된다. "페이스 스컬프터 크림과 페이스 스컬프터 세럼을 동시에 사용하면 리프팅 시술과 거의 맞먹는 효과를 볼 수 있습니다"라고 쓴다. 이 광고는 "240명의 여성을 대상으로 실험을 했습니다"라고 강조하는 문장으로 끝맺고 있다. 이 마지막 문구는 "이 제품을 매일 사용하면 또렷해진 얼굴 윤곽과 주름과 잔주름이 엷어진 균형 잡힌 얼굴로 변모시켜줍니다"라는 주장에 힘을 실어주는 역할을 한다. 이것이야말로 사실 모든 크림이 표방하는 익숙한 문구이지 않은가?

독일의 한 화장품 회사가 내놓은 '히알루론필러'라는 제품을 판매하기 위한 선전 문구를 보면 "주름을 메워주는 이 크림은 주사를 맞지 않고도 피하 주입의 효과를 내는 원리를 응용한 것입니다"라고 되어 있다. "원리를 응용한 것입니다"라는 문구가 얼마나 재치가 있는가! 이 문장은 여성들에게 희망을 불러일으키지만 그 효과가 동일하다는 말은 하지 않고 있다.

세포 재생을 촉진하는 것은
바람직한 일일까?

소비자들이 화장품의 효능을 기재한 설명서를 읽을 때 보통 두 가지 의문을 갖는다. 첫째는 효과가 약속대로 발휘되느냐 와 또 하나는 그 효과가 발휘된다고 해도 그것이 바람직한 일이냐 에 대한 것이다. 특히 세포의 대사 활동을 촉진하면서 피부를 젊게 해주는 효과를 낸다고 알려진 성분과 마주칠 때 이와 같은 의문이 든다. 세포 재생이 무엇을 뜻하는지를 이해하려면 피부의 구조를 살펴보는 것이 좋다.

● 여러 층으로 구성된 표피는 화장품 효과를 가장 직접적으로 체험할 수 있는 부위다.

● 표피 아래에 위치한 진피는 섬유조직으로 형성돼 있다. 이 조직은 젊은 사람의 경우에는 수분을 많이 포함하고 있지만 나이가 들어갈수록 수분 함유 능력이 줄어든다. 능력을 상실해 죽은 이 섬유 세포는 다시 재생될 수 없다.

피부의 구조

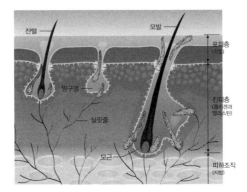

성인의 피부 총면적은 1.5제곱미터에서 1.8제곱미터며, 피부 두께는 1밀리미터에서 4밀리미터다. 피부는 다양한 층으로 구성돼 있다.

■ 외부와 접촉하는 바깥층을 '표피'라 하며, 두께는 1밀리미터다.

■ 최대 두께 3밀리미터인 '진피'가 표피 다음에 위치한다. 이마 부위에는 진피가 가장 얇게 분포돼 있고, 발바닥에서 가장 두꺼운 진피를 발견할 수 있다. 진피층은 주로 콜라겐 섬유로 구성되어 있다.

■ 피하조직층이 마지막으로 위치한다.

화장품 성분의 흡수는 피부의 수분 함유 비율에 따라 달라진다. 보습이 잘된 피부는 건조한 피부보다 다섯 배에서 열 배나 빨리 성분을 흡수한다. 흡수한 물질은 다음 세 가지 경로를 통해 피부에 침투한다.

■ 각질 세포와 표피상의 세포 간 물질을 통과하는 경로

■ 각질층으로 덮여 있지 않고 피부 표면적의 0.1퍼센트를 차지하는 모낭을 통과하는 경로

■ 피지선과 땀샘을 통과하는 경로

● 피하조직은 느슨한 섬유조직이라 할 수 있는데, 지질이 충분할 때 피부는 탄력을 유지한다. 따라서 매우 마른 사람은 살집이 있는 사람보다 주름이 더 많이 생길 수 있다.

　세포분열은 조직호르몬에 의해 표피 아래에 위치한 피부 기저층에서만 일어난다. 표피가 손상받지 않은 정상 상태일 때 표피 기저층에서 세포분열이 일어나지 않도록 호르몬이 작용한다. 반면 표피가 상처를 입거나, 햇볕에 노출되면 세포분열을 억제하는 호르몬이 나오지 않아 세포분열이 시작된다. 그렇게 되면 각질층까지 포함해서 표피의 모든 층이 두꺼워진다. 손상이 복구되면 조직호르몬은 정상 활동 상태로 복귀한다. 새롭게 형성된 세포는 각질세포로 변하여 피부 표면으로 이동하는 과정을 거친다.

　피부의 각질층은 표피 중에서도 가장 외부로 드러난 부분이다. 이것은 서로 밀집하여 겹친 각질 세포의 여러 층으로 구성되어 있다. 세포 간 물질이 이 세포들 사이의 공간을 채우고 있다. 표피 쪽으로 갈수록 각질층의 구조는 성긴 상태가 되고 세포 간 물질은 분해가 일어난다. 또 세포들은 서로 지탱하는 힘이 약해지고 피부 표면에 이르러서는 떨어져 나간다. 이러한 과정을 통해 피부는 4주마다 새로 태어나지만 외부 기상 조건(추위와 더위, 햇빛과 강수)이나 개인의 신체 상황에 따라 그 기간은 차이가 날 수 있다. 피부가 건강하면 피부를 구성하는 각각의 층은 제각기 기능에 따라 정상적인 활동을 한다. 피하조직층의 결합조직에 지방이 충분히 분포되어 있으면 탄력섬유는 제 기능을 원활하게 수행하고, 세포분열도

**

정상적으로 일어난다. 그러면 각질층은 적당한 두께를 유지하고 수성 지질층(피부 보호막)은 균형 잡힌 상태가 된다.

화장품의 성분이 진피나 피하조직에까지 침투하여 과연 효과를 낼 수 있는가를 연구하게 된 이유는 세포에서 일어나는 신진대사를 촉진할 목적에서 시작되었다. 비테른 박사는 "피부에 바른 화장품이 포함하는 활성 물질이 어떤 방식으로 표피층을 통과하여 피부기저층의 세포에까지 도달하는지를 우리는 자문해보아야 합니다. 그리고 만약 이런 현상이 일어난다면 세포분열 과정이 빠르게 진행되어 새로운 세포가 각질층에 올라오게 되고, 표피에서는 빠른 속도로 죽은 세포와 교체될 것입니다. 과연 이것이 바람직한 현상일까요? 아직까지 우리는 피부의 작용 기제와 정말 피부가 무엇을 필요로 하는지를 정확히 모르는 상황에서 이 질문에 대답할 권한이 없습니다. 화장품을 피부에 바르는 행위로는 피부메카니즘에 변화를 일으킬 수 없고, 단지 약간의 영향만 줄 뿐입니다"라고 덧붙였다. 화장품의 성분이 피부 기저층에서 효과를 낼 수 있다는 것은 허구며, 세포 활동에 직접적인 관여를 하여 결과를 예측할 수 있는 시기는 먼 미래가 될 것이다.

화장품이 피부를 보호하고 건강한 상태로 유지시켜 예쁜 얼굴로 만드는 데 지대한 역할을 하는 것은 사실이다. 그러나 안티에이지라는 용어는 문자 그대로 해석하면 기만적인 표현이다. 화장품이 피부 노화 과정에 결정적인 영향을 미칠 수 없기 때문이다. 피부의학연구소의 책임자이자 화장품 전문가이며 피부 및 알레르기 전문의인 베르너 보스(Werner Vos)는 25년 전부터 화장품의 피부

적합성 및 화장품 성분의 효능을 테스트하는 데 지속적인 연구를 하고 있다. 그는 "피부 노화 과정에서 화장품이 미치는 영향만큼 불확실한 것을 본 적이 없습니다. 의학적인 관점에서 보자면 피부 노화를 예방하기 위해서는 화장품보다는 음식물을 통한 균형 잡힌 영양 섭취가 더욱 합리적인 해법이 될 것입니다"라고 지적한다.

한때 활성 성분의 왕좌를 차지했지만 이제는 인기 순위에서 많이 밀려난 성분으로 과일 산이라 불리는 알파하이드록시애씨드(AHA : Alpha Hydroxy Acid)가 있다. 피부과 의사들은 이 성분을 이용하여 치료 효과뿐 아니라 피부 재생 촉진 효과도 볼 수 있다고 말한다. 피부과 의사들은 과일 산을 사용하여 여드름이나 버짐을 치료한다. 비타민 A계열의 알파하이드록시애씨드는 유럽에서는 약한 농도로 화장품에 사용하는 것을 허용하고 있다. 과일 산이 저농도로 함유된 제품은 피부 박피를 일으키지 않아 화장품 업계에서는 새로운 상품으로 한동안 각광을 받았다. 이것을 함유한 화장품의 등장은 한동안 유행이 되었다. 포도나 자두에서 추출한 과일 산과 젖산은 천연 물질로 알려져 소비자들에게 좋은 반응을 얻기도 했다. 소비자들은 제품의 성분 목록에서 인공 합성되지 않은 과일 산을 발견하면 당연히 피부 사용에 적당한 순한 성분이라고 생각했다.

과일 산은 각질을 제거하고 피부를 매끈한 상태로 만들어주는 박피 시술을 할 때 사용한다. 이때 표피를 벗겨내는 시술을 하는데, 이것을 필링이라 한다. 시중에서 팔리는 AHA는 농도가 40퍼센트를 초과해서는 안 된다. 피부 관리 시술사는 이것보다 높은 농도로 사용할 수 있다. 피부과 의사들만 70퍼센트 이상의 농도로 된 과일 산을 이용할 수 있다. 과일 산은 주의해서 사용해야 하며, 회복 불가능한 후유증을 남길 수도 있다. 문제는 피부에 너무 자극적이지 않을 정도로 농도를 잘 조절하는 일이다. 농도를 높여서 너무 자주 사용하면 습진이나 접촉성 알레르기와 같은 피부 질환을 유발할 위험이 있다. 과일 산의 농도를 점진적으로 증가시키는 경우에 용량 파악을 쉽게 하기 위해 미터글라스를 사용해야 한다. 라브와 킨들에 따르면 과일 산을 정확하게 농도를 준수하면서 사용했다 하더라도 "홍반, 욱신거림, 피부가 땅기거나 벗겨지는 것 같은 피부 트러블"이 생길 수 있다고 말한다.

그렇지만 과일 산을 잘 활용하면 주름을 조금 개선할 수 있는 효과를 기대할 수도 있다. 과일 산은 클렌징 제품이나 크림에 사용되는데, 제품의 효능은 사용된 과일 산의 종류, 농도, 산성도 등에 따라 달라진다. 약한 산성도에 고농도의 과일 산은 각질을 제거하는 데는 유리하지만 유쾌하지 않은 부작용을 동반한다. 반면 산성도가 높고 농도가 낮을 때에는 피부 표면을 덜 깎아낸다. 그렇지만 과일 산의 효과가 입증되었다는 이유로 이상적인 배합으로 잘 만들어진 제품이 혹시 젊음을 되돌려주는 기적을 행할 수 있지 않을까 하는 헛된 꿈은 꾸지 말아야 한다. 과일 산의 사용과 관련하여 잊지 말아야 할 것은 각질 세포가 떨어져 나가므로 피부 보습에 신경을 써야 한다는 점이다.

화장하지 않은 피부가
오히려 아름답다

"**스물다섯 살부터** 피부는 노화되기 시작한다."

수많은 매체를 통해 반복되는 이 메시지는 젊은 여성에게 노화에 대한 공포를 불러일으키기에 충분하다. 주름이 생길지 모른다는 두려움에 빠진 젊은 여성은 안티에이지 제품이라는 미끼를 물수밖에 없다. 피부 과학적인 측면에서 보면 피부는 스물다섯 살부터 늙기 시작한다는 것은 맞는 말이지만 그렇다고 20대 초반의 젊은 여성들이 노화 방지에 효과가 있는 안티에이지 화장품을 쓰라는 말은 아니다.

'르비타리프트', '아이디얼발란스', '르서페이스-C', '프리모디알옵티멈세럼플래쉬' 등과 같은 안티에이지 제품을 사용하면 어떤 효과가 있을까? 크림을 바르기 전에 세럼을 바르는 것이 올바른 순서인가? 페이셜크림만 하더라도 수많은 회사에서 쏟아내는 엄청난 종류의 제품들이 있고 그 차이점을 구별하기란 거의 불가능하다. 거기에다 스페셜케어까지 혼란을 가중한다. 여러 가지 피부 트러블, 다양한 노화의 징후, 피부 불균형과 결점 등을 해결해준다는 셀 수 없이 많은 제품의 홍수 아래서 소비자들은 백기를 드는 수밖에 없다.

수많은 종류의 화장품 출시는 소비자의 불안을 키우는 결과를 낳는다. 자기 피부에 맞지 않는 제품을 구입하거나 과도하게 많은 종류의 제품을 사용하여 피부 균형을 잃을 수 있는 위험이 높아지기 때문이다. 여성들은 '이 제품이 더 좋아. 다른 어떤 것보다 효과가 더 좋으니까' 라고 생각하면서 화장품을 구입한다. 그러나 화장품 매장에서 이 제품 저 제품을 기웃거리다 보면 애초에 자기 피부에 맞추어 계획한 합리적인 구매와는 멀어진다.

따라서 자기 피부에 적합한 제품을 구입하려면 먼저 피부가 필요로 하는 제품이 어떤 것인지를 자문해보아야 한다. 이 질문에 대한 해답을 찾기 위해 화장품 회사가 제시하는 제품 사용 프로그램을 참고할 필요는 없다. 평소에 자기 피부를 관심 있게 관찰하다 보면 피부 트러블과 불균형 상태를 예방할 수 있다. 피부가 특별히 비정상적인 상태에 있거나 균형을 잃었을 때만 화장품의 도움이 필요하다. 몇 가지 예를 들어보자.

● 피부가 천성적으로 지나치게 건조하거나 기름기가 많은 경우를 들 수 있다. 보습 작용은 사람마다 개인차가 심하므로 수분을 간직하는 능력이 같을 수가 없다. 피지선의 활동도 마찬가지로 왕성한 사람이 있는가 하면 저조한 사람도 있다.
● 추위나 강렬한 직사광선, 건조한 대기에 노출되면 피부는 매우

강한 스트레스를 받는다. 또 자주 몸을 씻거나 과도하게 많은 종류의 화장품을 사용하는 것도 피부에 좋지 않은 결과를 불러 올 수 있다.

● 영양부족도 피부에는 좋을 리가 없다. 비타민 C의 결핍은 피부를 건조하게 만든다.

● 노화가 진행되면서 피부는 연약해지고 기능이 약화되면서 민감하게 변한다.

크림을 바르지 않고도 부드럽고 촉감이 좋은 피부를 가질 수 있다면 기뻐해야 할 일이다. 그러나 이것만으로 만족할 수 있을까? 좋은 크림을 듬뿍 자주 발라주지 않는다면 피부가 빠르게 늙을지 모른다는 두려움에 자기도 모르게 화장품을 바르는 것은 아닐까? 관리할수록 더 좋아진다는 화장품 회사의 논리에 따라 제품을 쓰다 보면 얻게 되는 것은 아름다운 피부가 아니라 트러블을 안고 있는 피부일 것이다. 피부과 의사가 환자에게 갖고 있는 화장품을 모두 버리라고 하는 것은 괜한 말이 아니다. 과도하거나 적합하지 않은 방법으로 스킨케어를 하면 뽀루지, 반점, 피부 불균형 등과 같은 부작용으로 그 대가를 치를 것이다. 그러나 악화된 피부는 의학적 도움 없이도 안정을 취하기만 하면 스스로 복구하기 시작한다. 이 과정에서 비로소 건강한 피부로 태어나기 위해 재생에 도움이 되는 화장품이 필요해지는 것이다.

나이에 따라 많은 요인들이 피부 상태에 영향을 미친다. 겨울이나 장시간 비행한 뒤에는 피부가 일시적으로 건조해진다. 질병과 스트레스, 그 밖에 다른 요인들도 피부를 공격하는 요인으로 작용한다. 피부가 필요로 하는 것은 나이와 관계없이 상황에 따라 달라질 수 있다. 따라서 똑같은 제품을 얼굴에 바르더라도 사용하는 방법을 가끔씩 바꾸어보는 것도 피부를 위해서는 바람직할 수 있다. 여기에서 사용하는 방법을 다양하게 바꾸어보라는 충고는 습관대로 사용하는 방식을 바꾸라는 뜻이다. 화장품은 단순한 성분 조합에 불과하다. 의식적으로 다양한 성분을 많이 발라볼수록 피부는 더 건강해질 것이다.

화장품 회사가 가장 많이 권하는 제품에 속하는 나이트크림을 예로 들어보자. 정말 피부는 밤마다 나이트크림이 필요한가? 가끔 크림을 바르지 않고 맨얼굴로 잠자리에 들어보자. 화장품 사용량을 줄이면 피부 상태와 피부에 무엇이 필요한지를 더 잘 알게 될 것이다. 또 피부의 조절 능력은 더욱 강화될 것이다. 화장품 회사가 권장하는 제품과 그 사용 순서는 반드시 준수해야 할 지침이 아니다. 자신의 피부 상태와 특성을 잘 파악하는 일이야말로 피부가 필요로 하는 제품과 스킨케어의 종류를 알 수 있는 최상의 가이드일 것이다.

● '행동에 덜 옮길수록 더 좋아진다' 는 원칙은 무엇보다도 세정 행위에 딱 들어맞는 경우라 할 수 있다. 사람들은 당연하다는 듯이 습관적으로 매일 아침저녁으로 세수를 한다. 그러나 이런 습관은 피부가 매우 건조한 사람에게는 맞지 않는 방식이다. 왜냐하면 저녁에만 세수를 하고 아침에는 간단히 물만 묻히는 것

이 피부를 더 건강하게 만들어주기 때문이다. 마찬가지로 피부가 쉽게 자극을 받거나 염증이 잘 생기는 사람은 비누와 같은 합성 화학제품을 쓰지 말고 그냥 물만으로 세안하기를 권한다.

● 토너는 피부에 단지 상쾌한 느낌을 줄 뿐만 아니라 보습 효과도 있다.

● 어떤 크림이 내 피부에 맞을까? 기름기가 많은 피부는 가벼운 크림을 사용해야 하지만 그렇지 않은 경우에는 유분이 풍부한 크림을 발라야 한다. 피부 관리를 충분히 받지 못한 건조한 피부는 민감성으로 변할 수 있음을 명심해야 한다. 수분이 부족한 피부는 거칠어지고 주름이 쉽게 생길 뿐만 아니라 세균이 자랄 수 있는 틈을 내주게 된다. 좋은 화장품은 피부 상태를 좋게 해주어 피부를 진정시키고 부드럽게 해줄 뿐만 아니라 건강한 탄력을 준다. 그러면 건성으로 인해 생겼던 잔주름이 사라진다.

최근 크림에 대한 소비자의 기대 수준이 많이 달라졌다. 크림은 무엇보다도 사용감이 가벼워야 하고 피부에 잘 스며들어야 한다. 오일 베이스에 수분을 많이 함유한 크림은 안티에이지 제품이라 하더라도 이제는 판매하기가 매우 어려운 실정이다. 보습 작용이 중요하다고 하지만 피부는 유분과 수분의 균형을 맞추는 것도 필요하다. 만일 보습에 중점을 둔 제품만을 사용하다 보면 피부는 유분이 부족한 사태를 겪는다. 이런 경우에는 나이트크림과 같은 유분기가 많은 제품을 사용하여 유분기 결핍을 메워야 한다.

노화가 진행되는 피부를 위한
스킨케어 제품들

나이가 많이 들면 피부가 건조해져서 생기는 문제와 그 증상들은 더 이상 나타나지 않는다. 반면 전반적인 피부 노화의 문제와 맞닥뜨린다. 예를 들면 이마와 코 주위에 생기는 표정 주름을 꼽을 수 있다. 화장품은 이 문제를 해결하는 데 아무런 역할을 할 수가 없다. 그렇지만 좋은 화장품은 일부 유익한 작용을 하기도 한다. 노화가 진행되는 피부가 필요로 하는 것들을 공급하는 데 초점을 맞추어 성분을 배합했기 때문이다.

● 안티에이지 또는 안티링클 화장품

이와 같은 제품류는 수분 크림에 비해 유분기가 더 많은 크림인데, 효능은 배합 성분에 따라 달라진다. 한편 안티에이지나 안티링클 화장품에 사용되는 우수한 기능의 활성 성분이 다수 존재하지만 이들 중 일부만 집중적으로 광고에 등장하여 소비자의 시선을 끌고 있다. 따라서 나머지 활성 성분은 제 값어치를 못하는 것처럼 보인다. 이런 현상을 설명하기 위해 먹거리를 예로 들면, 캐비어, 송로버섯, 굴 등과 같은 맛이 좋은 고가의 식품만이 우리 몸에 필요하다는 것과 마찬가지 논리다. 독일의 함부르크 의과대학 피부과 학장이었던 슈타인크라우스(Steinkraus) 교수는 "피부에 좋다고 알려진 매우 비싼 활성 성분만이 피부에 필요한 것은 아닙니다"라고 잘라 말한다.

● 아이크림(눈가 전용으로 개발된 화장품)

미소와 웃음은 삶의 기쁨을 표현하는 방식이다. 그러나 이러한 감정 표현의 이면에는 눈가 잔주름이나 주름 형성이라는 원치 않는 현상이 일어난다. 특별히 눈가에만 바르도록 개발된 화장품은 제 나름대로 기능을 하는데, 민감한 부위에 유분과 수분을 공급하여 잔주름을 펴는 효과를 발휘한다.

● 특별한 스킨케어를 위한 화장품

노화가 진행되는 피부를 위한 제품들 가운데 사용하기에 위험 부담이 큰 경우도 있다. 시중에 팔리는 제품 중 일상적인 스킨케어 위에 덧바르는 스타일이 많은데, 탄력 크림과 세럼 등을 들 수 있다. 이런 화장품을 적당히 잘 사용하면 피부에 유용한 효과를 볼 수 있다. 노화가 진행되는 피부에도 이런 화장품을 발라 효과를 볼 수 있지만, 사실 이런 제품들이 과연 필요한 것인지 판단이 잘 서지 않을 때도 많다. 매일 일상적인 스킨케어를 한 뒤에 노화 피부 전용 제품을 바르는 것이 반드시 필요한 것은 아니다.

피부가 가장 필요로 하면서 적합성이 우수한 성분은 어떤 것인가? 슈타인크라우스 교수는 "만일 피부에게 어떤 환경을 가장 선호하는지 묻는다면 틀림없이 물이나 특정 물질보다는 피부가 필요로 하는 모든 것을 함유하는 세포 영양액이라고 답할 것이다"라고 한다. 이런 이유로 슈타인크라우스 교수는 피부에 존재하는 물질과 가장 유사한 성질을 가진 화장품 성분이 피부에는 이상적이라고 한다. 사실 피부는 가장 우수한 화장품을 스스로 생산하는데, 그것은 바로 '피부 보호막'이다.

화장품 원료로 널리 쓰이는 실리콘 오일은 피부에 흡수되지 못하고 피부 표면에만 머무는 물질이다. 그렇지만 이 성분은 성질이 미끄러워 피부 감촉을 좋게 해준다. 슈타인크라우스 교수는 이 성분의 효과에 대해 질문을 던진다. "부드러운 피부 촉감을 느낄 수 있게 해주는 것은 실리콘 오일이 피부를 매끄럽게 해주었기 때문인가 아니면 피부 위에 겉도는 실리콘 오일이 손가락 끝에 닿는 느낌인가?"

화장품 성분 분석 실례 (천연화장품 VS 일반화장품)

브랜드 : Weleda(벨레다) **

제품명 : Crème Hydratante à la Rose Musquée Peaux Exigeantes(민감성 피부용 로즈향 모이스처크림)

용 량 : 30ml

가 격 : 12.80유로

☺☺ 물 ☺☺ 에탄올 ☺☺☺ 호호바씨 오일 ☺☺☺ 복숭아씨오일 ☺☺☺ 글리세릴 올리에이트 ☺☺☺ 카나우바왁스 ☺☺☺ 비즈왁스 ☺☺☺ 마그네슘알루미늄실리케이트 ☺☺☺ 자주꿩의비름추출물 착향제 ☺☺ 리모넨 ☺☺ 리날롤 ☺☺ 시트로넬올 ☺☺ 벤질알코올 ☺☺ 제라니올 ☺☺ 시트랄 ☺☺ 유제놀 ☺☺ 파네솔 ☺☺☺ 서양장미꽃추출물 ☺☺☺ 쇠뜨기추출물 ☺☺☺ 미르라추출물 ☺☺☺ 잔탄검 ☺☺ 글리세릴스테아레이트에스이 ☺☺☺ 소듐비즈왁스 ☺☺☺ 카라기난

** 벨레다는 스위스 천연 유기농 화장품 브랜드

브랜드 : Nivea(니베아)

제품명 : Visage sensitive soin hydratant peau réactive(민감성 피부용 모이스처크림)

용 량 : 50ml

가 격 : 8.50유로

☺☺☺ 물 ☺☺ 글리세린 ☺☺ 에칠헥실메톡시신나메이트 ☺☺ 메칠프로판디올 ☺☺ 디카프릴릴에텔 ☺☺☺ 세틸알코올 ☺☺☺ 글리세릴스테아레이트시트레이트 ☺☺ 스테아릴알코올 ☺☺ 디카프릴릴카보네이트 ☺☺ 하이드로제네이티드코코–글리세라이드 ☺☺ 이소프로필팔미테이트 ☺☺ 감초추출물 ☺☺☺ 글루코실루틴 ☺☺ 이소쿼시트린 ☺☺☺ 카프릴릭/카프릭트리글리세라이드 ☺ 소듐카보머 ☺☺ 트리데실스테아레이트 ☺☺ 디소듐페닐디벤지이미다졸 🌢 에칠헥실글리세린 ☺☺☺ 토코페릴아세테이트 ☺☺ 트리데실트리멜리에이트 ☺☺ 테트라소듐이미노디석시네이트 🌢🌢 피피지–1트리데세스–6 ☺ 아크릴레이트코폴리머 ☺☺ 소르비탄올리에이트 ☺ C10–11이소파라피눌리쿼둠 ☺☺☺ 부틸렌글라이콜 ☺☺☺ 시트릭애씨드 ☺☺☺ 요오도프로피닐부틸카바메이트 🌢 페녹시에탄올 🌢 메칠파라벤 🌢 프로필파라벤

브랜드 : Yves Rocher (이브로쉐)

제품명 : Crème Contour des Yeux Bio Specific〈Active Sensitive〉(바이오 스페시픽 아이크림)

용 량 : 30ml

가 격 : 14.40유로

☺☺☺ 물 ☺☺ 부틸렌글라이콜 ☺ 메칠실라놀라놀카복시메칠테오필린알지네이트 ☺ 이소노닐 이소노나노에이트 ☺☺☺ 글리세린 ☺☺☺ 카프릴릭/카프릭트리글리세라이드 ☺ 글리세릴폴리메타크릴레이트 ☺☺☺ 베타인 ☺ 카보머 ☺ 베헤녹시디메치콘 🌢 메칠파라벤 ☺☺☺ 에스신 ☺☺☺ 카페인 ☺☺☺ 알란토인 ☺☺ 소듐하이드록사이드 ☺☺ 토코페릴아세테이트 🌢🌢 테트라소듐이디티에이 🌢 에칠 파라벤 🌢 프로필파라벤 🌢 부틸파라벤 🌢 프로필렌글라이콜 ☺☺☺ 루틴

PART 3

위생, 청결, 안티에이징을
위한 신기술

보디케어

보디케어의 선택 기준은
피부의 균형

물은 씻는 목적으로 쓰이지만 그 기능은 불완전하다. 물에 녹는 불순물과 때만 없앨 수 있고, 기름에 녹는 것들은 제거할 수 없기 때문이다. 보디케어는 단순한 청결 행위를 넘어선다. 보디로션의 상쾌한 향으로 인한 스트레스 해소와 여유로움을 느끼게 해주는 목욕이야 말로 진정한 휴식의 하나라고 할 수 있다. 오일이나 크림으로 머리부터 발끝까지 부드럽게 마사지하는 즐거움은 삶의 중요한 한 부분을 차지한다. 그러나 조심해야 할 점이 있다. 잦은 목욕은 피부를 건조하게 해 피부 균형을 깨뜨릴 수 있기 때문이다. 그러면 피부 상태를 복원하기 위해 평소보다 더 많은 크림을 사용하지 않을 수 없다.

청결용품들은 제품에 사용된 계면활성제의 종류에 따라 매우 다양한 속성과 부작용을 나타낸다. 유탁액을 만들기 위해서는 물과 기름 성분을 혼합하게 해주는 유화제가 필요하다. 신체 세정제품에 쓰이는 계면활성제는 유탁액 상태를 오랫동안 지속해주는 작용 외에는 유화제와 동일한 기능을 한다. 계면활성제는 피부에서 분비되는 피지를 녹여서 물에 쉽게 씻기도록 해준다.

L. 트뢰거(L. Träger)는 "계면활성제 모두가 피부에서 기름기를 제거하는 방식이 동일한 것은 아닙니다. 비누는 피부 표면에 있는 기름기를 잘 벗겨내는 대신에 피부에는 좋지 않은 결과를 초래합니다"라고 말한다. 비누가 피부의 산성 보호막을 손상시키기 때문이다. 산성도 5.4와 5.9 사이에서 약산성을 띠는 피부 보호막은 아미노산, 유산, 피지, 각질 세포 등으로 구성되어 있으며, 외부적인 자극이나 공격으로부터 피부를 보호하는 역할을 한다. 피부 보호막은 피부가 병원균에 감염되는 것을 막거나 건강한 상태를 유지해주면서, 피부를 위협하는 여러 요인들에 대항하는 수많은 유익한 세균들이 서식하기에 좋은 최적의 환경이 되고 있다. 피부 보호막이 적당한 산성도를 가진 온전한 상태로 유지되려면 병원균이 쉽게 번식할 수 있는 조건인 알칼리화 상태가 되는 것을 피해야 한다.

비누는 동물성 기름을 원료로 한 대표적인 세정제다. 주성분은 소나 돼지에서 얻은 지방을 비롯하여 땅콩기름, 올리브유, 코코넛오일 등이다. 동물성 원료를 좋아하지 않는 사람은 식물성 기름을 사용한 비누를 고를 수 있다. 크림 형태의 비누는 피부를 유연하게 하고 보호하는 성분을 첨가한 유탁액이라 할 수 있다. 대부분의 비누는 '이디티에이(EDTA)'라는 금속이온 봉쇄제가 성분으로 포함되어 있기 때문에 논란의 대상이 되고 있다. 이디티에이는 신체에 축적되는 유해 물질이다. 소비자를 생각하는 천연 화장품 제조사

**
샤워젤이나 샴푸의 거품은 피부나 모발에 세정 작용을 하는 물질이 쉽게 분산되도록 해준다. 따라서 소비자의 눈에는 거품이 이는 정도가 품질을 결정하는 기준이 된다. 샤워젤과 샴푸는 경수와 연수에 풀어서 실험했을 때 일어나는 거품이 바람이나 물의 출렁임에 적어도 20분 동안은 형태를 유지해야 한다.

들은 이디티에이를 비누에 넣지 않는다.

비누는 피부의 산성도를 변화시켜 9~11 정도의 알칼리성을 띠게 한다. 비누로 씻은 후 피부는 산성도 7 전후의 상태가 된다. 건강한 피부는 이러한 상태에 어려움 없이 적응하고 즉시 정상 산도로 되돌아간다. 그러나 손상을 입은 피부는 정상 수치의 산도로 돌아갈 능력이 없다.

비누나 샤워젤처럼 몸을 씻어내는 제품을 전문용어로 '세정제'라 한다. 피부가 건조한 사람은 세정제를 많이 쓰지 않는 것이 바람직하다. 에베르하르트 하이만 박사는 "위생을 중시하는 현대의 생활 방식 때문에 세정제를 과용하는 일이 잦아 피부 보호막이 파괴되는 결과가 초래되고 있습니다. 표피의 최상층에 존재하는 지질은 세정제의 계면활성제가 녹입니다. 만일 피부에 수분을 간직하게 해주는 물질이 부족해지면 외부에 노출된 표피층은 급속히 건조되기 시작합니다. 피부에 지질 성분이 부족해지면 각질층에 미세한 갈라짐이 생겨 피부가 거칠어집니다"라고 설명한다.

얼굴을 씻을 때는 비누보다는 합성 세정제가 더 좋다. 그 이유는 합성 세정제는 피부의 산성도를 높이지 않을 뿐만 아니라 덜 건조하게 하기 때문이다. 유탁액 형태의 클렌징 유액도 순한 성질이 있어 추천할 만하다.

감시의 대상이 되고 있는 계면활성제

보통 몸을 깨끗이 씻는 행위는 필수적인 일상사지만, 이 과정에서 세정제에 포함된 해로운 물질과 접촉한다. 계면활성제처럼 세정 기능이 있는 물질은 가능한 한 성질이 부드러워야 한다. 계면활성제는 피부에 대한 적합성과 자극성에 따라 세 부류로 나뉜다.

- 양이온성 계면활성제는 피부에 매우 강한 자극을 유발한다. 보통 모발에 발생하는 정전기를 방지하는 헤어 제품에 많이 쓰인다.

- 음이온성 계면활성제는 부드러운 성질이 있어 흔히 샴푸에 쓰인다.

- 양이온과 음이온 양성을 지닌 계면활성제는 훨씬 더 부드럽고 덜 자극적이다.

- '코코-글루코사이드(코코넛에서 얻은 알코올)'처럼 이온을 띠지 않는 계면활성제는 피부 적합성이 매우 우수하다. '알킬글루코사이드(당 성분의 계면활성제)'는 화학 성분의 '소듐라우릴설페이트'와 비교하면 피부에 훨씬 덜 자극적이며, 자당처럼 먹이사슬에서 순환하면서 다시 이용할 수 있는 물질이다. 포도당과 녹말은 피부에 매우 부드러울 뿐 아니라 환경에 전혀 해가 없다.

- '아실글루타메이트'는 가장 순한 성질이지만 매우 고가여서 화장품에는 쉽게 쓰이지 않는다. 이 성분의 국제 화장품 성분 명칭은 '디소듐코코일글루타메이트'와 '소듐코코일글루타메이트'이다.

이러한 분류는 소비자에게 제품 선택의 길잡이가 되고 있지만 예외는 존재한다. 피부에 자극적인 것으로 분류되는 계면활성제 모두가 자극적이지는 않고, 마찬가지로 피부에 순하다고 해서 모두가 순한 것은 아니다. 대부분의 제품에는 여러 종류의 계면활성제를 동시에 사용하거나 여러 종류의 계면활성제를 섞어서 쓰기도 한다. 화장품 원료로서 최근 사용되기 시작한 '소듐코코모노글리세라이드설페이트'가 대표적인 예다. 이 물질은 코코넛 오일과 글리세린과 같은 식물성 원료를 사용해 만든 것인데, 거품이 잘 나는 특징이 있을 뿐 아니라 생분해가 가능한 장점이 있다. 건강과 자연보호 측면에서 보면 피부에 좋은 계면활성제를 널리 사용해야 할 것이다.
계면활성제를 함유하는 화장품은 매년 80만 톤에서 90만 톤 정도가 유럽에서 소비되고 있다. 비누의 사용량을 제외한 이 막대한 양은 환경오염을 일으키지 않는 계면활성제 도입의 필요성을 반증하고 있다.

샤워용 제품, 목욕용 제품,
사용 후엔 보디크림을 바른다

피부 건강의 관점에서 보면 계면활성제는 샴푸와 샤워용 제품의 품질을 좌우하는 중요한 요소다. 그러나 소비자들은 대체로 제품이 지닌 향에 대한 느낌이나 사용 시 체감하는 피부 촉감 등과 같은 주관적 판단에 따라서 샤워용 청결 제품을 구매한다. 하지만 감각적인 판단에 따라서 좋다고 생각되는 제품이 항상 우수한 품질을 보장하지는 않는다. 계면활성제가 원래 지닌 피부 건조 작용을 보완하기 위해 유분 물질을 첨가한 제품도 실상은 피부 건조 현상을 막지는 못한다. 진정 피부를 위하는 길은 부드러운 성질의 계면활성제와 보조 계면활성제를 섞은 성분을 원료로 한 제품을 쓰는 것이다.

한편 샤워용 청결 제품들 간에는 엄청난 가격 차이가 있다. 무엇 때문에 터무니없는 가격을 매기는가? 아마도 코를 유혹하는 좋은 향, 손길이 가는 멋진 포장, 유명 제조 회사임을 증명하는 브랜드 등이 가격을 올리는 요인일 것이다. 그렇지만 이런 제품의 성분을 살펴보면 실망을 금치 못할 것이다. 최고급 제품이나 일반 제품이나 성분 차이는 극히 미미하기 때문이다.

흔히 '한 제품으로 두 가지 효과를 내는 제품'으로 판매되는 샤워젤은 피부를 깨끗하게 하면서 동시에 보호하는 기능을 하는 것으로 널리 알려져 있다. 이런 제품은 일반적인 샤워젤보다 유분 보충 물질, 보습 효과를 내는 성분, 오일 등을 더 많이 함유한다. 그러나 피부가 건조한 사람이 이런 제품을 사용해도 유분 손실을 막기에는 부족하므로 몸에 물기를 완전히 닦은 후에 보디크림을 바르는 것이 더 현명한 방법일 것이다.

목욕은 말할 필요도 없이 기분 좋은 이완과 휴식을 가져온다. 게다가 건조한 피부에 촉촉함을 주고 몸의 긴장을 풀어주고 무엇보다 불결한 찌꺼기를 없애준다. 이런 목욕의 종류로는 거품 목욕과 오일 목욕이 있는데, 이 둘은 차이점이 조금 있다. 요즘의 거품 목욕용 제품은 계면활성제 효과를 내는 대체 성분이 포함돼 옛날보다 몸에서 기름기를 덜 뺏어간다. 그렇다고 해도 목욕은 피부를 건조하게 만들 수밖에 없다. 대부분의 거품 목욕용 제품은 유분을 보충하는 성분이 들어 있지만, 사실상 몸이 필요로 하는 양에는 턱없이 부족한 편이다. 따라서 목욕 후에는 반드시 보디크림을 발라줘야 한다.

목욕을 마음껏 하면서도 피부 건조를 막을 수 있는 방법이 있는데, 그것은 오일 목욕이다. 오일 목욕용 제품은 유화제를 포함하고 있지 않으므로 몸의 때를 없애는 청결 기능은 없다. 따라서 샤워를 간단히 한 후에 오일 목욕을 하는 것이 좋다. 오일 목욕용 제품의

** 두 가지 기능을 하나의 제품에 모은 목욕용품은 피부를 자극하는 계면활성제나 유화제 등과 같은 화학 성분의 함량이 단일 제품의 샤워젤보다 더 높다. 피부를 보호하는 대부분의 활성 성분은 피부에 효과를 발휘하기보다는 오히려 욕조 바닥에 가라앉는 게 더 많다.

**
몇 가지 식물성 오일을 섞어 간단하게 목욕용 오일을 만들 수 있다. 20그램의 호호바 오일과 장미 오일 세 방울, 파출리 오일 두 방울, 자스민 오일 세 방울, 쇠풀 오일 한 방울을 섞기만 하면 된다.

특징은 오일 성분은 물 위에 떠 있고 피부에 얇은 막을 만드는 데 있다. 하지만 이런 이유로 피부가 끈적거리거나 오일이 옷에 흔적을 남기는 불편한 점이 생길 수 있다. 따라서 요즘에 판매되는 오일 목욕용 제품에 포함된 식물성 오일은 이런 단점을 없애고 계면활성제의 작용으로 물에 녹는 특징이 있다.

사람은 대략 200만 개의 땀샘이 있으며 하루에 0.5리터의 땀을 분비한다. 그런데 왜 자연스러운 생리작용인 땀의 분비를 막으려고 많은 돈을 쓰는가? 그 이유는 간단하다. 땀이 부패하면 냄새가 나기 때문이다. 보통 착향제는 체취를 제거할 목적으로 비누, 샤워젤, 목욕용 제품 등에 첨가된다.

데오도란트는 사용 방법에 따라 여러 가지 종류가 있다. 그중에서 가장 많이 쓰는 유형은 스틱형, 스프레이형, 롤온형 등이 있다. 한편 소비자의 눈에는 데오도란트와 발한 억제제는 둘 다 비슷해 보이지만 분명한 차이가 있다. 발한 억제제는 피부 표면으로 땀이 분비되지 않도록 하는 제품이다. 예를 들어 염화알루미늄은 땀샘의 분비관을 막아버린다. 따라서 이런 종류의 제품은 막혀버린 땀샘에 생긴 염증으로 인해 습진이 생길 수 있는 단점이 있다. 데오도란트는 땀의 분비를 억제하는 방식이 아니다. 땀을 부패시키는 세균을 없애고 나쁜 냄새를 제거하는 데 목적이 있는 것이다. 악취를 없앨 목적이라면 데오도란트를 몸에 바르기만 하면 문제는 해결된다. 그러나 주의해야 할 사항이 있다. 데오도란트에 포함된 살균 성분은 피부에 상존하는 미생물군의 균형을 파괴할 수가 있다.

데오도란트의
종류

천연 화장품 회사는 데오도란트를 생산하는 과정에서 염화알루미늄과 같은 알루미늄 화합물을 사용하지 않고 대신에 명반을 선호한다. 명반은 알루미늄 산화물이나 얇은 조각의 편암에서 얻는 천연의 결정형 분말이다. 알루미늄 산화물이나 수산화물은 화학적으로 중성이므로 자연 상태에서는 화학적인 반응이 일어나지 않는다. 따라서 명반은 알루미늄 성분을 방출하는 위험이 없다. 일반적으로 쓰는 데오도란트에 사용된 염화알루미늄의 성질과는 전혀 다른 것이다. 천연 화장품 분야에서 발한 억제 목적으로 데오도란트에 포함된 명반은 피부에 해를 주지 않는다. 막혀버린 모공으로 인한 부작용이나 피부에 미칠 나쁜 영향에 대해 전혀 걱정할 필요가 없다.

일반적으로 '데오도란트'라고 하면 발한 억제 물질과 방향 물질이 혼합된 제품을 떠올린다. 스프레이 방식의 제품에는 매우 미세한 입자의 염화알루미늄이 사용된다. 스틱형이나 롤온 방식도

** 헤어래커와 마찬가지로 스프레이형 데오도란트는 프로판이나 부탄과 같은 분무 가스가 90퍼센트를 차지하고 나머지 10퍼센트만 실제 내용물이다.

형태상 막대 스타일이냐 젤이냐의 차이일 뿐 성분 구성은 스프레이 방식과 거의 동일하다. 그렇지만 스틱형 데오도란트에서는 염화알루미늄이 발견될 위험이 거의 없다. 비누와 같은 형태에서는 염화알루미늄은 용해되지 않기 때문이다. 반면 민감한 피부를 가진 사람은 스틱형 제품에 포함된 알칼리성 스테아린산염이 피부 보호막을 파괴하여 따가움을 유발하는 경향이 있기 때문에 사용하기가 어려울 수 있다. 가장 순한 방향 물질은 당연히 천연 물질에서 얻어야 한다.

 데오도란트 보다 예방이 먼저다

피부에 순한 비누나 샤워젤로 자주 씻는 것이 불쾌한 냄새를 예방하는 가장 좋은 방법이다. 겨드랑이 털은 박테리아의 온상이므로 차라리 밀어버리는 것이 현명할지 모른다. 부드러운 데오도란트를 사용하느니 털을 제거하는 방법이 냄새가 날 소지를 없애는 지름길이다.

데오드란트 성분 분석 실례

브랜드 : Narta(나르타)

제품명 : Déodorant Stick 〈Efficacité 24H〉(스틱형 데오도란트)

용 량 : 50ml

가 격 : 3.58유로

☺☺/☺ 변성알코올 ☺☺☺ 디프로필렌글라이콜 ☺☺☺ 소듐스테아레이트 ☺☺☺ 물 착향제 ☺☺ CI 47005(착색제) ☺ CI 42051(착색제) ☺☺ 리날룰 ☺☺ 제라니올 💧💧 트리클로산 ☺☺ 유제놀 ☺☺☺ 알파－이소메칠이오논 ☺☺☺ 아밀신남알 ☺☺ 리모넨 ☺ 하이드록시시트로넬알 ☺☺ 시트랄 ☺ 하이드록시이소헥실 3－사이클로헥센카복스알데하이드 ☺☺☺ 시트로넬올 ☺ 에칠헥실메톡시신나메이트 ☺ 부틸페닐메칠프로피오날 ☺☺ 헥실신남알 ☺☺ 벤질살리실레이트 ☺☺ 벤질벤조에이트 ☺☺☺ 벤질알코올

샴푸, 거품이
세정 작용을 하는 것이 아니다

화장품 매장에서 셀 수 없이 많은 종류의 모발용 제품이 판매되는데, 이것은 외모를 아름답게 꾸미는 과정에서 머리카락이 차지하는 비중이 얼마나 큰지를 증명하는 것이기도 하다. 사람들은 건강한 머릿결을 유지하기 위해서, 아름답게 염색된 멋진 스타일의 머리를 하고 싶어서 많은 돈을 쓴다. 자신이 타고난 머리카락의 형태나 성질에 대해 만족하는 사람을 발견하기란 극히 드물다. 어떤 사람은 기름기가 많다고, 또 어떤 사람은 너무 건조해서 쉽게 부서진다고, 또 어떤 사람들은 비듬이 있다고 마음에 안 들어 한다. 윤기가 없다고 불평하는가 하면 숱이 너무 적다고 하소연하고 머릿결이 안 좋다고 하기도 한다. 이런 이유로 샴푸는 가장 많이 팔린 화장품 중 하나가 되고 있다.

샴푸의 원래 목적은 두피에 있는 피지, 먼지, 헤어젤과 모발용 제품의 잔여물 등과 같은 모발에 있는 불순물을 제거하는 데 있다. 그러나 이런 용도 외에 샴푸로 머리를 감아 머릿결에 윤기를 내고

** 머리카락의 개수는 1제곱센티미터당 300개에서 900개에 이른다. 몸에 있는 털은 모두 다 같은 속도로 자라지 않는다. 머리카락의 수명은 보통 5년이며 60센티미터가량 자란다. 속눈썹이 정상 길이로 자라기 위해서는 보통 100일에서 150일이 걸린다.

싫어 하거나, 갈라진 머리카락에 영양을 주거나, 헝클어진 머리를 단정하게 하기 위한 목적도 있다. 사람들은 거품이 잘 나고 잘 헹궈지고 눈에 자극이 없는 샴푸를 원한다.

샴푸는 일반적으로 물, 계면활성제, 점도 증가제 등을 주성분으로 한다. 샴푸의 품질을 비교한 실험 결과표를 보면 소비자들은 거품이 얼마나 잘 만들어지느냐에 관심이 쏠려 있는 것을 알 수 있다. 소비자들은 거품이 잘 나는 샴푸를 매우 선호하고, 그런 종류의 제품이 세정 능력이 우수하다고 믿는다. 따라서 제조 회사들이 거품이 잘 나는 방법을 강구하기 위해 많은 노력을 기울이는 것은 그리 놀랄 일이 아니다. 독일 바이어스도르프 사의 비테른 박사는 "거품이 잘 나는 것과 세정력 사이에는 아무런 연관이 없으며, 거품은 계면활성제의 존재를 알리는 신호일 뿐입니다. 그러나 소비자들은 거품이 나지 않는 샴푸는 잘 씻기지 않을 거라고 믿습니다. 이런 생각을 바꾸는 것은 너무나 어려운 일입니다"라고 설명한다.

무차별적인 광고에 판단 기능을 잃은 소비자들은 가끔 중요한 사실을 잊어버린다. 그것은 바로 세정 효과이다. 우수한 활성 성분을 사용하여 혁신적인 세정 효과를 내는 제품을 개발하는 데는 많은 비용이 든다. 대중매체에서는 제품의 우수성을 알리는 광고 경쟁이 끝없이 벌어진다. 비타민 성분을 넣었다거나, 천연 오일을 첨가하였다거나, 과일 추출물을 이용했다고 자랑하는 것을 자주 본다. 친환경이라는 유행의 물결도 한몫을 하고 있는데, 천연 성분이 들어 있지 않거나 순하지 않은 제품은 구경할 수가 없을 정도다. 그러나 "아몬드 오일 함유", "레몬 활성 성분 포함", "생분해가 됩니다"라는 문구가 적힌 제품이라도 샴푸의 원래 기능인 세정력에 대해서는 아무런 언급이 없는 경우가 많다. 아몬드 오일 한 방울이 첨가되었다고 보통의 샴푸가 부드러운 천연 제품으로 탈바꿈하는 것은 있을 수 없는 일이다. 샴푸에 사용된 계면활성제가 어떤 종류냐에 따라서 품질의 차이가 벌어지는 것이다.

제조사들은 순한 계면활성제와 거친 계면활성제를 두루 사용한다. '순한', '거친'이라는 뜻은 세정력과는 아무 관계가 없다. 매우 순한 계면활성제는 세정력이 뛰어나지만 대신에 거품이 잘 나지 않는 단점이 있다. 그래서 최근 계면활성제는 거품이 잘 나는 쪽에 우선순위를 두며 대신 기존의 계면활성제보다는 매우 가격이 비싸다.

대부분의 샴푸는 두피가 가진 문제를 해결하는 데 도움을 준다. 피지를 적게 분비하는 두피는 모발이 건조하고 쉽게 부서진다. 반면 피지선 활동이 왕성하면 기름기가 많은 머리가 된다. 사실 피지 분비는 호르몬 작용에 따라 달라지므로 샴푸는 이러한 생리작용에 거의 영향을 끼칠 수가 없다. 하지만 두피가 건조한 사람은 피지가 부족하므로 피지 생산을 방해하지 않는 순한 세정 성분의 제품을 고르는 것이 좋다. 두피가 지성인 사람은 과도한 피지 분비를 억제하는 거친 계면활성제를 함유한 샴푸를 사용해야 한다. 이것과 관련하여 소비자들이 잘못 알고 있는 사실이 하나 있다. 피지를 완전히 제거하면 처음에는 분비가 잘 안 되는 것처럼 보이지만 결국에는 피지가 과도하게 생산되는 결과를 초래한다고 믿고 있는데 이는 잘못된 정보이다.

**
일반적으로 샴푸는 65퍼센트에서 70퍼센트가 물이고, 15퍼센트는 계면활성제이며, 5퍼센트는 보조 계면활성제이며, 최대로 5퍼센트까지 점도 증가제가 들어가고, 그 외 보조 첨가물로 구성되어 있다. 향유, 착색제, 방부제, 활성 성분 등은 기껏해야 제품 내에 0.5퍼센트에서 2퍼센트만 차지할 뿐이다. 샤워젤은 샴푸와 성분의 구성 비율이 비슷하지만 좀 더 부드럽다는 차이점만 있다.

**

털은 피부 속 깊숙이 뿌리를 내리고 있으며, 호르몬의 영향으로 세포분열을 하면서 계속 자라난다. 남성 호르몬은 턱수염과 몸의 다른 부위의 털을 자라게 하지만 머리카락의 성장만은 지연시키는 역할을 한다.

두피와 모발의 다양한 타입에 따른 해결책을 마련하기 위해 샴푸는 우수한 품질의 보형제뿐만 아니라 계면활성제로 유발되는 건조를 막기 위한 유분 성분과 활성 성분 등을 모두 포함해야 한다. 그런데 소비자들은 단지 어떤 종류의 활성 성분이 포함되어 있는지에만 관심을 집중하고 있다.

건조한 모발은
어떻게 관리하는 게 좋을까

샴푸에 첨가되는 우수한 활성 성분 가운데 판테놀, 쐐기풀이나 카렌둘라에서 얻은 식물 추출물, 실크 단백질 등이 있다. 건조한 모발에 좋은 활성 성분은 다음과 같다.

● 비타민 B군에 속하는 판테놀은 몸속에서 비타민 B_5인 판토텐산으로 변한다. 판토텐산의 결핍은 머리를 희게 한다. 모발에 좋은 판테놀은 특히 머리카락이 수분을 유지하는 데 도움을 줄 뿐만 아니라 모발 건조도 예방한다.

● 비타민 H인 바이오틴은 인체에 중요한 역할을 한다. 음식물을 통해 충분히 섭취하지 않으면 머리카락이 빠지고 피부는 쉽게 붓는다. 바이오틴이 풍부한 우유, 계란 노른자, 효모 등은 피부, 모발, 손톱 등에 영양을 공급하여 아름다운 용모를 갖는데 도움을 준다.

● 실크 단백질은 머리카락에 윤기를 준다.

**

바이오틴(비타민 H)은 음식물로 섭취하는 방법이 피부에 바르는 것보다 훨씬 효과적이다. 바이오틴은 머리카락을 건강하게 만들어줄 뿐만 아니라 모발 성장을 촉진한다. 머리카락이 잘 자라게 하려면 알맞은 헤어로션으로 두피 마사지를 하는 것도 좋은 방법이 될 수 있다.

● 건조한 머릿결을 개선할 목적으로 사용하는 샴푸는 양이온성 계면활성제를 포함해 모발에 음이온성 정전기가 형성되는 것을 예방하는 이점이 있는 반면 두피를 자극하는 단점이 있다.

계면활성제의 함유 비율에 따라서 지성 모발용 샴푸와 정상 모발용 샴푸로 나눈다. 지성 모발용 샴푸에는 피지선을 자극하여 피지가 분비되지 않도록 하는 매우 순한 계면활성제를 배합한다. 많은 사람들은 피지가 모근에서 올라와 머리카락 끝에서 분비된다고 생각하지만 실제로 피지는 두피 접촉으로 분비가 일어난다. 가벼운 퍼머넌트만 해도 피지가 많이 분비된다. 손질을 자주 하지 않아서 거친 머리는 쉽게 갈라지는 경향이 있다. 지성 모발에 좋은 성분으로는 로즈마리에서 얻는 타닌인데, 머릿결을 건강하게 하고, 서로 들러붙는 것을 막아준다.

여자 셋 중 한 명과 남자 다섯 중 한 명은 비듬 때문에 고민한다. 비듬 예방 샴푸에 포함된 활성 성분은 비듬을 없애주거나 형성되는 것을 억제하고, 세균으로 인한 가려움증을 완화하는 등 복합적인 작용을 한다. 비듬이 심한 사람에게는 샴푸가 해결책이 될 수 없으며, 올바른 치료를 위해서는 피부과 의사를 방문해 만성적인 두피 문제와 세균을 없애는 문제에 대해 상담해야 한다. 이런 경우에 보통 피부과 의사들은 박테리아와 비듬균을 죽이는 항생제와 염증을 치료하는 약을 처방한다. 비듬을 제거하는 용도로 사용되는 성분은 다음과 같다.

● 비듬을 제거하기 위해서는 일반적으로 세포분열을 억제하는 기능이 있고, 린스에 방부제로 최대 1퍼센트까지 사용이 허가되는 '피록톤올아민'이 혼합된 살리실산이나 황을 사용한다.

● '징크피리치온(Zinc Pyrithione)'은 비듬을 치료하는 가장 오래된 약물 중 하나다. 이 물질은 독성이 있으므로 사용 즉시 씻어내는 제품에만 배합을 허용한다.

● '피롤리지딘알칼로이드'를 포함하지 않은 노간주나무 타르는 독성이 없는데도 흔히 알려진 타르의 독성과 관련한 논란의 여파로 사람들에게 외면을 받게 되었다. 이제는 더 이상 노간주나무 타르를 화장품 원료로 사용하지 않는데, 그 이유는 소비자들이 몸에 해로운 타르와 구별할 능력이 없기 때문이다.

● '푸마릭애씨드'는 과일 산의 일종인데 비듬균이나 가려움을 유발하는 세균을 치료하는 데 효과적이다.

**
1997년부터 콜타르는 모발제품의 원료로 더 이상 사용할 수 없게 되었다. 이 성분을 포함한 샴푸는 판매가 중지되었으며, 이미 시판중인 제품은 모두 회수되었다. 그 이유는 제품에 들어 있는 다환향탄화수소가 발암물질로 분류되었기 때문이다.

모발 문제를 어떻게 예방할 것인가?

■ 일반적으로 사람들은 머리카락을 너무 함부로 다루며 자주 감는 경향이 있다. 순한 계면활성제를 포함한 샴푸를 사용한다 해도 매일 머리를 감지 않는 것이 바람직하다.

■ 건조하고 윤기가 없고 부서지기 쉬운 머릿결이 되는 원인은 머리를 함부로 다루었기 때문이다. 고열로 머리를 말리거나 세정력이 너무 강한 샴푸로 자주 머리를 감았거나, 잦은 염색이나 퍼머넌트를 한 데서 온 결과다. 모발 건강을 위해서는 이런 행위를 되도록 줄이는 것이 좋다.

■ 손상된 모발에 좋은 제품을 사용하면 효과를 볼 수 있는 것처럼 천연 물질을 사용해서 윤기 나는 머리를 가질 수 있는 간단한 방법이 있다. 푸석한 머릿결이 윤기

로 반짝이게 하는 비법은 너무나 단순하다. 75밀리리터의 미지근한 물에 티스푼 분량의 꿀을 녹인 후에 같은 양의 사과식초를 첨가한다. 이 혼합액을 샴푸와 린스 후에 머리에 비벼서 마사지하면 된다.

■ 지성 모발은 되도록 빗질이나 손질을 삼가야 한다. 이런 행위로 두피를 자극하면 피지에 화학적 변화가 일어나서 불포화지방산의 비율이 높아진다. 화학적인 변화를 겪은 피지는 머리카락에 더욱 쉽게 달라붙는 성질을 지닌다.

샴푸 성분 분석 실례

브랜드 : **Logona**(로고나)

제품명 : Shampooing Normalisant à la Mélisse(Cheveux Gras)(지성 모발용 샴푸)

용 량 : 250ml

가 격 : 7.90유로

☺☺☺ 물 ☺ *에탄올 ☺☺☺ 코코글루코사이드 ☺☺☺ 글리세린 ☺☺☺ 디소듐 코코일글루타메이트 ☺☺☺ 소듐코코일글루타메이트 ☺☺☺ 소듐피씨에이 ☺☺☺ 레몬밤 잎추출물 ☺☺☺ 하이드롤라이즈드실크 ☺☺☺ 베타인 ☺☺☺ 밀 ☺☺☺ 잔탄검 ☺☺☺ 글리세릴올리에이트 착향제 ☺☺☺ 리모넨 ☺☺☺ 시트릭애씨드 ☺☺☺ 파이틱애씨드
"*"표시는 유기농법으로 재배한 산물에서 얻은 성분

브랜드 : **Schwarzkopf**(슈바르츠코프)

제품명 : Shampooing Equilibre(샴푸)

용 량 : 250ml

가 격 : 3.36유로

☺☺☺ 물 💧💧 소듐라우레스설페이트 ☺ 코카미도프로필베타인 💧💧 피이자-7글리세릴코코에이트 💧💧 피이자-120메칠글루코오스디올리에이트 ☺☺ 글라이콜디스테아레이트 💧💧 라우르디모늄하이드록시프로필하이드롤라이즈드밀단백질 ☺☺ 판토락톤 💧 디이에이피지프로필피이지/피피지18/21디메치콘 💧💧 구아하이드록시프로필트리모늄클로라이드 💧💧 라우레스-4 ☺☺☺ 하이드로제네이티드캐스터오일 ☺☺☺ 소듐클로라이드 ☺☺☺ 마이카 ☺☺☺ 시트릭애씨드 착향제 ☺☺ 소듐살리실레이트 ☺☺ 소듐벤조에이트 💧 메칠파라벤 💧 프로필파라벤 💧 페녹시에탄올 💧 에칠 파라벤 ☺☺☺ CI 77891(착색제)

머리카락 표면의 틈을 메우는
헤어트리트먼트 제품

샴푸 후에 사용하는 헤어크림과 헤어트리트먼트는 머리카락을 잘 자라게 하고, 영양을 공급하고, 윤기가 나게 하고, 볼륨감 있는 건강한 머릿결로 만들어주는 용도로 쓴다. 이런 헤어컨디셔너는 다양한 유형으로 출시돼 있다. 헤어팩, 왁스, 크림, 무스, 에센스 등이다. 헤어팩은 헤어크림 성분이 머리에 잘 스며들도록 하기 위해 모발에 덮어 쓰는 형태인데, 좋은 영양 보충 효과를 준다. 소비자들은 너무 많은 종류의 헤어용 제품 앞에서 선택의 어려움을 겪지만 결국에는 모두가 머리에 영양을 주거나 미용 효과를 내거나 건강한 상태로 만들어주는 기능을 갖고 있음을 알게 된다.

머리카락의 바깥 부분은 비늘층이 덮고 있다. 이것의 상태가 머릿결의 질을 좌우하며 윤기 있고 건강한 모발을 결정하는 주요한 요인이다. 그러므로 이 비늘층이 손상되면 머리카락은 건조해지고 거칠어진다. 머리카락이 갈라지는 이유는 모발 섬유소의 끝이 벌어졌기 때문이다. 모든 종류의 헤어트리트먼트 제품은 머리

**
헤어트리트먼트 제품의 효능은 손상된 모발에 작용하는 양이온성 계면활성제가 머리카락 표면에 흡착되어 물로 헹궈내도 잘 떨어지지 않는 성질에 기인한다. 이 계면활성제는 머리를 여러 번 감아도 계속 머리카락에 남아 있게 된다. 따라서 이 성분이 포함된 제품을 너무 자주 사용하면 모발이 무거워지고 머리카락은 서로 달라붙게 되는 불편한 점이 발생한다.

에 바름으로써 머리카락 한 올 한 올에 생긴 틈을 메우는 역할을 한다. 쉽게 설명하자면 울퉁불퉁한 밧줄에 실리콘을 발라서 매끈하게 만든 것으로 상상하면 된다. 헤어트리트먼트를 사용하면 머리카락이 매끈한 모습으로 변해 겉으로 보기에 모발의 상태가 좋아진 것처럼 보인다. 그러나 실제 머리카락의 내부는 아무런 변화 없이 손상된 상태 그대로다.

손상된 머리카락 표면을 고르게 하려면 합성 화학제품, 천연 제품 둘 다 사용해야 한다. 머리카락 표면에 막을 형성하는 헤어 제품 대부분은 석유에서 얻은 파라핀을 사용하지만, 식물성 및 동물성 오일 또는 실리콘 오일과 같은 합성 오일도 쓰고 있다. 밀이나 실크에서 얻은 단백질과 사과껍질에서 추출한 왁스도 사용한다. 천연 화장품을 제조하는 회사는 코코넛 오일, 콩기름, 밀배아 오일, 계수나무 오일, 친환경적인 헤나 추출물 등과 같은 재생 가능한 식물성 원료가 손상된 모발용 제품의 좋은 성분으로 사용될 수 있기를 기대하고 있다.

헤어트리트먼트 제품이 모발에 좋은 효과를 내고 있음을 부인할 수 없지만 모발을 정상으로 되돌릴 수 있다고 주장한다면 그것은 거짓말이다. 손상된 모발은 결코 건강한 상태로 되돌아갈 수 없다. 갈라진 머리에 우수한 제품을 사용해도 단기간에만 효과가 있을 뿐이고 시간이 지나면 원래 상태로 돌아가 머리끝을 자르는 것만이 최선의 방법이다.

디메치콘과 같은 실리콘 오일이나 코코넛 오일을 함유한 컨디셔너는 잠시 동안만 머릿결을 매끈하게 해준다. 헤어 보습 크림은 머리에 볼륨감을 주고 건조한 모발에 윤기가 나게 해준다. 그러나 이런 헤어 제품을 사용해도 모발을 치료하는 것은 아니다. 단지 머리 모양을 잡아주고 윤기가 나게 하고, 볼륨감을 주고, 머리에 발생하는 정전기를 예방하는 정도에 그칠 뿐이지 모발을 원래의 건강한 상태로 되돌려주는 것은 아니다.

**
머리카락이 손상되는 원인을 파악하는 것이 중요하다. 모발에 악영향을 끼치는 것은 염색이나 퍼머넌트와 같은 화학적 원인도 있고, 장시간 햇빛 노출, 영양 결핍 등과 같은 요인도 있다.

- 스프레이나 젤과 같은 헤어 제품은 머리 모양을 잡아주는 역할을 한다. 손쉽게 머리 모양을 잡아주는 이런 제품에 사용되는 고착제는 아크릴계 합성수지, 갑각류의 등껍질에서 얻은 키틴, 고무에서 얻은 래커 등과 같은 천연 물질이다. 지성 모발용 헤어래커는 기름기의 유동성을 억제하는 물질이 들어 있고, 건조 모발용에는 유분을 보충해주는 성분이 들어 있다.

- 헤어래커의 목적은 머리 모양을 유지해주는 막을 형성하는 것이다. 액체 형태의 래커가 모발에 도포되면 잠시 후에 용매는 증발해버리고, 시간이 지나면서 얇은 막이 남는다.

- 사용법이 매우 간단해 소비자들이 선호하는 헤어무스도 다른 종류의 헤어 제품과 거의 비슷한 효과를 낸다.

 올바른 헤어스프레이, 래커 사용법

우리들은 일상생활에서 미세 먼지나 공해 물질을 끊임없이 들이마시면서 살고 있다. 이런 상황을 피할 수 없다면 되도록 위험한 물질과 맞닥뜨리는 것을 피해야 할 것이다. 예를 들어 헤어스프레이나 래커를 사용할 때는 분무할 때만이라도 잠시 숨을 참은 뒤에 분사된 자리를 벗어나야 한다. 분무액 속에는 호흡기 손상을 유발할 수 있는 독성이 의심되는 물질이 들어 있기 때문이다.

화학적으로 볼 때 머리카락은 반응이 잘 일어나는 물질이다. 모발 표면이 불규칙적인 상태여서 염모제의 색소 등과 같은 온갖 종류의 화학물질이 잘 들러붙는다.

● 염모제(염색제)

방향족 아민계 물질은 알레르기를 유발하고 발암 가능성이 있는 물질로 가장 많이 지목받고 있다. '톨루엔-2,5-디아민'은 미용사들에게 알레르기를 유발하는 성분임이 입증되었다. 그러므로 미용사들은 일반 여성들보다 암의 발병 가능성에 더 많이 노출되어 있다. 그러나 미용사들만 그런 것은 아니다. 최근에 미국에서 실시된 연구에 따르면 암 발병의 위험성은 오래전부터 염색을 해 온 여성들에게도 매우 높게 나타나고 있음을 증명하고 있다.

피부에 해로운
화학 염모제

머리색을 바꾸면 외모가 생기 있어 보일 뿐만 아니라 얼굴에 크림을 바르는 것과 마찬가지로 용모를 가장 빠르게 바꿀 수 있다. 그렇지만 염모제가 몸에 얼마나 해로운지를 알게 된다면 그 즉시 천연 염색제를 사용할 것이다. 화학 성분의 염모제가 유발하는 위험은 매우 많은데도 헤어 제품에서 쓰이는 염료에 대해서는 다른 유형의 화장품보다 규제가 덜 심하다. 예를 들어 파운데이션이나 립스틱과 같은 색조 화장품의 제조 규정에는 허용된 염료를 매우 정확하게 명시해놓았다. 반면 헤어 제품의 경우에는 명백하게 금지되지 않았다면 비슷한 물질을 사용할 수가 있다.

최근에 유럽연합은 '염모제 심사제도'라는 새로운 규정을 만들기로 결정했다. 염모제 회사가 제품을 생산하는 과정에서 향후에 계속해서 사용하기를 원하는 성분의 안전성을 증명하는 서류를 제출하도록 한 것이다. 유럽연합의 화장품 및 비식품 과학위원회와 과학자문위원회가 합동으로 이 서류를 심사한 후에 사용이 가능한 염모제의 '포지티브 리스트'를 발표할 것이다. 2007년 말 현재 56가지 염모제 성분이 잠정적으로 사용 허가되었고 42가지 성분은 심사 중에 있다. 2009년 말까지는 잠정적으로 사용을 허가한 98개 성분에 대해 완전한 위해성 평가가 내려질 예정이다.

이처럼 건강에 해로울 수 있는 염모제로 인해 점점 더 많은 여성들은 덜 위험한 제품을 찾고 있다. 그렇지만 '천연'이라는 수식어구 뒤에는 항상 해롭지 않은 제품만 있는 것은 아니다. 화학 염료를 사용한 제품이지만 덜 해로운 제품을 구별하는 몇 가지 기준은 다음과 같다.

● 밝은 색을 내며 1제로만 구성된 염색 크림이나 무스는 위험성이 거의 없다. 일반적으로 색이 짙어질수록 건강에 해로운 물질을 포함하는 경우가 많아 위험성이 더 커진다.
● 2제로 구성된 염모제는 보통 소비자에게 사용 시 주의할 점과 경고문이 첨부되어 있다. 이것은 위험한 방향족 아민계 물질이 포함되었을 가능성을 보여주는 신호다.

염모제는 순간 혹은 단기 염색제, 일반 염색제, 탈색제 등과 같이 세 부류로 나뉜다.
● 순간 염색제는 모발의 섬유소에까지 침투하지 않고 표면에 있는 비늘층에만 도달하여 머리를 감을수록 점차 사라지는 얇은 막을 형성하는 종류다. 천연 염색제인 헤나 염료가 이에 해당한다.

● 산화 과정을 동반하는 염색은 지속 기간이 길다. 염색되는 원리는 모발의 섬유소에 염료가 침투하여 색이 침착되는 것이 아니라 무색을 지닌 두 가지 제재의 결합으로 머리카락의 화학적 구조에 변화를 주어 염색이 일어나는 것이다. 원하는 색조는 과산화수소에 의한 산화를 통해 얻는다.

● 탈색은 과산화수소를 사용한다. 2제로 구성된 제품과는 달리 모발 탈색제와 금발 브리지를 만드는 제품은 몸에 해로운 염료를 포함하고 있지 않다.

식물성 염료로 머리 염색하기

최초에는 규모가 작은 일부 회사들이 생산해 팔기 시작했던 헤나 염료가 요즘에 들어와서 식물성 염료의 붐을 일으키게 되었다. 오늘날 식물성 염료는 적갈색이 도는 검은색부터 밤색이 나는 금빛에 이르기까지 다양한 색조를 재현한다. 그러나 얼마 전부터 헤나 염료를 둘러싼 논란이 가열되면서 이 천연염료에 대한 비판의 목소리가 높아졌다. 미국에서 헤나를 이용한 문신에 관한 기사가 신문의 일면을 장식한 적이 있었는데, 헤나 염료 자체가 문제된 것은 아니었다. 강한 발색이 일어나게 하거나 문신이 잘 새겨지도록 하는 데 사용한 '파라페닐렌디아민'이라는 첨가물 때문이었다. 이것이 피부에 강한 알레르기 반응을 유발했던 것이다. 2001년에 유럽연합이 헤나 염료에 대해 내린 평가를 두고 의견이 분분했다. 유럽연합이 헤나 염료는 건강에 위험할 수 있다고 결론 내렸기 때문이다.

헤나 염료는 단기 염색제에 사용되며, '로소니아 이너미스'라는 식물의 잎을 가공해 얻는 식물성 염료다. 북아프리카에서 자생하는 관목에서 얻은 추출물인 헤나는 모발과 신체를 염색하는 물질로 수천 년 전부터 사용되어왔다. 유럽연합이 헤나 염료에 대해 내린 평가 이후에 공정성을 표방하는 국제적 명성을 얻은 독성 물질을 연구하는 과학자들은 이 염료의 위험성이 구체적으로 증명되지 않았다는 것을 밝히기 위해 독성 유무를 가리는 논란에 가세하게 되었다. 독일과 프랑스의 화장품협회는 안전성에 관한 보고서와 헤나 염료와 관련한 독성 테스트를 검토한 결과 적용된 테스트 방법이 헤나 염료의 독성을 증명하는 데 부적합했다고 주장한다.

유럽연합의 전문가들이 작성한 헤나 염료의 위험을 담고 있는 보고서는 유럽의회가 받아들였다. 반면 염모제를 제조하는 회사, 유럽연합 각국의 화장품 안전성을 담당하는 기관, 국제적인 화장품 전문가들이 헤나 염료의 안전성에 관한 보고서를 유럽의회에 제출했지만 담당자를 설득하는 데는 실패했다.

수년 전부터 지속되는 이런 갈등의 와중에 가장 큰 피해를 입은 쪽은 소비자들이다. 헤나 염료의 무해성을 주장하는 의견에 동조하는 소비자들이 늘어나고 있는데도 관련 당사자들은 사태를 해결할 노력을 전혀 기울이지 않고 있기 때문이다. 식물성 원료의 품질에 이의를 제기하는 것은 결국 소비자의 불안을 부추기는 결과를 낳는다. 식물성 원료라 하더라도 만약에 있을지 모를 피부 부적합성을 찾아내기 위해 실험을 거쳐야 한다는 것에 대해서는 아무도 이의를 제기하지 않는다. 그렇지만 소비자의 이익을 위해서라면 헤나 염료에 대해 이뤄진 연구 자료를 근거로 무해성을 입증하는 적극적인 공세를 펼쳐야 할 것이다.

보디케어용 제품의
다양한 타입

자외선 차단제와 보디케어용 제품의 대부분은 유액, 토너, 크림 등과 같은 유탁액 형태이므로 기초 페이셜 제품에 적용되는 동일한 기준으로 품질을 평가한다. 즉 인간의 피부 조성 상태와 비슷한 성분이 보형제에 많이 들어갈수록 해당 제품은 피부에 더 좋은 효과를 낸다는 기준을 말하는 것이다. 보디케어용 제품의 추세는 보디로션이나 핸드크림 등에 리포솜을 포함하는 형태이다. 물론 이런 제품에 함유된 활성 성분이 피부 기저에까지 도달하여 좋은 작용을 하는 것은 아니지만 표피에서 우수한 보습 효과를 내는 것은 가능하다.

● 유액, 토너, 크림 등과 같은 유탁액은 피부 보호막을 신속하게 복원하는 역할을 한다. 보디용 유액은 일반적으로 수중유 형태의 유탁액이므로 몸에 잘 달라붙지 않고 미끈거리지 않을 뿐 아니라 유동성을 주기 위해서 오일 성분보다는 수분을 많이 포함

✱✱
피부 보호막은 매우 효과적인 방어 체계다. 피부 보호막이 산성을 띠면 피부는 건조해지고, 땅기고, 흡수력이 약해진다. 반대로 알칼리성을 띠면 피부는 지성이 되고 병원균이 잘 서식할 수 있는 환경이 된다. 따라서 피부를 잘 관리한다는 것은 산성과 알칼리성 사이에서 균형을 잘 맞추는 것을 의미한다.

한다. 그리고 보디용 제품은 활성 성분을 많이 포함하는 경향이 있다.

● 보디용 오일이나 유중수 형태의 유탁액은 매일 사용하는 보디용 제품이라기보다는 일시적으로 피부 상태가 악해졌거나 직사광선에 노출되었을 때 사용하는 유형이다.

● 한 달에 한 번 정도로 몸의 때를 벗기는 목욕은 건강에 매우 좋다. 혈액순환을 촉진하고 죽은 세포를 제거하는 좋은 기회다. 목욕을 하는 대신에 몸을 마찰하는 방법도 좋은 대안이다. 목욕 후에는 보디크림 바르는 것을 잊지 말아야 한다.

스킨케어와 마찬가지로 보디케어를 하는 방식도 피부 타입에 맞춰야 한다. 정상 피부는 관리하기가 쉽고 까다롭지가 않은 반면 지성 피부나 잡티가 많은 피부처럼 건조한 피부는 특별한 주의가 필요하다. 피부가 건조한 사람이 목욕하는 것을 좋아한다면 피부가 자꾸 건조해지는 것을 막아야 하고, 피부에 보호막을 형성하는 목욕용 오일을 잊지 말고 사용해야 한다. 목욕 후에는 피부 보호막이 손상되지 않도록 몸을 부드럽게 말려야 하고, 유중수 형태의 크림이나 보디 오일을 발라야 한다. 호호바 오일은 건조한 피부에 매우 효과가 좋은 것으로 알려져 있다. 피부가 건조한 사람은 젤 종류를 사용하지 말아야 하는데, 그 이유는 크림보다 피부를 보호하거나 수분을 공급하는 기능이 떨어지기 때문이다.

지성 피부의 사람은 건조한 피부용 제품을 사용하지 말아야 한다. 보디크림이나 목욕용 오일도 마찬가지다. 지성 피부를 가진 사람이 사용할 목욕용 제품으로는 합성 세정제를 선택하는 것이 좋으며, 외출 시에는 수중유 형태의 크림이나 로션을 몸에 바르는 것이 좋다.

혹독한 외부 환경에 노출된 손은 물에 젖은 채 있거나, 잡다한 가사 활동을 하느라 항상 혹사를 당한다. 손이 거칠어지고 피부가 손상되는 것은 어쩌면 당연하다. 따라서 손을 보호하는 기본 수칙은 손을 씻은 후에는 수건으로 부드럽게 두드리면서 말려야 하고, 일상적인 집안일을 할 때도 고무장갑을 착용해야 한다. 핸드크림은 유액이나 젤 형태로 판매하는데, 여기에는 수분과 잘 결합하는 당 성분이 많이 들어 있다. 또 거친 손에 매우 좋은 효과를 내는 알란토인이나 판테놀 같은 활성 성분도 핸드크림에 첨가된다.

안티 셀룰라이트 크림에 대한
환상과 성공 비결

    '**복부나 허벅지에** 축적된 셀룰라이트와 지방 덩어리를 단순히 크림을 발라서 없앨 수 있다!'

    그러나 이 꿈같은 일은 너무나 매력적으로 보이지만 사실상 불가능하다. 그렇지만 여성들의 이러한 소망은 변하지 않고 있다. 셀룰라이트를 제거하는 크림을 생산하는 화장품 회사들은 이러한 사실들을 너무나 잘 알고 있다. 그런데도 일부 화장품 회사는 소비자들에게 이 근거 없는 약속을 계속해서 남발하고 있다.

● 프랑스의 한 화장품 회사는 '안티 셀룰라이트 토닉슬리밍 젤크림'이라는 제품을 광고하면서 다음과 같은 문구를 쓴다. "셀룰라이트는 우리 몸이 퇴치해야 할 최악의 적입니다." 그리고 "1개월 사용 후에는 정말 놀라울 정도의 효과를 보게 될 것입니다. 허벅지 굵기가 무려 2.5센티미터나 줄어든 것을 체험하게 될 것입니다"라고 약속하고 있다.

● 이러한 과대 선전 문구와는 반대로 독일의 한 천연 화장품 회사는 '에이지 프로텍션'이라는 보디 제품의 광고에 "규칙적인 운동과 균형 잡힌 영양 섭취를 병행하면 에이지 프로텍션은 셀룰라이트 제거에 도움을 줄 수 있습니다"라는 문장을 삽입하고 있다.

● 마찬가지로 독일의 또 다른 천연 화장품 회사는 '자작나무 오일 베이스의 안티 셀룰라이트'라는 제품을 출시하면서 "올바른 영양 섭취를 하면서 규칙적인 운동, 적당한 스킨케어, 마사지를 병행해야 합니다"라고 충고한다.

독일 화장품 회사의 광고는 안티 셀룰라이트 제품을 바르는 정도로는 축적된 지방이 사라지지 않고 다양한 노력을 해야만 목적을 달성할 수 있다고 설명한다. 반면 프랑스 화장품 회사는 크림을 바르기만 해도 셀룰라이트와 지방이 사라질 수 있다는 거짓 환상을 심어준다.

화장품은 몸매를 교정할 만큼의 효과를 갖고 있지 않다. 늘어진 살을 가진 사람은 올바른 식습관과 규칙적인 운동을 해야만 체중을 조절할 수 있다. 또 적당한 마사지를 병행해야 탄력 있는 피부로 가꿀 수 있다.

자외선 차단제가
피부암을 막는다(?)

**
UVB는 비록 햇빛 속에
겨우 5퍼센트뿐이지만
피부에는 매우 해롭다.
UVB는 표피를 통과하여
피부 기저층에 도달해 멜
라닌 생산을 관장하는 색
소세포를 자극한다. 뿐만
아니라 UVB는 일사병의
주된 원인이 되고 있다.

햇빛은 인체에 유익한 면도 있지만 해로운 면도 있다. 적당한 노출은 피부를 건강하게 하고 기분도 좋게 만들어준다. 그러나 햇볕을 과도하게 받으면 피부 노화가 빨라지고 피부암이라는 무서운 결과를 불러온다. 오존층 파괴와 피부암의 상관관계에 관한 보고서는 대중들에게 충격을 주기에 충분했다. 화장품 회사들은 이러한 사실을 활용해 차단 지수가 높은 제품을 출시하였고, 사람들은 다시금 안전하게 일광욕을 즐길 수 있다고 생각하게 됐다. 하지만 자외선 차단 제품을 사용하더라도 장시간 햇빛 아래에서 야외 활동을 하면 그것은 결코 안전하지 않다. 피부암이 지구상에서 가장 빠르게 증가하는 암으로 보고되고 있기 때문이다. 이런 이유로 유럽연합은 2006년 9월에 자외선 차단 제품과 관련한 새로운 권고 사항을 채택했다.

일광욕을 좋아하는 사람은 차단 지수가 높은 제품을 사용하면 안전하게 태양 아래서 활동할 수 있다고 생각한다. 하지만 예측할 수 없는 후유증에 시달리는 경우도 있다. 대부분의 사람들은 차단 지수가 높은 제품을 발랐기 때문에 별다른 예방책이 필요 없다고 생각한다. 이것은 완전히 잘못된 생각이다! 자외선 차단 지수가 높은 제품을 사용하면 피부가 쉽게 타는 것을 방지하는 효과가 높아 일광욕을 오랫동안 즐길 수 있는 것은 사실이다. 그러나 일사병에 걸릴 정도는 아니지만 장시간 햇빛에 노출되면 피부가 나쁜 영향을 받는 것은 확실하다.

자외선 차단 크림, 로션, 유액 등을 발라도 피부암을 유발하는 A자외선을 막지는 못한다. 자외선 차단 지수는 단지 직사광선에 노출된 시간에 비례하여 발생하는 피부 자극의 정도를 알려주는 수치일 뿐이다. UVA가 피부에 끼치는 심각한 영향에 대해서는 어떠한 정보도 알려주지 않는다. 이 심각한 영향이 어떠한 것인지 아직까지 정확히 규명되지 않고 있다. 피부의 조로 현상과 피부암을 예방하기 위해서는 차단 지수가 지시하는 시간의 절반이 흘렀을 때 일광욕을 중지하는 것이 바람직할 것이다.

피부과 의사들은 일광욕을 지나칠 정도로 좋아하는 사람들에게 직사광선에 너무 노출되면 피부암 발생 가능성이 매우 높아진다고 설득하는 것은 거의 불가능하다고 말한다. 대부분의 사람들은 햇빛의 나쁜 영향을 사전에 예방할 목적으로 자외선 차단 성분이 포함된 데이크림을 꾸준히 사용하는 반면에 어떤 사람들은 예측할 수 있는 심각한 위험을 무시하면서 일광욕을 즐기기 때문이다.

최소한의 피부 손상도 없이 일광욕을 한다는 것은 불가능한 일

**

자외선 차단 성분은 선크림의 총량에서 최대 10퍼센트까지만 사용하도록 제한하고 있다. 자외선 차단 성분으로 가장 많이 사용되는 '에칠헥실메톡시신나메이트'는 10퍼센트까지 사용할 수 있고, '4-메칠벤질리덴캠퍼'는 4퍼센트까지, '벤조페논-4'는 5퍼센트까지, '이소프로필벤질살리실레이트'는 4퍼센트까지 허용된다. '징크옥사이드'와 '티타늄옥사이드'는 예외적으로 한도에 대한 제한이 없이 사용할 수 있다.

이다. 많은 수의 사람들은 햇볕에 탄 구릿빛 피부가 멋있어 보이거나 활동적으로 보일 뿐만 아니라 운동신경이 발달한 사람처럼 보인다고 생각한다. 오존층 파괴와 피부암 사이에 상관관계가 있다는 사실을 마케팅에 활용한 화장품 제조사들은 특히 지수가 높은 자외선 차단 제품을 시판하기 시작했다. 차단 지수 15, 30을 넘어서 60까지 나오고 있다. 지수가 높은 제품의 종류가 워낙 많다 보니 자외선 차단 성분의 비율도 제품마다 천차만별이다. 일부 제품은 다양한 성분을 모두 합쳤을 때 함유된 자외선 차단 성분이 30퍼센트에 이르고 있다.

차단 지수를 높이기 위한 화장품 회사들의 경쟁에 정신이 팔린 소비자들은 햇빛을 막아주는 고마운 자외선 차단 제품이 피부에 해롭다는 사실을 알아차릴 수가 없었다. 사용이 금지되거나 특정 성분의 함유 비율이 규제를 받고 있는 제품이 있다는 사실을 모르는 소비자들은 여전히 많다. '옥시벤존'과 같은 자외선 차단 성분은 국제 화장품 성분 명칭 표기 방식으로 반드시 기재되어야 할 뿐만 아니라 포장 상자에 "옥시벤존 함유"라는 경고문을 넣어서 소비자들에게 반드시 알려야 하는 물질이다. 그러나 자외선 차단 제품을 생산하는 회사들은 이러한 규제를 피해 가는 방법을 도입하고 있다. 합법적으로 차단 지수를 높이기 위해 여러 종류의 차단 성분을 혼합하는 방식을 취하기 때문이다. 조만간 이런 편법에 대해 행정 당국은 제재를 가할 것이고 제품에 배합된 자외선 차단 성분의 비율에 대한 규제를 시행할 것이다.

 자외선 차단 지수가 결정되는 방법

자외선 차단제는 '유럽화장품협회'가 정한 방법에 따라 선정한 실험 참가자를 대상으로 테스트한 결과를 기준으로 차단 지수를 부여한다. 실험은 간단하다. 테스트를 할 여러 가지 제품들이 피실험자의 등에 구획되어 도포된 후에 인공 태양빛을 발산하는 실험 장치 안에서 정해진 시간 동안 노출되며, 이 과정에서 홍반이 발생하는 데 걸리는 시간을 기준으로 차단 지수를 결정한다. 그러나 이 지수는 평균치로만 여겨야 한다. 햇빛에 대한 피부의 대항 능력은 사람에 따라 편차가 심하기 때문이다.

피부의 외부 환경 적응력은 개인차가 심해서 일광에 노출되었을 때 얼마 지나지 않아 빨갛게 되는 사람이 있는가 하면 시간이 많이 지난 뒤에야 타기 시작하는 사람도 있다. 따라서 자외선 차단 지수는 단지 참고해야 할 지수일 뿐이다. 피부가 연약한 사람은 이 지수를 너무 믿어서는 안 된다.

자외선 침투를 막아주는 피부의 자연 방어 체계가 잘 가동되도록 내버려둔다면 햇볕에 피부가 타 부드러운 갈색이 되더라도 아무 문제가 생기지 않는다. 피부를 봄부터 햇빛에 점진적으로 노출시키는 습관을 들이면 일광에 효과적으로 대처할 수 있다.

피부가 햇빛에 노출되면 단파장의 UVB와 장파장의 UVA에도 노출된다. 자외선 차단 지수는 UVB를 차단하는 정도를 나타내는 수치다. 얼마 전까지만 해도 피부암을 일으키는 직접적인 원인이 되는 UVA에 대해서는 별도로 표시하지 않았다. 최근 들어 유럽연합은 자외선 차단 제품의 기능을 다음과 같이 명문화했다.

"자외선 차단 제품은 공중보건을 위해서 UVB뿐만 아니라 UVA까지 충분하게 차단하는 효능을 지녀야 한다."

그리고 UVB를 막는 역할을 하는 성분과 UVA를 막는 역할을 하는 성분의 비율이 적어도 3대 1 이상이 되면 햇빛으로 인한 피부 손상을 막을 수 있거나 줄일 수 있다는 연구 보고서도 함께 발표했다.

피부에 미치는 자외선의 영향

자외선 차단 제품에 포함되는 차단 물질은 B 자외선 차단 필터, A 자외선 차단 필터, A와 B 자외선을 모두 차단하는 필터로 나뉜다. 우리가 흔히 듣는 UVB와 UVA는 무엇을 말하는가?

피부와 자외선

자외선 B				자외선 A
기미	1	한낮의 양	100	
주근깨	0	순간 색소 침착	10	선텐
검버섯	1000	색소 생성 자극	1	피부암
피부노화	1000	일광	1	백내장
화상	진피	투과력	표피	

〈출처 : 네이버 임신 육아 카페(http://cafe.naver.com/to game)〉

■ B 자외선의 세기는 태양의 고도, 거주하는 지점의 위도, 바닷가나 산, 구름의 양 등과 같은 조건에 따라 달라진다. 또 수면, 모래, 눈 등에 반사된 빛도 일광에 직접 노출되었을 때만큼이나 피부에 강한 영향을 미친다.

■ 햇빛에 노출된 상태에서 인체에 더 큰 피해를 주는 것은 B 자외선보다는 A 자외선이다. A 자외선은 피부 깊숙이 파고들어 콜라겐 섬유소와 결합조직에 손상을 초래하여 피부 노화를 가속화하며 심각한 경우에는 피부암을 유발할 수도 있다.

세계보건기구는 피부암 발생이 해마다 5퍼센트에서 10퍼센트까지 증가하고 있다고 보고한다. 아동이나 청소년기에 자주 일사병에 걸렸다면, 이것은 피부암이 발생할 상당한 위험 요소가 될 수 있다. 2003년에 '전염병 및 공중보건 학술지'에 발표된 연구 보고서에 따르면 프랑스에서 1980년부터 2000년 사이에 '흑색종' 발병이 해마다 평균적으로 남자는 5.93퍼센트씩 늘어났으며, 여성은 4.33퍼센트씩 늘어났다고 한다. 이는 과거와는 다른 이례적인 높은 증가세였다고 밝혔다.

자외선 차단제의
두 가지 성분

UVB와 UVA를 막는 방법은 차단 성분을 이용하는 것이다. 차단 지수 30, 40 혹은 50의 제품에는 자외선을 차단하는 성분이 최대 30퍼센트까지 포함될 수 있다. 기존의 자외선 차단 제품에는 UVB와 UVA를 막기 위해 거의 화학성 차단 성분만 사용했다.

● 화학 성분의 차단제는 피부에 보호막을 형성하는 방식이 아니라 피부에서 일어나는 화학적 반응을 통해 자외선을 막는 유형이다. 그러나 이런 반응 과정을 통해 무시할 수 없는 부작용이 동반된다. 차단제가 자외선을 흡수하는 과정에서 피부 세포의 분자 배열에 변화가 일어나기 때문이다. 분자상의 변화는 알레르기를 유발할 가능성을 높일 뿐만 아니라 광독성 반응을 일으킬 수 있다.

● 천연 화장품 회사의 자외선 차단 제품은 물리적 방식으로 햇빛

을 막는 유형이다. 미세한 입자의 색소가 자외선을 반사하거나 산란하는 방법으로 피부를 보호하는 것이다. 이 과정에서 자외선의 일부가 피부에 흡수되기도 한다. 물리적 방식의 자외선 차단 제품에 사용되는 성분으로 '티타늄디옥사이드'와 '징크옥사이드'를 꼽을 수 있다. 물리적 방식으로 자외선을 차단하면 두 가지 면에서 유리한 점이 있다. 합성 화학 성분의 자외선 차단 제품을 사용할 때 나타나는 부작용이 없을 뿐만 아니라 자연을 오염시키지 않는다는 것이다.

● 티타늄디옥사이드와 징크옥사이드는 보통 나노입자 형태로 자외선 차단 제품에 배합되기 때문에 안전성에 있어서 문제가 될 수 있다는 우려로 여러 번에 걸쳐 실험을 실시했다. 그러나 나노입자가 세포에 침투하지 않는 것으로 판명이 났다. 나노입자는 단지 피부 표면에서 분산되거나 가끔 모낭에까지 도달하지만 털이 자라면서 피부 위로 밀려나온다는 것이다. 전문가들의 연구에 따르면 한 번도 나노입자에 의한 독성이 관찰된 적이 없었으며 상처가 난 피부에서도 아무런 해가 없었다고 보고한다.

하지만 나노 입자에 대한 모든 의혹이 다 해소된 것은 아니다. 유럽연합위원회는 2009년 나노입자에 관한 규정을 제정했다. 여기서 다음과 같은 사실을 확인할 수 있다.

● 자외선 차단 필터, 색소 또는 방부제로 사용되는 모든 나노 물질들은 사용에 앞서 그 안전성을 검사하여 유럽연합 포지티브

선별 목록에 등재해야 한다.

● 나노 물질에 대한 허가, 안전성 검사와 표시에는 특별 규정을 적용한다.

● 앞으로 제품의 나노입자 함유 여부를 소비자들이 확인할 수 있어야 한다.

이러한 해결책은 단지 용해 불가능하거나 분해가 어려운 나노 입자에만 관련된 것이므로 여전히 만족스럽지 못하다. 그 밖에 다른 나노 물질들은 특별한 규제를 받지 않으므로 계속 아무런 표시 없이 첨가될 수 있다. 식품에 첨가되는 많은 나노 물질들에 대해서는 여전히 아무런 규정이 없다.

자외선 차단 제품의
맹신 결과

과도한 햇빛 노출은 피부 차원에서만 해를 입는 것에 그치지 않고 심각한 후유증을 유발할 수 있다. 자외선 차단 제품의 품질을 규정한 유럽연합의 정책은 소비자 안전에 기여한 바가 크다. 하지만 이것으로 말미암아 또 다른 규정을 만들어야 할 것 같다.

유보규정 1 : 자외선 차단 제품에는 UVA라고 기재돼 있다. 이 표시는 심각한 해석상의 오류를 유발할 수 있다. 소비자는 이것을 보고 피부암의 원인이 되는 UVA를 완전히 막아주는 제품이라고 잘못 판단할 수 있기 때문이다. 따라서 이런 잘못된 생각을 바로잡기 위해 UVA라는 약자를 기재하는 대신에 다음과 문구를 넣는 것이 바람직할 것이다.

"자외선 차단 제품은 UVA를 일부분만 막아줍니다. 그러니 당신은 피부암의 위험에서 결코 안전하지 않습니다."

✳✳
'광안전성' 이라는 용어는 자외선 차단 성분이 햇빛으로부터 피부를 오랜 시간동안 보호해준다는 뜻으로 이해해서는 안 된다. 자외선 차단 성분은 모두 다 우수한 차단 효과를 갖고 있는 것은 아니다. 선크림을 바르고 장시간 햇볕을 쬐면 부작용이나 광민감증과 같은 알레르기 반응이 일어날 수 있다.

또 유럽연합 보건위원회는 다음과 같이 부연 설명한다.

"UVB와 UVA를 동시에 차단하는 우수한 품질의 자외선 차단 제품이라도 자외선의 위험에서 피부를 완벽히 보호할 수 없으며, 현재 출시된 어떠한 자외선 차단 제품을 사용하더라도 흑색종 형성을 예방할 수 없다는 연구 결과가 나와 있다."

이 경고문이 의미하는 바는 UVA라는 표시를 보게 될 때 자외선 차단 제품은 단지 안전을 위한 보조적인 역할을 할 뿐이며 피부암의 위험에서 벗어나게 해주지 않는 것으로 해석하라는 것이다.

유보규정 2 : 유럽연합의 자외선 차단 제품의 품질을 규정한 정책은 합성 화학 성분이 배합된 자외선 차단 제품의 사용 증가를 불러올 것이고, 그로 인해 자연과 인간에 상당한 영향을 미칠 것이다.

합성 화학 성분의 자외선 차단 제품 사용에 따른 이득이 그 폐해보다 더 큰지에 대한 논쟁이 활발하다. 화장품 성분 사용 지침에 따르면 제품에 허용되는 자외선 차단 성분과 그렇지 않은 종류로 나뉜다. 옥시벤존과 같은 자외선 차단 성분은 제품상에 표기돼야 할 뿐만 아니라 "옥시벤존 함유"와 같은 경고 문구를 부착해야 한다.

자외선 차단 성분의 상당수는 잠재적인 위험성을 내포한다. 차단 성분 속에 포함된 분자가 자외선을 흡수하여 변형되기 때문이다. 변형된 분자는 햇빛과 피부에 존재하는 효소로 인해 불안정해져 피부에 강한 알레르기를 유발하거나 광민감성 반응을 일으킨다. 오랫동안 사용되다 2007년에 사용이 금지된 에칠헥실디메칠파바가 이러한 경우의 대표적인 성분이다.

2003년에 발간된『화장품의 착향제와 합성 자외선 차단 성분이 환경에 미치는 영향』의 공동 저자들인 슐럼프(Schlumpf), 리히텐슈타이거(Lichtensteiger), 프라이(Frei)는 합성 자외선 차단 제품의 과도한 사용이 초래한 영향에 대해 연구했다. 우리들은 이 책에서 자외선 차단 성분이 인간과 자연에 끼치는 영향에 대해 무엇을 알게 되었을까? 사람들은 피부를 통해서뿐만 아니라 먹이사슬을 통해서도 이중으로 자외선 차단 성분에 노출되어 있다는 사실이다. 그들은 "자외선 차단 성분들이 지방과 쉽게 결합하는 성질이 있어 생선의 지방이나 여성의 모유에서도 발견되고 있습니다"라고 밝혔다.

2008년 초에 발표된 해양 생물학자들의 연구 보고서에 따르면 해양 생태계의 심각한 훼손을 목격했다고 한다. 이탈리아 안콘대학의 과학자들은 합성 화학 자외선 차단 성분을 포함한 크림이 전 세계 바다의 산호초를 위험에 몰아넣고 있다는 명백한 결론을 내렸다. 과학자들이 자외선 차단 성분의 영향에 대한 연구와 관찰을 한 지역은 멕시코의 유카탄 반도였는데, 이곳에서 수많은 피서객들이 엄청난 양의 선크림을 사용하고 있는 것을 관찰할 수 있었다.

안콘대학의 과학자들은 대서양, 인도양, 태평양, 홍해 등을 비롯하여 지구상의 모든 지역의 바다를 대상으로 연구하였다. 그 결과는 경종을 울릴 만큼 심각하였다. 연구진들의 말에 따르면 1리터의 바닷물에 백만 분의 1리터의 선크림만 섞여도 사흘 안에 산호초는 완전히 탈색된다고 한다. 과학자들이 내린 결론은 자외선 차단 제품은 산호초 생태계를 파괴하는 데 상당한 영향을 미치고 있다는 것이다. 또 이로 인해 산호초 군락이 빠르게 감소할 것으로 추측한다. 자외선 차단 제품의 사용 습관을 바꾸는 것이 이제 시급한 문제로 대두되었다.

유럽연합이 자외선 차단 제품의 품질을 규정한 정책은 사실상 합성 화학 성분으로 된 자외선 차단 제품의 사용을 권장하는 결과를 낳았다. 유럽연합은 화학 성분이 사용된 차단 지수가 높은 선크림이 정말로 지수에 부합하는지에 대해 감시의 눈길을 떼지 않고 있다.

유럽연합이 정한 품질 기준 조건에 따르면 천연 화장품은 자외선 차단 지수를 15 또는 20까지만 설정할 수 있으며 그 이상은 불가능하다. 그렇다면 차단 지수 15는 자외선 차단력이 부족하다고 해야 하는가? 절대 그렇지 않다. 유럽연합은 자외선 차단 제품의 사용 지침 규정에서 소비자가 차단 지수를 쉽게 이해하도록 지수에 따른 제품을 단계별로 나누어 다음과 같이 분류했다.

● 자외선 차단 정도를 표시하는 차단 지수

낮은 차단 능력의 제품 : 6과 10

중간 차단 능력의 제품 : 15, 20, 25

높은 차단 능력의 제품 : 30, 50

매우 높은 차단 능력의 제품 : 50 이상

차단 지수가 매우 높은 제품은 고가지만 상대적으로 효과는 그만큼 값어치를 못하는 것으로 보인다. 실제로 차단 지수 20을 넘어가는 어떠한 제품도 차단 능력 면에서 볼 때 큰 차이점을 나타내지 못한다. UVB 차단 지수가 15인 제품의 햇빛 차단 능력은 93.3퍼센트에 이르고, 차단 지수가 20인 제품은 96퍼센트, 차단 지수가 30인 제품은 97.4퍼센트, 차단 지수가 40인 제품은 97.5퍼센트에 다다른다.

만일 효과에 따라서 자외선 차단 제품을 분류한다면 차단 지수가 15인 제품을 기준으로 할 때 20, 25, 30, 40, 50, 50 이상으로 나눈 일곱 가지 제품 간의 차이는 최대로 잡아도 고작 6.7퍼센트 정도밖에 나지 않는다. 한 단계 높은 제품을 사용해도 겨우 1퍼센트 정도의 차단 효과만 있을 뿐이다. 더욱이 차단 지수 30과 40의 차이는 0.1퍼센트밖에 되지 않는다.

독일 벅스터후드의 피부과 의학연구센터의 소장인 에크하르트 브라이트바르트 박사는 "차단 지수의 상승은 제조 회사의 이익을 위해 만들어낸 교묘한 상술이다"라고 주장한다. 그에 따르면 차단 지수가 20 이상인 제품을 사용하는 것은 효과 면에서 큰 이득이 없다고 한다.

유럽연합의 화장품위원회는 이러한 의견에 동조하고 있으며, 2006년에 발표한 자외선 차단 제품 사용 지침에서 다음과 같이 밝혔다.

"특히 높은 차단 지수를 가진 제품에서 지수의 상승으로 인한 효과는 무시할 정도로 미약하다. 자외선 차단 지수 15를 가진 제품은 UVB를 93퍼센트 흡수하는 반면 차단 지수가 30인 제품은 97퍼센트를 흡수한다. 따라서 차단 지수가 50 이상의 제품이 발휘하는 차단 효과는 그 이하 지수의 제품들 간의 효과 차이와 견주면 매우 미미한 정도다."

그러나 이 지침에는 소비자에게 별 효과를 나타내지 않는 높은 지수를 가진 차단 제품의 사용 중지를 권유하는 사항이 포함돼 있지 않다. 선크림 제조사의 이익을 침해하고 싶지 않은 이유에서다.

자외선 차단 제품의 지수는 테스트 방법을 고려해볼 때 그 신뢰성을 의심해보아야 할 것이다. 과연 차단 지수는 올바른가? 차단 지수의 객관적이고 과학적인 검사 방법은 사실상 없다고 보는 것이 정확하다. 동일한 조건과 기준에 따라 세상의 모든 자외선 차단 제품을 테스트할 수 있는 기관이나 연구소는 결코 없기 때문이다. 일부 제품에 한정하여 일회적인 테스트만 할 수 있을 뿐이며, 가끔씩 소비자 보호 단체가 테스트를 의뢰하는 정도일 뿐이다.

선크림을 제조하는 회사는 자체적으로 차단 지수를 측정하거나 산하 연구소로 하여금 측정하게 한다. 과연 이러한 측정 방식에 어느 정도로 신뢰성을 가질 수 있을까? 제조사로부터 측정에 관한 일련의 정보를 획득하는 것이 어렵기 때문에 의심의 여지가 남을 수밖에 없다. 또 한 가지 문제로는 피부에 바르는 선크림의 양에 관한 것인데, 적어도 제곱센티미터당 2밀리그램이 필요하다고 화장품 회사들은 주장한다. 정말로 이렇게 많이 발라야만 하는가? 게다가 측정 시스템에 관한 문제도 제기되고 있다. 세계 각국의 측정 방법은 서로 많은 차이점이 있기 때문이다.

선크림 반 통을 썼을 때 햇빛을 막아주는 시간은?

차단 지수를 측정할 때 피부에 도포되는 크림의 양은 표면적 제곱센티미터당 무려 2밀리그램에 이른다. 그러나 실제로 소비자들이 사용하는 양은 제곱센티미터당 0.5에서 1밀리그램 정도밖에 되지 않는다. 제품이 발휘하는 정상적인 차단 효과를 보기 위해서는 적어도 두 배에서 네 배는 더 많이 발라야 할 것이다.

선크림을 적게 바르면 차단 효과는 현저히 떨어진다. 따라서 햇빛으로 인한 피부 손상을 줄이려면 제품상에 기재된 효과 지속 시간의 50~60퍼센트 정도만으로 노출 시간을 줄여야 한다. 차단 지수가 20인 제품의 경우에는 효과 지속 시간 200분의 50~60퍼센트인 120분으로 줄여야 한다.

많은 사람들은 일광욕 중에 선크림을 다시 발라주면 노출 시간을 연장할 수 있을 것으로 생각한다. 그러나 선크림을 바르고 두 시간이 지나면 비록 중간에 선크림을 다시 발랐다고 해도 차단 효과가 연장될 것으로 기대해서는 안 된다.

피부 보호 기능은 거의 없는
자외선 차단 젤

**
실리콘은 오일은 아니지
만 오일과 같은 몇 가지
특성이 있다. 이런 이유
로 실리콘이 포함된 제품
광고에서 '오일 성분 미
함유'라는 문구를 써먹을
수 있는 큰 이점이 있다.
또 마조르카 여드름 발생
을 두려워하는 소비자를
안심시키는 효과를 볼 수
있다.

    자외선 차단 젤은 자외선 차단, 유화제, 오일 등 세 가지 역할을 하는 제품으로 알려져 있지만 '마조르카 여드름(직사광선에 노출되어 생기는 여드름)'을 유발하는 원인으로 많이 지목된다. 그러나 일부 연구에 따르면 오일 성분과 유화제는 마조르카 여드름을 일으키지 않는다고 증명한다. 다만 에톡시화 유화제인 폴리에칠렌글라이콜(PEG)이 여드름 유발 가능성을 높이는 것으로 보인다. 정상적인 피부는 자외선 차단 젤보다는 자외선 차단 크림이나 로션을 사용하면 훨씬 안전하고 보기 좋게 태워진다. 자외선 차단 젤의 단점을 보완하여 유분 성분을 첨가하거나 젤과 유탁액을 혼합한 제품도 선보이고 있다.

    마조르카 여드름이 쉽게 발생할 가능성이 있는 사람은 유화제와 오일 성분이 없는 제품을 쓰는 것이 좋다. 그렇다고 해도 젤 타입의 자외선 차단제는 선택하지 말 것을 피부과 의사들은 충고하고 있다. 바닷가로 피서를 가기로 계획을 세운 사람들이라면 자외선에서 자신을 보호하기 위해서 오일 성분과 유화제가 들어 있지 않은 제품을 골라야 할 것이다. 다만 에톡시화 반응에서 얻은 물질을 원료로 사용한 자외선 차단 유액을 멀리 하는 것이 좋다. 에톡시화 반응을 거친 성분은 PEG 혹은 PPG라는 명칭이 붙기 때문에 쉽게 구별할 수 있다. 또 '세테아레스-20(Ceteareth-20)'처럼 성분 끝부분이 '-에스(-eth)'로 되어 있어 금방 식별할 수 있다.

위생 및 바디용 제품 성분 분석 실례

브랜드 : Nuxe(눅스)

제품명 : Lait Nourrissant Confort Spa Tonific(스파토니픽 바디로션)

용 량 : 200ml

가 격 : 23.50유로

☺☺☺ 물 ☺☺ 옥틸도데칸올 ☺☺☺ 하이드로제네이티드코코넛오일 ☺☺☺ 부틸렌글라이콜 ☺☺☺ C12-16알코올 ☺☺☺ 글리세린 ☺☺ 폴리메칠메타크릴레이트 ☺ 네오펜틸글라이콜 디헵타노에이트착향제 ☔ 세테아레스-20 ☺☺ 에칠헥실팔미테이트 ☺☺ 슈크로오스 ☺ 소듐아크릴레이트/아크릴로일디메칠타우레이트코폴리머 ☺☺☺ 하이드로제네이티드레시틴 ☺☺☺ 팔미틱애씨드 ☺☺ 브라질넛오일 ☺ 토코페롤 ☺ 디메치콘 ☺ 이소헥사데칸 ☔ 페녹시에탄올 ☺☺ 세린 ☺☺ 알지닌 ☺☺☺ 피씨에이 ☺ 메 칠 파 라 벤 ☺☺☺ 잔탄검 ☔ 폴리소르베이트80 ☺☺ 알라닌 ☺ 카보머 ☺ 트로메타민 ☔☔ 테트라소듐이디티에이 ☔☔ 클로페네신 ☺☺ 수세미씨오일 ☺☺ 트레오닌 ☺ 오크라씨추출물 ☺ 프로필렌글라이콜디카프릴레이트/디카프레이트 ☺☺☺ 말토덱스트린 ☺☺☺ 대나무추출물 ☺☺ 글리코겐 ☺☺☺ 브라질자귀나무껍질추출물 ☺☺☺ 모우레라플루비아틸리스추출물 ☔ 에칠파라벤 ☔ 부틸 파라벤 ☔ 프로필파라벤 ☔ 이소부틸파라벤 ☺☺ 시트랄 ☺ 하이드록시이소헥실3-사이클로헥센카복스알데하이드 ☺☺ 시트로넬올 ☺ 부칠페닐메칠프로피오날 ☺☺ 리모넨 ☺☺ 리날룰

브랜드 : Petit Marseillais(쁘띠마르세이예)

제품명 : Douche-Crème Noisette-Abricot(샤워젤)

용 량 : 250ml

가 격 : 2.29유로

☺☺☺ 물 ☔☔ 소듐라우레스설페이트 ☺☺ 코카미도프로필베타인 ☺☺ 하이드록시프로필스타치포스페이트 ☺ 스타이렌/아크릴레이트코폴리머 ☺☺☺ 헤이즐넛오일 ☺☺☺ 살구 추출물 ☔☔ 폴리쿼터늄-7 ☺☺☺ 레시틴 ☺☺ 폴리글리세릴-3디이소스테아레이트 ☺☺☺ 글리세린 ☺☺☺ 글리세릴스테아레이트 ☺☺☺ 잔탄검 ☺ 프로필렌글라이콜 ☺☺☺ 소르비톨 ☔☔ 피이지-40하이드로제네이티드캐스터오일 ☺☺☺ 소듐클로라이드 ☔☔ 테트라소듐이디티에이 착향제 ☺☺ 벤질

살리실레이트 ☺☺ 제라니올 ☺ 부칠페닐메칠프로피오날 ☺☺ 리날룰 ☺☺ 헥실신남알 🌢🌢 디
엠디엠하이단토인 🌢🌢🌢 요오도프로피닐 부틸카르바메이트 ☺☺ 소듐하이드록사이드
☺☺☺ 시트릭애씨드

브랜드 : Ushuaïa(우수아이아)

제품명 : Douche-Crème Nourrisante Lait de Coco(샤워젤)

용 량 : 250ml

가 격 : 2.29유로

☺☺☺ 물 🌢🌢 소듐라우레스설페이트 ☺☺☺ 글리세린 ☺ 글라이콜디스테아레이트 ☺☺☺ 코
코-베타인 ☺☺☺ 소듐클로라이드착향제 ☺ 헥실렌글라이콜 ☺ 코카마이드엠이에이 ☺ 리날룰
🌢 메칠파라벤 🌢 소듐메칠파라벤 🌢🌢 디엠디엠하이단토인 ☺ 쿠마린 ☺ 디소듐코코암포
디아세테이트 🌢🌢 디소듐이디티에이 ☺☺ 리모넨 ☺☺☺ 코코넛추출물 ☺ 하이드록시이소헥실3-
사이클로헥센카복스알데하이드 🌢🌢 클로페네신 ☺☺ 시트로넬올 ☺ 아크릴레이트/C10-30알킬아
크릴레이트크로스폴리머 ☺☺ 헥실신남알 🌢🌢 폴리쿼터늄-7

브랜드 : Narta(나르타)

제품명 : Déodorant Stick 〈Efficacité 24H〉(스틱형 데오도란트)

용 량 : 50ml

가 격 : 3.58유로

☺☺/☺ 변성알코올 ☺ 디프로필렌글라이콜 ☺☺☺ 소듐스테아레이트 ☺☺☺ 물 착향제
☺☺☺ CI 47005(착색제) ☺ CI 42051(착색제) ☺☺ 리날룰 ☺☺ 제라니올 🌢🌢 트리클로산
☺☺ 유제놀 ☺☺ 알파-이소메칠이오논 ☺☺ 아밀신남알 ☺☺ 리모넨 ☺ 하이드록시시트로
넬알 ☺ 시트랄 ☺ 하이드록시이소헥실 3-사이클로헥센카복스알데하이드 ☺☺ 시트로넬
올 ☺ 에칠헥실메톡시신나메이트 ☺ 부틸페닐메칠프로피오날 ☺☺ 헥실신남알 ☺☺ 벤질살
리실레이트 ☺☺ 벤질벤조에이트 ☺☺ 벤질알코올

자외선 차단 제품 성분 분석 실례

브랜드 : L'Oréal(로레알)

제품명 : Crème Solaire IP 30 Active Anti-Rides(차단 지수 30 안티링클 선크림)

용 량 : 75ml

가 격 : 9.14유로

☺☺☺ 물 ☺ 옥토크릴렌 ☺☺☺ 글리세린 ☺ 프로필렌글라이콜 ☺ C12-15알킬벤조에이트
☺ 사이클로펜타실록산 ☺☺☺ 티타늄디옥사이드 🌢 부틸메톡시디벤조일메탄 ☺ 이소헥사데칸
☺☺☺ 스테아릭애씨드 ☺☺ 포타슘세틸포스페이트 ☺ 브이피/에이코센코폴리머 🌢🌢 피이지-
100스테아레이트 ☺☺☺ 글리세릴스테아레이트 ☺☺☺ 드로메트리졸트리실록산 🌢🌢 트리에탄
올아민 ☺ 디메치콘 ☺ 알루미늄하이드록사이드 ☺ 메칠파라벤 ☺☺☺ 에칠헥실글리세린 ☺
테레프탈릴리덴디캠퍼설포닉 애씨드 ☺☺☺ 글라이신소자 ☺☺☺ 토코페롤 🌢🌢 디소듐이디티
에이 ☺☺☺ 잔탄검 🌢 부틸파라벤 🌢 프로필파라벤 🌢 CI 15985(착색제) 🌢 CI 16035(착색
제) 착향제

브랜드 : **Lavera(라베라)** **

제품명 : Spray Solaire SUN Pour Enfants 〈Kids〉 IP 25(차단 지수 25 베이비용 스
프레이형 자외선 차단제)

용 량 : 200ml

가 격 : 19.90유로

☺☺☺ 물 ☺☺☺ *글라이신소자 ☺☺☺ 티타늄디옥사이드 ☺☺ *에탄올 ☺☺ ☺ 카프릴릭/카프
릭트리글리세라이드 ☺☺☺ 글리세린 ☺☺☺ 라이솔레시틴 ☺☺☺ 소듐락테이트 ☺☺☺ 디포타
슘글리시리제이트 ☺☺☺ *카렌둘라 ☺☺☺ *위치하젤 ☺☺☺ *다마스크장미 ☺☺☺ 잔탄검
☺☺☺ 하이드로제네이티드팜글리세라이드 ☺☺☺ 하이드로제네이티드 레시틴 ☺☺☺ 베타글루
칸 ☺☺☺ 토코페롤 ☺☺☺ 서양유채 ☺☺ 알루미나 ☺☺☺ 아스코빌팔미테이트 ☺☺☺ 아스코
빅애씨드 ☺☺☺ 스테아릭애씨드착향제 ☺☺ 시트랄 ☺☺ 쿠마린 ☺☺ 유제놀 ☺☺ 제라니올
☺☺ 시트로넬올 ☺☺ 리모넨 ☺☺ 리날룰 ☺☺☺ CI 75810(착색제)

"*" 표시는 유기농법으로 재배한 산물에서 얻은 성분
** 라베라는 독일 천연 유기농 화장품 브랜드

PART 4

풍부한 표현력을 살려주는
꿈의 컬러

색조 화장

여자의 변신은 무죄,
컬러는 삶을 표현하는 방식이다

**
피부를 보호하는 보형제를 주원료로 하는 색조 화장품을 발견하기가 매우 어려운 현실이다. 따라서 데이크림을 바른 다음에 파운데이션을 사용하는 것이 좋다(다만 피부가 극지성인 사람은 예외다).

색조 화장과 패션은 자신의 영역을 드러내는 수단으로 사용하는 것이라 매우 비슷한 점들이 많다. 패션 디자이너의 창조에 필요한 도구가 원단과 바늘이라면 메이크업 아티스트에게는 화장용 솔과 팔레트가 그 역할을 대신한다. 패션 디자이너가 드로잉을 통해 옷을 만들어내는 반면 메이크업 아티스트는 브러시를 이용한 터치를 통해 화장을 완성한다.

패션과 마찬가지로 화장품 분야도 계절이 바뀔 때마다 유행이 바뀌고 컬러의 경향이 바뀐다. 브랜드명으로 자신의 이름을 채택한 마거릿 아스토르(Margaret Astor)는 "색조 화장은 단순히 외모를 치장하는 것을 넘어 삶을 표현하는 한 방법입니다. 화장은 창조적인 독창성과 개방적인 의식을 표현하는 수단입니다"라고 말했다.

빛과 화장을 통해서 여자의 변신을 이끌어내는 색조 제품을 통해 여자들은 아름답게 화장을 하고 그것으로 타인의 시선을 받는 멋진 상상을 하곤 한다. 그러나 이런 환상이 깨지는 순간 고통만

남는 수가 있는데, 이는 색조 화장품 분야에서 자주 일어나는 일이다. 색조 화장품의 가장 큰 문제는 제품에 사용된 색소에 기인한다. 그렇다고 색조 제품이 화장하는 즐거움을 망쳐서는 안 될 것이다. 이런 불편함이 생기지 않도록 하기 위해 제조사들은 제품의 위험성을 소비자에게 바르게 알려주어야 할 책임이 있다.

파운데이션과 파우더,
생기넘치는 얼굴을 만드는 연금술

색이 들어간 크림인 파운데이션의 사용 목적은 얼굴에 생기가 도는 것처럼 보이게 하거나 구릿빛이 약간 돌게 하는 데 있다.

● 가장 기본적인 파운데이션은 색이 들어간 데이크림이라 할 수 있다. 데이크림과 파운데이션의 차이점은 함유한 색소의 비율에 있을 뿐이다. 일반적으로 파운데이션을 얼굴에 직접 바르면 피부에 있는 잡티를 감추는 효과를 볼 수 없다.

● 데이크림을 먼저 바르고 난 후에 파운데이션을 바르면 피부 결점을 감춰준다. 다른 모든 크림과 마찬가지로 파운데이션의 보형제는 오일, 유지, 왁스 등으로 구성된 유탁액이며, 색소나 탈크와 같은 분말을 첨가한다. 따라서 제품에 사용된 성분의 품질이 우수할수록 피부를 보호하는 효과가 더 커진다.

● 피부에 있는 잡티를 감춰주는 효과는 제품의 점성도에 따라 달

라진다. 파운데이션이 유중수 형태의 유탁액처럼 유동성을 많이 띠면 커버 효과가 별로 없다. 반면에 크림처럼 점성이 높으면 피부에 드러나는 흠이나 결점을 덮어준다. 파운데이션의 점성도가 매우 높으면 연극배우의 분장처럼 짙게 얼굴을 가릴 수 있다.

파우더는 피부에 잘 점착되어 결점을 덮어주거나, 피지나 수분을 흡수하여 피부를 마치 비단결처럼 곱게 만들려는 목적을 가진 제품이다. 파우더는 원료를 분쇄하여 체로 거른 후에 액상이나 반액상의 성분을 첨가하는 방법으로 제조한다.

● 탈크와 카올린은 가장 자주 사용하는 파우더의 천연 원료다. 탈크는 냄새가 없는 백색의 물질이다. 파우더의 원료로 사용되기 위해서는 석면이 포함되어 있는지를 확인한 후에 세척과 살균 과정을 거친다. 탈크는 원래 약간 끈적이는 암석이므로 피부에 대한 사용감이 매우 좋다. 반면 카올린을 부드럽게 하려면 호호바 오일을 첨가해야 한다.

● 가격이 싼 파우더는 합성 물질을 원료로 사용한다. 매우 고운 입자를 얻을 수 있는 폴리에칠렌 파우더와 나일론 파우더가 대표적이다. 실크 파우더는 누에고치에서 얻은 피브로인 단백질을 주원료로 한다.

● 파우더에는 쌀에서 얻는 전분과 같은 분말을 가끔 첨가제로 사용하기도 한다. 그러나 이런 종류의 분말은 수분을 흡수하는 성

✱✱
파우더는 파운데이션이 피부에 잘 먹게 만들어준다. 게다가 파우더는 투명성이 있어 피부색과 잘 어울린다. 콤팩트 파우더는 피부에 더 잘 발리므로 얼굴의 번들거림을 없애준다. 파우더를 바르는 방법은 화장용 솔을 이용하여 문지르지 않고 두드리는 것이다.

질로 인해 피부에 너무 달라붙는 단점이 있다. 아미노산 에스테르가 1~2퍼센트 정도 첨가된 '라우로일라이신'은 매우 우수한 품질을 가진 고가의 성분일뿐만 아니라 매우 탁월한 부드러움을 선사한다.

립스틱에 사용하는
위험한 미네랄 오일

입술은 피지선이 분포되어 있지 않은 대신 얇은 각질층으로만 덮여 있고, 햇빛을 차단하는 천연보호 장치인 멜라닌 색소도 거의 분포되어 있지 않다. 침으로 항상 적셔지는 입술은 자주 갈라지고 세균 감염도 쉽게 일어난다. 입술을 보호하는 방법은 입술을 부드러운 상태로 유지하고, 세균이 침입하지 못하게 하는 것이다. 자외선 차단 성분을 포함하는 립스틱을 사용한다면 직사광선이 일으키는 폐해에서 벗어날 수 있다.

립스틱은 성분상의 차이점보다는 색상의 다양함으로 소비자들의 시선을 끈다. 립스틱은 유행에 민감한 상품이므로 계절이 바뀔 때마다 수십 종류의 신제품들이 출시된다. 반면 립스틱 성분은 대체로 오랫동안 바뀌지 않는 경향이 있다. 립스틱을 구성하는 한 가지 배합 방식을 바탕으로 수천 종류의 립스틱을 제조하는 실정이다.

립스틱을 만들 때 필요한 성분은 대략 20여 종류의 오일, 왁스,

유지 등이다. 왁스는 점성을 조절하는 데 쓰므로 많이 포함될수록 립스틱이 더욱 단단해진다. 반면에 유지가 많이 들어갈수록 립스틱은 크림처럼 무르고 형태가 잘 뭉개진다. 오일 성분은 립스틱에 색소가 잘 혼합되게 하여 입술에서 광택이 나는 효과를 낸다.

- 가장 좋은 기초 성분들은 피마자 오일, 비즈왁스, 카나우바 왁스, 칸데릴라왁스, 라놀린 등을 꼽을 수 있다. 파라핀 오일은 품질이 저급하여 고농도로 포함되었을 경우 입술을 건조하게 만들기 때문에 사용 시 주의해야 한다. 만일 파라핀 오일을 사용한다면 크림 성분을 보완재로 첨가해야 할 것이다. 따라서 이런 번거로운 작업 과정을 거치지 않는 방법은 품질이 좋은 원료를 주성분으로 하여 파라핀 오일은 약간만 배합하는 것이다.
- 유지 성분을 상당량 포함한 립스틱은 입술에 영양을 주고 보호하는 반면 단단한 성질을 잃는다. 따라서 입술에 너무 많이 바르지 않기 위해 립스틱을 바르기 전에 입술용 펜슬을 사용하는 것도 좋은 방법이다. 오일과 세라마이드는 입술에 탄력을 준다.
- 도톰한 입술로 보이려면 밝은 색의 립스틱을 사용하면 좋다. 짙은 색의 립스틱을 여러 번 바르면 입이 작아 보인다.

　　과거와는 달리 립스틱을 사용하는 소비자들의 요구 사항도 많이 바뀌었다. 입술을 보호하고 예뻐 보이게 하는 효과뿐만 아니라 지속성도 따지게 된 것이다. 묻어나지 않는 립스틱은 이제 대세가 되었다. 립스틱이 탄생한 지 거의 120년이 지난 지금에서야 말 그대로 립스틱이 입술에 제자리를 찾게 된 것이다. 시카고에 있는 립스틱 개발자의 통계조사를 따르면 여성 두 명 중 거의 한 명은 립스틱 자국을 치아, 찻잔, 접시 등에 남긴다고 보고한다. 묻어나지 않는 립스틱의 비밀은 바르고 난 뒤 일 분이 지나면 입술의 온도로 증발되는 오일과 색소를 원료로 사용한 데 있다. 입술을 보호하는 기능을 하면서 잘 뭉개지지 않는 단단한 립스틱은 엄밀히 말하자면 아직까지 개발되지 않았다고 할 수 있다.

소비자들이 립스틱을 고를 때 중요하게 생각하는 요소는 보형제의 품질보다는 색소와 자외선 차단 성분이라 할 수 있다. 위험한 중금속을 포함한 색소는 이제 사용이 금지되었고, 아조염료와 유기할로겐화합물 색소는 비판의 도마에 올라 있다. 립스틱에 함유된 색소의 비율은 유행에 따라 달라지며 최고 10퍼센트에 이르기도 한다. 판매량에 밀접한 영향을 미치는 색소는 여러 단계의 제조 과정 중에서 제일 마지막에 투입된다. 혼합기가 립스틱의 원료를 반죽하여 덩어리로 만들고, 그때 색소를 첨가한다.

립스틱에 주로 배합되는 미네랄 오일이나 파라핀 왁스의 위험성에 관해 오래전부터 논란이 되고 있다. 과학자들은 쥐를 상대로 실험한 결과 이 성분들을 먹으면 몸속에 축적되어 위험한 결과를 불러올 수 있음을 알게 되었다. 현재 립스틱에 사용되는 미네랄 오일과 파라핀 왁스의 배합 비율은 정해져 있지만 화장품 회사들이 이 사항을 준수하는지에 대해서는 소비자가 확인할 방도가 없다.

**
세계보건기구는 미네랄 오일이 인체에 축적이 되면 간을 손상시킬 수 있으며, 특히 파라핀 왁스가 심장 판막에 염증을 유발할 수 있다고 경고한다. 현재 일부분의 미네랄 오일과 석유화학에서 얻은 물질들을 대상으로 유해성 테스트를 거쳤을 뿐인데도 이처럼 경종을 울릴 만한 결과가 나온 것으로 보아 적어도 립스틱을 제조하는 과정에서는 되도록 이런 위험한 성분을 쓰지 말아야 할 것이다.

눈을 아름답게 해주는
아이섀도와 마스카라

마스카라의 올바른 사용법은 거울을 아래에다 놓고 눈을 반 정도 떠서 눈꺼풀을 반쯤 연 상태에서 눈을 아래로 쳐다보면서 바르는 것이다. 콘택트렌즈를 착용하는 여성은 마스카라용 솔이 속눈썹 아래로 지나가게 해서는 안 되며 속눈썹 위쪽으로만 화장을 해야 한다.

화장이 잘된 눈이 풍부한 표현력을 갖는 것은 주지의 사실이다. 속눈썹은 눈에 이물질이 들어가는 것을 막는 보호 장치다. 그러나 속눈썹과 눈을 아름답게 화장하는 것은 자연의 법칙과 반대로 가는 꼴이 된다. 아이섀도와 마스카라를 사용하면 이물질이 눈 안에 들어갈 위험성이 높아지기 때문이다. 눈 화장용 제품의 미세한 입자가 눈가에 붙어 있다면 쉽게 떨어지겠지만 만일 눈꺼풀 속에 들어가서 다래끼라도 생기면 안과에 가서 진찰을 받아야 할 것이다. 따라서 눈 화장을 할 때는 조심스럽게 해야 하며 이물질이 눈 안에 들어가지 않도록 해야 한다. 또 피부 각질층을 자극하지 않도록 해야 한다.

피부를 자극하는
색소와 방부제

색조 화장품은 과도한 색소로 알레르기를 유발할 수 있다.

- 마스카라에는 많은 여성들이 알레르기 반응을 나타내는 니켈 성분이 들어 있다. 이런 반응은 검은 마스카라에 사용되는 산화철 때문이다. 천연 산화철은 쉽게 오염이 될 뿐더러 합성 산화철도 100퍼센트 순도를 나타내지 않는다. 다양한 색상의 마스카라는 검은색 마스카라보다 더 심한 알레르기 반응을 유발할 수 있다.

- 아이섀도는 30퍼센트에 이르는 높은 비율의 색소를 함유하여 알레르기를 유발할 가능성이 매우 높다. 색소 함유 비율을 비교하자면 마스카라와 파운데이션은 각각 5퍼센트와 8퍼센트에 이른다.

- 포름알데하이드 방출 물질이 포함된 방부제가 마스카라와 파

** 금속성의 보석 장신구에 알레르기 반응을 보이는 여성들은 흔히 마스카라에도 똑같은 반응을 보인다. 이런 알레르기 반응을 일으키는 가장 큰 원인은 니켈이라는 금속 성분 때문이다. 색조 화장품이 중금속 성분을 많이 포함한다면, 그것은 색소와 염료의 함유 비율이 높다는 것을 의미한다. 접촉성 알레르기는 색소와 염료 안에 포함된 중금속성 불순물 때문에 생긴다.

운데이션에 첨가되는 예가 많다. 이는 피부 자극을 유발할 가
능성이 높다.

색조 화장품 성분 분석 실례

브랜드 : Gemey(쥐메이)

제품명 : Lip-stick 101 Soft Cherry "Water Shine Diamonds"(립스틱)

가 격 : 6.97유로

☺ 옥틸도데칸올 ☺☺ 디이소스테아릴말레이트 ☺ 트리데실트리멜리에이트 ☺☺☺ 라놀린 오
일 ☺ 이소프로필라놀레이트 ☺ 아세틸레이티드라놀린 ☺ 폴리에칠렌 ☺☺☺ 칼슘 알루
미늄보로실리케이트 ☺☺ 하이드로제네이티드코코-글리세라라이드 ☺ 페닐트리메치콘 ☺ 마이
크로크리스탈린왁스 ☺☺☺ 토코페릴아세테이트 ☺ 호호바씨오일 ☺☺☺ 로즈힙
레티닐팔미테이트 💧💧💧 비에이치티 ☺☺☺ 실리카 ☺☺☺ 알로에베라 ☺☺☺ 마이카 ☺☺☺
CI 77820(착색제) ☺☺☺ CI 77891(착색제) ☺☺☺ CI 77491(착색제) ☺☺☺ CI 77492(착색
제) ☺☺☺ CI 77499(착색제) 💧 CI 15850(착색제) ☺☺ CI 77163(착색제) ☺☺ CI 45410(착
색제) ☺☺ CI 45380(착색제) 💧 CI 12085(착색제) 💧 CI 19140(착색제) ☺☺ CI 42090(착색
제) ☺☺☺ CI 75470(착색제)

브랜드 : Sisley(시슬리)

제품명 : Fond de Teint Phyto-Teint Eclat 2 Soft Beige(파운데이션)

용 량 : 30ml

가 격 : 58.00유로

☺☺☺ 물 ☺ 사이클로메치콘 ☺ 프로필렌글라이콜 ☺☺☺ 실리카 ☺ 디메치콘 ☺ 디메치콘코
폴리올 ☺ 폴리에칠렌 💧💧 폴리소르베이트 20 ☺☺☺ 소듐코코일글루타메이트 ☺☺☺ 디소듐
코코일글루타메이트 ☺☺☺ 소듐클로라이드 ☺☺☺ 비즈왁스 💧 페녹시에탄올 ☺ 아크릴레이트
코폴리머 ☺☺☺ 말로우추출물 ☺☺☺ 피나무꽃추출물 ☺☺☺ 소듐데하이드로아세테이트
☺☺☺ 치자추출물 💧 메칠파라벤착향제 ☺☺☺ 소르비탄세스퀴올리에이트 💧 에칠파라벤
💧 부틸파라벤 💧 프로필파라벤 ☺☺☺ 티타늄디옥사이드 ☺☺☺ CI 77491(착색제) ☺☺☺
CI 77492(착색제) ☺☺☺ CI 77499(착색제)

PART 5

화장품은 정말로 안전한가?

부작용의 위험

부작용으로
고통받는 사람들

독성학은 물질이 인체에 무해한지 또는 해로운지에 관해 연구하는 학문이다. 그런데 어떤 물질이 지닌 독성이 인체에 해를 끼치는 것을 발견했을 때 경고 발령 시기를 결정하는 것은 학문의 영역을 벗어난 문제가 된다. 이런 위험 경고를 내려야 할 시점을 결정하는 문제에 관하여 격론이 벌어지고 있다. 발암 위험성이 분명하게 드러났을 때인지 아니면 암을 일으킬 수 있는 사용량을 정확히 파악했을 때인지를 결정하지 못하고 있기 때문이다. 예를 들어 염모제의 위험성 여부에 대한 상이한 시각은 화장품에 사용되는 성분을 바라보는 관점에 차이가 있다는 것을 증명하고 있다. 미국에서는 사용이 금지되는 염모제가 유럽연합 내에서는 허용되고 있는 것만 보아도 알 수 있다.

화장품의 특정 성분이 안전성 면에서 상당히 위험하다는 연구 결과가 나왔을 때 위험 경보를 내릴지 아니면 위험성을 축소시키는 것이 습관이 된 제조사의 견해를 수용할지 결정하는 것은 어려운 일이다. 화장품 성분으로 사용이 허가된 물질은 무조건 피부에 좋고 해롭지 않은 것이라고 강조한다면 위험성에 관한 논의를 더 이상 진전시킬 수 없다.

화장품이 부작용을 초래한다는 것은 누구나 알고 있는 사실이지만 그 종류는 열거할 수 없을 만큼 매우 다양하여 모두 이해하고 있지 못한 형편이다. 알레르기처럼 널리 알려진 부작용 사례뿐만 아니라 화장품의 사용으로 유발되었지만 해명되지 않은 수많은 피부 트러블도 존재한다. 규명되지 않은 트러블은 통계적으로도 드러나지 않고, 정확한 원인도 밝혀지지 않고 있다. 피부과 의사인 라브 박사와 약학자인 킨들 박사는 이 점에 대해서 "화장품으로 인한 부작용과 트러블은 의심할 여지없이 기초 페이셜 제품을 사용했을 때 주로 많이 생기고 색조 화장품 중에서는 눈 화장 제품이 가장 많은 부작용을 유발합니다"라고 밝히고 있다.

'예상치 못한 부작용'의 대표적인 예로는 피부 자극이나 접촉성 알레르기 현상을 들 수 있다. 유럽에서는 세 명 중 한 사람이 알레르기 증상으로 고통받고 있으며, 전문가들은 2010년경에는 이런 고통을 겪게 될 사람의 숫자가 두 배로 늘어날 것이라며 우려를 표명하고 있다. 독일 괴팅겐에 있는 피부과학정보협회는 24곳의 피부과 병원에서 작성한 임상 결과를 바탕으로 알레르기를 가장 많이 일으키는 20종류의 물질 리스트를 매년 발표하고 있다. 보고서에 따르면 니켈이 접촉성 알레르기의 주범이다. 실제로 많은 종류의 눈 화장 제품에 니켈 성분이 들어 있어 알레르기를 일으키는 중요한 원인이 되고 있다.

**
목 주위와 팔의 상부에 거칠고 흰 반점이 있는 사람은 신경피부염에 쉽게 걸릴 수 있다. 이런 피부염에 걸릴 소인을 갖고 있는지를 알 수 있는 간단한 방법이 있다. 팔의 안쪽을 긁었을 때 해당 부위가 빨갛게 변하지 않고 희게 나타난다면 알레르기성 피부염이 발생할 체질일 가능성이 높다.

화장품 제조사의
막중한 책임

 화장품에 들어가는 성분의 독성 평가는 새로운 제품을 기획하는 단계에서는 모든 제조사들이 반드시 거쳐야 하는 기본 과정이므로 대부분의 경우에 이를 준수하고 있다. 한편 화장품 개발 시 소비자가 관여할 수 없는 부분이 존재하는데, 그것은 제조사의 철학이 녹아 있는 책임 의식과 직업적인 양심이다. 기본 원료의 선택과 제조 과정상의 위생 환경, 완제품의 세균 검사 등과 같은 항목에서 제조사의 태도가 드러난다. 이와 관련하여 화장품 생산 시 모범적인 제조사가 준수하고 있는 품질 기준의 몇 가지 예를 들어보면 다음과 같다.

● 원료의 순도

 살균제, 용제 찌꺼기, 합성 과정에서 생긴 잔여물 등과 같은 물질은 국제 화장품 성분 명칭 표기법상 의무 기재 항목에서 제외되어 있다. 바이어스도르프의 개발 책임자인 비테른 박사는 제조사가 생산 과정에서 불순물이 들어가지 않도록 꼼꼼히 관리해야 한다고 강조한다. "만일 어느 원료가 촉매반응을 거친다면 우리는 제품에 잔존할지 모를 촉매작용의 흔적을 조사합니다. 제품에는 어떠한 촉매도 혼입해서는 안 되며, 그 흔적이 남아서도 안 되기 때문입니다. 하청 업체가 이러한 검수 활동을 하지 않아서 원료 속에서 촉매로 쓰인 납 찌꺼기를 10피피엠(ppm이란 화학에서 농도를 표현하는 단위로 백만분의 1을 뜻한다. 1ppm은 10^{-6}이다)이나 발견한 적도 있습니다. 이럴 경우에는 촉매를 반드시 바꾸어야 합니다. 아무도 납 성분을 원치 않기 때문입니다. 그래서 우리는 원료의 안정성을 확보하기 위해서 점검 항목을 작성하여 하청 업체가 기준을 준수하도록 협력을 촉구하고 있습니다."

** 화장품 성분으로 배합하려면 오염되지 않은 원료를 획득해야 한다. 따라서 정제 과정과 합성 시에 투입한 물질을 정화해야 한다. 살충제가 남아 있을 가능성이 있는 '라놀린'과 같은 천연 성분도 마찬가지로 정화해야 한다. 오염되지 않은 라놀린을 구할 수 있는 방법이 있는데, 그것은 양털을 처리할 때 살충제를 사용하지 않는 오스트레일리아산이나 뉴질랜드산의 고가의 라놀린을 구입하는 것이다.

● **병원균에 오염되지 않은 완제품**

순한 방부제를 사용해 천연 화장품을 생산하는 경우에는 특히 미생물 오염을 확인하는 과정을 거치는 것이 매우 중요하다.

● **성분의 과도한 함량**

자외선 차단제의 경우에는 피부를 보호한다고 알려진 성분의 함유량이 법으로 정한 한도를 넘어서 과도하게 사용되는 사례가 많아 별도로 측정을 실시하고 있다.

부적절한 스킨케어의 결과로 생긴 여드름

뾰루지와 여드름을 닮은 습진은 화장품을 부적절하게 사용했을 때 나타나는 피부 부적합성의 징후다. 순한 화장품을 사용했더라도 피부 타입에 맞지 않으면 피부는 자극받을 수 있다. 따라서 민감한 피부를 가진 사람은 크림을 선택할 때 에멀션의 구성 성분과 배합된 지방 성분이 어떤 것인지를 파악한 뒤에 자신의 피부 상태와 비슷한 성질을 가진 제품인지를 확인해보아야 한다.

피부 보호막을 구성하는 성분과 성질이 매우 비슷한 호호바 오일과 쉐어버터 등과 같은 물질을 함유한 크림을 사용하면 피부 자극의 가능성은 훨씬 줄어들 것이다.

안전성 문제가 제기되는
방부제

화장품에는 다양한 종류의 첨가제가 들어간다. 이것들은 제품의 점도를 증가시키거나 제품의 판매 가치를 높이고 보존성을 향상할 목적으로 사용된다. 그중 착향제와 방부제가 가장 대표적인 첨가제다. 그러나 건강 면에서 보면 위험성을 내포한 물질들이다. 살아가는 데 딱히 필수적이라 할 수 없는 향수에도 마찬가지로 위험한 성분이 들어 있다.

사용자에게 해로운 세균이나 곰팡이를 옮기지 않으려면 화장품은 방부 처리를 잘 해야 한다. 변질된 화장품은 전염의 위험성이 클 뿐 아니라 세균의 대사 노폐물로 인한 피부 트러블을 유발할 수도 있다. 보관 중에 자연 산화에 의해서 제품 내부에서 알데하이드나 과산화수소가 생성되는 것처럼 분해 반응이 일어난 화장품은 피부 적합성을 잃어버릴 수 있다. 화장품을 올바르게 보관하기 위해 어떤 방식을 선택할지는 상당히 까다로운 문제가 될 수 있다. 화장품 개발자는 병원균 번식을 억제할 방법을 강구할 것인

✽✽
비누에는 일반적으로 방부제가 들어 있지 않은데 그 이유는 산성도가 높아 미생물학적으로 세균이 생존할 수 없어 비누를 안정된 상태로 만들어주기 때문이다. 목욕용 오일과 페이셜용 파우더에도 수분이 없거나 있더라도 소량일 경우에는 방부제를 넣지 않는다.

지 아니면 피부 표면에 상존하면서 피부를 보호하는 역할을 하는 세균을 되도록 더 많이 생존시키는 방식을 취할 것인지를 놓고 갈등을 겪는다. 우수한 방부제는 안정성을 보여야 하고, 알레르기나 트러블을 유발하는 독성이 없어야 하며, 혼합된 다른 성분과 유해한 화학적인 반응이 일어나지 말아야 하고, 마지막으로 불쾌한 향이 없어야 한다.

수많은 합성 방부제는 알레르기를 유발할 상당한 가능성이 잠재되어 있기에 문제가 되고 있다. 대표적인 것이 '브로노폴'로 불리는 '2-브로모-2-나이트로프로판-1,3-디올', '디엠디엠 하이단토인', '이소치아졸리논' 등과 같은 포름알데하이드 방출 물질들이다. 방부제의 위해성에 관한 논란은 결과적으로 소비자들로 하여금 모든 방부제가 위험하다는 인식을 갖게 하는 결과를 낳았다. 또 변질된 제품으로 인해 세균 감염을 유발할 수 있다는 과민 반응이 널리 퍼지게 되었다.

베일란트그로테르얀 박사는 방부제의 배합량이 줄어들길 원하는 소비자의 바람과는 반대로 방부제를 과도하게 사용하는 제조사의 예를 들어 "아주 드물게 발견되는 희귀한 병원균을 없앤다는 구실로 화장품 제조사는 독성이 매우 강한 수은 화합물을 사용하는 실정입니다"라고 설명한다. 그러나 분명한 것은 화장품 보존에 문제가 생겨서는 안 된다는 것이다. 안전을 이유로 어느 정도의 독성을 포함한 성분을 사용해야 할지에 관한 문제는 제조사에 대한 소비자의 신뢰 문제와 직결되는 것이다.

비테른 박사는 소비자를 보호하기 위해서는 모든 조처를 다 취해야 한다고 주장한다.

"바이어스도르프 사는 소비자의 안전을 매우 중시합니다. 유 감스러운 일이지만 방부제는 부작용을 유발합니다. 병원균을 박 멸하기도 하지만 세포에 부정적인 반응을 일으키기도 합니다. 우 리는 병원균이 죽기까지의 경과 시간을 측정하기 위해 배양 접시 에서 병원균이나 세균을 실험하는 과정에서 방부제를 첨가하지 않 거나 사용을 제한하기도 합니다. 그렇지만 우리는 소비자를 병원 균에 감염시키는 위험에 빠뜨리고 싶지 않습니다. 모든 제품마다 어떤 방부제를 사용해야 안전한지를 확인하는 실험을 거치고 있습 니다."

피부 적합성을 보이지 않는 성분이 있다면 예방 차원에서 즉시 사용을 중지하는 것이 바람직할 것이다.

유럽연합의 화장품분과위원회는 화장품에 사용할 수 있는 방 부제 목록을 작성했다. 인체에 미칠 위해 정도에 따라 여러 단계 로 분류했으며, 이를 근거로 제조사는 제품에 따라 적절한 방부제 사용을 결정할 수 있게 되었다. 원료에 이미 방부제가 배합된 성 분에는 화장품 제조사에서 추가로 방부제를 배합하지 못하도록 금지했다.

일반 화학 화장품을 제조할 때 여러 합성 방부제를 혼합한 원 료를 사용하는데, 그중 인체에 해롭다고 알려진 대표적인 것으로 유기할로겐 화합물을 꼽을 수 있다. 유기할로겐 물질은 강한 알레 르기 반응을 유발할 뿐 아니라 피부 속에 침투하여 인체 조직에 고 착하면 세포에 손상을 가할 수 있다.

아직까지 어떤 과학자도 화장품을 사용하는 사람의 피부에서 벌어지는 현상을 정확히 규명하지 못했지만 과학자들은 강력한 반응 물질이 인체에 해를 끼치는 것은 분명하다고 주장한다. 게다가 이 물질이 제품 속에 포함된 다양한 성분과 섞여 예측할 수 없는 반응을 초래할 수도 있다고 한다. '칵테일 효과'라 부르는 이 위험한 반응에 대해서는 현재까지 거의 연구된 바가 없는 실정이다.

제품에 배합하는 첨가제로 유화제와 계면활성제를 선택하는 문제와 마찬가지로 피부 적합성이 우수한 방부제 또는 여러 가지 순한 종류의 방부 물질을 알맞게 섞어 혼합 방부제를 만들어내는 것은 매우 중요한 일이다. 배합될 방부제의 성격을 결정짓는 요인 으로는 화장품에 사용되는 기초 원료의 품질, 제조 과정, 포장 방법 등을 들 수 있다.

● 병원균에 오염되지 않았거나 약하게 감염된 기초 원료에는 방 부제를 거의 사용할 필요가 없다.

● 위생적인 제조 과정을 거치면 사용해야 할 방부제의 양과 종류 를 줄일 수 있다.

● 손으로 직접 접촉하지 않고 자동화된 포장 방법을 도입하여 제 품을 생산하면 고농도로 방부제를 첨가할 필요가 없다. 천연 성 분이 포함된 제품은 튜브로 포장하여 판매하면 감염의 근원을 봉쇄하는 효과가 있다.

● 알코올과 몇 종류의 에센셜오일은 합성 방부제 역할을 하는 천 연 원료다.

● 소르빅애씨드, 벤조익애씨드 등과 같은 천연 성분은 피부에 독성을 나타내지 않고 방부제 역할을 하는 물질이다. 이러한 성분은 자연 상태로도 존재하지만 보통 실험실에서 인공으로 합성하여 얻는다.

● 소듐라우로일락틸레이트, 글리세릴카프릴레이트 등과 같은 보조 유화제는 특별한 경우에 방부제 역할을 한다.

방부제 사용 여부와 관련하여 제품에 표기된 문구에 대해서 부연 설명이 필요하다.

** 비타민은 활성 성분 역할만 하지만 또 다른 용도로도 이용된다. 그것은 화장품의 화학적 안정성을 높여주는 작용을 한다. 비타민 E(토코페롤)와 비타민 C는 산화방지제로 사용되는데, 제품에 포함된 산소가 적은 양이라고 해도 제품을 변질시키는 원인 물질로 작용하는 것을 예방하기 위해서다.

● **'무방부제'**

이 문구는 가히 기만적이라 할 수 있는데 수분을 함유한 성분의 변질을 방지하기 위해서는 적어도 한 가지 이상의 방부제가 반드시 필요하기 때문이다. 무방부제라는 표현은 통상적으로 방부제로 분류되는 물질이 화장품 성분 목록에 포함돼 있지 않다는 의미로 받아들여야 한다. 예를 들어 펜틸렌글라이콜 같은 물질은 방부제로 분류되지 않고, 다른 용도로 쓰는 것으로 인정받아 펜틸렌글라이콜을 포함한 화장품은 '무방부제'라는 라벨을 붙일 수 있다. 그렇지만 펜틸렌글라이콜은 실제로는 화장품이 변질되지 않도록 막아주는 역할을 한다.

● '합성 방부제가 들어 있지 않음'

이처럼 방부제 성분을 구체적으로 명시하고 있는 제품을 알레르기 체질인 사람이 구입할 예정이라면 제조사에게 어떤 방부제를 배합했는지 문의해볼 필요가 있다. 방부제로 사용되는 몇 가지 종류는 착향제 용도로 사용될 수 있기 때문이다. 현재 유럽에서는 10여 곳의 화장품 제조사만이 합성 방부제를 사용하지 않은 제품을 선보이고 있지만 고작해야 1퍼센트 미만의 시장점유율을 차지하고 있을 뿐이다.

유기농 화장품에 사용되는
방부제

파라벤을 좋지도 나쁘지도 않은 성분으로 분류하는 까닭은, 파라벤이 가장 우수한 방부제가 아니기 때문이다. 왜냐하면 우수한 대체 성분이 있기 때문이다. 전문 기관의 인증을 받은 천연 화장품에는 합성 방부제를 전혀 쓰지 않는다. 그러나 식물 성분이 들어 있다면서 자연주의 제품이라고 표방하는 브랜드에도 파라벤류의 방부제가 배합된 제품을 볼 수 있는데, 천연 화장품으로 인증받지 않은 예라 할 수 있다. 인기가 많은 천연 화장품이라는 이유로 성분에 눈길을 주지 않고 구입하면 해로운 방부제가 배합된 제품을 고를 가능성이 높다.

인증을 받은 천연 또는 유기농 화장품에는 안전성에 문제가 제기되는 방부제 리스트에 속하는 성분은 절대 배합할 수 없다. 독일의 BDIH 인증 라벨을 받기 위해서는 파라벤을 사용해서는 안 된다. 프랑스의 천연 화장품 인증 기관인 에코서트(Ecocert)와 유기농 화장품협회는 파라벤을 저농도로 배합하는 것은 허용하고 있지만 방부제 용도로 파라벤을 사용하는 것은 금하고 있다. 파라벤은 일반 화학 화장품에서 방부제로 가장 많이 사용되는 원료이기 때문이다.

유기농 화장품으로 인증받을 수 있는 제조 명세서를 작성하기 위해서는 인증 기관이 허용하는 방부제 종류를 참고해야 한다. 기원과 성질에서 자연 물질과 동등하다고 할 수 있는 벤조익애씨드, 살리실릭애씨드, 소르빅애씨드 등을 예로 들 수 있다. 엄밀히 말하자면 이것들도 합성 방부제에 속하지만 성질이 매우 순하기 때문에 특별히 허용할 뿐이다. 화장품의 방부 처리 기술은 제조사가 수년 동안 연구개발로 축적한 노하우에 속한다. 천연 또는 유기농 화장품의 방부 처리는 개별 과정이 아니라 성분의 배합, 제조, 포장에 이르는 일련의 과정과 유기적으로 연결되어 있다. 또 소비자가 제품을 사용하는 중에 세균이나 박테리아에 덜 오염되게 하는 용기의 개발도 중요한 요소다.

1960년대부터 1970년대 사이에 천연·유기농 화장품을 개발한 선구자들에게는 방부 처리 문제가 가장 해결하기 어려운 과제였다. 합성 방부제를 처방하지 않고 만족할 만한 결과를 얻기까지 오랜 시간 실험과 연구를 거듭해야 했다. 미생물이 침입할 수 없는 안전한 제품을 만들기 위해서는 성분 배합부터 포장에 이르기까지 전 과정에 걸쳐 세심한 주의가 필요했다. 합성 방부제를 사용하지 않고 제품을 생산하기 위한 전제 조건은 미생물 번식을 최대한 억제하는 것이었다.

천연이나 유기농 화장품은 제조 명세서에 허용된 합성 방부제,

예를 들어 벤질알코올, 포타슘소르베이트, 벤질살리실레이트 등이 들어 있다. 만일 제조에 허용된 방부제를 사용했다면 독일 유기농 인증 기관 BDIH는 반드시 '○○ 방부제 사용'이라는 문구를 넣도록 한다. 그러나 프랑스 유기농 인증 기관 에코서트와 유기농 화장품협회는 이런 의무를 부과하지 않고 있다.

합성 방부제를 사용하지 않고 제품을 만들려면 제품 생산 과정에서 미생물을 차단하는 기술과 살균하는 방법을 동원해야 한다. 제품에 합성 방부제를 전혀 배합하지 않는다면 알코올이나 에센셜 오일처럼 변질되지 않는 성분을 사용해야 한다.

유기농 화장품의 성공은 세계 도처에 있는 수많은 화장품 회사의 관심을 끌어모았다. 천연·유기농 화장품을 제조하는 회사는 매우 다양하다. 자체적으로 연구, 개발하여 십여 년 전부터 유기농 화장품을 출시한 기업부터 다른 회사에 천연 화장품 생산을 의뢰하여 최근에 시장에 새로운 브랜드를 내놓은 회사까지 다양하다.

천연 화장품을 새롭게 출시하려는 업체가 우수한 방부 처리 기술의 노하우를 확보하지 못했다면 시장 진입은 불가능하다. 이러한 기술이 없어 제품 인증에 실패한 회사도 부지기수다. 세계적인 화장품 원료 회사가 신제품을 출시하면 방부 처리가 제대로 되었는지 엄격하게 감시하고 있다. 피부에 해를 끼치지 않으면서 방부 처리도 용이한 기적의 물질은 없기 때문이다. 천연 물질을 사용하여 방부 처리를 해결한 원료일수록 엄격한 테스트를 거치는 과정에서 인체에 해로운 것으로 드러나곤 한다. 이미 수많은 선례가 있듯이 화장품 원료 회사의 말을 곧이곧대로 듣는 것은 위험을 자초

하는 일이다.

이런 이유로 양심적인 화장품 원료 회사는 사전에 원료를 연구하고 평가하는 과정을 도입했다. 새로운 원료를 생산하는 데 만전을 기했다고 하더라도 안전성 실험은 철저해야 한다. 실험을 통해서 예상치 못한 결과를 발견할 수 있으므로 다양한 화학적 분석을 통해 원료의 모든 특성을 자세히 밝히려고 노력해야 한다.

피부를 자극하는 위험한 요소들

　　소비자가 화장품의 향에 이끌려 구매를 결정하는 일은 매우 흔하다. 실제로 매혹적인 향을 발산하는 제품은 잘 팔린다. 화장품에서 향의 중요성은 그야말로 막대하다. 천연 물질이라고 해서 모두 화장품의 원료로 쓸 수는 없다. 그 이유는 착향제를 첨가하지 않으면 좋지 않은 냄새를 감출 수 없기 때문이다. 한편 화장품 회사들은 독특한 매력을 뿜는 향으로 소비자를 사로잡아 여러 가지 제품을 구매하도록 하는 전략을 편다. 소비자는 특정한 향으로 연상되는 회사의 제품을 구매한다. 향으로 소비자를 끌어들여 단골 고객으로 만드는 것은 제조사로 볼 때 괜찮은 돈벌이가 된다.

　　그러나 화장품의 매혹적인 향은 판매를 증진하는 장점이 될 수 있지만 향에만 이끌려서 무작정 구매하는 행위는 주의할 필요가 있다. 알레르기 체질이나 피부가 민감한 사람에게는 피부를 자극할 위험성이 잠재된 착향제가 많기 때문이다. 그중 사향 화합물은 초창기에 사용했던 대부분의 향수는 식물에서 추출하여 가공하지 않은 천연 상태의 물질을 배합하는 방식으로 만든 것이었다. 이후에 인공 합성법이 개발되어 자연계에 없는 수많은 인공 향이 줄을 이어 생겨났다. 인공 합성향을 상징하는 가장 대표적인 것으로 자일렌 사향을 들 수 있다. 인공 합성 착향제는 저렴한 비용으로 생산할 수 있을 뿐 아니라 잘 변질되지 않아 향을 안정적으로 발산하는 장점도 있다.

의혹의 눈길을 가장 많이 받는 대표적인 성분이다. 그러나 이런 이유 때문에 제조사가 화장품 배합 방식을 변경하면 비용이 많이 들 뿐 아니라 제품을 상징하는 고유의 향을 잃을 우려가 있다. 이런 사정을 감안한다면 화장품 회사의 갑작스러운 성분 변경 거부를 이해할 만도 하다. 착향제 사용에 관한 새로운 규제는 이 책 뒷부분에 설명되어 있으므로 참고하면 된다.

 화장품 첨가제의 모든 것

- 산화방지제 : 오일이나 지방의 산패를 막는 역할을 한다.

- 거품 형성 방지제 : 화장품 제조 시 불필요하게 발생하는 기포를 억제하거나 제거할 목적으로 사용한다.

- 정전기 방지제 : 모발에 발생하는 정전기를 없애주는 작용을 한다.

- 점도 증가제 : 보형제를 묽게 하거나 점성을 높여주는 작용을 한다.

- 각질 제거제 : 전문용어로 연마제라 하며, 주로 필링 제품이나 치약의 주성분으로 쓰인다.

- 분사제 : 헤어스프레이, 데오도란트 제품 등이 내용물을 분사하는 데 쓰는 가스 성분이다.

- 피막 형성제 : 화장품이 피부에 얇은 막을 형성할 때 쓰는 성분이다.

- 점도 조절제 : 왁스나 젤과 같은 성질을 지닌 물질은 점도가 높은데, 점도가 높은 화장품은 피부 표면에 잘 점착된다. 액체 성분에 점도 조절제인 점착제를 첨가하면 농도가 짙어진다.

- 용제 : 화장품에 넣는 여러 가지 성분들을 용해할 때 쓰는 물질이다.

- 유화 안정제 : 유탁액을 안정된 상태로 만드는 데 사용한다.

- 완충화제 : 피부가 화장품을 수용할 수 있을 정도로 화장품이 적당한 산성도를 유지하도록 하기 위해 사용한다.

얼마 전부터 화장품 성분에 대한 비판이 지나칠 정도로 거세게 일어나고 있다. 그 위험성을 알리려는 법적인 공시와 제조사, 관련 연구소 등이 주장하는 최소한의 위험 사이에서 소비자들이 중용을 유지하기란 쉽지 않다. 소비자들은 극과 극을 달리는 주장 사이에 놓여 있다. 판매가 허가된 제품은 무해하다는 믿음을 가질 수도 있고, 성분이 지닌 독성의 위험을 과장한 주장에 동조하기도 한다. 특정 화장품 성분이 비록 잠재적인 유독성 물질로 알려져 있다 해도 저농도로 사용하기만 하면 대부분 위험하지 않다고 한다.

** 피부과 의사들은 알레르기와 피부 부적합성이라는 용어 사이에는 차이점이 있다고 말한다. 알레르기는 니켈이나 포름알데하이드 같은 알레르기를 유발하는 물질에 반응하는 면역 체계의 문제인 반면 피부 부적합성은 피부를 공격하는 물질에 반응하여 피부 표면에서 일어나는 현상이다.

 화장품 사용 시 위험을 초래할 수 있는 반응

프랑스 건강위생용품안전청 산하의 화장품 감시 부서는 화장품이 사용자에게 위험을 초래하는 예상치 못한 반응을 연구하여 규정짓는 일을 한다. 예상치 못한 반응은 다음과 같이 세 종류로 나뉜다.

- 첫 번째로 국소적인 반응이 있다. 접촉성 알레르기 습진과 접촉성 두드러기, 광민 감성 등으로 인한 트러블이라 할 수 있는 면역반응과 피부염, 광독성(화장품을 바른 부위가 햇빛에 노출되었을 때 발생하는 반응), 여드름, 색소 침착 등과 같은 비면역반응으로 나뉜다.

- 두 번째로 천식, 비염, 두드러기와 같은 신체 특정 부위에 영향을 미치는 반응이 있다.

- 세 번째로 신체 전반에 걸쳐 영향을 끼치는 반응이 있다.

이러한 반응들이 유발하는 위험의 정도는 매우 다양한다. 국소적인 비면역반응으로 광독성과 피부 자극 반응이 일상생활에서 가장 자주 일어난다. 이러한 반응이 발생하는 가장 큰 원인은 화장품의 잘못된 사용 방법에서 비롯된다. 따라서 부적절한 사용 방법을 찾아내 불쾌한 반응을 줄이는 방식으로 사용법을 바꾸면 이러한 비면역반응은 호전될 것이다. 한편 면역반응 현상은 비면역반응보다 드물지만 일상생활에서 예방하기가 쉽지 않다. 면역반응 민감성에 대한 내성을 키울 수 없기 때문이다. 따라서 이런 면역반응을 일으킬 수 있는 화장품 성분을 확인하여 해당 성분이 들어 있지 않은 제품을 쓰거나 사용 설명서의 주의사항을 숙지하여 올바른 사용법을 익히는 것이 중요하다. 나머지 신체 특정 부위의 반응과 전반적인 반응은 소비자에게 심각한 위험을 초래할 수 있는 반응들이다.

(출처 : 2005년 1월에 발표된 화장품 안전 사용 보고서 13호)

영국, 스웨덴, 미국 등의 학자들은 방부제로 사용되어 알레르기를 일으키는 원인 물질에 대해 서로 다른 연구 결과를 내놓았다. 화장품 전문가들인 라브와 킨들은 "유럽에서는 '클로로아세트아마이드'와 '쿼터늄-15'가 가장 빈번하게 알레르기 반응을 일으키는 물질로 알려지고 있습니다. 최근에는 '메칠클로로이소치아졸리논'과 '메칠이소치아졸리논' 성분도 빈번하게 알레르기 반응을 일으키는 물질 목록에 올라 있습니다. 반면 미국에서는 파라벤 계열인 '니파에스테르'가 가장 많은 문제를 일으키는 접촉성 알레르기 원인 물질로 분류됩니다"라고 설명한다. 파라벤 계열과 그 위험성에 대해서는 뒷부분에 설명한다.

연구 결과에 따르면 향은 천연 성분이든 합성 성분이든 알레르기를 많이 일으키는 물질의 두 번째 자리를 차지한다. 착향제가 사용되는 예를 들자면 계피알데하이드는 치약에, 레몬 향은 향 램프나 세정 용품에 배합된다. 화장품이나 의약품에 착향제로 두루 쓰는 페루발삼이 있는데, 이 향을 맡으면 두 명 중 한 명은 알레르기 반응을 보인다. 특히 남자들은 이런 불쾌한 반응을 매일 접한다. 전동 면도기로 수염을 밀고 난 후에 바르는 애프터쉐이브 제품에 이 향이 들어 있기 때문이다. 따라서 이런 방식으로 수염을 미는 남성들은 비누로 거품을 내서 칼로 면도를 하는 남성보다 두세 배나 높은 알레르기 위험에 노출되어 있다.

연구 결과에 따르면 네덜란드, 미국, 독일 등에서도 착향제는 피부 알레르기 유발 원인 물질 1~2위 자리를 다투고 있다. 이러한 추세는 향이 가미된 제품을 많이 소비함에 따라 점점 가속화되고 있다. 알레르기 반응은 남성보다 여성에게서 더욱 잦게 나타나는데, 그 이유는 화장품뿐만 아니라 방향성 물질이 첨가된 가사용 청결 제품인 세정제나 세탁세제와 접촉하는 일이 잦기 때문이다.

알레르기 반응은 전문학자들이 연구하여 자세히 규명해야 한다. 알레르기 반응은 특정 제품의 사용을 중단한다 해도 비슷한 제품에 똑같은 반응이 일어나는 경우가 많다. 예를 들어 착향제 성분인 'p-페닐렌디아민', 자외선 차단 성분인 'p-벤조익아미노애씨드', 파라벤류의 방부제인 '니파에스테르' 등과 같은 성분 중에서 한 종류와 접촉할 때 항체가 만들어져 알레르기 반응을 보인 사람은 나머지 두 종류에도 같은 반응을 보인다.

**

천식, 비염, 신경피부염 등에 잘 걸리는 가족력이 있는 사람들은 아토피성 질환에 쉽게 걸린다. 이들처럼 매우 건조한 피부를 가진 사람들에게는 요소를 포함한 보습 크림과 호호바 오일과 같은 순한 지방을 원료로 사용한 제품이 적합하다.

**

알레르기 물질에 대한 반응은 아무리 빨라도 24시간이 지나면 나타나고 보통 이틀 뒤에 그 증상이 절정에 달한다. 또 알레르기가 접촉한 부위를 넘어서까지 발생 범위가 커진다. 반면 피부 부적합성 반응은 늦어도 24시간 안에 나타나며 또 상대적으로 빨리 증상이 없어진다.

 알레르기와 피부 자극

우리는 흔히 알레르기라고 일컫는 피부 반응의 증상과 비알레르기성인 다양한 피부 질환의 증상을 구별하지 않고 모두 다 알레르기 질환이라고 부르는 경향이 있다. 방부제나 방향 물질이 유발하는 접촉성 알레르기는 베르가모트 오일을 바른 부위가 직사광선에 노출되었을 때 일어나는 광알레르기와 구별되고, 농포성 여드름과 기름기 없고 건조한 피부에 생기는 습진과도 구별된다. 피부 자극에서 비롯된 이런 증상은 민감한 피부를 가진 사람이 적합한 제품을 쓰지 않아서 발생하는 것이다. 알레르기 체질을 가진 사람은 아래의 천연 물질에도 마찬가지로 알레르기 반응이 일어날 수 있다.

- 아르니카와 서양고추나물
- 베르가모트 오일과 로즈마리 오일
- 서양톱풀 추출물
- 선백리향 오일
- 캐모마일 오일과 정향 오일
- 계피 오일과 레몬 오일
- 프로폴리스와 라놀린
- 페루발삼

독일의 소비자건강보호 및 수의학협회는 『접촉성 알레르기와 화학물질 간의 연관성에 관한 평가자료』라는 참고 문헌을 정기적으로 업데이트하여 발행한다. 이 책에서는 알레르기 물질을 세 그룹으로 분류하는데 A 그룹은 피부와 접촉 시 심각한 증상을 초래하는 물질이고, B 그룹은 흔히 경험하는 수준의 접촉성 알레르기를 일으키는 것으로 알려진 물질이다. C 그룹은 경미한 증상을 나타내 무시할 만한 접촉성 알레르기를 유발하는 물질이다. 이러한 분류를 따르면 포름알데하이드 계열의 방부제는 A 그룹에 속한다.

피부 자극을 거의 일으키지 않는
보형제와 활성 물질

지방, 왁스, 오일 등과 같은 보형제 및 활성 물질이 알레르기 반응을 유발하는 경우는 매우 드물다. 그렇지만 바셀린과 프로폴리스는 예외로, 이 두 가지는 무시할 수 없는 발현 가능성이 있는 잠재적 알레르기 유발 물질이다. 알레르기 유발 물질을 찾는 일은 매우 힘든 작업이다. 예를 들어 프로폴리스에 포함된 알레르기 유발 물질을 가려내려면 프로폴리스를 구성하는 50가지 물질을 일일이 다 확인해야만 한다. 라놀린의 경우에는 알레르기를 유발하는 주범으로 알려진 니켈이 혼합된 원인을 밝혀야 한다. 보통 니켈 성분의 혼입은 라놀린에 수분을 첨가하는 과정에서 촉매로 사용된 데서 기인한다.

일반적으로 화장품을 사용하는 도중에 피부 트러블이 발생한다면 그 제품이 피부에 적합하지 않다는 증거다. 순한 제품을 사용하는데도 알레르기 반응이 일어난다면, 그것은 피부 타입에 맞지 않는 제품이라는 뜻이다. 따라서 민감한 피부를 가진 사람은 평소에 사용하는 크림의 유탁액 타입이나 지방 성분을 확인하여 그 제품이 자기 피부와 가장 비슷한 성질인지 아닌지 살펴보는 것이 좋다. 호호바 오일이나 쉐어버터와 같은 화장품 성분이 피부의 조성 성분과 닮아 있거나 유탁액 타입이 피부의 천연 보호막과 비슷하다면 알레르기가 발생할 가능성은 현저히 줄어든다.

햇빛은 광민감성과 광독성 반응을 유발한다. 베르가모트 오일을 바르고 일광에 노출되면 오일에 포함된 광활성 물질이 작용하여 피부에 갈색 반점이 생긴다. 증류 과정을 거친 'FeF'라고 표시된 베르가모트 오일은 광활성 물질을 포함하지 않아 해롭지 않다. 일부 방부제와 성분 목록에 의무적으로 명시하지 않아도 되는 향 가운데는 광활성 물질이 들어갈 가능성이 높다.

라브 박사와 킨들 박사는 "할로겐화살리실아닐리드 계열의 방부제와 향수에 흔히 들어가는 합성 사향은 광민감성을 유발하는 물질로 분류됩니다. 애프터쉐이브 제품에 향을 첨가하기 위해 흔히 넣는 인공 사향이 하나의 예가 될 수 있습니다"라고 설명한다.

화학물질이 식물성 및 동물성 원료보다 알레르기를 더 많이 유발하는지를 놓고 논쟁을 벌이는 것은 무의미하다. 모든 물질은 화학 성분이든 천연 성분이든 관계없이 알레르기를 유발할 가능성이 있기 때문이다. 오히려 사람들이 천연 물질은 안전하다는 이유로 남용하는 현실에 비추어볼 때 천연 물질의 알레르기 유발 가능성에 대한 연구의 필요성이 제기되고 있다. 대부분 사람들은 에센셜 오일이라는 이유 하나만으로 알레르기 위험성이 있는데도 특별한 주의를 기울이지 않고 사용하는 습관이 있다. 신속한 흡수력과 우수한 효능을 장점으로 내세우는 에센셜오일이라 하더라도 적절한 사용법을 지키지 않으면 피부에 해를 끼치고 부작용을 유발할 수 있다.

** 에센셜오일은 무해한 천연 제품이 아니며 매우 적은 양이라도 오차 없이 정확하게 측정해 처방해야 한다. 고농도의 에센셜오일은 피부 자극 및 알레르기나 두통을 유발한다.

 알레르기를 거의 유발하지 않는 화장품

약국에서 시판되는 일부 화장품 라벨에는 알레르기를 유발할 가능성이 높은 성분이 포함되어 있지 않음을 증명하는 '알레르기를 거의 유발하지 않는' 이라는 문구가 적혀 있다. 몇몇 화장품 제조사들은 외부 자극에 쉽게 반응하는 민감한 피부를 가진 여성 소비자들의 관심을 반영해 자사 제품에 엄격한 피부 병리학 실험을 적용한다.

독일의 한 화장품 제조사는 자체 개발한 '알레르기 비유발 화장품'으로 습진, 건선 등과 같은 피부 질환으로 고통받는 사람들을 대상으로 피부 전문의의 도움을 받아 실험을 하였다. 실험 자료를 분석한 결과 민감하고 자극에 쉽게 반응하는 피부를 가진 사람도 사용할 수 있을 정도로 무해한 제품이라는 것을 확인하였다.

화장품 성분의 유해성을 판단하는 기준은 각 나라마다 다르다. 미국에서 사용을 금한 수많은 착색제를 유럽연합에서는 여전히 허용하고 있다. 이 책의 부록인 〈화장품 성분 사전〉에 실린 성분에 대한 평가 등급은 여섯 가지로 분류된다. 처음의 세 단계는 건강에 위험이 되지 않고 피부를 보호하고 상태를 개선하는 성분들이다. 나머지 세 단계는 피부에 해를 끼치고 환경에도 좋지 않은 성분들을 가리킨다.

안전성을 보장하는
몇 가지 기준들

✱✱
화장품에 사용된 성분에 매우 민감한 반응을 보이는 여성들은 대체로 예민한 피부를 가진 사람들이라 할 수 있다. 이런 사람들의 피부는 화장품 성분이 각질층을 쉽게 통과하는 경향을 보이기 때문이다. 그러나 정상적인 피부를 가진 여성이라 하더라도 세안이나 목욕을 너무 자주 하면 피부가 '씻겨' 나가 피부 보호막이 손상되어 민감한 피부로 변할 수 있다.

　화장품을 올바르게 사용하면 부작용이 일어나지 않을뿐더러 피부와 건강에도 해를 끼치지 않는다. 그러나 실제로는 피부 발진부터 알레르기까지 부작용의 사례는 무수히 많다. 화장품에 발암 가능성이 농후한 성분이 포함되는 예는 말할 필요도 없고, 암을 유발하는 것으로 의혹을 받는 물질이나 인체에 심각하게 안 좋은 영향을 끼치는 것으로 추정되는 성분이 포함될 수도 있다.

　화장품 성분의 유독성 및 피부 적합성에 관한 정보는 주로 동물실험을 통해 얻는다. 그러나 실험을 통해 얻은 자료에 대한 해석에 있어서는 의견이 분분하다. 발암 가능성이 있는 물질이 포함되었다고 해도 화장품이 정말로 암을 유발할 개연성이 희박하다고 주장하기도 하는가 하면 의심스러운 물질이 포함된 염모제를 정기적으로 사용하면 발암 가능성이 상당히 높아진다고 주장하기도 한다. 그러나 사실이 어떻든 간에 강한 효과를 내는 성분이 든 제품을 사용할 때는 주의를 기울여야 한다. 이런 성분이 세포에 미치는 영향과 그 작용 기제에 대한 정보가 아직까지 충분치 않아 결과를 예측할 수 없기 때문이다. 알레르기가 발생하고 발암 가능성이 확인되었을 때는 이미 늦은 것이다.

프랑스는 얼마 전부터 화장품의 안정성을 감시하는 부서를 운용하고 있다. 2000년 6월 23일에 발표된 법령에 따라 만들어진 '화장품위원회'는 '프랑스 건강제품 안전청'의 부설 기관으로 신설되었다. 이 부서는 화장품 제조 시 사용할 수 있는 새로운 성분을 허용 및 금지 목록에 추가하면서 성분에 대한 평가를 내리고 있다. 또 보건부나 건강제품 안전청의 요청이나 자체적으로 내린 결정에 따라 다음 사항에 대해 의견을 내고 있다.

✱✱
의약품 감시와 마찬가지로 화장품 감시도 화장품이 독성 물질을 포함하거나 독성을 나타내는지를 감시하고 분석하는 것이다.

● 화장품 안전성
● 화장품 조성 성분
● 화장품 성분으로 들어가는 물질의 유해성
● 화장품 라벨에 기재되는 성분 등록의 예외 요청(제품의 특정 성분을 비밀 코드로 기재하고자 하는 경우)
● 화장품 사용 시 발생하는 부작용에 관한 정보

공중보건 정책에 발맞춰 2004년 8월 9일에 공표된 법령에 따라 화장품 감시 부서는 한층 강화된 감시 체계를 구축했다. 새롭게 채택된 감시 방법으로는 화장품 부작용에 대한 전문가의 판단과 제품 안전성에 관한 제조사의 자료 제출을 들 수 있다. 또 화장품 산업협회와 건강제품 안전청이 협의하여 다양한 감시 개선 방안을

잡티와 검은 반점을 일으
키는 원인은 여러 가지가
있는데 세틸알코올, 부틸
스테아레이트, 이소프로
필미리스테이트, 헥실렌
글라이콜, 소듐라우릴설
페이트, 볼 터치에 들어
있는 붉은 색소 등과 같
은 성분이 그 원인일 수
있다. 열거한 이 성분들
은 이미 피부 부적합성을
유발하는 물질로 알려져
있다.

모색하고 있다.

부록에 수록된 〈화장품 성분 사전〉에서 부작용의 위험성이 높은 성분 가운데 '매우 나쁨'이라는 평가를 받은 성분도 상당수 있다. 화장품의 효능을 판단하는 일은 제조사들의 이해관계로 인해 갈등을 낳는다. 피부에 좋은 효과를 내는 성분인데도 환경 면에서는 문제를 일으키는 예가 흔하기 때문이다. 생분해가 되지 않은 실리콘이 대표적인 예다. 피부에 우수한 효능을 나타내고 있는데도 '보통'이라는 평가를 받는다. 실리콘처럼 파라핀, 미네랄 오일, 천연 지방 물질 등도 크림, 유액 등에 많이 넣지만 이 성분들 각각의 성질을 잘 파악하는 것이 중요하다. 이것들이 과연 '피부를 보호하거나 보습 효과를 나타내는가? 또는 피부 적합성을 나타내는가?' 하는 점들을 염두에 두어야 하는 것이다.

석유화학 산업의 부산물인 파라핀은 오일이나 왁스 형태를 띠고 있는데, 특히 기초 제품에 보형제로 들어갈 때 '매우 나쁨'이라는 평가를 받는다. 파라핀은 피부를 보호하거나 수분을 공급하는 작용을 전혀 하지 않는다. 파라핀 오일을 주성분으로 한 데이크림은 천연 오일을 기본 원료로 제조한 크림과는 비교할 수 없을 만큼 효능의 차이가 크다.

화장품이 아무리 소중해도 인간의 건강, 지구의 동·식물계, 환경 등을 희생시킬 만한 정당성은 없다. 대다수 소비자들은 이 사실을 잘 알고 있으며, 또 자신들의 구매 행태가 화장품 회사의 개발 전략에 상당한 영향을 미칠 수 있다는 것도 알고 있다. 그들은 무분별하게 소비하지 않으며, 구매에 쓴 돈이 올바른 제품을 생산하는 데 합당하게 사용될 것이라고 생각한다. 소비자들은 환경의 중요성에 동의하며, 라벨에 '생분해성'이라는 문구가 적힌 화장품이나 샴푸를 도처에서 쉽게 찾아볼 수 있음을 다행으로 여긴다. 그러나 아직까지 환경에 의심스러운 물질의 사용을 금지하는 단계에까지는 이르지 못한 상황이다. 이는 앞으로 고쳐나가야 할 부분이다.

✳✳
자외선 차단 제품에 사용된 성분들은 하수 처리장을 거치는 과정에서도 공기 중으로 기화되지 않고 상당량은 지하수 층에 침투한다. 이 제품들이 장차 어느 정도로 환경오염을 일으킬지 짐작할 수 있는 예가 있다. 석양 무렵에 야외 수영장 표면에 떠다니는 커다란 기름덩어리들이 그 대표적인 예다.

올바른 구매 행위가
환경보호의 지름길

소비자들이 구매한 엄청난 양의 자외선 차단 제품은 지구상 어딘가에 버려지고 있다. 이것은 자연에서 생분해가 거의 되지 않는 제품에 대한 전형적인 사례이다. 실리콘과 쿼터늄은 자연에서 가장 분해되기 어려운 물질에 속한다. 이 두 가지 성분은 사람들이 많이 사용하는 대다수의 기초 제품류나 모발용 제품에 들어 있다. 환경 재앙이 될 수 있는 이런 상황에 대해 화장품 회사들은 사실과는 달리 과도하게 부풀린 최악의 경우를 가정하지 말라고 주문한다.

환경 파괴를 아랑곳하지 않는 화장품 회사들의 장기적인 전략이 있다. 그것은 현재의 책임을 부인하면서 다른 산업 분야에서 환경을 오염하는 물질의 사용 금지나 화학적 공정의 중지, 불필요한 포장 억제 등과 같은 조처가 먼저 취해지기를 기다리는 것이다. 따라서 누군가가 화장품 회사에 압박을 가하지 않는 한 아무것도 변하지 않을 것이다. 이런 압박은 소비자만이 할 수 있다. 즉 소비자의 올바른 구매 행동만이 환경보호의 성공 여부를 좌우할 수 있다.

최근에 들어와서 환경보호법을 입안하는 과정에서 휘발성 유기 탄화수소물이 감시의 대상으로 부각되었다. 휘발성 유기 화합물(VOC)은 페인트, 세정제, 화장품 등의 조성 성분에 들어가는 물질이다. 화장품에 사용되는 성분 중에 휘발성 유기 화합물에 속하는 것은 아세톤, 부탄, 에탄올, 글라이콜에테르 등이 있다. 스위스 정부의 보고서에 따르면 "대기 중에 배출된 휘발성 유기 화합물과 질소산화물이 햇빛과 결합하면 지표면에 여름 스모그라 부르는 강한 오존층을 형성한다. 다량의 오존은 인체에 해로우며 환경에 나쁜 영향을 미친다"고 설명한다.

휘발성 유기 화합물에 대한 사용 규제 및 올바른 이행의 준수가 현재까지는 환경을 보호하는 유일한 장치다. 휘발성 유기 화합물에 대해 과세를 시행하는 스위스는 최초로 경제적 제재를 통한 환경 개선을 시도했다. 휘발성 유기 화합물 배출에 대해 세금을 매기는 것이다. 이러한 휘발성 유기 화합물 배출 과세는 1999년 1월부터 시행되었지만 함유량이 3퍼센트 미만인 제품은 예외로 한다.

미국의 캘리포니아 주는 휘발성 유기 화합물 사용 제한 운동을 펼치고 있는데, 유럽에서도 조만간 비슷한 움직임이 일어날 것으로 예상한다. 미국식 사용 제한 방법은 휘발성 유기 화합물 가격을 올리는 것이며, 그렇게 되면 휘발성 유기 화합물을 다른 화합물로 대체할 것으로 예측한다. 캘리포니아 주 방식을 따르게 되면 휘발성 유기 화합물은 휘발성 실리콘으로 대체될 것이다. 그러나 이 방법은 결코 이상적이지 않다. 이 대체 물질은 오존을 형성하지 않는 대신 생분해될 가능성이 거의 없기 때문이다.

 원산지 표시, 증명서 등으로 광우병 위험 줄인다

1994년부터 시행되는 법령에 따라서 화장품 원료 공급자는 자신들의 원료가 광우병(BSE)에 감염되지 않았다는 증명서를 의무적으로 제출하도록 되어 있다. 화장품을 통한 광우병 감염 위험 가능성이 극히 희박하다고 할지라도 안전을 위해서는 소에서 유래한 성분의 사용을 금지하는 방법도 있지만, 제품의 성분으로 사용된 소의 흉선, 콜라겐, 글리코겐 등의 원산지가 어디인지를 공급자에게 문의하는 것도 바람직할 것이다. 광우병 문제 때문에 화장품을 생산하는 일부 거대 제조사는 어류에서 추출한 콜라겐을 사용한다.

동물 보호와
아름다움의 추구

동물실험을 하지 않는 화장품 회사는 윤리적인 면에서 소비자들에게 좋은 점수를 받고 있다. 화장품으로 아름다워지려는 욕망 때문에, 실험 과정에서 눈알이 타버린 토끼를 바라보노라면 인간이 과연 무슨 자격으로 이처럼 잔인한 실험을 하는지 자문해보지 않을 수가 없다. 동물보호에 관심을 가지면 당장 두 가지 문제가 제기된다. 동물실험을 대체할 수 있는 방법을 찾는 일과 동물성 원료의 화장품 사용 여부를 결정하는 일이다. 광우병 위험에 대한 경고는 인간과 동물에게 똑같이 무서운 재앙이 닥칠 수 있음을 뜻한다. 도살된 동물에서 얻은 원료로 만든 화장품 사용 여부는 우리 각자가 개인적으로 해답을 찾아야 할 도덕적인 문제다.

그렇지만 도축된 동물에서 획득한 성분 가운데 많은 종류는 매우 우수한 효과를 낸다. 화장품 제조사는 동물 옹호론자와 반대론자 사이에서 어느 쪽을 편들어야 할지 결정할 수가 없다고 한다. 천연 화장품 제조사들은 정해진 획득 규칙에 따라서 동물 성분을

**
수년 안에 화장품의 안전성을 테스트하는 여러 항목 가운데 눈의 자극성 실험, 피부 자극 및 민감성 실험, 유독성 및 발암 가능성 실험 등을 동물을 대상으로 하지 않고 다른 방법으로 실험을 대체할 가능성이 없는 것은 참으로 애석한 일이다.

구한다. 살아있는 동물에서 유기물질을 채취하지만, 동물이 정상적으로 살아가는 데 아무런 지장이 없는 방식으로 획득하는 것이다. 예를 들어 라놀린은 양의 털에서 얻는 것이지만 양털 깎기는 동물의 생명에 전혀 위험을 주지 않고, 생존 방식을 바꿔야 하는 방법이 아니므로 동물에 전혀 해가 없는 행위다.

계속해서 발견되는
위험한 물질들

화장품 속에서는 건강에 위험을 초래할 수 있는 성분이 계속해서 발견된다. 그 위험은 단순한 피부 자극에서부터 무서운 암까지 다양하다. 오랜 추적 끝에 발암 위험성이 있는 것으로 드러나서 사용을 금지한 성분들의 사례는 무수히 많다. 1997년 7월 24일자의 유럽연합 관보에 실린 기사는 화장품 제조에 오랫동안 사용되던 광물성 타르의 발암 위험성을 다루고 있다.

"과학적인 측정을 통해 얻은 자료에 따르면 독성이 줄어들었다고 알려진 정제된 콜타르에 포함된 '다환방향족탄화수소(HAP)'의 농도가 정제되지 않은 상태의 콜타르와 비교해볼 때 수치상으로 거의 차이가 없다고 보고한다. 연구 결과에 따르면 다환방향족탄화수소는 피부에 침투하여 암을 유발할 수 있는 물질이라고 결론을 내리고 있다. 대다수의 다환방향족탄화수소는 유전자 차원에서 독성을 발휘하여 암을 유발하는 물질이므로 아무리 소량이라고 해도 무해하다고 할 수 없다. 따라서 정제 여부와 관계없이

콜타르는 화장품에 사용하지 말아야 할 것이다"

　말하자면 콜타르는 발암물질이기에 사용을 금지할 수밖에 없다는 것이다. 그러나 유독성이 증명되지 않은 동일한 계열의 물질은 여전히 사용을 허가하고 있다. 상기에서 언급한 유럽연합 관보에서 우리는 다음과 같은 문구를 발견할 수 있다.

　"화장품 업계가 제출한 자료를 기초로 하여 '벤제토늄클로라이드'라는 성분에 대한 유독성을 평가한 결과, 방부제 용도로만 한정하는 선에서 배합 농도와 피부 접촉 시간 등을 준수한다면 안전성 문제는 염려할 수준이 아니다."

　그러나 이 사실이 정확하다고 해도 위험성이 전혀 없는 대체물질이 존재하는 상태에서, 소비자는 화장품 업계와 행정감독 기관이 서로 합의한 끝에 도출된 배합비율로 겨우 안전성을 마련한 이러한 성분이 들어간 제품을 사용하면서 피부와 건강을 해치려고 하지는 않을 것이다.

　독일의 한 화학 전문지는 화장품에 포함되어 논란을 일으킨 성분을 공개했다. '이디티에이', '니트로사향 화합물', '다환사향 화합물', '비에이치티', '유기할로겐 화합물', '톨루엔', '트리알킬아민', '염모용 착색제', '방향족 아민계 물질', '방향족 아민계 물질을 원료로 제조한 착색제' 등이 그것이다. 이처럼 공개한 물질과 부록의 〈화장품 성분 사전〉에 수록된 성분 중 좋은 평가를 받지 못하는 물질들은 모두 강력한 반응을 유발한다는 공통분모를 가지고 있다. 이런 물질들은 다른 물질과 만나면 강력한 화학 반응이 일어나는데, 인체 내에서도 같은 현상이 일어난다. 신속한 반응이 일어나 혼합물을 형성하는 특징을 지닌 이러한 물질들은 세포를 파괴하는 작용을 한다.

화장품의 독성과 관련해서 비테른 박사는 바이어스도르프 사의 제조 원칙을 밝히고 있다. "우리는 가능한 한 서로 상호 반응을 일으키지 않는 원료들만 선정해 배합합니다. 이런 종류의 원료들은 서로 섞여 있어도 화학적인 결합 반응이 일어나지 않고 각각 본래의 기능을 하는 특징이 있습니다. 사실 화장품 사용자의 피부 위에서 벌어지는 일은 어느 누구도 자세히 알지 못합니다. 강력한 반응을 일으키는 물질을 사용하면 피부에 있는 물질들과 상호 반응이 일어나 위험을 초래할 수 있습니다."

'비에이치티(BHT)'와 '비에이치에이(BHA)'는 화장품 원료의 산패를 방지하는 산화방지제로 사용한다. 베일란트그로테르얀 박사에 따르면 " 다른 종류의 산화방지제를 선택할 수 있는데도, 독성이 강한 물질을 이용해 여전히 지방성 원료의 산화를 막는 데 사용합니다. 화장품 원료 구매 회사는 자신들이 주문한 성분에 무슨 물질을 첨가하여 산패를 방지했는지에 대해서는 관심이 없습니다"라고 밝혔다.

인체에 끼치는 위험에 대해서 많은 연구가 이뤄진 '비에이치티'와 '비에이치에이'는 발암물질로 판정받은 상태다. 이 물질을 고농도로 복용하면 위암이 발생한다. 유독성 때문에 신중하게 사용해야 하는데도 이 두 가지 물질은 건포도, 추잉 검, 칩 종류의 과자와 같은 음식물 등에 첨가제로 사용된다. 또 천연 항산화 물질인 토코페롤(비타민 E)로 충분히 대체될 수 있는 화장품에도 여전히

❋❋
화장품 회사는 여러 성분의 복합체인 향유를 원료 회사에서 구입하여 제품에 사용하지만 이 향유의 조성 성분을 알 수가 없다. 따라서 향유에 들어가는 각 성분의 유독성에 관한 평가만이라도 제대로 이뤄져야 한다. 향유 원료의 생산자는 안전성을 보장하는 증명서를 첨부해야 할 의무를 반드시 지켜야만 할 것이다.

독일의 『외코테스트 ÖKO TEST』는 유기 할로겐 화합물에 대한 실험 결과를 발표했다. 이 소비자 잡지는 모든 방부제 중에서 특히 할로겐 물질이 들어 있는 합성 방부제를 검출해내는 매우 간단한 분석 방법을 소개했다. 화학적으로 볼 때 할로겐화 한다는 것은 분자로 구성된 화합물에 염소, 브롬, 요오드 등을 섞는 것을 말한다. 따라서 화장품에서 할로겐 물질이 발견된다면 합성 방부제를 섞은 것으로 판단할 수 있다.

기초 페이셜크림에서 자연 상태로는 거의 존재하지 않는 유기 할로겐 물질의 흔적이 발견되면 화학 방부제가 사용되었다는 것을 알 수 있다. 이 사실에 대해 베일란트그로테르얀 박사는 "방부제를 면밀히 검사했을 때 유기 할로겐 물질이 포함된 경우가 90퍼센트에 이르지만 정교하게 실시된 과학적인 조사를 통해 유기 할로겐 화합물은 자연에서는 거의 발견되지 않는 것을 증명했습니다"라고 완곡한 어조로 말했다.

결론적으로 말하자면 유기 할로겐 화합물은 매우 드물지만 자연 상태로 발견되는 만큼 이 화합물이 유해한지 또는 무해한지에 대해 의문을 가지지 않을 수 없다는 것이다. 이 질문에 대해서는 간단히 대답하기가 어렵다. '자연 상태로'라는 단어는 '위험하지 않은'의 뜻으로, '화학적'이라는 형용사는 '위험한'이란 뜻으로 쉽게 해석되기 때문이다. 그렇지만 소르브산이나 아미노산의 경우처럼 천연 물질과 성질이 거의 흡사하지만 실험실에서 합성된 성분도 만족할 만한 효과를 내는 방부제로 쓰이는 예도 있다. 하지

＊＊

계면활성제가 피부를 자극하는 독성 정도를 파악하기 위해서는 철저한 테스트 과정을 거쳐야 한다. 하이만(Heymann) 교수는 "예를 들어 치약에 포함된 계면활성제는 구강 점막의 결합조직에 침투하여 치주염 발생을 조장할 수 있습니다"라고 말한다.

＊＊

외코테스트 : 한국 식약청이나 미국 FDA에 해당하는 독일의 소비자 보호 기관에서 실시하는 상품 테스트. 'GUT' 이상 등급을 받으면 안심하고 사용할 수 있는 제품이다.

만 할로겐 물질에 대해서는 비판의 시선을 거둘 수가 없다. 발암 위험이 있을 뿐만 아니라 강력한 반응을 유발하는 성질이 있기 때문이다. 이 두려운 물질이 피부조직에 침투하면 화학 분해가 일어나기도 하지만 한 발 더 나아가 피부조직에 고착되어 손상을 줄 수 있다.

2004년 국제암연구센터는 10개국 26명의 과학자들이 내린 결론에 따라 포름알데하이드를 발암물질로 분류했다. 이 결정에 따라 포름알데하이드를 에어졸 성분으로 사용하는 것을 금지했다. 그 외 화장품에는 배합 비율이 0.2퍼센트가 넘지 않는 한도에서 방부제로 사용하는데, 구강청정제품에 0.1퍼센트, 손톱 표면 강화제에 0.5퍼센트 쓰인다.

방부제로 주로 쓰는 포름알데하이드 방출 물질은 현재 논란의 대상이다. 그 이유는 물과 접촉하는 시간이 길어지면 포름알데하이드를 방출하기 때문이다. 포름알데하이드 방출 물질 가운데는 '디엠 디엠 하이단토인'과 '브로노폴'이 속한다. 라브 박사와 킨들 박사는 포름알데하이드 방출 물질에 대해 다음과 같이 분명한 태도로 말했다.

"단백질을 변형할 가능성이 있는 모든 물질은 사용을 억제해야 합니다. 포름알데하이드를 방출하는 방부제도 마찬가지로 사용을 제한해야 합니다."

에베르하르트 하이만 교수는 포름알데하이드 방출 물질을 트로이의 목마에 비유했다. "포름알데하이드 방출 물질은 포름알데하이드보다 더 강력한 항생제로 쓰입니다. 항생제 효능을 갖게 된

**

화장품 사용 설명서에 기재된 '주의사항'이 겉으로 보기에는 별로 중요하지 않은 단순한 정보인 것처럼 적혀있어 소비자의 주의를 환기하지 못하는 예가 많다. 예를 들어 "옥시벤존(국제 화장품 성분 명칭 : 벤조페논-3)이 함유되어 있음"이라는 평범한 문장을 살펴보자. 옥시벤존은 일반 크림에는 반드시 포함될 필요가 없는 자외선 차단 성분이다. 따라서 옥시벤존을 함유한 크림이라면 자신의 판단에 따라 구매 여부를 결정하면 된다.

이유는 트로이의 목마가 그랬던 것처럼 포름알데하이드 방출 물질이 세포에 도달하여 직접 알데하이드를 주입하기 때문입니다. 반면 자연 상태의 포름알데하이드는 고유의 강한 반응력으로 인해 세포에 도달하기 전에 이미 분해되는 특징이 있습니다."

　포름알데하이드 방출 물질이 방부제로 사용된 화장품을 구매한 소비자는 이 성분이 어느 정도 포함되어 있는지를 알 수가 없다. 방출 물질의 종류에 따라 포름알데하이드 방출량이 달라지기 때문이다. 담배 한 개비는 보통 57~115피피엠에 해당하는 포름알데하이드를 방출한다. 또 구강청정제는 삼킬 위험이 있는데도 포름알데하이드 배합 허용량이 무려 1000피피엠에 이른다. 소비자는 얼마만큼 포름알데하이드에 노출되어 있는지조차 모르는 실정이다.

대체 물질의 효과적 사용

　화장품에 들어가는 거의 모든 종류의 위험한 성분은 다른 물질로 문제없이 대체될 수 있다. '알카놀아마이드'와 '트리에탄올아민'이 가장 대표적인 예다. 위험한 '니트로사민' 형성을 촉진하는 것으로 의심받던 트리에탄올아민은 결국 위해한 물질로 분류되었다. 예를 들어 포도당의 유도체인 글루카민은 니트로사민을 만들지 않고 손상된 피부를 치유한다. 이 물질은 완전히 무해할 뿐 아니라 생분해되는 장점까지 갖고 있다.

새로운 물질에는
문제가 있기 마련이다

수많은 논란에도 포름알데하이드가 가장 신뢰할 수 있는 방부제 중 하나라고 주장하는 전문가들도 있다. 아마도 이 성분만큼 다양한 실험을 거치고 잘 알려진 물질이 없다는 사실 때문일 것이다. 비테른 박사는 이 점에 대해서 "저농도의 방부제로 사용되던 포름알데하이드가 다른 종류의 방부제로 상당수 대체된 이후 알레르기 발생 등과 같은 부정적인 피부 반응 현상들이 상당히 많이 증가되었습니다"라고 밝혔다. 포름알데하이드를 둘러싼 감정 섞인 논쟁은 화학의 딜레마를 고스란히 드러낸다. 잠재적인 위험성을 가진 기존의 물질을 다른 물질로 대체할 때마다 화장품 전문가들은 뜻밖의 문제에 봉착한다.

비록 포름알데하이드가 생쥐에게 암을 유발하는지를 알아보기 위한 실험이 몇 번의 제한된 횟수였지만 결과가 위험한 것은 분명하다. 포름알데하이드와 포름알데하이드 방출 물질은 강력한 반응을 나타내고, 세포를 손상시킬 수 있는 물질로 분류된다는 사실

**
자외선 차단 성분인 우로카닌산은 한때 사용을 허가했으나 곧바로 사용을 중지했다. 헤어 제품에 사용해 컬이나 웨이브를 펴는 역할을 하는 리튬하이드록사이드와 칼슘하이드록사이드도 규제를 받는 성분이다. 이처럼 화학 성분을 이용하여 화장품의 효능을 증대하려고 하면 할수록 건강에 대한 위협이 커진다.

에 대해서는 의심할 여지가 없다.

● **니트로사민의 형성**

발암물질인 니트로사민은 물질들 간에 상호 반응이 일어나는 과정에서 형성된다. 바비큐를 해먹어본 사람은 육류의 기름이 불 위에 떨어질 때 이 위험한 물질이 만들어지는 것을 알고 있다. 연구 결과에 따르면 니트로사민은 오염된 원료에 의해서 화장품 속에 들어갈 수도 있고, 보관 중인 제품에서 화학반응에 의해 저절로 생길 수도 있다고 한다. 화장품에서는 트리에탄올아민과 니트로기를 가진 방부제를 동시에 사용하면 니트로사민이 형성된다. 2006년 말 독일『외코테스트』의 발표에 따르면 화장품 다섯 개 중한 개에 니트로사민이 들어 있다고 한다. 이 성분의 함유 비율이 가장 높은 화장품 유형은 마스카라와 아이라이너와 같은 색조 제품이었다. 니트로사민이 발암물질이라는 것은 부인할 수 없는 사실이다. 니트로사민은 두 가지 물질이 혼합될 때 생기므로 화장품 제조 시 니트로사민 형성을 유발할 가능성이 있는 물질을 배제해야만 할 것이다. 방부제 역할을 하는 할로겐 물질을 사용하지 않는 것이 소비자의 안전을 위한 조처일 것이다.

● **이디티에이**

금속이온 봉쇄제로 사용되는 '이디티에이(EDTA)'는 결합력이 매우 강한 물질이며, 주로 비누에 많이 쓰인다. 이디티에이와 그 대체물로 사용되는 '에티드로닉애씨드'는 다른 물질과 결합하려는 성질이 강해 유독성 측면에서 위험한 성분이다. 게다가 이 두 물질은 생분해가 잘되지 않는 단점이 있다. 오랫동안 대체물을 찾으려는 노력 끝에 한 성분을 발견하였는데, 그 결과 이디티에이와 에티드로닉애씨드의 사용량이 현저히 줄었다. 그 대체 물질은 천연 성분으로서 쌀의 외피에서 추출한 식물성 산(酸)이며, 현재 많은 종류의 화장품에 널리 쓰인다.

● 사향 화합물

사향은 발정기에 암컷을 유인하기 위해 수컷 사향노루가 분비하는 천연 방향 물질이다. 천연 사향 1킬로그램의 가격은 1억 원이 넘는 고가지만 개체수를 보호하기 위해 채취를 금하였다. 현재 대체물로 합성 사향을 사용한다. 그러나 이 합성 사향 화합물에 대해서는 불길한 정보가 많이 떠돌아다닌다. 화학적으로 안정된 상태로 존재하는 이 인공 착향제는 인체 내에서 세포를 구성하는 물질과 결합하는 성질이 있기 때문이다.

특히 머스크자일렌을 포함한 제품을 사용한 산모의 모유 속에서 '모스쿠스자일롤'이라는 건강에 해로운 물질이 발견되어 사용상 주의를 요하는 경고를 내렸다. 쥐를 사용한 실험에서도 신경계통의 손상이 발견되었고, 수컷 쥐에서는 고환의 변이를 유발한 것으로 밝혀졌다. 그 이후 인공 사향 화합물인 '앰브렛 사향', '모스켄 사향', '티베트 사향'의 사용을 금하였다.

현재 유럽연합의 과학분과위원회는 '질소 사향 화합물'과 '다환사향 화합물'에 대해 인체에 미치는 유독성 여부를 조사하고 있

**
화장품에 들어 있는 방향물질은 피부와 지속적인 접촉 상태에 있다. 따라서 독성 면에서 인체에 절대 해를 끼치면 안 된다. 제품을 제조할 때 향 성분을 배합하는 한도는 크림이나 로션은 보통 0.8퍼센트까지, 샴푸는 1퍼센트까지, 비누는 4퍼센트까지, 목욕용 제품은 4퍼센트에서 5퍼센트까지 허용한다.

다. 질소 사향 화합물은 다양한 이유로 발암물질로 알려져 있지만 다환사향 화합물의 유독성 여부는 아직까지 명확하게 밝혀지지 않았다. 현재까지 이들의 성질에 대해 알려진 것은 인체 조직에 쉽게 고착된다는 것이다. 이 사실만으로도 이 성분들의 사용을 중지할 수 있는 충분한 사유가 될 것이다.

● 피이지와 피피지

'매우 나쁨'이라는 평가를 받는 성분들 중 유해 가스에서 얻는 '피이지(PEG)'와 '피피지(PPG)'는 특별히 눈여겨봐야 할 종류들이다. 이 성분들이 낮게 평가되는 이유는 건강에 해로운 영향을 미치는 유독성 문제라기보다는 생산 과정에 문제가 있기 때문이다. 강력한 반응력과 치명적인 독성을 지닌 군사용 독가스로 사용되는 물질을 생산 과정에 투입해 만든 성분이기 때문이다.

이런 위험한 제조 공정이 소비자들에게 알려지자 산화에칠렌을 쓰지 않고 '피이지'를 생산하는 안전한 정화공법을 적용하고 있다. 이렇게 건강에 해롭지 않고, 오염도 되지 않은 성분을 생산할 수 있는데도 여전히 군사용 독가스를 사용하고, '에톡시화 반응(산화에칠렌과 지방산을 혼합하는 과정)'과 같은 화학적 공정을 거치는 것은 무슨 까닭일까? 대부분의 경우 비용을 절감하려는 경제적 이유 때문일 것이다.

에톡시화 반응은 안전 조치가 필요한 폭발 위험성이 매우 높은 화학반응이다. 산화에칠렌은 비등점이 10.7도에 불과한 유독성 액체며, 발화성이 매우 강해 반응 과정에서 쉽게 폭발이 일어난다.

이런 이유로 고압 반응으로는 특수하게 제작된 파열 방지판으로 압력을 제어한다. 알코올, 아미노산, 지방산 등이 산화에칠렌과 혼합될 때 위험한 반응이 일어나는 것을 막기 위해 혼합액의 0.1에서 1퍼센트에 해당하는 양만큼 촉매를 사용하고, 강력한 냉각 상태에서 빠른 속도로 균일한 혼합이 일어나도록 해야 한다. 에톡시화 반응을 통해 생성된 부산물은 따가운 비판의 시선을 받고 있다. '라우릴에텔황산염'의 경우 건강에 해롭다고 알려진 '다이옥세인'이 500ppm에 이를 정도로 검출되었다. 이런 사실이 알려지자 그 비율이 50ppm까지 떨어졌고 요즘에는 더욱 안전한 수준인 10ppm까지 내려갔다.

피이지(PEG)는 액체나 왁스의 형태를 띠는데 유화제나 계면활성제로 많이 쓰인다. 이 물질은 친수성과 친유성을 동시에 나타내 물과 지방 성분을 결합한다. 피이지는 기초 스킨케어 제품, 샴푸, 면도 크림, 과잉 피지와 청소년기의 여드름을 예방하는 지성 피부용 비누 등에 흔히 사용된다. 또 치약에는 점도 증가제로, 헤어스프레이에는 정전기 방지제로, 립스틱에는 경도를 높이기 위한 첨가제로 사용된다.

'피이지' 계열에 속하는 '라우레스설페이트'는 '피이지' 계열에 속하지 않는 '라우릴설페이트'보다 더 부드럽다는 장점이 있다. 만일 라우레스설페이트를 사용하고 싶지 않다면 계면활성제를 첨가하는 방식으로 라우릴설페이트를 부드러운 성질을 띠도록 하여 쓸 수 있다. 그 효과는 만족할 만한 수준이다. 약 6년 전부터 에톡시화 반응을 거쳐 생산된 물질을 사용하지 않아도 될 만큼

** 설탕에서 우수한 품질의 유화제를 얻으려면 고압로나 군사용 독가스는 필요 없고 단지 천연 지방산과 설탕과 고열만 있으면 된다. 지방산과 알코올에서 품질 좋은 환경친화적인 유화제 추출을 가능하게 해주는 무공해 방식을 '에스테르 반응'이라 한다.

수많은 대체 유화제가 나오고 있다. 비테른 박사는 "에톡시화 반응을 거치지 않고도 생산된 품질이 우수한 물질이 상당히 많다"고 강조한다. 이제 소비자들은 전성분 표시 제도 덕분에 화장품의 성분을 비교하면서 제품을 고를 수 있게 되었고, 그 결과로 머지않아 현재 수많은 종류의 화장품에서 사용되는 피이지와 피피지 성분은 오래된 추억 거리로 남을지도 모른다.

● 염화알루미늄과 트리클로산

무기물질인 '염화알루미늄'은 데오도란트 제품에 사용되며 모공을 수축해 땀이 피부 표면으로 배출되는 것을 막는다. 그런데 모공 수축 현상 때문에 염증 반응이 나타날 수 있다. 라브 박사와 킨들 박사는 "염화알루미늄을 성분으로 하는 제품을 반복적으로 사용하면 땀샘이 손상될 수 있다. 따라서 하루에 한 번 이상 사용하지 말라"고 충고한다. 항균 작용 덕분에 데오도란트 제품에 흔히 들어가지만 건강에 위험한 물질인 '트리클로산'은 강력한 반응을 유발하는 염화물이다. 이 성분은 간 기능에 장애를 가져올 가능성이 높은 살균제며, 극히 적은 양으로도 염소성 여드름을 유발할 수 있는 맹독성 다이옥신에 종종 오염되기도 한다.

● 모발 제품용 착색제

염색을 하는 행위는 건강에 위험할 수 있다. 특히 짙은 색으로 물들이면 한층 더 위험하다. 화장품 회사가 법에서 허용한 착색제를 사용해 모발용 제품을 만든다고 해도 전혀 무해하다고 장담할 수는 없다. '페닐디아민(PDA)'은 한동안 사용을 금했다가 1985년부터 위험성 논란에도 불구하고 다시 사용 허가를 받았다. '알레르기 반응을 유발할 수 있는 제품'이라는 간단한 경고 문구를 제품에 부착하는 의무 사항을 지키기만 하면 얼마든지 판매할 수 있게 된 것이다.

**　**
염색은 건강에 위험을 줄 수 있기 때문에 모발을 염색하기 전에 머리를 감지 말아야 한다. 왜냐하면 피지가 해로운 물질로부터 두피를 보호해주기 때문이다.

● 방향족 아민계 물질

'방향족 디아민'과 '아미노페놀'(이 두 가지를 통칭하여 방향족 아민계 물질이라 한다)은 산화 착색제의 기본 물질이다. 이 성분들은 색을 내기 위해서는 반드시 필요하여 '발색제'로도 불린다. 페놀이나 방향족 아민계 물질은 여러 가지 색상을 만들어내기 때문에 '발색원'이 되기도 한다. 에베르하르트 하이만 교수는 "과산화수소만 예외로 하고 모든 발색제과 발색원은 피부에 흡수될 수 있는 유독성이 높은 물질입니다. 방향족 아민계 물질은 무시할 수 없는 피부 자극을 유발할 수도 있습니다"라고 말한다.

● 색조 화장품에 들어가는 아조염료

현재 색조 제품에 사용되는 대부분의 착색제는 아조 화합물이다. 화장품에 넣는 착색제 종류로는 유럽연합의 결정에 따라 건강에 해가 되지 않는 것으로 알려진 모노아조 계열이다. 반면 미국에서는 대부분의 아조염료를 사용하지 못하도록 금하고 있다. 허용하더라도 매우 제한적으로만 사용할 수 있다. 그 이유는 치명적인 독성을 가진 합성타르를 기본으로 한 착색제이기 때문이다. 유럽

* 미국의 과학자들은 염모제 사용이 유방암의 위험을 다섯 배나 높이고 있음을 확인했다. 뉴욕의 한 병원 자료에 따르면 유방암에 걸린 백 명의 환자들 중 87명이 5년이 넘도록 염모제를 사용했다고 보고한다.

연합에서 대부분의 아조염료는 4그룹(피부에 오랜 시간 접촉해서는 안 되는 물질들)에 분류된다.

● 쿼터늄과 폴리쿼터늄

'쿼터늄'은 모발용 제품에 정전기 방지제로 쓰이는데, 머리 손질을 쉽게 하도록 머리카락에 정전기 발생을 억제하는 역할을 한다. 베일란트그로테르얀 박사는 "가장 일반적으로 사용되는 쿼터늄은 '세트리모늄클로라이드'와 '쿼터늄-5'입니다. 모든 쿼터늄은 생분해가 되지 않고, 대부분 피부에 약한 자극을 유발합니다. 이런 반응은 폴리쿼터늄의 경우도 마찬가지입니다. 그 이유는 쿼터늄과 폴리쿼터늄의 분자 중심에 쿼터늄염 복합체가 있기 때문입니다"라고 설명한다. 보통 모발용 제품에 폴리쿼터늄을 많이 이용하는데, 단순 양이온보다 다중양이온이 머리카락 표면에 더 잘 흡착하기 때문이다. 폴리쿼터늄 가운데 천연 성분을 포함한 종류가 있는데 폴리쿼터늄 4 혹은 10을 꼽을 수 있다. 두 종류 모두 셀룰로오스를 함유하며, 생분해가 잘되는 게 특징이다.

● 쿼터늄에스테르

쿼터늄과 폴리쿼터늄은 피부를 자극하고 생분해가 되지 않는 이유로 위험한 물질로 분류된다. 그러나 이제는 더 이상 이 두 성분들을 사용하지 않아도 된다. 에스테르화를 거친 쿼터늄을 훌륭한 대체 물질로 쓸 수 있기 때문이다. 대표적으로 '디스테아로일에칠하이드록시에칠모늄메토설페이트'와 '디팔미토일에칠하이드록시에칠모늄메토설페이트'를 예로 들 수 있다. 쿼터늄에스테르는 생분해가 쉽고 피부에 자극이 없는 장점이 있다. 많은 종류의 쿼터늄은 식물성 원료를 이용하여 에스테르화 과정을 거칠 수가 있다.

● 실리콘

실리콘은 생분해가 되는가? 아니면 자연 속에 축적되는가? 전문가들은 이 문제에 대해 논쟁을 계속하고 있다. 그런데 실리콘 사용을 옹호하는 사람들의 논리는 설득력이 없어 보인다. 그들의 주장에 따르면 하수처리장에 도착한 실리콘은 증발되거나 저수조에 있는 흡수 입자에 포획되어 침전조에 쌓인다. 이어서 침전된 찌꺼기는 태워 없애지거나 땅에 파묻어 버리는 과정을 거친다. 실리콘을 포함한 침전물의 소각과 실리콘의 증발이 온실효과에 영향을 끼치지 않는 것이 사실이라 하더라도 실리콘의 대량 소비가 미치는 영향에 대해서 아무런 정보가 없는 실정이다.

땅에 묻힌 실리콘은 어떻게 되는가? 토양이 건조해지면 실리콘은 증발하여 대기 중으로 날아갈 것이다. 그러나 항상 물에 젖어 있는 곳에 축적된 실리콘은 생분해가 일어나지 않을 것이다. 하수처리 시설이 돼 있지 않은 지역, 즉 지구의 대부분을 차지하는 지역에 버려진 실리콘은 호수나 강으로 흘러들어가 쌓여 생분해가 되지 않을 것이다. 그 결과 인류와 생태계에 어떤 영향을 미칠지는 현재로서 전혀 예측할 수 없다.

● 아크릴레이트

샴푸나 크림은 너무 묽어서는 안 된다. 화장품의 점성을 높이는 천연성분은 알긴산, 전분, 벤토나이트 등이 있지만 화학 화장품을 생산하는 회사는 아크릴레이트를 넣는다. 천연 점도 조절 성분은 피부에 막을 형성하는 불편한 점이 있다. 반면 아크릴레이트는 이런 단점이 없는 대신에 모공을 막아버릴 위험성이 크다.

화장품은 정말
암을 유발할 가능성이 적은가?

아름다움을 추구하는 행위는 모든 위험을 감수할 만큼
정당한가? 십여 년 전부터 화장품 사용과 관련한 암 발생을 주제
로 격렬한 논쟁이 벌어지고 있다. 격전장은 화장품에 포함된 물질
의 비위험성을 증명하려는 전문 과학자의 연구가 수행되는 연구소
이기도 하고, 비판적인 시각을 가진 과학자들과 화장품 업계를 대
변하는 변호인들의 의견이 서로 첨예하게 대립해 또 다른 격렬한
논쟁을 만들기도 한다. 암은 발생 원인과 메커니즘이 불분명하며
관련 물질의 복잡성 때문에 소비자는 공포와 숙명 사이에서 혼란
스러워 한다. 소비자들은 화장품 때문에 암이 생기는 경우는 드물
다고 생각하기도 한다.

화장품 사용에 따른 암 발생 위험에 대한 논쟁은 혹시 찻잔 속
의 태풍으로 끝나지 않을까? 대중매체를 통해 화장품과 암의 상관
성을 알리는 캠페인을 너무 자주 벌이면 소비자가 식상해 관심을
갖지 않을 수도 있지 않을까? 대답은 분명하게 '아니요' 다. 화장

품의 일부 성분이 암을 유발할 가능성이 있어 사용에 주의가 필요하다는 연구 결과에 대해 화장품 회사는 단호하게 부정한다. 반면 소비자들은 화장품 회사가 안전하다는 증거로 제시하는 이론을 살펴보지만 안심할 수 없다고 생각한다.

화장품 회사가 안전성을 주장하는 근거 중 하나를 예로 들어보자. "우리는 오로지 화장품 제조에 허가된 성분만을 사용합니다." 이것은 법이 허용한 모든 물질은 독성을 나타내지 않는 것처럼 보인다. 큰 오산이다. 과거에 사용을 승인했던 성분으로 만든 화장품이 이제 완전히 자취를 감춘 사례가 산더미처럼 쌓여 있는 것만 봐도 알 수 있다. 화장품에 들어가는 특정 물질의 사용을 금지하지 않았다는 사실이 위험하지 않음을 뜻하지는 않는다. 화장품 제조에 쓰이는 대부분의 물질에 대해 아직까지 충분히 연구하지 않았다는 것만으로도 이러한 의문에 대답이 되고 있다.

슐럼프, 리히텐슈타이거, 프라이가 자신들의 저서 『코스메티카』에서 "대략 8만여 종류의 화학물질이 세상에 있으며 그 수는 계속 늘어나고 있습니다. 의약용으로 사용되는 물질을 별개로 치더라도 화장품 제조에 사용되는 물질의 유독성에 관한 연구는 현재의 과학 발전 수준으로 볼 때 매우 부실합니다"라고 밝혔다. 취리히 대학의 약리학 및 독성 연구소에서 일하는 슐럼프 박사는 독성 물질 분야의 저명한 전문가다.

이런 상황인데도 화장품을 사용하는 소비자들의 권리는 별로 존중받지 못하는 분위기다. 그 이유를 한번 알아보자. 소비자들은 법의 보호에 거의 기대를 걸 수 없는 상황이다. 행정 당국의 담당자들은 안전하다고 볼 수 없는 물질을 화장품 제조사들이 크림 튜브나 병에 담는 것을 허가해주기 때문이다. 감독 기관이 감시를 하든 안 하든 관계없이 소비자는 화장품 회사 연구실에서 만들어진 수많은 물질들을 테스트하는 모르모트로 전락해 있는 실정이다.

화장품을 구입해 성분을 분석한 결과를 앞에 두고 그 제품이 자신에게 위협이 될지 아니면 안전한지를 누가 생각하지 않겠는가? 데오도란트 제품을 샀는데 성분을 확인해본 결과 염화알루미늄이 포함되어 있어 인체에 흘러들어가 조직과 결합해 모유나 뇌에서 발견되는 일이 벌어진다면 어떻게 무신경할 수 있겠는가? 이런 사실을 알고 있는데 어떻게 제품을 구입하겠는가? 그러면 파라벤이나 방부제 등과 같은 화장품 성분이 유방암 종양에서 발견될 수 있다는 생각이 드는 것도 무리가 아니다.

제한제를 생산하는 회사 가운데 국제적인 규모의 유명한 한 기업은 "이 모든 것은 현재까지 아무것도 증명된 바가 없습니다"라고 주장하며 반박한다. 종양에서 발견된 파라벤에 대해 해명을 요구하는 질문을 받은 이 화장품 회사는 뉴욕 암연구센터의 유방암 부서의 책임 의사를 맡고 있는 패트릭 보젠 박사의 말을 인용한다. "종양에서 발견된 파라벤의 존재는 별로 중요하지 않습니다. 유방암 종양은 혈관이 많이 분포된 조직이므로 환자의 혈액에 포함된 모든 물질의 잔재물을 포함하는 것은 당연합니다. 만일 종양을 제거하지 않고 환자의 발에 파란색 물질을 주사한다고 칩시다. 그러면 종양은 파란색을 띨 것입니다"라고 말한 뒤 다음과 같이 결론짓는다. "이 사실은 파란색 물질이 종양을 만든 원인이 되었다고 주장할 수 없는 것과 같습니다."

"이 사실은 …… 주장할 수 없는 것과 같습니다"라는 마지막 문장은 소비자들이 더 이상 불안하지 않을 정도로 납득할 만한 근거가 될 수 있을까? 그렇지 않다. 소비자는 확실한 사실만을 원한다. 소비자는 위험을 감수하지 않을 권리가 있다. 현재까지 화장품 회사는 모유와 뇌 속의 염화알루미늄과 유방암 종양 속의 파라벤이 건강에 미치는 영향에 대해 해답이 될 만한 명확하고 설득력 있는 답을 내놓지 못하고 있다.

아직까지 명확하게 해명되지 않은 '화장품 사용과 관련한 암이나 부작용 발생' 사례는 무수히 많아서 위의 두 가지 사례는 극히 일부에 불과하다. 그러면 소비자는 아름다워지고 싶다는 이유만으로 피할 수도 있는 위험을 정말로 감수할 의향이 있는지에 대해 의문이 생긴다. 이런 질문을 하는 이유는 잠재적으로 위험한 물질을 포함하지 않은 제품과 대체물이 있기 때문이다! 건강을 위협하는 환경 요인은 이미 넘쳐나고 있지 않은가? 매일 숨 쉬는 공기 속에 떠돌아다니는 미세오염 입자, 후안무치한 목축업계, 음식물에 사용되는 의심스러운 성분, 사망 원인의 선두자리를 노리는 암 등 열거하기에 모자랄 정도로 수없이 많다. 따라서 피부에 해가 되지 않는 성분을 사용한 화장품을 사용하여 한 가지 위험만이라도 줄이는 것이 건강을 지키는 올바른 행동지침이 되지 않을까?

염색으로 인한
암의 위험성

요즘 젊은이들은 그 어느 때보다 유행을 따르려는 욕구가 강해 모발 염색에 대해 매우 큰 관심을 갖기도 하고 직접 염색을 하기도 한다. 또 40대 이상도 염색하는 일이 잦다. 회색 머리는 이제 더 이상 젊음으로 되돌아갈 수 없는 인생의 음울한 시기를 의미하지 않는다. 젊은이의 머리카락 색은 활력, 성공, 젊음을 드러내는 상징이다. 그러나 염모제 사용에 따른 위험을 알리는 경고를 심심찮게 접하는데, 이것은 최근 발표된 새로운 사실이 아니라 이미 오래전부터 알려진 내용이다.

염모제의 사용과 방광암 사이의 연관성을 증명하는 남캘리포니아 대학의 연구가 이미 기사화된 사실을 다시 한 번 밝히는 것도 중요한 의미가 있을 것이다. 연구에 따르면 일 년 동안 매달 머리를 염색하면 방광암에 걸릴 가능성이 두 배로 늘어난다고 한다. 만일 이와 같은 빈도로 규칙적인 염색을 15년 동안 한다면 그 위험성은 세 배로 늘어난다. 이 놀라운 사실은 방광암을 앓는 1514명을 대상으로 한 연구를 통해 밝혀졌는데, 그중에서 879명이 염모제를 사용한 경험이 있는 사람이었다.

과학자들은 산화염료를 구성하는 물질인 '아릴라민'이 방광암을 유발한다고 생각한다. 이 물질은 피부를 통해서 방광에 도달한다. 이러한 현상을 밝힌 연구 결과는 현재까지 과학적 근거가 뒷받침된 정설로 받아들여진다. 그렇지만 미국 식품의약부는 이 결과에 대해 충분한 근거가 없다고 판단해 아릴라민이 포함된 염모제 판매를 허용하고 있다. 반면 유럽의 여러 나라에서는 각 국가의 화장품법과 유럽연합의 화장품 규제 법안 등을 통해 이 연구 결과를 인정하고 있다. 그러나 소비자들은 이런 경고에도 아랑곳하지 않고 여전히 염색이 주는 만족감에 취해 있다.

염모제가 유발하는 암의 위험성에 대해 연구한 지는 벌써 칠십여 년이 넘었다. 첫 번째 경종을 울렸던 과학자는 미국의 브루스 아메스(Bruce Ames)며, 가장 자주 쓰였던 염모제의 대부분이 유전자 변형을 일으킨다는 것을 발견한 사람이다. 덴마크에서 실시한 연구에서는 미용사들이 보통사람보다 두 배 이상 많이 암에 걸린다는 사실을 밝혀냈다. 이러한 연구들은 1943년부터 1972년 사이에 행해진 것이다. 여러 나라에서 실시한 연구에서도 비슷한 결과를 내놓자 '2,4-디아미노아니솔'과 '2,4-톨루일렌디아민'을 공식적으로 발암물질로 규정해 사용을 금지하기에 이르렀다.

그러면 이런 위험한 염모제는 도대체 언제까지 계속 사용할 것인가? 현재까지 진행된 연구 결과를 종합해볼 때 염색제의 위험성에 관해 명확한 결론을 내리는 것은 불가능에 가까워 이 문제는 여전히 미해결 상태이다. 염모제와 관련한 모든 장단점을 앞에 두고 인체에 유해하냐, 무해하냐에 대해 과학적 판정을 내릴 수 없다는 무기력함을 드러내고 있는 꼴이다. 따라서 염모제 성분에 대한 격렬한 논쟁에서 유해성 논란은 정기적으로 거론되는 단골 메뉴가 되고 있다. 80년대 중반에 염모제 성분인 페닐렌디아민(PDA)은 다시 사용하도록 허가됐는데 이미 그보다 10년 전에는 건강에 해롭다는 이유로 사용이 금지된 물질이었다.

매우 따가운 비판을 받는 방향족 아민계 물질에 대해 독일의 소비자 잡지인 『외코테스트』는 1997년 제23호 특별판의 화장품 편에서 "제조사들은 염색제로 지탄받는 성분인 방향족 아민계 물질을 사용한 결과에 따라 무슨 문제가 생기는지에 대해서는 전혀 관심이 없다"는 사실을 밝혔다. 이 잡지는 또 독일의 한 화장품 회사의 개발 책임자인 토마스 올슈라게의 말을 인용했다.

"우리는 화장품법 규정 준수를 철칙으로 삼고 있기 때문에 오로지 허가된 성분만을 사용합니다." 과연 이 말은 소비자를 위험에서부터 충분히 보호하고 있다는 뜻인가? 암의 위험성을 굳이 들먹이지 않더라도 염모제 사용에 주의를 기울여야겠다고 생각하는 것이 좋을 것이다. 염모제로 인한 알레르기 반응은 소비자로서는 결코 가볍게 넘어가서는 안 되는 문제다. '2,5-톨루일렌디아민'이 미용사에게 알레르기를 유발하고 있음이 증명되었기에 이 성분과 접촉하는 소비자에게도 마찬가지로 위험을 초래한다.

한편 제조사들은 염모제 옹호를 넘어서 염색 효과에 대한 자랑을 늘어놓고 있다. 로레알은 "세계 모든 나라에서 머리카락은 특

**
프랑스에서는 열여덟 살이 넘는 여성 중 55퍼센트는 머리를 염색하며, 38퍼센트는 스스로 염색을 하고, 남자들도 염색하는 비율이 점점 늘고 있는 추세다.

별한 관심과 신뢰의 상징이 되기도 하고, 다양한 전통의 대상이 되기에 소중한 신체의 일부로 여겼습니다. 이런 이유로 탐구의 대상이 될 수 없었으며, 과학적인 연구에서도 제외되었습니다. 그러나 요즘에 와서 세상은 변했습니다. 로레알과 같은 화장품 대기업들의 연구에 힘입어 머리카락은 연구소에서 다루어야 할 대상이 되었고, 오랜 연구의 결과로 머리카락에 대한 새로운 사실과 특징을 밝혀냈고, 모발용 제품과 관련한 멋진 발명품들을 선보이기 시작했습니다. 머리카락은 독특한 특성과 구조 덕분에 다양한 색상을 구현하기 위해 실험을 해보거나, 모양을 바꿔볼 수 있는 이상적인 재료가 되었습니다. 이제는 눈길을 끄는 색상과 기이한 머리 스타일의 탄생을 가능하게 한 헤어 제품이 모든 사람의 입에 오르내리는 화젯거리가 되기에 이르렀습니다"라고 말했다.

그런데 머리카락이 "다양한 색상을 구현하기 위해 실험해볼 수 있는 이상적인 재료"가 될 수 있을까? 실제로 수많은 사람들이 화학 성분이 포함된 제품을 사용함에 따라 염색의 위험에 노출되었다. 특히 여성들이 이 위험의 주된 표적이 되었다. 염모제를 생산하는 프랑스의 한 화장품 회사는 자사의 독일 인터넷 홈페이지에서 "신기술에 매우 민감한 반응을 보이는 여성들이 염모제의 신속하고도 혁신적인 발전에 일조하고 있습니다"라고 밝혔다. 이러한 여성들이 염모제 사용의 위험성에 마찬가지로 민감한 태도를 보인다면 얼마나 바람직한 일이 될 것인가.

화학자이자 염모제 전문가인 프리오르 박사는 "염모제 생산 시 거치는 화학 과정은 소비자가 염색하는 동안 그대로 우리 머리 위에 재현되어 동일한 화학반응이 일어납니다"라고 설명했다. 어떤 종류의 제품이 사람의 머리 위에서 격렬한 화학반응을 발생시키는 것인지를 파악하는 것은 쉬운 문제가 아니다. 하지만 제품 형태를 보면 쉽게 구별할 수 있다. 일제와 이제로 나누어 사용하기 전에 혼합하는 과정을 거치는 제품이 이런 부류에 해당한다. 그러나 현실적으로 이런 제품은 멋진 색상을 내는 것으로 알려져 많은 사람들이 애용하는 유형이다. 그러나 이런 종류들은 위험하고 예측할 수 없는 부작용을 동반한다.

프랑스의 한 염모제 회사는 '100퍼센트 컬러'라는 이름의 자사 제품을 칭찬일색의 어휘로 예찬했다. "진정한 혁신 제품인 가르니에 100퍼센트 컬러는 변색 없이 오랫동안 색상을 유지하게 해주며, 미세입자 형태로 된 미네랄 성분을 첨가하여 특허를 받은 크림 – 젤형 염모제입니다." 그러나 인터넷 사이트에서 선전하는 이 제품의 홍보 문구 끝부분을 클릭해보면 '주의사항'이 작은 글씨지만 분명하게 기재되어 있다. 그 사실을 알면 실망을 금치 않을 수 없다. "특별히 주의할 점 : 이 제품은 알레르기 반응을 유발할 수 있으며, 드문 경우에 심각한……"이라는 문구에 이어서 "당신이 과거에 이 염모제를 사용했거나 다른 회사의 제품을 사용해본 경험이 있더라도, 이 제품을 사용하기 48시간 전에 반드시 적합성 테스트를 실시하시기 바랍니다"라는 주의사항이 버젓이 적혀 있다.

일제와 이제로 구성된 염모제는 일제로서 '발색원'인 색 크림과 이제로서 색상을 구현하는 '발현제'인 산화제를 포함한다. 이

런 종류의 염모제는 발색원 역할을 하는 모발 염료 속에 모두 방향
족 아민계 물질이 포함돼 있다는 문제점을 안고 있다. 이 점에 대
해 염모제를 특집기사로 실었던 독일의 『외코테스트』 2004년 1월
호는 "대부분의 염모제에는 무엇보다도 '2,5-톨루엔디아민'이라
는 성분이 들어간다. 이 물질은 1980년대부터 발암물질로 사용을
금지한 '2,4-톨루엔디아민'의 변이체다. 화학적으로 현재 사용
중인 2,5-톨루엔디아민은 사용을 금지한 2,4-톨루엔디아민의
성질과 매우 유사하며 또 암을 유발할 가능성도 배제할 수 없다"
라고 밝혔다. 한편 『외코테스트』는 2004년에 실시한 염모제 실험
과 관련하여 반가운 소식을 알리고 있다. 유럽연합 차원에서 모든
염모제를 테스트하도록 한 결과 몇 가지 좋은 결실을 얻었는데, 그
한 예로 페닐렌디아민 성분을 사용한 염모제가 자취를 감추었다는
것이다.

염모제의 위해성이 대중매체를 통해서 부각되자 상당수의 소
비자들이 사용 전 주의사항이 기재된 염모제를 외면하기에 이르렀
다. 소비자들은 경고문을 말 그대로 위험한 성분이 포함되어 있다
는 신호로 해석했다. 소비자들은 이제 덜 해롭다고 여기는 샴푸형
염모제를 선호하기 시작했다. 그러나 여전히 주의가 요구된다. 샴
푸형 염모제는 양의 탈을 쓴 늑대인 경우가 많기 때문이다.

"천연 성분이 풍부한", "머리카락을 보호하는", "순한 성분으
로 만들어진", "머릿결에 영양을 주는 물질" 등과 같은 문구로 치
장한 광고들은 무엇보다도 샴푸형 염모제의 주된 고객층을 형성하
는 젊은 여성들에게 호소할 목적으로 만들어졌다. 그러나 이처럼

소비자를 안심시키는 분위기를 풍기는 제품일수록 기재된 주의사항을 매우 자세히 읽어보아야 한다. 많은 여성들은 샴푸형 염모제라면 첨부된 주의사항을 읽지 않고 사용하는 경향이 있다. 샴푸형 제품이 예전에 문제가 되었던 염모제처럼 의심스러운 성분이 들어있을 것이라고 생각하지 않기 때문이다. 여기에서 바로 소비자의 맹점이 드러난다. 샴푸형 염모제의 안내 설명서를 자세히 읽어보면 제품을 미화했던 문구가 허구임이 알 수 있기 때문이다.

**

염모제를 사용해 염색하거나 컬을 해서 얻는 색은 머리카락의 상태에 따라 달라진다. 손상된 모발에서는 모근 쪽보다는 머리카락의 끝에 색이 더 많이 물들여진다. 일반적으로 염료는 모발의 색과 결합하여 원래 모발의 색보다 더 진한 색조가 나온다. 따라서 머리카락의 색보다 밝은 색으로 염색하려면 먼저 탈색을 해야한다.

사용 금지된
납의 지속적인 사용

남녀 가리지 않고 수많은 사람들은 늙어가는 자신의 모습을 받아들이고 싶어 하지 않으며 특히 머리가 하얗게 세는 것을 보고 싶어 하지 않는다. 염모제를 생산하는 회사는 이런 사람들을 상대로 제품을 판매해 많은 수익을 내는 손쉬운 장사를 하고 있다. '초산납'을 포함한 염모제는 흰 머리카락을 감춰주는 기적의 제품이다. 독일에서는 수년 전부터 납을 포함한 성분을 화장품에 사용하는 것을 금지하고 있다. 그러나 이 성분의 사용을 허가한 유럽의회 집행위원회의 화장품 분과의 결정 덕분에 다른 나라의 화장품 회사들은 '초산납'을 사용하기 시작했다. 1997년『외코테스트』제23호 특별판의 화장품 기사는 "과학적 연구에 따르면 '초산납'을 포함한 제품을 사용하면 혈액 속의 납 함유 수치를 높이고, 동물실험에서 얻은 자료를 분석해볼 때 암을 유발하는 것으로 나타났다"고 밝혔다.

유럽의회 과학위원회는 머지않은 미래에 건강에 해롭지 않은 염모제만 쓰는 세상을 기대하고 있다. 칭찬받아 마땅할 이러한 목표가 실현되려면 거쳐야 할 관문이 많다. 이를 위한 선결사항 중 하나는 제조사들이 염모제를 테스트한 결과를 유럽의회 과학위원회에 제출해야 한다는 점이다. 하지만 이는 꽤 많은 시간이 걸릴 것이다. 한편 염모제 부작용에서 소비자를 보호하기 위한 조치는 전혀 결정된 바가 없어 앞으로 해결해야 할 과제로 남아 있다.

2005년 4월 5일자 독일의 한 일간지 기사는 "코펜하겐에서 염모제 사용으로 만성질환에 걸린 한 덴마크 여성이 소송을 통해 제조사의 책임을 밝혀냈다. 이 예외적인 소송은 염모제 사용과 관련해 알레르기를 앓고 있는 모든 유럽 사람들에게 시사하는 바가 매우 클 뿐만 아니라 상징적인 사건이다"라고 보도했다. 이 사건은 코펜하겐 소비자협회의 대변인이 덴마크의 한 일간지에 사례를 털어놓아 전모가 드러났다. 기사에 따르면 비슷한 일이 예전에도 있었지만 제조사가 손해배상을 하여 사건이 법정으로 가는 것을 면했다. 코펜하겐 법정이 이 사건을 판례로 삼은 것은 바람직한 일이지만 확정 판결에 이르는 법적인 절차는 오랜 시간이 필요할 것 같다. 염모제의 위험에서 벗어나기 위해 소비자가 취할 수 있는 행동은 한 가지밖에 없다. 건강에 영향을 미칠 수 있는 위험한 성분의 포함 여부를 제품 선택의 기준으로 삼는 것이다. 전문가들조차 "우리는 현재 염모제의 위험에 대해 확신을 가지고 해명할 수 있는 능력이 없습니다"라고 탄식하는 상황에서 우리가 취할 수 있는 가장 현명한 조치는 방향족 아민계 물질을 포함한 제품을 구매하지 않는 일이다.

파라벤이 들어간
데오도란트와 유방암의 관계

1990년대에 유방암에서 완치된 437명의 여성을 대상으로 실시한 연구 결과가 발표되자 데오도란트 제품이 유방암을 유발한다는 소문이 퍼졌다. 시카고의 세인트 조셉 병원의 '알레르기 및 면역학' 부서의 연구 프로젝트 책임자인 크리스 맥그레이스 박사는 일주일에 두 번 데오도란트 제품을 사용하고, 일주일에 세 번 겨드랑이 털을 미는 여자군과 데오도란트 제품을 전혀 사용하지 않고 털도 밀지 않은 여자군을 비교했다. 그 결과 전자의 여자군이 무려 15년이나 빨리 유방암에 걸린다는 연구 결과를 내놓았다.

맥그레이스 박사는 발병 원인 중 하나로 데오도란트 제품에 포함된 염화알루미늄 성분이 털이 제거된 피부를 통해 인체에 침투해 세포의 DNA를 변형시켰을 것이라 한다. 동물실험을 통해서도 염화알루미늄이 피부를 통과해 뇌에까지 이르고 모유에서도 발견되었음을 확인한 바 있다. 맥그레이스의 연구가 발표되자 데오도란트 제조 회사는 강하게 반발하면서 다음 두 가지 논거로 연구 결과를 반박하였다.

● 동물실험으로 가설을 증명한 것은 옳지만 충분한 근거가 될 수 없다.
● 관찰의 표본으로 선정된 환자 수가 너무 적어 과학적 증거로 채택될 수 있는 검사 그룹의 수치에 미달된다.

한편 2002년에 발표된 1600명의 여성을 대상으로 실시된 연구는 '털을 제거하든 안 하든 데오도란트 제품의 사용은 유방암과는 아무런 상관관계가 없다'는 사실을 보고한다. 2004년에 영국에서 발표된 일련의 연구는 에스트로겐과 비슷한 작용을 하는 것으로 알려진 파라벤 계열의 방부제가 유방암 종양에서 발견되었다고 밝혔다. 파라벤은 병원균이 번식하여 제품이 변질되는 것을 막기 위해 스프레이형 데오도란트나 수많은 종류의 화장품에 방부제로 들어간다.

화장품 소비자들은 화장품의 위해성과 그 반박 이론 사이에서 어떻게 처신해야만 하는가? 과학적인 판단을 내릴 능력이 없는 소비자는 상식에 기대어 판단할 수밖에 없다. 화장품 회사는 동물실험은 증거가 될 수 없다는 구실로 맥그레이스 연구 결과를 부인한 반면 파라벤 실험은 위험하지 않음을 증명하기 위해 동물실험을 근거로 채택했다. 화장품 제조사는 필요에 따라 동물실험을 증거로 이용하기도 하고 불충분하다고 부정하기도 한다. 다양한 결과 가운데 유리한 면만 골라 제품을 옹호하는 제조사는 소비자의 눈으로 판단했을 때 논리적인 설득력을 갖지 못한다.

몇 가지 사실을 예로 들어보자. 파라벤은 오랫동안 독성을 나타내지도 않고, 돌연변이도 발생시키지 않고, 암도 유발하지 않는 물질로 분류되지만, 인간의 유방암 종양에서 채취한 시료세포를 연구한 결과 에스트로겐 수용체와 결합할 수 있음을 발견했다. 그러나 오스트리아 암예방협회의 2004년 2월 16일 언론 발표문을 보면 "부틸파라벤 등과 같은 활성력이 강한 파라벤 화합물의 결합력은 인체 호르몬의 결합력과 견주어 만 배나 약하고, 화장품에 가장 많이 사용되는 방부제인 메칠파라벤은 인간의 자연 호르몬과 비교하면 천만 배나 결합력이 약하다"고 밝혔다.

유방암과 같은 암 종양 조직에 발견되는 비정상적인 고농도의 파라벤(조직의 그램당 파라벤 함유 수치는 20나노그램이며, 그중 메칠파라벤이 12.8나노그램이나 차지한다)은 화장품 사용으로 축적된 것이라고 일부 의학자들은 주장한다. 한편 이런 추측을 비난하는 사람들은 동물이나 인체의 다른 부위의 조직과 비교할 수 있는 데이터가 부족하다고 반박한다.

파라벤과 관련한 암의 위험성에 대해서 오스트리아 암예방협회는 "발암물질과 관련해 우리가 갖고 있는 연구 논문들 가운데 단 한 편만이 생쥐에게서 유방의 종양 크기가 증가되었다고 보고하고 있습니다. 첫 번째 연구는 생쥐의 피부를 통하여 52주 동안 일주일에 두 번 '메칠파라벤'을 주입하는 방식이었습니다. 두 번째 연구에서는 일 년 동안 일주일에 한 번 꼴로 동일한 물질을 정기적으로 주입하였습니다. 그러나 두 가지 사례에서 종양 발생은 없었습니다. 메칠파라벤을 생쥐에게 경구 복용한 경우에도 암이 발생한 것을 발견하지 못했습니다"라고 강조했다.

독일의 하이델베르크 암연구센터와 미국의 아메리칸 암협회는 데오도란트 제품 사용과 유방암의 관련성에 대해 연구한 결과, 이 둘 사이에는 어떠한 연관관계도 존재하지 않는다고 결론지었다. 이런 다양한 연구자료를 놓고 볼 때 소비자는 과연 어느 쪽 결과를 신뢰해야 하는가? 데오도란트 제품과 파라벤류의 방부제가 무해하다는 연구 결과를 믿어야만 하는가? 소비자는 곤란한 선택의 갈림길에 놓여 있을 수밖에 없다. 오스트리아 암예방협회가 신중히 파라벤 사용을 중지할 것을 권고하는 대목은 눈여겨볼 만하다.

"건강상 위험할 수 있다는 이유로 특정 방부제를 첨가하지 않았을 때 일어날 수 있는 위험을 예측하는 것은 불가능합니다. 그렇지만 우리는 예방 차원에서 위험을 최소로 줄이기 위해 스프레이형 탈취제와 모든 종류의 기초 제품에 파라벤을 사용하지 말 것을 요청합니다."

2004년에서 2006년 사이에 유럽의회 과학자문위원회는 파라벤의 위해성에 관해 연구를 수행하도록 지시했다. 이 연구에서 얻은 결과를 통해 파라벤에 관한 대중의 의심을 해결하는 실마리를 마련했을까? 보고서에 따르면 그렇다고 할 수 있다. 파라벤이 발암물질이라는 것을 증명하지 못했다고 했을 뿐만 아니라 영국의 과학자들은 파라벤과 유방암 사이에는 어떠한 연관성도 없다고 결론을 내렸다. 덴마크의 식품과학연구소도 파라벤과 유방암 사이에는 아무 연관성이 없다고 주장했다. 독일의 독성물질연구소도

＊＊
파라벤은 음식물, 화장품, 의약품 등에 방부제로 널리 쓰이는 화학물질의 한 종류다. 몇 가지 종류의 파라벤은 자연에 미량이나마 흔적이 발견된다. '파라벤'은 '파라옥시안식향산 에스테르'라는 학술적 명칭을 가진 일련의 화학제품을 일반적으로 쉽게 부르는 용어다.

✳✳

유럽의회의 화장품 담당 부서가 파라벤 대해 부정적인 시각을 갖지 않게 된 것은 한 연구 보고서를 바탕으로 한다. "유럽연합의 화장품 의학 전문가들은 파라벤과 유방암 사이에서 상관계를 발견할 수가 없었다"라는 제하의 2005년 2월 21일자로 발표된 '유럽공중보건연합'의 기사가 그 근거가 되었다.

동일한 결론에 이르렀다. 오히려 파라벤은 알레르기를 유발하기는 하지만 다른 물질과 견주면 그 발생 빈도수가 매우 적은 방부제에 속한다고 발표했다.

자외선 차단 성분과
호르몬 분비

스위스 취리히 대학의 약리학 및 독물학 연구소가 자외선 차단에 관한 조사 보고서를 발표한 다음부터 어린이들이 햇빛 아래에서 무사태평하게 놀고 있는 모습을 담은 광고를 보기가 어려워졌다. 또 그 다음부터 대중매체에 등장하는 동일한 장면은 자외선 차단제 덕분에 어린이에게 나쁜 영향을 끼치는 햇빛을 막아준다는 메시지를 전하기 시작했다. 한편 이 자외선 차단 제품 자체가 건강에 해를 준다는 사실은 아무도 상상하지 못했다.

어린이의 맑은 피부는 매우 민감해서 직사광선을 막아줘야 한다. 또 어린이의 신체는 전반적으로 성장 과정이 빠르기 때문에 발육에 나쁜 영향을 주는 요인을 미리 막아야 한다. 이런 점에서 보면 스위스에서 나온 연구는 경종을 울릴 만하다. 연구 보고서에 따르면 자외선 차단 제품이나 화장품에 들어가는 일부 자외선 차단 성분이 여성호르몬인 에스트로겐과 비슷한 역할을 하는 물질을 포함한다는 것이다.

2001년 4월의 『새로운 과학자』(발간판)라는 간행물은 "우리는 5종류의 UVB 차단 성분을 시험했습니다. 벤조페논-3, 호모살레이트, 4-메칠벤질리덴캠퍼, 에칠헥실메톡시신나메이트, 에칠헥실디메칠파바 등을 실험실에서 검사한 결과 모두 다 에스트로겐처럼 작용함을 알아냈으며, 이 물질들 중 마지막 두 성분은 암 세포의 성장을 촉진할 가능성도 있습니다"라고 보고했다. 2005년에 나온 『외코테스트』 어린이 특집호에 따르면, 상기에서 인용된 자외선 차단 성분 가운데 벤조페논-3와 에칠헥실메톡시신나메이트가 소아용 자외선 차단 제품에서 검출되었다. 이 모든 연구 결과는 무엇을 말하는가? 2001년 5월 9일 취리히 대학의 언론 보도문은 다음과 같이 밝혔다.

"연구를 통해 지금까지 얻은 결과는 위험성을 평가하기 위한 충분한 자료가 되지 못한다. 자외선 차단 성분이 암 유발 위험이나 성장 장애 등에 직접적인 관련이 있다고 결론 맺을 수가 없다. 일부 자외선 차단 성분의 위험을 평가하기 위해서는 더 깊이 있는 연구를 행해야 할 것이다."

1995년에 사람의 모유에서, 1997년에 생선에서 차외선 차단 성분이 검출된 다음부터 취리히의 과학자들은 자외선 차단 성분이 가진 호르몬 작용을 분석해오고 있다. 주요 분석 결과는 다음과 같다.

● 빈번한 자외선 차단 제품을 사용하면 호르몬 분비를 촉발한다.
● 성장 과정에 있는 어린이와 청소년에게 사용된 자외선 차단 성

분인 '4-메칠벤질리덴캠퍼'의 독성 연구에 따르면 시상하부에서 뇌하수체와 생식선으로 이어지는 연결 축과 고환 및 난소와 같은 생식기관 등의 발달에 영향을 미쳐 변이를 일으킬 수도 있다.

● 점점 차단지수가 상승하고 방부제의 역할을 하는 자외선 차단 성분은 사용이 증가일로에 있어 환경이나 영양 사슬(생선과 모유)에 미치는 영향에 대해 다각도로 대비해야 한다.

자외선 차단 성분이 인체나 생태계 전반에 미치는 영향을 정확히 파악할 수는 없지만 슐럼프 박사의 연구진들이 자외선 차단 크림에 포함된 일부 성분에 대한 연구로서 이 정도 결과를 얻게 된 것만 해도 다행이라 할 수 있다. 연구에 참여했던 과학자들은 인간과 환경을 보호하기 위해서는 사고방식을 변경해야 할 필요성이 있다고 강조하고, 아울러 그에 따른 행동지침에 대해 언급하고 있다. 즉 자외선 차단 크림의 사용을 적당히 자제하는 방향으로 전환할 것을 주문하고 있는 것이다.

여름철 바닷가에서 피서객들은 물속에 들락날락할 때마다 자외선 차단 크림을 바른다. 그렇게 되면 자외선 차단 성분의 절반은 물에 남아 있게 돼 바다를 오염시킨다. 오염된 바다에서 잡힌 오염된 생신을 먹은 여성의 모유에서 자외선 차단 성분이 발견되고 있다. 이것은 인간이 먹이사슬의 정점에 있기 때문에 생긴 현상이다.

선크림을 이용하지 않고 직사광선을 막을 수 있는 방법을 찾아낼 수 있다면 차단 지수가 높은 제품을 구입하기 위해 치러야 할 비싼 비용을 절약하는 데 도움이 될 뿐만 아니라 건강을 위험에 빠뜨리는 일도, 자연을 오염시키는 일도 줄어들 것이다. 이 대안으로 슐럼프 박사는 "야외 활동을 할 때 피부 노출을 최소화하고" 햇빛에 드러나는 부위에만 자외선 차단 크림을 바르도록 권한다.

그러면 열광적으로 즐기던 일광욕은 피부 건강을 위한다는 이유로 금해야 하는가? 절대 그렇지 않다. 작열하는 태양 아래에서 장시간 노출은 피부에 심각한 피해를 줄 수 있지만 파라솔이나 나무 그늘 아래서 햇빛을 즐기는 방식을 택하면 훨씬 덜 타고, 선탠 효과도 오래가고, 보기에도 좋고, 피부에도 덜 해롭다. 또 자외선 차단 크림을 구입하는 데 드는 상당한 비용도 절감할 수 있다.

얼마 전까지 유럽의회 자문위원회 소속의 '화장품 및 비식품 과학위원회'는 자외선 차단 성분과 건강의 연관성에 대해 어떤 의혹도 제기하지 않았다. 반면 소비자들은 이 연관성을 여전히 풀리지 않은 의문으로 여겼다. 그러던 중 2001년과 2003년에 이 위원회는 자외선 차단 성분이 사용자의 건강에 영향을 미칠 수 있는 에스트로겐의 역할을 하고 있지 않다고 명시했다. 그러나 과학적으로 인정된 결과를 바탕으로 이러한 사실을 발표한 이후에도 상관관계를 명확하게 밝히기 위한 유럽의회의 연구 프로그램이 여전히 진행되고 있는 현실을 어떻게 설명할 수 있을까?

소비자는 합성 자외선 차단 성분과 관련한 유해성 여부 결과를 헛되이 기다릴 필요가 없다. 일부 화장품 회사는 미네랄 성분의 자외선 차단 물질을 포함한 제품을 대안으로 내놓고 있다. 천연 제품을 생산하는 소규모 제조사들뿐 아니라 어린이용 선크림을 생산하는 세계적인 기업에서도 같은 종류의 제품을 선보이고 있다. 그렇지만 이런 제품들을 사용해도 과도한 일광욕에는 효과가 줄어들어 아름다운 피부와 건강을 위해서는 햇빛의 과도한 노출을 피해야 한다. 아쉽지 않을 정도로만 햇볕을 쬐는 것이 가장 좋은 방법이다.

요즘에는 기초 페이셜용 제품군에도 합성 자외선 차단 성분이 점점 자주 배합되고 있는 것이 현실이다. 화장품 광고에서 일상생활을 할 때도 햇빛 노출로부터 피부를 보호할 필요성이 있다고 주장하는 제조사들은 소비자를 위한다는 명목으로 이러한 기준에 맞는 제품을 내놓고 있다. 자외선 차단 성분 연구를 통해 결과가 드러났듯이 제조사는 선크림에 포함된 성분이 유발할 수 있는 위험성에 관해서도 언급하는 것이 바람직할 것이다. 한편 이러한 위험에서 쉽게 벗어나게 해주는 한 가지 방법으로 제조사 쪽에서 해결할 수 있는 방안이 있다. 그것은 기초 스킨케어 화장품에 자외선 차단 성분을 첨가하지 않는 것이다. 일상생활에서는 자외선 차단 제품을 사용할 정도로 햇빛 노출 강도가 심하지 않기 때문이다. 직사광선에 과도하게 노출되거나 등산하는 사람에게는 자외선 차단 성분이 들어간 데이크림이 아니라 차라리 햇빛을 막아주는 옷차림, 일사병을 예방하는 모자, 선크림 등으로 보호해야 할 것이다.

**
긴소매 셔츠와 챙 넓은 모자를 착용하는 것과 오전 11시 이전과 오후 4시 이후의 야외 외출 등은 강렬한 햇빛에 노출되는 것을 피할 수 있는 가장 간단한 방법이다.

글라이콜에테르와
아이들의 무서운 기형

✳✳
1983년에 '유럽 화학 산업 분야 독성 및 환경 연구소'의 보고서는 글라이콜에테르 E 계열이 태아에게 나쁜 영향을 끼치고 있음을 명확히 밝혔다. 이 보고서는 같은 해에 프랑스 노동 안전 연구소의 잡지에도 발표되었다. 이런 위험한 물질의 사용을 금지하는 법이 조속히 시행되었더라면 더 많은 사람의 건강이 지켜졌을 것이다.

　　수년 전부터 프랑스에서는 글라이콜에테르가 사회적 파장을 일으키고 있다. 그 이유는 평생 불구로 살아야 하는 한 어린이의 운명이 사회적 문제로 부각되었기 때문이다. 진정 글라이콜에테르의 희생자는 어린이인가 아니면 어머니인가? 어찌되었든 어머니가 글라이콜에테르에 노출되었기에 그 결과로 아이에게 무서운 병과 기형을 초래했다는 사실이다.

　　2005년 초부터 시작된 글라이콜에테르와 관련한 소송으로 말미암아 이미 수년 전부터 제기된 민감한 문제가 새롭게 부각되는 계기가 되었다. 그렇지만 이 문제는 여전히 미해결 상태에 있고, 계속해서 사회적 이슈가 되고 있다. 글라이콜에테르 그룹에 포함되는 성분들은 다양한 산업 분야에 널리 사용되며, 화장품 분야에서도 널리 쓰인다.

　　글라이콜에테르는 '에칠렌'이나 '프로필렌'에서 얻는 부산물이며, 주로 용제로 쓰인다. 에칠렌에서 얻었을 경우에 E 시리즈,

프로필렌에서 얻었을 경우에 P 시리즈라고 말한다. 글라이콜에테르는 가정용 플라스틱 제품, 페인트, 니스, 접착제, 자동차 용품, 탈취제, 화장품, 의약품 등과 같이 산업 전 분야에 널리 사용된다. 이 물질은 80여 가지 이상의 유도체가 있으며, 그중 40여 종류만 산업에 이용된다. 특히 페인트, 래커, 니스, 투명수지, 연마제, 주방세제, 살충제, 화장품 등에 글라이콜에테르가 많이 사용되는 이유는 이 물질이 가진 고유한 특성에 기인한다. 즉 물과 기름 양쪽에 다 녹는 성질이 있기 때문이다. 이런 특징은 화장품 제조에 매우 유리한 점으로 작용한다. 글라이콜에테르는 수분 베이스의 제품에 주로 쓰이는데, 수성을 띠는 원료에 유기물질이 용해되도록 해주기 때문이다.

프랑스에서는 글라이콜에테르가 수년 전부터 사회적인 문제로 대두되어 왔다. 그러나 영국이나 독일은 별 관심을 보이지 않는다. 글라이콜에테르는 프랑스에만 국한된 문제가 아니며, 캐나다와 미국에서는 그 위험에 대해 격렬한 논쟁이 벌어지고 있다.

1970년대까지는 글라이콜에테르의 사용은 논쟁거리가 되지 않았다. 전 세계의 과학자들(스위스, 멕시코, 일본, 미국)은 1971년과 1982년 사이에 경종을 울릴 만한 결과를 내놓았다. 과학자들이 내놓은 연구 결과에 따르면 당시에는 긴급한 대처 방안이 필요했다.

유럽연합이 E 시리즈 글라이콜에테르를 '동물에게 유독한' 물질로 분류하기까지는 연구가 발표된 뒤로 10년이나 걸렸다. 긴급한 해결을 요하는 시급한 문제를 무시한 정부의 무지와 너무도 느린 속도로 진행되는 늑장 대책으로 말미암아 소비자 단체가 먼저 해결사로 나서기도 했다. 심각성을 인지하고 빠른 조처를 취했더라면 수많은 사람이 글라이콜에테르에 노출되지 않았을 것이다. 그렇게 됐더라면 건강을 위협하는 상황에서 더 빨리 벗어날 수 있었을 것이다.

글리콜에테르의 독성은 어떤 것인가? 이 질문의 답은 아직까지 명확하지 않다. 이 점에 대해 프랑스 관보는 다음과 같이 기술했다. "글라이콜에테르의 독성을 자세히 기술하는 것은 매우 어려운 일이다. 각각의 파생 물질은 저마다 성질이 다른 독성을 나타낸다. 대사 과정의 차이, 즉 글라이콜에테르가 사람의 몸 안에서 변형되는 방식의 차이가 독성의 차이를 설명할 수 있는 실마리가 된다. 알데하이드, 산(酸), 글라이콜에테르의 대사 물질 등이 대부분 독성을 만들어내는 주범이 된다. 독성은 특히 인간의 생식 작용에 악영향을 미친다. 15종류의 글라이콜에테르는 피부 자극을 유발하고, 9종류는 생식 기능에 영향을 끼치고 있지만 독성이 매우 약하다는 이유로 의약이나 화장품 분야에서 사용된다."

글라이콜에테르는 대부분의 다른 용제보다도 열 배나 쉽게 피부를 통과한다. 샤워젤이나 샴푸를 사용하거나 목욕이나 세안한 다음에 크림을 바를 때처럼 피부가 수분을 많이 품고 있을 때 글라이콜에테르는 더 잘 흡수된다. 상식적인 판단과는 달리 글라이콜에테르는 희석되었을 때 오히려 더 빨리 흡수된다. 따라서 화장품 속에 낮은 농도로 들어가 있을수록 흡수 속도가 더 빠르다. 화장품에 매우 자주 쓰이는 프로필렌글라이콜과 같은 용제가 글라이콜에테르와 결합하면 글라이콜에테르는 더 잘 흡수된다.

사용상 제한받고 있지만 '에톡시디글라이콜', '페녹시에탄올', '부톡시에탄올', '부톡시디글라이콜' 등과 같은 네 종류의 글라이콜에테르는 아직도 여전히 사용된다. 페이셜용이나 보디용 크림에 주로 용제로서 들어가는 '에톡시디글라이콜'은 색조 및 색조 클렌징 제품, 헤어트리트먼트 제품, 향수, 오드트왈렛 등과 같은 다양한 유형의 화장품에도 들어 있다. '페녹시에탄올'은 주로 방부제로 사용되며 기초 및 보디 제품, 색조 및 색조 클렌징 제품, 샤워젤, 일반 및 전문가용 모발제품 등에 쓰인다. '부톡시에탄올'과 '부톡시디글라이콜'은 주로 염모제에 사용된다.

화장품 산업협회는 두 가지 근거를 들어 위에서 인용된 네 종류의 글라이콜에테르가 화장품에 사용될 수 있다며 그 정당성을 주장한다.

1. 네 종류의 글라이콜에테르는 유럽의회의 결정에 따라서 사용이 허가된 것들이다.

2. '부톡시에탄올'과 같이 널리 이용되는 일부 글라이콜에테르의 종류는 세계보건기구, 유럽연합, 국제암연구센터 등이 비발암성 물질로 인정하는 것들이다.

현재 '생식작용에 독성을 끼치는 2등급'으로 분류되는 아홉 종류의 글라이콜에테르는 1990년대 중반까지만 해도 사용이 허가됐던 물질이었다. '프랑스 건강제품 안전청'은 2003년 8월에 네 종류의 글라이콜에테르가 지닌 위험성에 대해 재평가 작업을 했다.

그 결과 이 네 종류의 물질들이 규정에 따라 정확히 쓰이면 소비자에게 위험을 주지 않는다고 공식적으로 발표했다. 그러나 "규정에 따라 정확하게 사용된다면"이라는 문장의 의미를 생각해볼 때, 네 종류의 글라이콜에테르가 유독성 면에서 위험하지 않다고는 추론할 수 없다. 글라이콜에테르의 유독성 평가 작업에 대한 최근 20여 년간의 추이를 지켜볼 때 위험성을 배제하는 분위기의 이런 표현이 의혹의 시선을 받는 것은 당연하다. 소비자들은 이처럼 불확실한 상황에서 선택할 권리를 갖고 있다. 다시 말해 무엇을 구입할지 결정할 수 있다. 제품 성분 표기법으로 인해 글라이콜에테르의 함유 여부를 파악할 수 있기 때문이다.

지금까지 소개한 건강에 위험을 초래하는 성분에 대한 연구들을 살펴보면서 화장품에 사용된 물질들에 대해 의구심을 갖거나 비판의 시선으로 바라보게 되었을 것이다. 그렇지만 한편으로 이를 통해 중요한 교훈을 이끌어낼 수 있다. 지금이야말로 효과가 불충분하게 연구되었거나 제대로 평가되지 않은 성분들에 대해 제조사들은 소비자의 안전을 위해 사용 중지를 고려해보아야 할 시기라는 것이다.

생선을 먹거나 어린 아기가 모유를 통해 극소량이지만 유사 호르몬 작용을 하는 자외선 차단 성분을 본의 아니게 섭취하는 현실은 우리들에게 화장품에 대해 불편한 감정을 촉발하는 계기가 된다. 화장품 제조사들이 화장품이 환경오염을 일으킨다는 비난을 피하기 위해 자연을 오염하지 않는 대체 물질을 사용할 때의 경제적 비용 상승을 문제 삼는다면, 현명한 소비자들은 약간의 가격 인상 정도는 감수할 준비가 되어 있다.

알츠하이머병의 유발 인자는 알루미늄인가?

화장품 조성 성분의 하나가 신문의 기삿거리가 되는 예가 있다. 그중 하나가 알루미늄이다. '심혈관계 질환' 과 '암' 다음으로 세 번째로 높은 사망 원인이 알츠하이머병이라는 소문이 있다. 이 문제와 관련해 '프랑스 식품위생 안전청' 은 "2000년 7월에 '프랑스 국립의학 및 보건연구 센터' 의 한 부서가 '파키드' 라 불리는 실험연구 집단을 8년간 관찰한 결과를 '미국 질병 연구학회지' 에 발표한 바 있다. 연구에 따르면 1리터당 1만 분의 1그램 이상의 농도로 알루미늄이 포함된 물을 식수로 사용한 사람에게서 알츠하이머 타입의 치매 질환이 일어난다는 사실을 밝혔다. 이로 인해 알츠하이머 퇴행성 치매의 원인으로 지목받았던 알루미늄을 둘러싸고 1970년대에 시작된 오래된 논쟁에 다시 불을 붙인 계기가 되었다"고 발표했다.

지구의 지각에서 산소와 규소 다음으로 가장 많이 분포하는 물질이 알루미늄이다. 그렇지만 우리 몸 안에 있는 알루미늄은 화합물에 용해된 형태의 알루미늄이다. 이런 알루미늄 성분은 음식물에는 효모나 치즈 속에, 의약품에는 예방주사의 보형제로, 화장품에는 데오도란트 제품에 들어 있다. 차나 과일에도 알루미늄 성분이 자연 상태로 들어 있다. 과학자들이 음용수 안에 포함된 알루미늄을 연구하기 시작한 이후 중대한 결과를 가져올지도 모를 성급한 결론이 여러 분야에서 쏟아져 나왔는데, 특히 데오도란트 제품에 대해 부정적인 연구 결과가 많다.

알루미늄이 '피이지' 또는 '피피지'의 기본 물질이고 또 '할로겐 물질'에 포함되므로 피부 염증을 유발할 위험성이 높다는 것이다. 따라서 이 책에서는 데오도란트 제품에 포함된 '알루미늄클로라이드', '알루미늄클로로하이드레이트', '알루미늄클로로하이드렉스', '알루미늄클로로하이드렉스피지', '알루미늄세스퀴클로로하이드레이트', '알루미늄지르코늄트리클로로하이드렉스지엘와이' 등과 같은 알루미늄 화합물 성분들을 '매우 나쁨'이라는 등급으로 분류했다. 그렇지만 현재까지 이 성분들이 치매를 유발할 수 있다는 사실을 증명하지 못했다.

알루미늄 화합물의 문제는 매우 복잡하다. 여러 가지 이론들이 있지만 서로 상반되는 주장들로 인해 어떠한 것도 정설로 인정받지 못하고 있다. 예를 들어 알루미늄의 축적이 해가 된다는 주장은 건강한 신체는 대변을 통해서 알루미늄을 배출한다는 사실에 의해서 논리적인 반박을 당한다. 게다가 인체에 흡수된 미량의 알루미늄은 방광에서 걸러져 소변으로 배출되며, 더욱이 규소를 포함한 곡물류의 음식물을 섭취함으로써 배출 속도가 더 빨라진다고 주장한다.

만일 알루미늄 화합물이 알츠하이머병의 주범이라면 어떤 종류의 알루미늄 화합물이 위험한지, 또 어느 정도 함유되어야 위험한지, 한 발 더 나아가 알루미늄 화합물의 다양한 흡수 경로와 축적량에 따라 발생할 수 있는 위험 정도에 대해서는 아직까지 의견의 일치를 보지 못하고 있다. 미국식품의약국은 2003년 말에 '비경구용으로 투여되는 알루미늄 화합물을 포함한 의약품'에 대해서 사용 규제안을 발표했다. 이에 따르면 비경구용 섭취를 목적으로 사용되는 용매 속에 알루미늄의 함유량이 1리터당 2만 5000분의 1이하로 유지할 것을 요구하고 있다. 또 영양학 임상전문의들에게 알루미늄이 포함된 모든 제품 라벨에 다음과 같은 주의사항을 기재하도록 권고한다.

〈경고 : 이 제품은 알루미늄을 포함하고 있습니다. 신장 기능이 허약한 사람에게 비경구적인 방법으로 알루미늄이 지속적으로 투여될 시 독성이 나타날 수 있습니다.〉

데오도란트 제품에 흔히 사용되는 '명반'과 알루미늄 화합물을 혼동하지 말아야 한다. 명반은 '황산알루미늄'이나 '황산알루미늄암모늄'처럼 천연 성분이다. 한편 염화알루미늄 성분을 포함하는 데오도란트 제품의 사용과 알츠하이머병의 상관관계를 증명하는 연구가 아직까지 이루어진 적은 없지만 신중할 필요는 있다. 대체품이 있는 상황에서 굳이 논란이 되는 성분이 포함된 제품을 구입하면서 위험을 자초할 필요는 없을 것이다.

PART 6

안전한 화장품을 위한
국제적인 노력

천연 화장품

화학과 연금술이 빚어낸
자연의 선물 – 천연 화장품

✲✲
화학 덕분에 제재소에서
나온 폐목재에서 얻은 목
당을 이용해 화장품용 당
알코올이나 딸기 향을 추
출하는 일이 가능하다.

천연 화장품과 일반 화장품을 구별하는 개념적 차이
는 무엇인가? 만일 차이점이 천연 성분 대 화학 성분이라면 질문
은 쉽게 해결될 것이다. 하지만 그렇게 간단하게 풀릴 성질의 문제
가 아니다.

"물질의 조성과 성질, 그리고 이들 서로 간의 작용을 연구하는
자연 과학의 한 부문"이라는 무미건조한 사전적 정의를 가진 화학
은 화장품 분야에서 유독 나쁜 이미지를 풍긴다. 그렇지만 아무것
도 그 불명예를 증명할 수는 없다. 얼굴과 몸을 치장하고 보호해주
는 화장품은 화학 없이는 존재할 수가 없으며, 오히려 화학은 피부
위에서 일어나는 화학적 현상을 잘 파악하는 데 많은 도움을 주고,
피부 상태를 좋게 하는 데 큰 공헌을 한다. '용해', '증류', '합
금', '여과' 등처럼 화학반응 및 화학적 조작과 화합물의 발견 등
을 가능하게 한 것은 연금술 덕택이다. 천연 화장품뿐만 아니라 모
든 종류의 의약품은 화학과 연금술을 기원으로 한다.

아주 먼 옛날부터 건강과 아름다움을 추구하는 것에 지대한 관심을 보였던 인간은 자연 속에서 수많은 활성 물질들을 발견한 뒤 혼합 비율이나 혼합 방식을 다양하게 시도해보는 과정에서 이 자연 물질들을 유용하게 활용하는 방법을 터득했다. 천연 화장품을 탄생시킨 초창기의 화학과 21세기의 화장품을 만들어낸 테크놀로지 사이의 2000년이라는 기간에는 얼마나 많은 진보가 있었는가?

무슨 이유로 우리들은 이처럼 과거를 돌아보는가? 알레르기 환자들은 그 이유를 잘 알고 있다. 그들은 자신들을 고통에 빠뜨리는 주범으로 지목되는 현대의 화장품 성분들을 더 이상 믿지 않는다. 일반적인 화학 성분으로 만든 화장품을 대체할 수 있는 제품을 찾는 사람들은 단지 그들만이 아니다. 화장품 사용으로 자연적인 피부 균형 상태가 망가진 수많은 사람들도 대안을 찾고 있다. 이들이 천연 제품에 관심을 보이는 까닭은 소위 과학적 진보의 산물인 현대 화장품이 내세우는 장점인 '기적적인 효과'가 오히려 부작용을 준다는 사실을 심각하게 느꼈기 때문이다.

**

1970년대와 1980년대에 친환경과 유기농에 대한 사회적인 관심은 많은 사람들의 호응 아래 빠른 속도로 퍼졌다. 이러한 파급 효과로 많은 천연 화장품 제조사들이 설립되는 계기가 되었다.

전체적인 시각에서
접근해야 하는 화장품

지난 수십 년 동안 화학 분야에서는 의기양양한 진보가 일어났다. 한 세기도 되지 않는 기간 동안 6만여 종류의 합성 물질과 5만여 종류의 살충제와 비료, 3만여 종류의 의약품, 무엇보다도 다양성의 극치를 보인 화장품들이 세상에 태어났다. 1970년대와 1980년대는 모든 분야에서 '자연' 또는 '자연보호'라는 개념이 생긴 시기였다. 화장품도 이런 흐름에 많은 영향을 받았다. 과거에는 화장품이란 피부가 지닌 원래의 기능을 촉진하고, 피부 재생에 도움을 주는 역할을 하는 것이라고 생각했다. 사실상 피부는 스스로의 복원 능력에 의지하면 할수록 더욱더 건강해진다. 따라서 화장품 그 자체로는 피부를 건강한 상태로 돌려주지 않는다. 화장품은 피부 문제를 근본적으로 치유하는 것이 아니라 표면적인 증상만 완화할 뿐이다.

예를 들어 피부가 건조한 사람들은 어릴 때부터 유분기가 많은 크림을 바르곤 한다. 이렇게 되면 피부는 가만히 있어도 유분이 충분해 유분을 만드는 일에 게을러진다. 즉 피부는 외부에서 유분이 공급되는 것에 익숙해지는 것이다. 그러면 피부는 점점 더 건조해지고, 외부 공급에만 의존하게 된다. 따라서 피부가 스스로 제 기능을 하도록 해주는 제품을 사용하는 것이 현명한 일이다.

'코스메틱(cosmetic)'이라는 단어는 그리스어인 '코스메인(kosmein)'에서 유래했으며, '조화롭게 하다' 또는 '정돈하다'라는 뜻이 있다. '우주'라는 뜻의 '코스모스(cosmos)'도 어원적으로 같은 낱말의 그리스어를 기원으로 한다. 이런 정의는 천연 화장품이 목표로 삼아야 할 길을 보여준다. 그 목표란 피부에서 생긴 문제를 전체적인 관점에서 파악해 난조에 빠진 피부의 생리작용을 정상화하고, 피부의 생체 질서를 복원하는 것이다. 그리고 화장품을 사용하는 목적은 피부의 신진대사를 촉진해 피부가 지닌 원래의 기능을 최적의 상태로 잘 작동되도록 하는 데 있다.

피부 관리사들은 고객들이 점점 더 많이 피부에 대해 불평하는 것을 듣게 된다.

"예전에는 피부에 아무 문제가 없었는데, 요즘 들어 트러블이 점점 더 심해져서 참을 수 없는 지경이야!"

요즘에 와서 문제성 피부란 여드름, 뾰루지 등이 심한 피부가 아니라 알레르기성의 과민한 피부를 가리키는 것이다. 여드름 때문에 수년간 자극성이 매우 강한 제품을 쓴 소비자들은 피부가 심각한 민감성을 나타내 이로 인해 고통받고 있다. 피부 트러블이 생긴 수많은 사람들은 강력한 치료 요법이 필요하다고 생각한다. 피부 관리사들은 소비자들에게 치료 과정이나 단계를 줄일수록 피부

**
"사람은 마흔 살이 되면 자기 얼굴에 책임을 져야 한다"라는 말이 있다. 이것은 다른 사람의 눈을 의식한 겉치레를 말하는 것이 아니라 삶의 진실에 대해 말하는 것이다. 각자의 얼굴은 살아가면서 각인된 경험과 삶에 대한 신념을 드러내기 때문이다.

가 가진 복원 능력이 더 발휘된다는 사실을 알려주기가 매우 힘들다고 말하곤 한다.

화장품도 마찬가지다. 많은 여성들은 아몬드 성분의 천연 크림과 최신 기술로 만든 화장품 중에서 후자인 '화학 무기'를 더 많이 선호하며 효과가 있다고 생각하는 것이 현실이다. 그렇지만 천연 화장품에 대한 신뢰가 생기면 신경성 피부염 증상을 앓는 사람도 쉽게 천연 화장품의 매력에 빠져들 것이다. 자연은 오래도록 사용할 수 있는 천혜의 물질을 제공하기 때문이다. 복잡한 과학적 원리를 응용한 현대의 화학 화장품과 견주면 자연에서 얻은 물질은 단순하기 짝이 없다. 어찌 보면 그것은 약점이 아니라 안전성과 효용성 면에서 오히려 천연 화장품의 가치를 돋보이게 하는 장점이 되고 있다.

천연 화장품의 기준,
자연 친화적 품질과 철학

천연 화장품에 사용되는 성분은 세계 여러 나라의 약용식물 요법에서 주로 사용하되 친숙하고 잘 알려진 성분들이다. 천연 화장품은 자연 물질이 지닌 풍성함으로 인해 그 우수함이 증명된다. 예를 들어 한 활성 식물 성분은 적어도 50가지 이상의 기본 물질로 되어 있다. 이런 자연의 놀라움 앞에서 화학은 그 같은 복잡한 성분을 합성해낼 수 없음을 깨닫고 백기를 들어야 한다. 이런 천연 재료를 자연에서 손쉽게 구할 수 있는데도 왜 인공 합성 물질을 만들어내고 싶어 하는가?

천연 물질의 장점은 특성에 기인한다. 천연 식물 오일이 피부에 작용하는 방식은 지금도 매우 자주 사용되는 파라핀이 피부에 작용하는 방식과는 판이하게 다르다. 파라핀은 석유에서 얻는 미네랄 오일이다. 산소 분자가 없는 탄화수소 계열의 미네랄 오일은 생명 활동 과정에 이용될 수 없는 물질이며, 인체의 신진대사에도 전혀 참여하지 못한다.

반면 식물성 오일은 과일이나 곡물에서 추출된다. 열과 빛의 작용에 의해서 생산된 식물성 오일은 생물 활동의 결과물이므로 피부의 생리작용을 촉진하는 데 도움을 준다. 이런 종류의 오일들은 피부를 유연하게 해주고, 피부를 보호하는 천연 막을 쉽게 형성해준다. 게다가 몸을 감싸는 따뜻한 공기 막을 만들기도 한다.

따라서 우리들은 천연 화장품을 제조할 때 쓰는 물질의 우수한 품질에 기대를 걸지 않을 수가 없다. 하지만 '천연적인', '바이오'라는 단어는 항상 '좋은', '위험이 없는'이라는 뜻으로 해석하면 안 된다. 소비자의 건강과 피부를 중시하지 않는 일부 제조사들은 자사 제품이 천연 화장품이라고 부르기 힘든데도 천연 제품의 유행에 편승해 천연 제품이라고 광고를 하기 때문이다. 그러면 천연 화장품의 품질은 어떻게 정의할 수 있는가? 다음의 세 가지를 기준으로 삼는다.

● 첫째, 사용하는 물질의 자연성
● 둘째, 원료의 순도
● 셋째, 제품의 효능

위 세 가지 조건에 부합한다 해도 천연 화장품으로 인정받을 만한 별도의 기준을 고려해야 한다. 그것은 환경을 생각한 포장 방법, 제조사의 환경에 대한 관심도, 동물실험에 대한 태도 등을 들 수 있다.

원칙적으로 천연 화장품 제조사들은 크림이나 로션을 만드는 단순한 생산자 이상이어야 한다. 그중 일부 회사는 화장품의 효능에 대한 뚜렷한 신념과 제품을 통한 삶의 질 향상을 근간으로 삼는다. 이 가운데 천연 화장품의 개념을 정립하고 독특한 역사와 이력을 가진 몇 개의 회사를 예로 들어보자.

1977년에 자연요법 전문가인 한스 한셀(Hans Hansel)은 로고나(Logona)를 창립했다. 이 회사의 모든 제품은 합성 방부제를 사용하지 않고, 천연 식물 성분이나 오일 성분을 원료로 하여 제조해야 한다는 생산 방침을 세웠다. 로고나가 시장에 선보이는 400여 개의 제품은 이와 같은 생산 철학을 밑바탕으로 만든 것이다.

● 화장품 원료의 선택과 생산은 매우 엄격한 품질 기준을 만족시켜야 한다. 화장품 제조에는 식물성과 동물성 오일, 왁스, 식물 추출물, 꽃물, 에센셜 및 아로마 오일 등과 같은 천연 원료만을 사용해야 한다. 또 이런 원료들은 엄격히 통제된 유기농법 영농에서 얻은 것이거나 야생에서 채취한 것에서 선별해야 한다.
● 화장품 제조에 사용되는 모든 식물 추출물은 화장품을 제조할 때만 쓰는 초음파 추출 방식을 이용해야 한다. 또 원료가 생산되는 현지에서 얻어야 한다.

식물 추출물은 천연 화장품에서 매우 중요한 역할을 한다. 이 것들은 제품의 원료가 되며 동시에 제품의 효능을 나타내는 근원이 된다. 식물 추출물은 천연 화장품에서는 매우 중요한 기본 원료이기 때문에 제조사들은 특별한 추출 방법을 고안해냈다. 로고코 피부에 이로운 물질을 자연에서 찾는 과정에서 자연을 파괴하기도 한다. 아름다움으로 이끄는 물질을 개발하느라 환경의 균형을 깨버리기도 하는 것이다. 예를 들어 '라술'은 피부를 보호하면서 우수한 세정 기능이 있는 미네랄 성분의 진흙이지만 매장량은 매우 한정되어 있다. 이런 까닭에 라솔을 대량으로 채굴하면 안 될 것이다.

스(Logocos) 사에서 일하는 연구 부서의 책임자인 동시에 화장품 기술부의 엔지니어인 베일란트그로테르얀 박사는 "추출 방법은 기능적으로 수년 동안 완벽하게 다듬었기 때문에 회사가 소유한 핵심 기술의 원천이 됩니다"라고 말한다. 오일 추출 기술에는 여러 가지 방법이 동원된다. 예를 들어 끓는 불에 달이기, 끓는 액체에 담가 우려내기, 상온의 액체에 담가 우려내기 등이 있다.

로고코스, 발라, 벨레다의
천연 원료 추출의 노하우

로고코스 사(Logona + Sante : 로고나 + 상테)는 자체 개발한 추출 시설을 이용한다. 말린 식물에서 에탄올과 물을 섞은 혼합액을 이용해 추출물을 뽑아내는 방식을 도입했다. 추출 과정을 간단히 살펴보면 다음과 같다. 추출 시설을 통해 얻은 식물 추출물은 여섯 시간에서 여덟 시간 동안 규칙적인 초음파에 노출되면서 용매와 섞인다. 여기서 거른 물질들은 압착되고 포화 용액은 걸러진다. 이 과정에서 얻은 용제가 최종 추출물이며, 장기적인 보관이 가능한 상태가 된다.

발라(Wala) 사는 추출물을 얻기 위해 자사의 활성 바이오 농장에서 재배하거나 검증된 야생 채취에서 얻은 식물 원료들을 빻아서 처리하는 방법을 도입했다. 식물 원료를 분쇄해 얻은 가루를 액체가 있는 용기에 담가 두는 방식이다. 한편 유성을 띠는 추출물을 얻기 위한 방식은 조금 다르다. 건조된 약용식물을 올리브 오일이나 땅콩 오일 속에 담가 유성 추출물을 얻어낸 뒤, 37도에서 덥힌 뒤 일주일 동안 같은 온도로 계속 가열하여 아침저녁으로 휘저어 준다. 이 과정이 끝나면 혼합물은 압착되며 여기서 얻은 용액을 걸러서 보관하는 것으로 추출 처리를 끝낸다.

벨레다(Weleda) 사는 약용식물을 재배하기 위해 만든 생체역학 규정을 따른다. 이 회사는 야생에서 원료를 채취할 때 생물종을 보호하는 데 주의를 기울이는 동시에 환경 보존과 자연보호 법규를 최대한 준수한다.

추출 과정을 간단히 살펴보면 다음과 같다. 신선한 식물 원료를 정성스럽게 선별해 깨끗이 씻은 다음 분쇄한다. 이어서 물과 알코올을 혼합한 액체로 채운 점토 항아리에 담근다. 그리고 4주 동안 저장한 뒤 얻은 염료를 특수 압착기로 짜낸다. 최종 추출물에서 불순물을 걸러내는 작업을 마지막으로 거친다.

루돌프 슈타이너(Rudolf Steiner) 박사가 주창한 인지학은 '발라', '벨레다', '스파이크(Speick)' 등과 같은 탄탄한 전통을 자랑하는 대기업 세 개를 탄생시킨 기반이 되었다. 화학자인 루돌프 하우슈카(Rudolf Hauschka) 박사는 1924년에 이렇게 질문했다.

"삶은 무엇인가?"

인지학의 창시자인 '루돌프 슈타이너'는 이 질문에 "리듬을 연구하라. 삶을 지탱해주는 그 리듬 말이다"라고 대답했다. 1935년에 하우슈카 박사는 슈타이너의 이런 주장을 따르기로 결심하고, 천연 스킨케어 제품과 치료제를 생산하는 발라 사를 창립했다. 27년 동안 그는 알코올을 사용하지 않고 식물 성분 원료에서 추출한 치료제 개발에 모든 노력을 다 쏟아부었다.

하우슈카 박사는 치료제에 관한 그의 저서에서 "알코올 성분은 환자에게 해를 주는 것이 아니라 제품의 품질에 해를 준다"고 밝힌 바 있다. 하우슈카는 "제품의 가장 근본적인 문제가 무엇인지 알려고 하면 곧바로 보관하는 문제가 가장 크게 부각되는 사실을 알 수 있다"고 말했다. 이 문제는 현재까지도 가장 큰 이슈가 되는 분야에 속한다! 인지학에서 영감을 받은 이 과학자는 '식물 추출물이 우수한 성질을 잃지도 않으면서 미생물이 번식하기에 좋은 배양처가 되지도 않게 해줄' 해결책을 찾기 위해 모든 노력을 기울였다.

이러한 시도는 성공의 결실을 봤다. 하우슈카 박사는 알코올이나 다른 종류의 방부제를 전혀 넣지 않은 순수한 물에서 식물 추출물을 분리해내는 방법을 개발하는 데 성공했다. 순도 높은 이 추출물은 거의 7년 동안이나 고유한 특성이 변질되지도 않은 채 순수한 상태로 신선함을 유지했다. 추출물을 수작업으로 분리해내는 과정은 일주일이나 걸렸고 단계별로 정확한 공정이 필요했다.

1921년에 설립된 벨레다 사와 루돌프 슈타이너의 학문적 동반자 관계에 있던 발터 라우(Walter Rau)가 1928년에 창립한 스파이크 사는 여러 면에서 서로 달랐지만 화장품이 인지학을 바탕으로 한 의학의 산물이라는 데는 서로 동의했다. 벨레다 사는 천연 치료제를 제조할 때 필요한 위생 상태와 같은 조건에 따라 화장품을 생산했으며, 천연 의약품의 제조 규범을 '화장품의 개발'에도 적용했다.

천연 화장품은 항상
피부 자극이 적고 우수한 품질인가?

화장품의 주요 천연 활성 성분은 천연 유기물 또는 무기물
이다.

● 아보카도 오일, 비즈왁스, 아줄렌(청색 염료), 콜라겐, 엘라스틴,
  알란토인, 꿀, 호호바 오일, 밍크 오일, 참깨 오일, 아몬드 오일,
  비타민 E, 라놀린 등은 모두 유기물질이다.
● 황, 탈크, 카올린(고령토)은 무기물질이다.

천연 화장품 제조사가 비즈왁스나 라놀린과 같은 동물성 원료
를 채취하더라도 해당 동물이 생존해나가는 데 아무런 지장이 없
는 방식으로 진행될 뿐만 아니라 동물 보호 윤리를 반드시 준수하
는 것을 원칙으로 삼고 있다. 천연 성분은 합성 물질보다 장점이
많다. 몇 가지 예를 든다면 다음과 같다.

● 수백 년 동안 사용돼왔기에 이미 효능이 입증됐다.

● 동물실험을 필요로 하지 않는다.

● 환경을 오염시키지 않는다.

● 피부에 아무런 해가 없고, 자연스럽게 피부 상태를 개선하는 데
  우수한 효과가 있다.

✱✱
식물학자이며 동시에 약
학자로서 명성을 떨친 영
국인 '존 제라드(John
Gerard)'는 1597년에
『식물지』라는 제목으로
식물 참고문헌을 집필하
였다. 그는 전 세계의 식
물을 수집하여 자신의 정
원에서 키웠다.

　그렇지만 백 퍼센트 천연 화장품은 있을 수 없다. 피부와 모발에
사용할 천연 화장품을 제조할 때 제조사들은 주성분인 천연 물질에
어쩔 수 없이 여러 합성 화학 성분을 약간씩 배합하기 때문이다.

　유용한 것도 해가 될 수 있다. 이 격언은 천연 성분에도 마찬가
지로 적용된다. 천연 물질이라도 사용하는 방식에 따라 의약품이
될 수도 있고 독이 될 수도 있다. 우선 천연 의약품의 핵심을 살펴
보자. 철학자이자 의사인 파라첼스(Paracelse, 1493~1541)는 이렇
게 말했다. "모든 것은 독극물이다. 어떠한 것도 독극물에서 예외
일 수 없다. 단지 농도의 차이만 있을 뿐이다." 모든 물질은 배합
비율과 물리적인 조건에 따라 품질이 달라진다. 강력한 활성 성분
의 에센셜오일을 사용하는 사람이 "이것은 천연 물질이라서 몇 방
울 더 첨가하면 효과가 훨씬 더 좋겠지"라고 생각해서 양을 늘리
는 것은 매우 경솔한 행동이다.

　천연 성분의 알레르기 유발 가능성에 대한 논쟁은 농도에 따라
서 물질이 독극물로 변할 수 있다는 이론을 근거로 해서 벌어지고
있다. 현재 알레르기 유발 가능성이 있는 물질로 의심받고 있는 26
가지 착향 물질 가운데 천연 물질이 끼어 있다. 천연 성분이 알레

르기를 일으키는 원인으로 지목받는 게 두려워서 천연 화장품을 옹호하는 상당수의 사람들은 이러한 결정에 항의하고 있다.

빈번하게 발생하는
착향제 알레르기

책임 의식이 있는 천연 화장품 제조사들은 사용된 성분에 따라 제품의 효능이 어떻게 나타나는지 항상 관심을 두고 주시하며, 잠재적인 위험에 대해 촉각을 곤두세우고, 위험의 원인을 밝히는 연구에 몰두한다. 그들은 자신들이 생산한 제품이 문제를 일으킨 제품 목록에 이름이 올라가는 것을 큰 불명예로 여긴다. 하지만 이런 목록을 작성하는 일은 제품의 투명한 공개와 신뢰 형성에 많은 도움을 줄 뿐 아니라 좋은 제품과 그렇지 않은 제품을 구별하게 하는 데 많은 역할을 한다.

● 제조사나 소비자가 모두 분별 있게 항상 피부에 좋은 천연 성분만을 사용하거나 선택하는 것은 아니다. 한 가지 예로 식물 성분을 이용한 박피 요법이 있다. 파인애플의 줄기와 뿌리, 열매 추출물 등에서 얻은 효소를 이용하는 시술인데, 이것은 피부뿐 아니라 피부 점막의 정상적인 방어 기능을 혼란에 빠뜨릴 수 있

다. 이 방법은 '천연 성분을 이용한 자극적이지 않은 요법'이라는 개념과는 매우 동떨어져 있다.

● '라놀린'이라는 성분도 테스트 결과에 따르면 천연 성분이라는 꼬리표를 떼야 할 것으로 보인다. 살충제를 사용한 양털기름은 알레르기를 유발할 수 있기 때문이다. 이러한 예는 성분이 오염되지 않는 것이 매우 중요하다는 사실을 강조한다. 신뢰를 받는 제조사들은 성분 오염을 막기 위해 많은 비용과 시간을 투자한다.

● '프로폴리스(propolis)'는 천연 물질은 무조건 해가 없는 물질이 아니라는 것을 보여준다. 화장품을 직접 만들어 쓰는 사람들은 프로폴리스가 피부에 좋은 성분만 함유하고 있다고 생각해 많이 애용하는 게 현실이다. 하지만 피부과 의사들은 지금까지 많은 사람들이 이 성분에 의해 알레르기 반응을 나타냈으며 또한 그 숫자가 늘고 있다는 사실을 확인했다.

그러나 이러한 사례를 보고 천연 성분이 우리의 피부를 보호할 능력이 없다고 성급한 판단을 내리지는 말아야 한다. 천연 성분을 사용하는 의약품은 수백 년 동안 시험을 거친 자연 물질만을 이용하고 있기에 제품에 배합되는 성분들은 매우 잘 알려져 있다. 전문가들은 우리 몸에 유익한 것들과 주의를 요하는 것들을 구별할 줄 안다.

알레르기를 유발할 가능성이 있어 제품상에 반드시 명시해야

착향제 사용에 관한 새로운 규제 법안

2005년 3월에 발표한 유럽의회 7차 집행 위원회의 화장품 분과 지침에 따르면, 국제 화장품 성분 명칭 리스트에 포함된 착향제 중 피부에 바르는 제품의 경우에 피부 잔류량이 0.001퍼센트를 초과하거나, 세정 제품의 경우에 피부 잔류량이 0.01퍼센트를 초과하는 경우에는 반드시 제품상에 명시하도록 했다. 여기에 해당되는 성분은 다음과 같다.

'아밀신남알', '아밀신나밀알코올', '아니스알코올', '벤질알코올', '벤질벤조에이트', '벤질신나메이트', '벤질살리실레이트', '신나밀알코올', '신남알', '시트랄', '시트로넬올', '쿠마린', '유제놀', '파네솔', '제라니올', '헥실신남알', '하이드록시시트로넬알', '하이드록시이소헥실3-사이클로헥센 카복스알데하이드', '이소유제놀', '부틸페닐메칠프로피오날', '리모넨', '리날룰', '메칠2-옥티노에이트', '알파-이소메칠이오논', '참나무이끼추출물', '나무이끼추출물'

하는 성분들 중에는 '시트랄', '시트로넬올', '쿠마린', '유제놀', '제라니올', '리모넨', '리날룰' 등과 같은 천연 물질이 포함되어 있다. '시트랄'과 '제라니올'은 많은 종류의 에센셜오일에 들어 있는 착향제다. '리모넨'과 '리날룰'은 거의 모든 종류의 에센셜오일에 포함돼 있다. 에센셜오일로 향을 내는 제품 가운데 이 두 가지 성분을 뺀 제품을 발견하기란 거의 불가능하다.

● '쿠마린'은 강한 향을 발산하는 식물성 원료며, 화본과 식물(禾本科植物 : 볏과에 속하는 식물)이나 콩과 식물에서 추출된다. 매우 강하게 희석된 쿠마린은 마른 건초 냄새가 난다.

● '유제놀'은 정향 오일이나 피망 오일에서 주로 발견된다. 월

계수, 바질, 육두구(肉豆蔻) 등에서 추출된다. 이 성분은 동양적인 분위기를 내는 향을 만들 때 주로 쓴다.

의무적으로 표기해야 하는 26종류의 착향제 가운데 합성 화학 물질은 7종류다. 나머지 19종류는 자연 상태로 존재하지만 주로 합성된 형태로 사용한다. 화장품 전문가인 베일란트그로테르얀 박사는 "천연 화장품 제조사들은 에센셜오일에 첨가되는 착향제를 천연 복합체 형태로 만들어 사용합니다. 그러나 미나리과 식물의 씨에서 추출한 '리날룰'처럼 단독 천연 물질을 배합하기도 합니다"라고 밝혔다.

전성분 의무 표기 대상에 해당하는 착향제의 알레르기 유발 정도를 파악하기 위해서 착향제 목록을 자세히 살펴보면 알레르기 유발 가능성이 높은 성분과 낮은 물질들이 서로 섞여 있는 것을 발견할 수 있다. 피부과 의사들은 "IS19Mix" 혹은 "프래그런스믹스"(신나밀알코올, 신남알, 유제놀, 이소유제놀, 하이드록시시트로넬알, 아밀신남알, 참나무이끼추출물, 제라니올 등과 같은 착향제의 혼합물)라고 부르는 여러 성분의 복합체를 이용해 착향제의 피부 적합성을 테스트한다. 이 복합체에 알레르기 반응을 보이는 사람은 그 구성 성분 모두에 알레르기 반응을 나타낸다고는 볼 수 없다. 어느 한 사람이 이 복합체에 알레르기 반응을 보이는 것으로 판명되면 제조사는 복합체를 구성하는 성분 전체를 의사에게 보내 그 사람에게 여러 가지 테스트를 받게 한다.

알레르기를 일으키는 착향제는 26가지며, 유발 정도에 따라 세 종류로 나눈다. 첫째, 극히 미약한 알레르기 반응을 유발하는 종류로는 아밀신남알, 아밀신나밀알코올, 아니스알코올, 벤질알코올, 벤질벤조에이트, 벤질신나메이트, 벤질살리실레이트, 시트랄, 시트로넬올, 쿠마린, 유제놀, 제라니올, 헥실신남알, 리모넨, 리날룰, 알파-이소메칠이오논이 있다. 둘째, 보통 정도의 알레르기 반응을 유발하는 종류로는 하이드록시시트로넬알, 신나밀알코올, 하이드록시이소헥실3-사이클로헥센카복스알데하이드, 부칠페닐메칠프로피오날, 메칠2-옥티노에이트가 있다. 셋째, 강한 알레르기 반응을 유발하는 종류는 신남알, 이소유제놀, 참나무이끼추출물, 나무이끼추출물이 있다.

제라니올이나 시트랄을 함유한 에센셜오일에 대한 피부 적합성과 이 두 가지 착향제를 단독으로 피부에 사용했을 때의 피부 적합성 가운데 어느 방식이 더 우수한 피부 적합성을 나타낼까? 착향제를 포함한 에센셜오일의 효과와 개별 성분의 효과를 비교 연구한 결과가 발표된 바 있다. '유럽 화장품 협회'의 연구 규범에 따라 테스트 대상을 선정해 연구를 실시했는데, 1퍼센트 농도의 '제라니올'과 1퍼센트 농도의 '시트랄'에 알레르기 반응을 보이는 18세에서 63세 사이의 피실험자 50명을 대상으로 실험했다. 테스트 결과에 따르면 '제라니올'이나 '시트랄'을 함유한 에센셜오일이, 착향제를 순수한 형태로 단독으로 사용했을 때보다 더 좋은 피부 적합성을 발휘했다고 보고했다. 결론적으로 착향제를 단독으로 사용했을 때보다 에센셜오일에 혼합해 사용하면 알레르기를 유발할 가능성이 현저히 낮아진다.

**

식물성 오일의 품질은 매우 중요한 요소가 된다. 야생에서 자란 식물에서 얻은 오일, 유기농법으로 재배한 식물에서 얻은 오일, 대규모 경작으로 키운 식물에서 얻은 오일 사이에는 뚜렷한 품질 차이가 있다. 품질의 차이를 설명하기 위해 티트리 오일을 예로 들어보자. 유기농이나 야생에서 자란 티트리에서 얻은 오일은 85가지의 물질을 포함하는 반면 대규모 경작으로 재배한 티트리에서 얻은 오일은 약 50가지의 물질만 함유할 뿐이다.

성분의 투명한 공개와
소비자의 신뢰

소비자의 피부를 위해 올바른 제품을 생산한다고 정평이 나 있는 천연 화장품 제조사가 가끔 잘못된 성분을 선택해 비난의 화살을 받기도 한다. 하지만 그렇다고 해도 사람들은 여전히 그 회사를 신뢰하며 후한 점수를 주는 경향이 있다. 소비자들에게 신뢰받는 천연 화장품 제조사들은 자신들의 제품에 들어갈 성분을 선택하는 데 뚜렷한 기준이 있다. 양심적인 제조사들은 원료의 선택과 관리에 주의를 게을리 하지 않으며, 의심스러운 성분에 관한 새로운 정보가 나올 때마다 건강에 미칠 영향이 무엇인지를 미리 판단하려고 한다. 실험을 통해 문제가 드러난 제품들은 재검토 작업을 거쳐 배합 성분을 조정하거나 유통 시장에서 회수하는 조치를 취하기도 한다. 또 건강에 위험을 줄 수 있는 제품인 경우 문제점을 명확히 파악하기 위해 연구소에 정밀 분석을 의뢰하는 것을 원칙으로 삼는다.

'천연 성분이 포함된 제품'이라는 라벨이 부착된 수많은 크림이나 샴푸에서 '천연'이라는 의미는 소비자에게 자연 성분이 주는 효과를 볼 수 있다는 뜻으로 해석된다. 그렇지만 진정한 천연 화장품과 일반 화장품 사이에는 근본적으로 구별되는 점이 있다. '천연 성분이 포함된 제품'이라고 표시돼 팔리는 화장품 중에는 이름값을 하지 못하는 제품들이 상당수 있다. 1959년 프랑스의 브르타뉴 지방의 한 조그만 마을인 '라가시'에서 '자연 성분'을 원료로 한 제품을 만들겠다고 표방하며 회사를 설립했던 한 사람을 예로 들어보자.

그는 자신의 이름을 브랜드로 하여 연매출 수조 원에 달하는 거대한 기업을 일구어냈다. 한편 이 회사의 제품들이 얼마만큼의 천연 물질을 함유하는지를 살펴보려면 사용 성분에 대해 날카로운 분석을 해야겠지만 싸구려 파라핀 계열이나 생분해가 되지 않는 실리콘 계열의 미네랄 오일을 기초로 한 보형제를 함께 사용한다는 것은 어엿한 사실이다. 이것으로 볼 때, 이 제품들은 '천연 화장품'이라고 불리는 제품들이 지닌 특징과 동떨어져 있음을 알 수 있다. 따라서 천연 화장품 인증기준을 통과했다 해도 소비자의 신뢰를 얻는 데는 별다른 영향력을 발휘하지 못할 것이다.

화장품 원료로 사용되는
천연 성분

✳✳
식물에서 우수한 품질의 오일을 얻으려면 저온에서 압착하는 방법을 제외하고는 특별한 화학적 추출 과정을 거치면 안 된다. 이렇게 해서 얻은 오일은 감마리놀렌산과 같은 불포화지방산이 풍부하다.

지구에 존재하는 30여만 가지의 꽃과 50여만 가지의 식물들 가운데 약 5000여 개 정도만이 화장품의 원료로 사용된다. 다음에 열거될 목록에는 천연 화장품 제조에 주로 사용되는 성분들을 모아 놓았다. 약용식물 목록에 포함되는 식물들은 특별 부호(※)로 표시했다.

● **계란**

계란의 노른자위는 크림, 마스크팩 등을 제조할 때 사용하는 천연 유화제다. 레시틴과 콜레스테롤이 다량 포함된 노른자위는 피부에 좋을 뿐 아니라 피부에 매끄러운 촉감을 준다. 얼굴과 보디용 마스크를 가정에서 직접 만들어 쓸 때 계란 노른자는 가장 이상적인 성분이다. 화장품의 원료로 쓰는 계란의 품질은 매우 중요하다. 유기농법으로 수확한 곡식을 사료로 먹고, 야외에서 자유롭게 키운 암탉의 계란이 가장 좋다.

● 구아

구아 씨의 가루는 강낭콩과 매우 비슷한 식물에서 얻는다. 이 가루는 모발용 염색 분말을 만들 때 원료로 쓰며, 건강하고 윤이 나는 머릿결로 만들어준다.

● 귀리

귀리는 인류가 가장 오래전부터 재배한 곡식 중 하나다. 비타민 B군을 다량 포함한 귀리는 우수한 품질의 지방을 함유하고 있다. 곱게 빻은 귀리는 피부를 매끄럽게 하고, 마스크팩에도 사용된다.

● 꿀

오래전부터 높은 효용 가치가 있는 것으로 알려진 꿀은 피부를 부드럽게 해주는 물질을 매우 많이 함유하고 있다. 수많은 효소와 유기성의 산을 포함해 살균 기능이 있으며 장기간 보관도 할 수 있다. 화장품 원료로는 순수 천연 꿀만을 사용한다. 꿀에 포함된 당분은 피부가 수분을 간직하도록 도와준다. 꿀은 피부 탄력성을 높이고, 혈액순환을 촉진하고, 피부의 불순물을 없애준다. 가정에서 직접 화장품을 만들 때는 꿀에 들어 있는 활성 성분이 파괴되지 않고 그 효능을 유지하기 위해서는 35도 이상으로 가열해서는 안 된다.

꿀에서 얻는 오일은 외부 자극에 쉽게 반응하는 민감성 피부를 훌륭하게 치료해준다. 1리터의 꿀 오일을 생산하기 위해서는 800킬로그램의 꿀이 필요하다.

※ 달맞이꽃

달맞이꽃은 밤이 되어야만 꽃이 피는 특징이 있다. 인도가 원산지인 이 꽃은 가장 오래된 약용식물 중 하나다. 1917년이 되어서야 유럽에 이 꽃이 소개되었는데, 독일의 식물학자인 웅거는 이 꽃의 씨앗에는 노란색을 띠는 오일이 15퍼센트나 들어 있음을 발견했다. 게다가 달맞이꽃은 인체에 꼭 필요한 다중불포화 필수지방산인 리놀렌산, 감마리놀렌산, 아주 희귀한 산(酸) 등을 다량 함유하는 보기 드문 식물 중 하나임을 알게 되었다. 여기서 '필수'라는 말은 우리 몸에는 필요하지만 스스로 만들어낼 수 없는 물질일 뜻한다. 달맞이꽃 오일은 피부에 탄력을 주고, 피부 장벽을 강화해 피부가 건조해지는 것을 막아준다.

신경성 피부염, 습진, 건선 등과 같은 피부 질환으로 고통받는 사람들에게는 달맞이꽃 오일을 사용한 치료법이 매우 효과적이다. 달맞이꽃 오일은 소양증을 완화하면서 지방산의 대사를 촉진한다. 게다가 피부가 건조해지는 것도 예방해준다.

● 당근

오일 성분이 많은 당근 추출물은 카로틴이 매우 풍부하다. 화장품에서는 주로 크림 유형에 많이 사용된다. 당근에 함유된 레시틴은 치료 효과가 우수하다. 당근은 각질의 활동을 정상화해주어 피부 결을 곱게 만들어준다. 당근은 크림에 색을 내지는 않지만 매우 연한 갈색 톤을 준다. 당근 오일은 오렌지색에 가까운 노란색을 띠어 크림과 화장수를 물들인다.

● 대마

대마는 마약으로 이용되어 약용식물 요법에서는 오랫동안 사용을 금기시했다. 오늘날에는 THC(마약에 포함된 환각 물질) 농도가 거의 제로 수준인 대마가 다양하게 재배되고 있다. 대마의 씨앗에서 추출한 오일은 감마리놀렌산, 비타민 등이 매우 풍부하다. 대마 오일은 마사지를 할 때와 같이 피부가 원활하게 작용하도록 할 때 그 기능을 촉진하기 위해 사용한다. 기초 제품에서는 크림과 토너에 사용하고, 샴푸에는 기름기를 제거하는 용도로 이용된다. 대마 오일은 부드러운 성질을 갖고 있어 신경성 피부염처럼 문제성 피부나 쉽게 자극받는 피부에 사용이 권장된다.

● 땅콩

땅콩 오일은 땅콩을 저온에서 압착하는 과정에서 얻으며, 천연 항산화제 성분이 들어 있어 잘 부패하지 않는 특징이 있다.

● 라놀린

양털에서 추출하므로 향이 좋지 않고 농도가 높은 지방 물질이다. 하지만 자기 질량의 20퍼센트에 해당하는 수분과 결합하는 능력이 있어 피부를 보호하고 수분을 공급하는 데 매우 효과적인 성분이다. 순수한 양털기름은 산패하지 않고, 곰팡이가 피지도 않고, 미생물도 번식하지 않는다. 산 성분을 포함하지 않는 라놀린은 우리 피부가 분비하는 피지와 매우 비슷하다. 크림 유형의 화장품에 보형제로 사용되는 라놀린은 거칠고 튼 피부를 부드럽고 곱

✳✳
에센셜오일은 라벤더, 정향, 미르라, 서양 삼나무 등에 기생하는 해충을 막아주는 퇴치제 역할을 한다. 성가신 벌레나 곤충이 달려들지 못하게 할 목적으로 정원이나 가정에서 사용할 수 있는 에센셜오일 성분의 스프레이도 있다.

게 만들어준다.

그러나 양털에 뿌려진 살충제로 인해 라놀린은 알레르기를 유발할 가능성이 있다. 소비자를 생각하는 양심적인 제조사들은 원료로 구입한 라놀린의 살충제 사용 여부를 공개한다. 그러나 많은 제조사들이 제품에서 살충제의 잔류물이 제거되었다고 소비자들을 안심시키고 있지만 진실을 파악할 길은 없다. 라놀린을 사용해 제품을 만드는 제조사가 이런 의혹에서 벗어날 수 있게 해주는 라놀린 대체품이 있다. 쉐어버터가 대표적인 성분이며, 라놀린과 비슷한 점성을 낼 수 있는 것으로는 세틸알코올, 비즈왁스, 세틸팔미테이트 등이 있다.

● **라벤더**

라벤더 꽃에서 얻은 에센셜오일은 향수에 가장 많이 쓰이면서도 우수한 품질을 지닌 향으로 인정받고 있다. 방향제의 용도뿐 아니라 화장품의 조성 성분으로 들어가는 라벤더 오일은 혈액순환을 촉진하고 피부를 진정시키는 효과가 있다.

※ **레몬밤**

레몬밤의 신선한 잎을 손가락 사이에 넣고 비비면 레몬 향이 난다. 이런 이유로 레몬밤을 레몬 향이 나는 식물군에 포함시킨다. 레몬밤의 에센셜오일은 잎에 분포된 분비샘에서 얻는다. 레몬밤은 타닌 성분, 쓴맛이 나는 물질 등을 포함한다. 화장품 산업에서 레몬밤은 피부 진정 작용과 안정 효과가 뛰어나 복합성 피부용 크림과 토너에 사용되거나 목욕물에 첨가하는 성분으로 쓴다. 레몬밤과 서양 보리수 꽃에서 얻는 차는 피부의 혈액순환을 촉진한다. 이 차에 천을 적신 다음에 물기를 약간 빼고 얼굴에 붙여서 30분 정도 스며들도록 하면 좋은 효과를 볼 수 있다.

● 레시틴

레시틴은 세포막을 구성하는 중요한 성분이다. 우유, 계란 노른자위, 식물성 오일 등에 많이 포함되어 있다. 레시틴은 보습 기능을 하여 건조한 피부를 촉촉하게 해줄 뿐 아니라 피부가 활성 물질을 흡수하도록 도와주는 작용을 하기도 한다. 피부 세포에 활성 물질을 전달하는 리포솜을 만들기 위해서는 특수한 레시틴을 이용한다.

● 로즈마리

로즈마리의 잎을 따는 시기는 꽃이 피기 직전이다. 로즈마리의 잎은 타닌, 쓴맛이 나는 물질, 1~2퍼센트 정도의 에센셜오일 등이 들어 있다. 로즈마리는 모공이 넓어진 지성 피부와 외부 자극을 받아 부은 피부를 진정시키는 데 좋은 성분들이 많이 함유되어 있다. 위치하젤(witch hazel)에서 얻은 성분과 로즈마리 에센셜오일을 섞은 혼합물은 크림을 만드는 데 사용한다. 로즈마리는 혈액순환을 좋게 하고, 신진대사를 촉진하며, 소염 작용을 한다. 샤워젤이나 비누에 포함된 로즈마리 향은 각성 기능과 활력 증진 효과가 있다. 로즈마리를 마사지 오일로 사용하면 근육 경련을 완화하는 데 도

**

아보카도, 바나나, 파인애플 등에서 추출한 성분이 우수하다는 것은 잘 알려진 사실이지만 화장품에 극히 미미한 양만을 배합하면서 천연 성분을 사용했다고 광고한다. 따라서 이러한 성분들의 작용으로 얼마만큼의 효과를 볼 수 있을지에 대해서는 의문을 갖지 않을 수 없다.

움이 된다.

※ 로즈힙

로즈힙의 열매를 압착하면 강한 활성 성분이 들어 있는 오일을 추출할 수 있다. 다중불포화지방산과 비타민 C가 풍부한 로즈힙 오일은 건조한 피부에 보습 작용을 한다.

● 마누카

티트리 오일처럼 마누카 오일도 도금양과에 속하는 식물에서 추출된다. 이 두 가지 오일은 서로 비슷한데, 마누카 오일은 과일향이 나는 차이점이 있다. 마누카 오일은 잎, 얇은 가지 등을 증류하여 얻는다. 하지만 이 방법을 통해 얻는 오일의 양이 많지 않아서 티트리 오일보다 훨씬 비싸게 거래된다. 시중에서 판매되는 마누카 오일은 품질의 차이가 매우 심한데, 반드시 '시네올'의 함유량이 3~4퍼센트가 넘지 않는지를 확인해야 한다. 피부를 자극할 위험이 있기 때문에 피부가 민감한 사람은 제품 속에 포함된 이 성분의 농도를 확인해야 한다.

● 마카다미아넛

마카다미아 씨 오일은 태평양 주변의 열대지방에 분포한 관목에서 얻는다. 이 오일은 피부에서 분비되는 피지의 성분과 매우 비슷하며, 팔미트레인산이라는 매우 귀한 물질을 함유해 건조한 피부를 보호하는 데 효과가 좋다. 마카다미아 씨 오일은 피부를 부드

럽게 하고 곱게 할 뿐 아니라 매끄럽게 보이는 효과도 내고 있어
화장품 원료로서 가치가 높다.

● 만다린

만다린 오일은 다양한 용도로 쓰이는데, 향은 원기를 강화시켜
주는 효과가 있다. 오일은 유탁액의 농도를 높이는 데 쓰인다.

※말로우

말로우 추출물은 피부에 좋은 작용을 하는 타닌 성분, 식물성
점액 등을 다량 함유하고 있다. 이 꽃의 추출물은 피부 보습 효과
가 탁월하고 부드럽게 해주는 성질이 있어 건조한 피부용 스킨케
어 제품에 많이 사용된다.

● 멘톨

멘톨은 박하에서 추출한 에센셜오일을 구성하는 주요한 성분
이며 박하 향이 난다. 멘톨은 보디용 제품에 청량감을 주기 위해
많이 쓰인다.

● 몰약

몰약은 감람과에 속하는 식물이다. 향이 나는 수액은 나무껍질
을 잘라 얻는다. 몰약 나무에서 얻은 수지는 살균 기능은 물론이고
수렴 작용, 피부 탄력에 좋은 효과를 발휘한다. 이런 장점으로 몰약
의 에센셜오일은 피부 노화를 개선하는 화장품의 원료로 쓰인다.

● 물

증류수는 화장품에서 보형제로 쓰인다. 물에 흔히 상존하는 미네랄 성분, 미생물 등이 포함되지 않아야 한다. 증류수는 물에 녹는 물질을 녹이는 용제로 쓴다. 수분을 흡수하는 성분이 포함된 증류수는 피부를 부드럽고 유연하게 만들어준다.

● 물냉이

물냉이는 철분, 포타슘, 요오드 등이 풍부하게 들어 있다. 음식물로 섭취한 물냉이는 혈액 속의 노폐물을 정화하는 역할을 잘 수행한다. 물냉이는 필링 제품이나 각질을 제거하는 제품에 사용되며, 색소침착이 된 반점도 엷게 해준다.

● 밀

밀배아는 영양 보조식이며, 마그네슘, 포타슘, 비타민 E군 등을 함유한다. 밀배아 추출물은 피부를 매끄럽게 하고, 피부가 건조해지는 것을 막아준다.

● 밍크

밍크 오일은 사람들이 밍크의 표피처럼 곱고 빛나는 피부를 연상한다는 사실에서 착안하여 화장품에 사용하는 성분이지만 실제로 별 효과도 없고 쓰임새도 없다. 밍크의 등에 분포된 지방에서 밍크 오일을 얻는다.

● 바닷소금

바닷물을 원료로 한 화장품은 해수에 포함된 활성 성분, 미량 원소 등이 들어 있다. 피부에 유용한 효과를 발휘하는 주요 물질들의 기능은 다음과 같다.

- 칼슘과 마그네슘 성분을 화합물의 형태로 함유하고 있는 포타슘은 알레르기 발생을 억제하고 노폐물을 제거하는 작용을 한다.
- 소염 작용을 하는 칼슘은 노화가 진행 중인 피부에 보습 작용을 한다.
- 마그네슘은 동맥 혈관의 내벽에 콜레스테롤이 쌓이는 것을 막아준다.
- 소듐은 몸 안의 수분량을 조절해준다.

● 버독

버독의 뿌리는 예로부터 주로 낮보다는 밤에 사용되던 약용식물이었다. 버독의 뿌리에서 추출한 기름을 머리에 바르고 자면 탈모 예방에 효과가 있다고 알려졌기 때문이다. 실제로 버독의 뿌리 추출물은 모발과 피부에 사용하는 제품에 주로 쓰인다. 건조한 피부, 홍반, 습진 등에도 유용한 치료제로 쓰인다.

● 보리지

보리지는 오래전부터 요리에 사용되었던 식물이다. 거친 잎이 특징인 보리지는 씨앗에서 오일을 추출한다. 씨앗에는 필수지방산인 리놀렌산, 알파리놀렌산, 감마리놀렌산 등이 풍부하다. 보리지 오일은 소양증, 건조한 피부, 거친 머릿결, 약한 손톱 등을 개선하는 데 유용하다. 또 피부가 수분을 유지하도록 피부 탄력을 지켜주는 보리지 오일은 염증이 쉽게 나는 지성 피부에 적당하다. 푸른색의 아름다운 꽃이 피는 보리지는 확실한 치료 효과를 가진 식물이다. 이 식물에서 얻은 추출물을 넣은 습포는 부은 피부를 진정시키는 작용을 한다.

● **분열조직**

분열조직에서 얻은 추출물은 의학용으로 사용되는 성분이다. 자연 속에 무한대로 존재하는 이 성분이 피부에 영원한 젊음을 선사한다는 소문은 허구로 밝혀졌다. 분열조직이 젊음의 샘은 될 수가 없지만 몇 가지 장점이 있다. 햇빛 알레르기 증상을 완화해주고, 세포를 손상시키는 주범으로 알려진 활성산소를 포획하는 기능이 있다. 식물학 용어인 '분열조직'은 식물의 줄기나 뿌리의 끝에 있는 조직이다. 빠르게 분열하는 세포로 되어 있다.

● **비즈왁스**

벌집에서 추출한 순도 높은 비즈왁스는 흰색이나 노란색을 띠며, 화장품 성분으로 오래전부터 사용된 전통이 있다. 크림 유형의 화장품에서 비즈왁스는 유탁액을 안정시키는 기능이 있다. 여러 성분들이 적당히 혼합되도록 1~3퍼센트 정도의 비즈왁스를 소량 배합하며, 색조 화장용 펜슬에 사용될 때는 경도를 높여준다.

● 산자나무

척박한 땅에서 자라는 관목인 산자나무의 열매는 둥근 오렌지색이다. 뮈슬리(müsli)와 요구르트에 시럽 형태로 혼합되는 산자나무 열매는 비타민 C의 함유량이 매우 높다. 화장품에서는 열매의 과육을 저온에서 압착해 얻은 오일을 사용한다. 이 열매에서 얻는 오일은 햇빛에 노출되어 자극을 받았거나, 트고 건조한 피부를 진정시켜주는 데 도움이 된다. 또 자외선에 노출된 피부가 활성산소로부터 공격받는 것을 막아주는 역할도 한다.

● 살구

살구 씨에서 추출한 오일은 불포화지방산을 포함해 피부 보호와 보습에 좋은 역할을 한다. 살구 씨 오일은 아몬드 오일과 비슷한 성질이 있다. 또 화장품 제조 시 크림과 같은 성질의 점성을 내는 데 사용한다. 필링 제품의 성분으로 사용되는 곱게 분쇄된 살구 씨는 피부 표면의 죽은 세포를 제거하는 역할을 한다. 아몬드 오일은 귀하기 때문에 이것과 거의 동등한 정도의 우수한 품질을 갖고 있는 살구 씨에서 얻는 오일을 대체품으로 쓰는 경우가 많다.

● 살리실산

들에서 자라는 식물인 속새에서 얻은 추출물은 살리실산이 많이 들어 있다. 살리실산은 화장품에 사용되어 피부를 탱탱하게 해주고 탄력성을 복원시켜주는 데 매우 중요한 역할을 한다. 미네랄 성질을 지닌 살리실산은 미세 분말 형태로 천연 자외선 차단 물질로 사용되거나 좀 더 굵은 가루는 구강청정제를 제조할 때 사용되기도 한다.

※ 서양고추나물

서양고추나물은 상처가 났을 때나 피부가 찢어졌을 때 치료하는 약용식물로 귀하게 쓰인다. 서양고추나물 오일은 여드름이 났거나 청결하지 않은 피부에 사용하기 위한 크림이나 마스크 제품에 주로 이용된다. 거칠고 민감한 피부를 개선하기 위한 화장품을 가정에서 직접 만들 때도 흔히 첨가하는 성분이다. 서양고추나물 오일은 햇빛 노출에 따른 가벼운 일광 화상을 진정하는 효과가 있다. 붉은 오렌지색의 서양고추나물에서 얻는 오일은 상처를 치료하는 효과가 있다. 그렇지만 햇빛에 드러나는 피부에 이 오일을 바르면 반점이 생길 가능성이 매우 높기 때문에 조심해야 한다.

● 서양송악

신선한 잎에서 송악 추출물을 얻을 수 있다. 이 추출물의 진정 기능과 활력 보강 기능은 무엇보다도 두피에 좋은 효과가 있다.

※ 서양톱풀

서양톱풀에 포함된 성분의 의학적 효능은 잘 알려져 있다. 약용 목적으로는 위장의 통증을 완화하는 데 사용한다. 또 피부 질환의 경우에는 서양톱풀을 달여 우러난 물을 사용하는데, 습포를 적셔서 환부에 대어 치료하거나 목욕물에 섞어 사용할 수 있다. 이 식물은 소염 작용, 살균 기능, 진정 효과를 발휘한다.

● **선백리향**

지중해가 원산지인 이 방향성 식물의 독특한 향은 매우 유명하다. 선백리향은 강한 살균 작용이 있어 면도 후에 사용하거나 피부를 청결하게 하는 토너로 쓰인다. 프랑스 남부 지역에서 많이 자라는 선백리향은 약용식물로 사용되기도 하지만 차로도 이용되어 꿀을 넣어 마시면 기관지염, 백일해, 상기도에 발생한 카타르성 염증 등을 치료하는 데 도움이 된다. 또 선백리향 차는 기침을 잦아들게 해주고 거담 작용도 한다.

● 세라마이드

피부의 각질층에 존재하는 지방 성분인 세라마이드는 지질의 일종이며, 각질층을 탄력 있게 하고 피부가 건조해지는 것을 막아준다. 세라마이드는 피부가 외부 자극에 대항하는 보호막을 형성하는 데 중요한 역할을 한다. 또 피부가 곱고 탄력 있는 상태를 유지하도록 세포의 기능을 강화한다. 화장품에 사용되는 식물성 세라마이드는 세포의 활동을 안정시키고, 피부가 수분을 함유하는 능력을 높여준다. 그 결과 피부는 건강을 되찾고 주름 형성을 늦출 수 있으며, 피부 결이 더욱 고와지고 외부 자극에 저항할 수 있는 힘이 생긴다.

● 세이지

세이지는 잎이 넓고 향이 나는 꽃이 피는 방향성 식물이다. 세이지 추출물은 수천 년 전부터 약용식물 요법에서 매우 귀하게 써왔다. 세이지의 에센셜오일은 소염 작용과 살균 기능뿐만 아니라 소독 효과도 있다. 이 오일은 깨끗하지 못한 지성 피부를 청결하게 해주는 제품에 쓰이는 성분이다. 세이지 추출물은 피부의 신진대사를 촉진하고, 세이지를 우려낸 물은 치주 질환이나 잇몸에 피가 날 때 사용할 수 있는 좋은 치료제다. 한 가지 주의할 점은 세이지 오일은 아주 소량만 사용해야 하고, 특히 임산부나 수유중인 여성에게는 절대 사용하면 안 된다.

● 세틸알코올

세틸알코올은 알코올과 비슷하지만 지방성을 나타내며, 액체가 아니고 왁스다. 크림에 사용되는 세틸알코올은 균질하게 섞이지 않는 단점이 있지만 피부를 부드럽게 하는 데는 효과가 탁월하다. 또 이 성분은 머리를 단정하게 다듬어주는 모발용 제품에 사용되기도 한다.

● 세틸팔미테이트

향유고래에서 얻는 고래기름인 경랍은 오래전부터 화장품에서 아주 귀하게 사용됐던 성분이다. 향유고래 개체수의 감소를 막기 위해 경랍 대용품을 사용했는데, 그것이 바로 세틸팔미테이트다. 이 물질은 크림 형태의 화장품에 비즈왁스 또는 세틸알코올을 사용했을 때보다 훨씬 부드러운 점성을 지닌다.

● 쇠뜨기

'말꼬리' 또는 '쥐꼬리'라는 이름을 가지고 있으며 규산이 풍부한 이 약용식물은 피부 탄력성을 복원해주는 기능이 있다. 감염된 상태에 있는 여드름을 소독하는 작용을 하기도 한다. 습진이나 화농성 상처와 같이 좀 더 심각한 경우에는 쇠뜨기 성분을 넣은 습포나 목욕물이 효과가 있다. 규산이 풍부한 쇠뜨기는 옛날에는 주석으로 만들어진 식기를 닦아 윤을 내는 데 사용했다.

● 쉐어버터

화장품을 제조하는 사람들에게는 반드시 첨가해야 할 성분으로 한 번 정도 고려하지 않을 수 없는 성분이 있는데, 그것이 바로 쉐어버터다. 쉐어버터는 아프리카가 원산지인 카리테(karite) 나무의 열매에서 얻는 식물성 지방 물질이다. 이 나무의 열매는 피부에 매우 유익한 지방 물질이 무려 50퍼센트나 들어 있다. 비감화성 물질, 천연 알란토인, 비타민 E, 카로틴 등을 함유한 쉐어버터는 피부를 유연하게 해주고 염증을 완화해준다. 이러한 효능과 부드러운 촉감을 선사하는 사용감 덕분에 쉐어버터는 화장품 성분으로는 이상적이라 할 수 있다. 또 햇빛에 노출된 후에 사용하는 크림용 제품을 만드는 데도 사용된다.

● 스파이크라벤더

스파이크라벤더는 고산지대에서 자라는 식물이며, 뿌리에서 채취한 추출물은 피부에 활력을 주는 효과도 있고 동시에 진정 작용도 한다. 비누 제조 시 많이 사용된다.

● 시트릭애씨드

레몬은 천연 화장품에 대표적으로 사용되는 성분이다. 레몬주스와 레몬 오일은 청량감을 주며, 살균 효과도 우수하다. 수렴 효과와 기름기를 제거하는 성질로 인해 지성 피부를 가진 사람에게 적당하다. 매니큐어를 칠하기 전에 레몬에서 얻은 에센셜오일에 손을 담그면 약하고 부서지지 쉬운 성질의 손톱을 유연하고 강하게 만들어준다.

● 실크 단백질

누에고치에서 얻는 실크 단백질은 '세리신'과 '피브로인'이라는 두 가지 단백질 성분이 주성분이다. 뽕잎을 먹고 자란 누에나방이 고치에서 나오는데, 그때 비어 있는 고치는 세리신을 다량 포함하고 있다. 피브로인은 화학적 분리 과정을 통해 얻는다. 실크 단백질을 원료로 한 화장품은 피부에 수분을 보충하고 보습 효과를 오래도록 유지하는 작용을 해 피부 탄력을 되찾아주고, 피부를 건강한 상태로 만들어준다. 모발용 제품에도 실크 단백질을 많이 사용하는 까닭은 모발에 볼륨감을 주고 손질을 쉽게 해주기 때문이다. 또 실크 단백질은 수분과 결합하는 성질이 있어 거칠고 손상된 머릿결에 사용하면 좋은 효과를 볼 수 있다.

● 쐐기풀

쐐기풀에는 혈액을 정화하는 성분이 들어 있다. 알코올 추출방식을 사용하여 이 풀의 뿌리에서 얻는 물질은 두피의 혈액순환을 촉진하거나 비듬을 없애는 모발용 토너를 만드는 데 사용된다. 쐐기풀은 지성이나 정상 피부용 기초 제품을 만들 때도 사용된다.

● 아르간 나무

모로코에서 오래전부터 사용되던 아르간 나무 오일은 한동안 신문 지면을 장식했던 성분이다. "센세이션을 일으킬 만한", "신물질의 발견", "가장 비싼 만큼 최고의 효능" 등과 같은 문구와 함께 유럽에 소개되었다. 아르간 나무 오일이 지닌 우수한 효능을 알게 된다면 이러한 찬사를 받아 마땅하다고 생각할 것이다. 모로코 남서쪽 지방이 주산지인 황금빛의 아르간 나무에서 얻는 이 오일에는 불포화지방산이 풍부하고, 특히 올레인산과 리놀레인산이 다량 들어 있다. 게다가 비타민 E처럼 토코페롤의 함유 비율이 매우 높아서 '안티에이지의 수호자'라는 명성을 얻고 있다. 토코페롤은 활성산소에서 세포를 보호하고 피부 노화를 늦추는 기능을 하는 것으로 알려져 있다.

아르간 나무 오일은 특히 중년의 거친 피부에 매우 좋다. 이 오일의 용도는 화장품 제조에만 국한되는 것은 아니다. 북아프리카의 베르베르 부족은 수세기 전부터 음식을 조리할 때도 사용해왔다. 세계적인 인기를 얻은 제품 가운데 아르간 나무 오일은 아프리카를 원산지로 둔 대표적인 상징물이 되고 있다. 가나가 원산지이고 높이가 10미터에 이르는 아르간 나무는 오래전부터 모로코 남서부 지방인 '아가디르'와 '에사우이라' 사이의 지역에서만 밀집해 자라왔다. 이곳의 아르간 나무를 중심으로 한 대규모 숲은 유네스코가 자연보호 지역으로 지정했다.

80만 헥타르 면적에 분포된 2100만 그루의 아르간 나무 숲은 환경 면에서도 매우 중요한 역할을 한다. 사막화가 진행되는 척박한 이 지역에서 아르간 나무는 위험에 처한 생태계를 보호하고 있기 때문이다. 또 아르간 나무는 사회적으로도 상당한 영향을 미치고 있다. 이 나무를 활용한 덕에 경제적 수입이 늘어 농민들의 도시 이동이 줄었기 때문이다. 300만 명의 인구가 현재 이 나무를 직·간접적으로 이용하면서 살아가고 있다.

베르베르 부족은 아르간 나무를 다양한 용도로 활용한다. 나무는 연료나 목재로 사용하고, 잎과 열매의 과육은 염소와 낙타의 사료로 이용한다. 열매의 씨는 오일을 얻는 데 쓰고, 열매와 씨를 갈아서 얻은 가루는 가축의 사료가 된다. 전통적으로 여성의 노동력으로 재배되어 활용되는 아르간 나무는 남부 모로코 지역에서 여성의 지위 향상에 큰 보탬이 된다. 서구 세계에서 점점 더 늘어나는 아르간 오일의 수요는 여성 인력의 가치를 높이고, 아르간 나무를 더 많이 재배하는 계기가 된다.

이처럼 영향력이 큰 아르간 나무의 열매는 작아도 씨는 매우 크다. 가끔 붉은 빛을 내비치는 노란색 열매는 단단한 씨를 두둑한 껍질이 감싸고 있다. 열매 속에는 세 개의 씨가 들어 있는데, 각각의 씨에는 단백질 성분의 오일이 55퍼센트나 들어 있다.

※ 아르니카

강력한 활성 성분을 포함한 약용식물인 아르니카는 사용할 때 주의할 점이 있다. 구강 섭취 시에 매우 강한 독성이 나타나므로 피부 외용제만으로 사용이 한정된다. 아르니카는 피하출혈, 염좌, 근육이나 인대의 파열 등에 습포 형태로 사용하면 매우 효과적이다. 그렇지만 상처가 드러나 있는 부위에 사용하면 안 된다. 그 이유는 알레르기 반응을 유발할 수 있기 때문이다. 화장품 용도로서 비타민 A를 함유한 아르니카는 기름기로 인해 깔끔하지 못한 지성 피부용 로션에 주로 쓰인다. 아르니카 연고는 청소년기에 발생하는 여드름을 방지하는 데도 효과적이다.

데이지 꽃을 닮은 아르니카는 가장 오래된 약용식물 가운데 하나다. 식물 보호종인 이 꽃은 산악 지대의 풀이 성긴 초원에서 잘 자란다. 그러나 의학적 지식 없이 임의로 판단해 치료 목적으로 아르니카를 먹어서는 절대로 안 된다. 이 식물의 모든 부분은 '헬레날린'이라는 독성 물질이 들어 있기 때문이다.

● **아몬드**

아몬드 오일은 화장품에 사용되는 오일 가운데 가장 대표적인 것이다. 아몬드 나무의 열매에서 얻은 스위트아몬드 오일은 잘 썩지 않는 성질이 있다. 따라서 크림, 목용용 오일, 세정용 오일 등에 유용하게 쓰인다. 아몬드 오일은 화장품을 만들 때 넣는 오일 가운데 품질이 가장 우수하고 부드러운 성질이 있다. 아몬드 오일은 지성 피부에도 사용할 수 있으며, 피부를 매끄럽게 하는 특징이 있다. 또 피부에 닿았을 때 촉감이 매우 부드럽다. 오일을 생산하는 과정에서 부수적으로 발생하는 아몬드 열매의 껍질은 필링 제품에 사용한다.

아몬드 오일을 이용하여 집에서 간단하게 고마주(gommage) 필링제를 직접 만들어볼 수 있다. 한 숟가락 분량의 커민(cumin) 가루와 동일한 분량의 아몬드 오일을 골고루 섞기만 하면 된다. 이렇게 만든 고마주 필링제를 얼굴에 바른 다음에 가볍게 마사지를 하면서 부드럽게 떼어내면 된다. 이렇게 하면 피부 상태가 마치 팩을 한 듯한 효과가 난다.

● **아보카도**

　추출물이나 오일의 형태로 이용되는 아보카도는 화장품에서 매우 특별한 효능을 낸다. 아보카도 오일은 피부에 흡수가 매우 잘 돼 수분 유지에 효과가 탁월하다. 게다가 비타민과 불포화지방산이 풍부하며, 유화제 역할을 하는 레시틴도 들어 있다. 비타민 A가 풍부한 아보카도 오일은 세포 재생을 촉진하고, 각질을 제거하며, 피부가 두꺼워지는 것을 방지한다. 비타민 B는 세포의 신진대사를 원활하게 해주고, 비타민 F는 피부가 트는 것을 막아준다. 아보카도 추출물은 피부가 거칠어지는 것을 막아주며, 다양한 활성 물질을 포함해 나이트크림이나 지치거나 민감한 피부 또는 노화 예방용 마스크 등에 주로 쓰인다. 아보카도 오일에 들어 있는 불감화성 물질은 피부에 형성된 색소침착성 반점을 제거하는 작용도 한다.

● **아이브라이트**

　아이브라이트는 오래전부터 약용식물로 알려져 있다. 중부 유럽, 러시아, 발칸 반도 등지에서 자란다. 아이브라이트 추출물은 진정 작용과 재생 작용이 탁월해 눈 주위가 부었을 때 가라앉히는 데 애용한다.

● 알란토인

컴프리 뿌리에서 추출한 물질인 알란토인은 피부에 촉촉함을 주며, 소염 작용도 한다. 흑선모, 밀배아, 인도가 원산지인 밤 등에도 알란토인이 많다. 알란토인은 자극을 받은 피부를 진정시킬 뿐만 아니라 피부를 청결하게 해주는 작용도 한다. 거칠고 튼 피부를 매끈하게 해주며, 여드름 예방 크림에도 사용된다.

● 알로에

백합과의 식물인 알로에는 화장품 원료로서 많은 인기를 끌고 있다. 미국 인디언 '호피' 부족이 '하늘의 기적'이라고 이름 붙인 알로에는 화장품 제조사 모두가 탐내는 식물이다. 고온 건조한 기후에서만 잘 자라는 선인장과에 속하는 식물의 잎에서 알로에 추출물을 얻는다. 연구에 따르면 알로에는 상처를 아물게 하는 치료 효과가 있다고 한다.

과학자들은 알로에를 구성하는 물질이 무려 160여 가지나 되고 있음을 밝혀냈는데, 그중에서 중요한 것들은 미네랄, 효모, 비타민, 아미노산 등을 꼽을 수 있다. 추출된 알로에 수액은 쉽게 변질될 정도로 매우 불안정하므로 신속한 가공 과정이 필요하다. 알로에가 이렇게 많은 인기를 얻게 되자 시중에서 판매되는 제품 가운데는 알로에 성분을 미량만 배합하거나, 품질이 떨어지는 것들도 많은 편이다.

알로에는 거칠고 손상된 피부를 부드럽게 해줄 뿐만 아니라 피부 탄력성도 되돌려준다. 알로에 잎에서 얻은 즙은 탁월한 보습 효과를 내는 동시에 피부 자극을 완화해주는 기능도 있다. 직사광선에 노출되어 벌겋게 익은 피부를 진정시켜주고 보호하는 작용을 한다. 이런 기능 덕분에 알로에는 보습 크림과 자외선 차단 크림에 두루 사용된다.

과육을 많이 포함하는 알로에는 잎이 뾰족한 식물이며, 잎을 자르면 투명한 젤이 나오는데, 이것이 바로 화장품의 활성 성분으로 많이 사용되는 알로에베라의 원료가 된다.

● 알코올

알코올은 주로 소량으로 로션이나 토너에 쓰인다. 다양한 기능을 하는 알코올은 기름기 제거, 살균, 소염, 피부 진정 등의 작용을 한다. 그러나 농도를 높게 하여 사용하면 피부를 자극할 수도 있다.

● 오렌지

오렌지는 화장품에 사용되는 다양한 성분을 공급하는 원천이 된다. 오렌지에서 얻는 오일은 탈취제로도 쓰이며, 꽃을 증류하여 에센셜오일을 생산하는 과정에서는 오렌지 꽃물을 얻는다. 살균과 진정 작용을 하는 이 물은 발산 속도는 빠르지만 순한 향이 난다.

오렌지 꽃을 증류하여 얻은 물은 화장수로 사용된다. 약한 오렌지 향을 발산하며 피부를 진정시키는 효과가 있고 소독 작용도 한다.

● 오이

　보습 작용이 우수하기로 잘 알려진 오이는 당분과 미네랄 성분이 들어 있다. 오이는 천연 화장품의 클렌징 로션에 사용되며, 오이의 즙은 피부의 불순물과 피지를 부드럽게 제거해준다. 오이를 얇게 썰어서 몸에 붙이는 것은 피부의 수분 함유율을 높일 수 있는 가장 간단하고 효과적인 방법이 되고 있다. 신선한 오이는 당분과 미네랄 성분의 함유량이 높아 훌륭한 보습제가 된다. 오이 즙은 피부의 산도와 비슷하여 완벽한 천연 수렴 화장수이지만 신선한 오이 즙을 사용해야만 효과가 있다는 불편한 점이 있다.

● 올리브

　오일을 풍부하게 함유하고 있는 올리브 나무의 열매는 수천 년 전부터 지중해 주변의 국가와 중동 지방의 문화에서 중요한 위치를 차지해왔다. 올리브 오일은 올레인산과 리놀레인산이 풍부해 화장품에 많이 쓰는 전통적인 성분이다. 피부에 매우 잘 흡수되어 피부를 부드럽게 보호하는 기능을 한다. 크림이나 고급 화장품에 사용되는 오일은 저온에서 압착했을 때 초반에 나오는 것을 채취한 것이다.

● 우유

　우유는 신체뿐 아니라 피부에도 필요한 모든 영양 물질을 함유하고 있는 식품이다. 우유는 피부 상태를 개선하기 위해 가장 오래 전부터 사용한 물질 중 하나다. 신선한 우유는 탄수화물, 단백질,

지방, 비타민류, 미네랄, 미량원소 등을 포함하고 있다. 우유에 들어 있는 성분들이 발휘하는 효과는 다음과 같다.

- 탄수화물과 유당은 피부에 수분을 공급하고, 표피가 수분을 간직하는 데 도움을 준다.
- 젖산은 피부의 적절한 산성도를 유지해주고, 산성 보호막을 만들어 외부의 공격으로부터 지켜준다. 또 천연 젖산은 방부제 역할을 한다.
- 단백질과 그 분해 물질은 피부가 건조해지거나 유분기가 줄어드는 것을 예방하고, 혈액순환과 신진대사를 촉진한다. 게다가 피부에 존재하는 질소 복합체, 아미노산 등을 형성하는데도 많은 도움을 준다.
- 우유의 지방 성분과 분해 물질은 외부 자극에 노출되어 피로한 피부에 매우 유익한 효과를 준다. 비타민, 미네랄, 미량원소, 효소 등은 몸이 활력을 되찾는 데 도움을 주며 활기가 없는 피부에 자극을 주는 효과도 있다.

우유에 들어 있는 다량의 활성 물질은 건강하고 탄력 있는 피부를 만드는 데 중요한 역할을 한다. 즉 혈액순환을 좋게 할 뿐 아니라 우리 몸에 영양을 공급하고, 거칠고 손상된 피부를 매끈하게 복원하면서 동시에 피부를 재생하는 기능까지 갖고 있다.

한편 염소젖을 발효하여 얻은 물질은 화장품에서 쓰임새가 많은 유용한 성분이 된다. 하지만 좋은 품질의 성분을 얻기 위해서는 염소에게 호르몬 농도가 높지 않은 사료를 먹이로 주어야 하며, 방목 방식도 유기농 사육 규정에 맞추어야만 한다. 염소젖 성분을 포함한 화장품은 피부가 제 기능을 하는데 큰 역할을 한다. 발효 과정에서 나오는 '젖산 L(+)'은 알파 하이드록시 애씨드(천연 과일 산)와 같은 효과가 있다. 이 젖산과 유산염은 각질에 탄력을 주고 피부를 보호하는 기능을 한다. 품질이 우수한 염소젖 성분의 화장품은 쉽게 자극을 받는 피부에 매우 좋은 효과를 낸다.

우유는 영양분이 풍부한데도 모든 사람이 우유의 혜택을 누릴 수가 없다. 많은 사람들이 우유 알레르기와 소화 장애를 겪기 때문이다. 아프리카 사람과 아시아 사람의 상당수는 우유를 마시는 데 어려움을 겪는다. 그들에게는 우유를 소화시켜서 영양분을 흡수하게 해주는 효소가 부족하기 때문이다.

● 위치하젤

관목 종류인 위치하젤(witch hazel)은 북아메리카가 원산지이지만 유럽에서도 자라고 있으며, 개암나무와 매우 비슷하게 생겼다. 위치하젤에서 나오는 물은 증기 증류 과정을 통해 얻는다. 위치하젤은 타닌 성분이 다량 있어 피부에 탄력을 주고, 혈액순환을 원활하게 해주며, 부기를 없애는 효능이 있다. 위치하젤에서 얻는 다양한 성분은 잡티가 쉽게 생기는 지성 피부용 화장품에 많이 사용된다.

※ 유럽라임트리

유럽라임트리는 꽃이 한껏 피었을 때만 꽃 속의 활성 성분이 최대로 되는 특징이 있는 나무다. 이 꽃을 우려낸 물과 딱총나무의 꽃을 우려낸 물은 감기에 매우 효과가 좋은 치료제다. 화장품 분야에서 유럽라임트리의 꽃은 아름다움의 원천으로 여겨진다. 이 꽃에 포함된 성분은 피부 조직을 강화해 활성 성분이 잘 흡수되도록 한다. 이런 성질로 페이셜용 토너를 만드는 데 유용하게 쓰인다. 유럽라임트리의 꽃에서 얻은 성분을 사용한 화장품은 건조하고 민감한 피부에 좋다.

● 유차나무

유차나무 잎에서 얻은 추출물은 피부를 청결하게 하고, 잡티를 없애는 효과가 있어 맑은 얼굴을 만드는 데 도움을 준다. 진정 작용을 하는 이 추출물은 민감성 피부용 스킨케어 제품에 사용된다.

● 유칼립투스

유칼립투스의 에센셜오일은 주로 잎에서 얻으며, 살균 기능이 있고 혈액순환을 촉진한다. 발에 사용되는 제품, 모발용 제품, 탈취제 등에 유용하게 쓰인다. 유칼립투스는 오스트레일리아의 남서부 지방과 태즈메이니아(Tasmania)가 원산지며 오늘날에는 모로코와 스페인에서도 재배한다. 이 나무의 에센셜오일은 활성 성분과 방향 물질로 사용된다.

● **인도 멀구슬나무**

인도 멀구슬나무는 인도가 원산지며, 이 나무에서 얻은 오일은 얼마 전부터 대단한 인기를 누리고 있다. 아유르베다의 의술에 따르면 인도 멀구슬나무는 아주 오래전부터 수많은 질병에 대한 치료약으로 알려져왔다. 다스릴 수 있는 질병의 종류가 거의 백 가지가 넘어 인도 멀구슬나무에 얼마만큼 많은 유용한 성분이 들어 있는지를 가늠하게 해준다. 이 나무에서 얻는 오일은 향이 매우 좋아서 다른 여러 식물성 오일에 첨가되기도 하며, 소양증이나 부종에 좋은 치료제가 된다. 손톱 밑에 거무스레한 반점을 없애는 데도 인도 멀구슬나무를 이용한다. 화장품으로는 비듬을 예방하는 데 쓰고, 치약 성분으로 들어가 잇몸이 붓는 것을 막아준다.

● **인도쪽**

아프리카, 인도, 페르시아, 아메리카 지역 등지에서 자생하는 관목인 인도쪽은 인디고라 불리는 푸른색의 염료를 인류에게 선사하고 있다. 수천 년 전부터 인디고는 모든 종류의 천을 염색하는 데 쓴 전통 염료였다. 화장품에서는 모발 염색제로 쓴다.

● **자작나무**

약용식물 요법에 따르면 자작나무 잎을 우려낸 물은 요도를 세척하는 데 쓰거나 발한증을 치료하는 데 쓴다. 자작나무 추출물은 화장품에도 사용되는데, 함유된 활성 성분이 두피의 혈액순환을 촉진하고 수렴 작용을 하기 때문에 주로 모발용 토너에 쓴다.

자작나무 잎에는 치료 효과가 있는 다양한 성분이 들어 있다. 에센셜오일, 칼슘, 철, 수산화나트륨, 인 등을 대표적으로 꼽을 수 있다. 자작나무는 의학적 용도로 사용되어 관절염, 통풍, 신장 및 요로결석, 류머티즘, 콜레스테롤 과다 등을 치료하는 데 쓴다.

● 참깨

참기름은 디기탈리스와 매우 닮은 식물에서 얻는다. 참깨의 씨는 거의 냄새가 없는 투명한 오일을 약 50퍼센트 정도 함유하고 있다. 참기름은 피부에 부드러움을 주며, 눈가에 사용하는 크림을 만들 때도 주요 성분으로 들어간다. 또 자외선을 차단하는 작용도 약하게나마 하고 있다. 참깨 오일 습포는 피부를 건강하게 만들어주어 탄력성을 높여준다. 얼굴과 목 부위에 참깨 오일을 바르고 수건으로 덮은 상태로 한 시간 정도 흡수되도록 그대로 둔다.

● 카나우바 왁스

카나우바 왁스는 남아메리카에서 자라는 카나우바 야자나무의 잎에서 얻는다. 화장품 용도로는 색조 제품의 내용물을 단단하게 응고할 목적으로 쓴다.

● 카렌둘라

중세시대의 유명한 여성 치료사인 힐데가르트 폰 빙헨이 피부를 청결하게 하기 위해 카렌둘라(금잔화)를 사용했다고 한다. 독일 보건부는 화상, 찰과상, 염좌 등에 효과가 있는 국소용 소염 물질로 카렌둘라를 선정했다. 진정 효과와 보호 작용이 있는 카렌둘라 꽃에서 얻은 추출물은 페이셜용 토너나 피부 재생 크림 종류의 화장품 원료로 사용된다. 특히 건조한 피부에 효과가 좋다. 카렌둘라 꽃은 비타민 A의 전구체인 카로티노이드를 고농도로 함유하여 부드러운 천연 비누를 제조할 때 배합하는 이상적인 성분이다.

● 카카오 버터

카카오 나무의 열매를 갈아서 얻는 지방 물질은 함유된 크림 성분이 균질한 상태로 분포되어 있어 피부에 잘 발릴 뿐 아니라 흡수도 잘되는 특징이 있어 화장품에 많이 쓰인다. 반면에 카카오 버터는 반응이 쉽게 일어나는 자유 지방산이 고농도로 함유되어 피부를 자극할 가능성이 높다. 이런 이유로 손톱과 입술을 보호하는 제품에만 한정되어 쓰인다.

● 카테츄

카테츄는 인도가 원산지며 미모사과에 속한다. 과거에 카테츄는 가죽을 무두질하는 데 쓰였으며, 수렴하는 성질을 활용해 의학용으로 사용하기도 했다. 카테츄는 모발 염색용으로 사용되는 밝은 갈색의 분말을 얻기 위한 원료가 된다.

● 캐모마일

캐모마일의 장점은 여러 가지 성분들이 섞여 있을 때 각기 저마다 효능을 끌어올려 시너지 효과를 내는 것으로 유명하다. 캐모마일 오일은 염증을 완화하는 물질인 '비사볼올', 혈관을 이완·확장시켜 혈압을 떨어트리는 '아피게닌' 등과 같은 성분을 비롯하여 20여 가지의 플라보노이드가 들어 있다. 캐모마일 오일이 지닌 소염 작용과 진정 효과는 잡티가 많은 민감성 피부에 알맞다. 모발용 착색제로서 캐모마일은 따뜻한 색조나 밝은 금빛을 내는 데 쓰인다. 캐모마일 오일 1리터를 생산하기 위해서는 400~500킬로그램의 저먼 캐모마일이 필요하고, 150킬로그램의 로만 캐모마일이 필요하다.

● 캠퍼

　캠퍼는 열대지방에서 자라는 관목이며, 이 나무에서 얻은 분말은 강장 작용을 하는 성분이 들어 있다. 캠퍼는 혈액순환을 촉진하고 피부 활력을 증강하는 효과로 인해 천연 화장품에 많이 쓰인다. 캠퍼와 알코올의 혼합물은 페이셜용 토너에 주로 사용되고, '카잘(인도 전통 방식의 아이라이너)'에 배합되어 눈을 편안하게 해주고 청량감도 준다.

● 코코넛

　체온 정도의 온도에서 쉽게 녹는 코코넛 버터는 야자나무 열매에서 추출된다. 코코넛 버터나 코코넛 오일은 피부를 치유하는 기능이 있어 호평을 받고 있다. 코코넛 버터는 수소 화합물 상태로 색조 화장품에 혼합되는데, 그 용도는 제품을 사용하기에 적당하도록 내용물의 경도를 높여주는 역할을 한다. 코코넛 오일을 포함한 비누는 피부에 유연성을 주며, 면도할 때 피부를 보호하는 면도 크림에도 쓰인다.

● 콜라겐

콜라겐은 인체의 결합조직을 구성하는 주요 성분이다. 피부 노화가 진행되면 원래 용해되는 성질이 있는 콜라겐이 비용해성을 띤다. 그렇게 되면 피부는 수분과 쉽게 결합할 수가 없어 탄력을 잃게 된다. 콜라겐은 피부에 보습 효과, 탄력성, 유연성 등을 주기 위해 화장품에 사용된다. 그러나 유의해야 할 점 한 가지가 있다. 동물성 콜라겐은 광우병 감염의 위험이 도사리고 있기 때문이다. 대체물로서 식물성 콜라겐을 선택할 수 있다.

● 콩

레시틴, 비타민 E 등이 풍부한 콩 오일은 주로 강낭콩에서 얻으며, 다양한 유형의 화장품 원료로 쓰인다. 이 오일은 특이한 용도가 있는데, 식물에서 추출물을 얻기 위한 과정에 사용된다는 점이다. 예를 들어 콩 오일을 촉매로 사용하여 카렌둘라 오일을 얻는 것이다. 콩 오일은 피부를 부드럽게 할 뿐 아니라 수분도 공급하여 피부를 유연하게 하고 탄력도 높여준다.

● 탈크

탈크는 암석 속에 존재하는 흰색을 띠는 분말인데, 피부에 잘 달라붙는 성질이 있어 피부를 보송보송한 상태로 만들어준다. 탈크 분말은 페이셜용 파우더의 성분으로 사용된다.

● 토코페롤

식물성 오일에서 얻는 토코페롤(비타민 E)은 피부 노화를 방지하는 화장품에 사용되는 성분이다. 토코페롤은 천연 항산화제로서 활성산소를 무력화해 세포 손상을 막고 노화의 진행을 지연하는 효과를 낸다.

● 티트리

티트리는 수천 년 전부터 오스트레일리아 원주민들이 상처를 치료하는 데 사용해왔으며 현대 의학도 이 나무가 치료 효과가 있음을 증명했다. 1922년에 과학자들도 티트리가 살균 작용을 하며, 사상균증이나 습진에 효과가 있음을 입증했다. 이후 호주 시드니 출신의 화학자인 펜폴드가 처음으로 티트리의 잎에서 에센셜오일을 증류하기에 이르렀다.

최근에 이르러 티트리 오일은 순수 오일 또는 다른 성분과 혼합한 형태로 다양한 제품에 사용되기 시작했다. 발가락에 무좀이 있는 사람은 임상 사례를 통해 치료 효과가 증명된 바 있는 티트리 오일을 처방받게 된다. 티트리 오일은 피부에 잘 흡수되고, 피부 깊숙한 곳까지 청결하게 해주고, 활성 성분이 피부에 잘 흡수되기 위한 보형제 역할까지 하므로 천연 화장품의 소중한 원료로 쓰인다. 또 샴푸, 컨디셔너, 보디 및 핸드크림, 구강청정제, 비누 등에도 사용된다.

티트리 오일은 거칠어진 발을 부드럽게 만들어준다. 열 방울 정도의 오일을 떨어트린 뜨거운 물에 발을 담그면 놀라울 정도로 나아진 효과를 볼 수가 있다. 매우 거칠어진 발도 부드러움을 되찾을 수 있다.

● 파인애플과 식물

파인애플과에 속하는 식물의 열매나 줄기에서 얻는 추출물은 피부에 유익한 작용을 한다. 그렇지만 스크럽 제품에 사용하면 피부나 점막 등을 손상시킬 가능성이 있어 사용상 주의가 필요하다. 파인애플 추출물은 피부의 신진대사 과정에 관여하는 성분이지만 강한 자극을 유발할 수 있기 때문에 순한 천연 치료 요법에는 거의 쓰이지 않는다.

● 페퍼민트

페퍼민트는 오일, 멘톨, 타닌, 쓴맛이 나는 물질 등과 같은 여러 가지 성분을 함유한 식물이다. 페퍼민트에서 얻는 에센셜오일은 피부의 신진대사와 수분의 순환을 촉진한다. 페퍼민트는 목욕용 제품, 구강청정제, 스킨케어 제품 등에 주로 사용된다.

박하는 오래전부터 효능이 입증된 약용식물이지만 섭취량을 제대로 지키지 않으면 피해를 입을 수 있음을 일깨워주는 좋은 본보기가 된다. 고농도의 박하 성분은 독성을 띤다. 그래서 성인의 하루 섭취량은 수프용 숟가락 하나 분량의 박하 잎이 최대 허용량이다. 박하를 매일 차로 마실 때는 가끔씩 쉬어가면서 마셔야 한다.

● 프렌치 로즈

장미도 오래전부터 잘 알려진 약용식물이다. 누구나 탐낼 만큼 좋은 특징을 많이 가진 다마스크장미(damask rose)의 오일은 고급스럽고 값이 비싸다. 250년 전부터 발칸반도에 있는 불가리아의 햇볕이 잘 드는 언덕에서 자라나는 장미에서 고가의 오일을 채취하기 시작했다. 1킬로그램의 오일을 얻기 위해서 무려 5000~6000킬로그램에 해당하는 장미의 잎이 필요하다는 것은 기억해둘 만하다.

장미 오일은 페이셜용 크림에 쓰이지만 목욕 후에 바르는 보디용 제품에는 순도가 100퍼센트에 가까운 오일을 사용한다. 장미 오일은 모든 타입의 피부에 적합하며 특히 민감성 피부에 매우 좋다. 가정에서 직접 화장품을 만드는 사람들이 전통적으로 사용하는 장미수 속에도 장미 오일이 소량 함유되어 있다. 수렴 작용을 하는 부드러운 장미수를 얼굴에 바르면 피부 활력을 높여주고, 피부 결을 곱게 할 뿐 아니라 면역 기능도 강화해준다.

장미수 습포는 지치고 창백해진 얼굴에 좋은 효과를 낸다. 장미수 몇 방울을 떨어트려 적신 따뜻한 천을 얼굴에 덮으면 된다. 얼굴에 염증이 있을 때는 사용하면 안 된다.

● 프로폴리스

프로폴리스는 꿀벌들이 식물의 싹에서 채취한 수지와 자신의 소화액을 혼합해 만든 교상 물질이다. 이 성분은 가정에서 직접 화장품을 만들 때 흔히 쓰이지만 알레르기 반응에 주의해야 한다. 피부과 의사들은 프로폴리스에 알레르기 반응을 보이는 사람들의 수가 매우 빠른 속도로 늘고 있다고 지적하기 때문이다.

● **피마자**

라틴어로 '리치누스(ricinus)'라는 단어는 '진드기'를 뜻한다. 피마자 나무의 씨앗이 진드기를 닮았기 때문에 이런 이름이 붙었다. 저온 압착 과정을 거쳐 씨앗에서 오일을 추출한다. 코를 찌르는 강한 냄새 때문에 화장품에는 매우 소량만 사용한다. 피마자 오일은 색소를 녹이는 용제로서 립스틱에 많이 쓰며, 비타민을 비롯해 매우 귀한 지방산이 풍부하여 점도가 높은 크림이나 마사지 오일에 주로 들어간다. 또 모발 보호 기능도 우수하다.

● **해바라기**

해바라기 씨에서 얻은 오일은 불포화지방산이 풍부하다.

● **해조류**

해조류 추출물은 피부 보습 작용이 매우 우수한 성분이며, 유해 산소에서 피부를 보호하는 기능도 있다. 피부에 탄력을 주는 섬유 세포를 보호하고, 피지선의 활동을 촉진하는 데도 유용하다.

● **헥토라이트**

헥토라이트는 미국 헥토(Hector) 지역에 매장되어 있는 광물로서 비누 성질을 나타내는 물질이 들어 있다. 미네랄이 풍부하고,

고도의 민감한 피부를 가진 사람이 씻을 때 비누 대신에 쓸 수 있는 대용품이다. 헥토라이트는 계면활성제나 다른 성분을 첨가하지 않아도 부드러운 세정 작용을 한다. 사용 시에만 물을 섞을 수 있도록 주로 분말 형태로 판매한다. 세정 용도와는 별도로 헥토라이트는 밀배아 오일, 코코넛 오일, 호호바 오일 등과 함께 혼합되어 스킨케어용 제품에 쓰인다. 또 페이셜용 필링 제품에도 사용되며, 손상된 머릿결을 되돌려주는 제품에도 쓰인다.

＊＊
식물에서 얻는 많은 활성 성분의 효능은 식물성 호르몬이 발휘하는 치료 효과와 비슷하다. 화장품에서는 식물성 에스트로겐을 풍부히 함유한 호프와 식물성 호르몬과 효소를 고농도로 함유한 밀배아를 사용한다.

● 헤나

헤나 분말은 북아메리카, 중동 지방 등에서 자라는 관목에서 얻으며, 예로부터 염료로 사용되었다. 화장품에서는 붉은색을 띠는 오렌지색을 내는 모발 염색제로 쓰기 위해 중화되지 않은 헤나 추출물을 사용한다. 헤나는 착색제 용도뿐만 아니라 모발 케어용 제품에 사용되기도 하는데, 이 경우에는 색을 내지 않고 머릿결을 윤기 나게 하고 풍성하게 해주는 역할을 한다.

● 호두

호두나무는 매우 오래전부터 맛있는 열매로 잘 알려져 있다. 호두와 목부의 초록색 껍질, 건조시킨 잎 등에서 화장품을 만들 때 유용한 추출물을 얻는다. 호두 추출물은 지성 피부용 제품과 기름기가 많은 모발용 제품에 쓰인다. 호두 껍질의 외피와 호두나무의 잎에 들어 있는 성분은 여드름, 습진, 화상 등을 치료할 때 좋은 효과를 낸다. 호두 껍질 추출물은 선탠 효과를 내는 천연 성분이 되고 있다.

● 호프

　호프는 유럽대륙 중에서도 충적토로 이루어진 늪지대의 숲이
원산지다. 독일의 바이에른 지방이 전 세계 호프 생산량의 30퍼센
트를 차지한다. 호프의 줄기는 무려 5미터 높이까지 올라간다. 의
학용으로 쓰이는 호프는 신경과민, 불면증, 신경성 위통 등을 치
료하는 데 쓰인다. 화장품 분야에서 호프의 추출물은 피부 노화나
건조를 예방하는 데 쓰인다. 또 피부 통기성을 높여주고, 피부 재
생을 촉진하고, 피지선을 자극해 피지 분비를 원활하게 해주는 작
용을 한다.

● 호호바

　호호바 오일이란 용어는 잘못 쓰이는 말이다. 호호바 왁스는
식물계에서 유일하게 10도에서 녹기 때문에 보통 사람들은 대체
로 녹아 있는, 오일 상태의 호호바 왁스를 본데서 기인되었다. 멕
시코 사막 지대와 미국 남동부 지역에서 자라는 상록수 잎을 가진
회양목과에 속하는 관목의 씨앗을 압착해서 오일을 얻는다. 거의
향이 나지 않는 호호바 오일은 방부제를 첨가하지 않아도 변질되
지 않고 장기간 보존할 수 있다. 호호바 오일은 매우 다양한 장점
을 가지고 있다. 특히 피부 적합성이 뛰어나 피부에 유막을 만들
지 않으면서 빠르게 흡수된다. 또 무른 피부를 탄력 있고 부드럽게
해줄 뿐 아니라 거칠고, 외부 자극을 심하게 받은 피부에도 유용하

다. 직사광선에 노출되기 전이나 후에도 바를 수 있고, 목욕이나 사우나 후에도 마사지 오일로 이용된다.

호호바 오일은 과거에 화장품 성분으로 사용되었던 고래기름과 화학적인 조성 면에서 매우 유사하다. 죽은 고래에서 추출하였던 고래기름은 이제는 생물 종의 보호 차원에서 사용을 금지하고 있다.

● **회향**

노랗고 푸르스름한 꽃이 피고 독특한 향을 발산하는 큰 키의 회향은 지중해가 원산지인 아관목과 식물이다. 회향의 열매는 아네톤과 페콘이 주된 활성 물질로 구성된 에센셜오일을 최소한 4퍼센트 함유하고 있다. 회향 오일은 살균 효과가 뛰어나 화장품에서는 진정 작용을 하는 제품과 토너에 주로 쓰인다.

● **효모 추출물**

비타민 E가 풍부해 화장품 원료로 많이 이용되는 효모는 피부에 바르는 제품에 쓰이기도 하고 직접 섭취하기도 한다. 다이어트 제품을 파는 상점에서 효모를 원료로 한 제품을 구입할 수 있다. 효모는 페이셜용이나 보디용 마스크에 사용되는 효과 만점의 성분이다. 또 잡티가 많은 지성 피부나 여드름이 난 피부에 매우 적합한 성분이다.

● 히알루론산

히알루론산은 수탉의 벼슬에서 추출하며, 화장품 기능 중에서는 수분을 간직하는 역할을 한다. 수분을 흡수하는 성질이 매우 강해 밀폐된 용기에 보관해야 한다. 히알루론산은 수십여 년 전부터 기적의 물질로 알려져 있지만 피부를 젊게 만들어줄 수는 없다. 그렇지만 피부를 매끄럽게 하고 수분을 간직하는 막을 형성하여 피부를 탱탱하고 탄력 있게 만들어준다. 히알루론산은 피부 기저가 아니라 표면에서만 작용하므로 사용을 그만두면 유연성 효과는 곧바로 사라진다. 화장품에 쓰는 히알루론산은 천연 물질이 아니라 생체공학을 이용해 합성한 것이다.

 비비누화 물질은 매우 회귀하다

가정에서 화장품을 만들기 위해 오일이나 지방성 물질을 구입하는 과정에서 '비비누화 물질'이란 낱말을 자주 접할 수 있다. 비비누화 물질은 식물계에서 매우 드물게 발견되는데, 주로 씨앗이나 열매에 들어 있다. 대부분의 오일에서 비비누화 물질의 함유량은 겨우 0.2~2퍼센트 정도로 매우 소량이지만 상급품의 아보카도 오일은 최대 6퍼센트까지 함유하며, 쉐어버터는 무려 11퍼센트나 포함한다. 오일이나 지방성 물질에 들어 있는 비비누화 물질은 피부를 유연하게 하고, 피부가 수분을 유지하는 데 도움을 주고 피부를 보호하는 역할을 해 화장품 산업에서는 매우 중요한 활성 물질이다.

천연 화장품은
성분 배합과 제조 방법이 다르다

'천연 화장품' 이란 말을 듣게 되었을 때 소비자들은 부작용에 대한 걱정을 덜고, 순한 자연 성분으로 아름다움을 책임지는 제품이라는 이미지를 떠올린다. 하지만 이것이 사실이라면 얼마나 좋겠는가! 천연 화장품은 종종 마케팅의 산물이고, 실제 효능보다 고평가되고 있다. 엄밀히 따지면 배합된 성분의 백 분의 일 아니 천 분의 일 정도만 단지 천연 물질을 포함하고 나머지는 시중에서 흔히 구할 수 있는 일반 화장품 성분과 똑같은 것을 사용해 만든 사실을 감추는 경우가 허다하다.

화장품 광고의 문구를 보면 칼슘, 올리브 오일 등과 같은 천연 성분의 장점을 늘어놓고 있다. 거의 모든 화장품 회사는 녹색의 물결에 동참하고 있다. 그래서 하나같이 똑같은 말을 쏟아낸다. 그러나 식물성 원료를 배합했다거나 특수한 성분을 전면에 내세우거나 자연의 흐름에 순응하는 방식을 차용했다거나 하는 주장을 들여다보더라도 천연 화장품이 발휘할 수 있는 효능에 대해서는 한

마디도 하지 않고 있음을 눈여겨봐야 한다. 진정한 천연 화장품 혹은 유기농 화장품은 일반 화학 화장품과 비교할 때 천연 성분의 배합 측면에서 매우 큰 차이가 있음을 알아야 한다.

진짜 천연 화장품은 천연 성분의 배합 유무뿐만 아니라 장기간에 걸친 개발의 결실로 획득한 특수 제조 비법의 차이에서도 구별된다. 특별한 노하우로 천연 성분을 제품에 혼합하는 방법을 개발한 것은 매우 중요한 점이다. 예를 들어서 합성 방부제를 사용하지 않고 제품을 생산한다면 완전히 새로운 방식의 방부 처리 시스템을 개발해야 하기 때문이다. 이런 시스템의 도입은 배합 방식과 생산 과정에 변화를 준다.

유기농 제품의 인증,
품질 그 이상의 문제

모든 경쟁자들이 한 테이블에 앉게 되는 일은 매우 드물다. 1990년대 말에 독일의 BDIH(독일 의약품, 건강 제품, 건강 보조 식품, 위생 용품 산업과 유통 협회)의 주관하에 천연 화장품 대기업의 책임자들이 참석하여 천연 화장품의 개념과 기준, 그리고 소비자에게 천연 화장품을 올바르게 알릴 수 있는 방안에 대해 논의했다. 수년 동안 계속된 논의 결과 천연 화장품을 규정한 제품 명세서의 작성과 아울러 천연 화장품을 인증하는 기준까지 마련하게 되었다.

2000년대 초부터 유럽의 여러 나라에서는 제대로 된 천연 화장품을 찾으려는 소비자의 수요가 갈수록 늘어나고 있다. 따라서 이 같은 현실을 반영해 '천연' 또는 '유기농' 화장품을 인증하는 제도를 도입하게 되었다. 현재 천연 화장품 인증을 획득하기 위해서는 제품 및 제조 명세서를 제출해야 하고 화장품협회가 제조사에 대해 실시하는 정기적인 감사를 수용해야만 가능하다. 이렇게

세계적인 유기농 열풍

　　유기 농산물은 유기농법을 기반으로 생산된 것을 말한다. 영국의 유기농 시장 조사 기관인 '오르가닉모니터(Organic Monitor)'의 자료에 따르면 국제적으로 거래되는 유기 농산물의 규모는 300억 유로 이상을 상회한다. 유럽에서 가장 큰 유기농 시장은 독일, 이탈리아, 프랑스 등을 꼽을 수 있다. 유기농업의 개념을 특징짓는 두 가지 원칙은 화학합성 농약과 화학비료의 사용을 금지하는 것이다. 토양의 질은 윤작을 통한 자연적인 방식으로 해결하며, 작물의 성장에 해를 끼치는 잡초는 유기농 방식이나 친환경적인 기술로 제거해야 한다.

　　2007년 국제유기농협회, 유기농연구센터, 유기농재단 등이 협력하여 〈유기농실태보고서〉를 발표했다. 이에 따르면 전 세계적으로 3100만 헥타르에 이르는 경작지에서 수많은 종류의 작물들이 유기농법으로 재배되고 있다고 한다. 유기농 경작지가 많은 나라의 순서를 보면 오스트레일리아가 1180만 헥타르로 1위이고, 이어서 아르헨티나가 310만 헥타르, 중국이 230만 헥타르, 미국이 160만 헥타르로 뒤를 잇고 있다. 농작물 경작지 가운데 유기농업이 차지하는 비율이 가장 높은 나라는 유럽의 국가들인데, 그중에서 오스트리아가 1위이며 14퍼센트 이상을 점유한다.

　　프랑스는 세계 5위의 유기농 곡물 생산 국가인데, 생산량이 많은 국가의 순위를 보면 이탈리아가 1위이고, 미국, 독일, 캐나다의 순이다. 유기농 포도의 경우 프랑스는 이탈리아에 이어 두 번째로 생산을 많이 한다. 유기농 방목은 프랑스가 세계 9위를 차지한다.

승인을 받은 화장품은 유기농 제품을 판매하는 매장, 전문 뷰티클리닉 등에서 구입할 수 있다. 의약부외품만을 취급하는 점포, 할인점 등에서 판매되는 천연 화장품에 붙은 인증 라벨은 신뢰의 표시가 될 뿐 아니라 소규모 회사에게는 치열하게 벌어지는 화장품 판매 경쟁에서 현실적인 우위를 점하는 강점이 된다.

　　그러나 천연 화장품이 일반 화장품의 대안으로 신뢰를 가질 만한 제품으로 소비자들에게 인정받기 위해서는 일관성 없이 제멋대로인 인증 표시법을 개정하여 천연 화장품의 영향력을 확보해야 한다. 그 이유는 현재 소비자들이 다양한 인증 라벨과 천연 화장품임을 증명하는 광고와 홍보 기사를 접하고 있기 때문이다. 이탈리아, 영국, 독일, 프랑스 등지에서 사용되는 국가별 인증 로고는 천연 화장품의 개념과 신뢰성을 알리기에는 부족한 점이 많다.

　다양한 종류의 천연 화장품 인증 라벨이 규정하는 각각의 명세서에는 세부 사항에 따라 차이가 있지만 '공통분모'는 엄연히 존재한다. 공통분모란 각각의 제품에 사용된 성분의 99퍼센트가 특별한 기준에 따라서 선택되었다는 점이다. 독일의 경우 20년 전부터 천연 화장품을 제조하는 선구적인 제조사들은 실험과 경험에서 도출된 성분 채택 기준으로 천연 화장품에 사용될 성분을 선별하고 있다.

　그 기준 중 몇 가지를 들어보면 파라핀 계열과 실리콘 계열 물질의 사용 배제, 합성 착색물질과 향의 사용 배제, 유전자 변형이 발생한 원료와 방사선을 쏘인 성분의 사용 배제, 라놀린이나 꿀처럼 동물의 생명에 아무런 해가 되지 않는 방법으로 획득한 성분을 제외한 모든 동물성 원료의 사용 배제, 에톡시화 반응을 거친 물질의 사용 배제, 식용 방부제에 속하는 방부제의 사용 제한(독일의 BDIH는 이런 방부제를 사용했을 시 포장에 반드시 보관 방법과 사용한 방부제를 명기하도록 하고 있다), 가능한 한 유기농으로 재배된 식물에서 얻은 원료 사용 등을 꼽을 수 있다.

　천연 화장품 탄생의 역사를 간단히 살펴보자. 1995년, 독일에서 유기농 제품을 생산·유통·판매하는 회사들의 모임인 BNN이 천연 화장품의 기준을 정하기 위해 처음으로 제품 명세서를 작성 하였다. 이 명세서의 대략적인 흐름은 화장품이란 오로지 피부가 가진 복원 능력을 개선하기 위해서만 존재해야 한다는 분위기를 풍기고 있었다. 그렇지만 당시의 화장품 조류로 볼 때 명세서가 정 한 성분을 적용하여 제품을 제조한다는 것은 거의 불가능에 가까 웠다. 어떠한 화장품 제조사도 이러한 명세서가 요구하는 까다로 운 조건을 맞출 수 없었기 때문에 명세서의 기준에 부합하는 제품 이 만들어지지 않았다. 오늘날 이 제품 명세서는 효력을 잃었다.

프랑스에서는 1996년에 '자연과진보협회'가 유기농 박람회 및 전시회에 참가할 화장품 제조사를 선별해야 할 필요성과 전시 회에 출품될 제품들에 유기농 개념을 적용하여 분류할 목적으로 BNN이 유기농 화장품으로 인정한 제품 목록을 참고했다. 이후 1997년에 '자연과진보협회'는 화장품, 위생 용품, 비누 등을 대상 으로 프랑스판 유기농 제품 명세서를 최초로 작성했지만 독일의 BNN의 경우와 마찬가지로 유기농 성분 조달이 어려워 현실적인 적용을 할 수 없는 이유로 제품 명세서가 상당한 비난을 받았다.

그렇지만 새로운 화장품의 개념을 담은 이 문서는 나중에 천연 화장품의 모범으로서 인용되기에 충분한 가치를 지니게 되었다. "자연과진보협회가 제시하는 기준에 따라서 화장품과 보디용 위 생 제품을 제조할 때 준수해야 할 조건은 합성 물질을 사용하지 말 아야 하며, 환경보호 기준에 부합하는 제조 설비를 갖추어야 하고, 생산 과정에서는 환경보호 규정을 준수하고, 단순한 화학적 또는 물리적 조작에 의해서 얻은 물질이나 원료만을 사용해야 하는 것이다"라고 명세서는 적고 있다.

2001년에 유기농 화장품과 관련하여 중요한 진전이 있었다. '벨레다', '발라', '로고나', '라베라' 등과 같은 독일의 선도적인 제조사들을 주축으로 BDIH 협회 내에 신설한 천연 화장품 담당부서가 4년간 준비한 끝에 천연 화장품에 관한 개념과 제품 기준을 담은 상세 규정집을 발표한 것이다. 현실적으로 적용할 수 있는 실용성과 성분 획득의 기원에 대해 자세히 규정한 덕분에 이 규정집은 대단한 인기를 얻었다. 규정집은 당시에 사용되던 2만여 개에 이르는 화장품 성분 중에 천연 화장품 제조에 사용이 허가된 690여 개 성분에 관한 목록을 포함하고 있었지만, 이 목록은 공개되지 않았다.

BDIH 인증 라벨

이 규정집에 따르면 식물 추출물이나 오일은 반드시 유기농법으로 재배된 산물에서 획득해야 한다고 명시하고 있으며, 성분 심사는 그 출처에서부터 획득 과정까지 엄격하게 실시한다고 적혀있다. 천연 화장품을 개발하기 위해서 제조사들은 이 목록을 참고해야만 했다. 이 규정집은 현실적으로 적용하기 쉽게 만들어져 천연 화장품 제조를 장려하고 있다. 또 규정에 맞게 생산되었는지를 검사하는 비용도 소규모 제조사들이 부담되지 않을 정도로 책정했다.

2005년 한해에만 49개 제조사의 2500여 개의 제품이 천연 화장품 인증을 받았으며, 아울러 제품의 생산 과정이 규정에 부합했는지에 대해서도 독립적인 심사 기관이 검사를 실시했다. 인증 증명서는 각각의 제품에 부여하며, 브랜드 자체에는 부여하지 않았다. 한 브랜드에 속하는 제품의 60퍼센트가 규정집이 정한 기준에 부합하면 그 브랜드는 천연 화장품 로고를 붙일 권리를 획득한다. 이런 엄격한 규정으로 천연 화장품을 생산하고 있다는 명성을 얻기 위해 인증을 쉽게 얻으려는 제조사의 의도를 사전에 봉쇄할 수 있었다.

현재 정확한 통계는 없지만 유럽에서 판매되는 공인 천연 화장품의 절반은 BDIH가 인증한 천연 화장품일 것으로 추측된다. BDIH 제도는 독일, 네덜란드, 오스트리아, 스위스 등에 도입되어 있고, 인증을 받은 천연 화장품은 프랑스를 비롯하여 40여 개국에 수출된다.

프랑스의 상황도 비슷했다. 2002년에 유기농 식품 분야를 주로 취급하면서 잘 알려진 '에코서트(Ecocert)'라는 인증 기관이 천연 화장품에 관한 표준 규범을 제안했다. 이 표준규범은 '유기농 화장품협회(Cosmébio)'를 결성한 10여 개의 천연 화장품 생산 회사들이 제정한 규정집이다. 유기농 식품 인증 분야에서 권위가 있는 에코서트는 이 규정집을 보완했다. 프랑스는 독일 방식과는 달리 천연 화장품이라는 용어를 사용하는 대신 이를 세분하여 '유기농 화장품(CosméBio)'과 '친환경 화장품(CosméEco)'으로 나누어 각각 명칭을 부여했다. 이 규정집에 따르면 성분의 배합량 차이를 구별하여 상이한 두 가지 라벨을 붙이고 있다.

에코서트 인증 라벨

● 유기농 화장품

성분의 95퍼센트 이상은 천연 물질을 사용하고, 전체 성분의 최소 10퍼센트는 유기농법에서 획득한 식물 성분을 포함해야 한다. 뿐만 아니라 배합된 식물 성분 중에서 95퍼센트를 차지하는 부분은 유기농법으로 재배하여 얻은 산물이라는 것을 증명할 수 있는 성분이어야 한다.

유기농 화장품 인증 라벨

● 친환경 화장품

성분의 95퍼센트 이상은 천연 물질을 사용하고, 전체 성분의 최소 5퍼센트는 유기농법에서 획득한 식물 성분을 포함해야 할 뿐만 아니라 배합된 식물 성분 중에서 50퍼센트를 차지하는 부분은 유기농법으로 재배하여 얻은 산물임을 증명할 수 있어야 한다.

친환경 화장품 인증 라벨

이 두 가지 라벨은 유기농 화장품 협회에 가입한 제조사만이 부여받을 자격이 있다. 그러나 협회에 가입하지 않은 제조사라 하더라도, 유기농 규정에 부합하는 제품을 생산했다면 유기농 제품 전문 평가 기관인 에코서트의 인증 라벨을 받을 수 있다. 프랑스 소비자들은 이 세 가지 라벨을 일상적으로 접하고 있지만 그 차이점을 구별하는 수준에는 이르지 못하고 있다.

2005년 에코서트는 프랑스, 독일, 포르투갈, 스페인, 벨기에, 브라질, 캐나다 등지에 위치한 77개의 제조사를 인증하였다. 다양한 인증 기관 및 라벨로 인해 프랑스 사람들에게 혼선을 불러일으키는 와중에 또 하나의 인증 기관인 '프랑스품질(Qualité

France)'이 새로운 천연 화장품 규정집을 내놓았다. 2004년에 이 기관은 프랑스 산업부에 표준 규범을 제출했는데, 유기농 성분의 함유량에 따라 두 가지 부류로 인증하는 방식이 에코서트의 규정과 매우 유사하다. 현재 5~6개의 제조 회사만 이 기관을 통해 인증받았다.

이탈리아와 영국에서도 프랑스와 마찬가지로 전통 있는 유기 농업의 영향을 받아 천연 화장품 규정집을 만들었다. 영국의 '농업협회(Soil Association)'와 이탈리아의 '유기농협회(AIAB)'가 천연 화장품을 규정하는 업무를 수행했다. 현재까지 이 두 협회가 인증한 제조사는 거의 없으며, 이 협회가 인증한 제품은 독일과 프랑스를 비롯하여 해외에 전혀 소개되지 않고 있다.

이처럼 천연 화장품에 대한 유럽 여러 나라들의 인증 실태를 살펴보았는데, 인증 제도는 규정집을 기초로 성립되었고, 인증을 부여하기 위한 심사는 독립적인 기관이 담당한다. 한편 인증 라벨은 브랜드에 부여되는 것이 아니라 제품 하나하나마다 심사하여 부여하는 방식을 취한다. 이와 같은 엄격한 심사 방식은 천연 화장품을 부각시키고 시장점유율을 높이는 데 기여할 뿐 아니라 천연 화장품에 대한 신뢰를 형성하는 데 필수 조건이라는 것도 알 수 있었다.

독일의 '노이포름(Neuform)'이라는 라벨은 유럽의 여러 다른 나라의 천연 화장품 인증 제도와는 다른 방식을 취하고 있다. 이것은 규정집이라기보다는 품질에 관한 인증이다. 독일에서는 십여 년 전부터 2500여 개 유기농 식품 매장에서 이 라벨이 부착된 화장품이나 식료품을 판매하고 있다. 이 라벨을 확산시키는 데 공헌한 사람들은 노이포름 협동조합을 결성한 소매상인들이다. 여러 다른 천연 화장품 인증 라벨과는 달리 노이포름 라벨은 제품이 속한 브랜드에 부여되지만 제품에 대한 품질 검사나 인증도 없고 별도의 심사 기관도 존재하지 않는 차이점이 있다.

노이포름 인증 라벨

규정집이나 라벨 부여 기준은 처음부터 없었기에 문서화되어 공식적으로 발표되지도 않았다. 노이포름 협동조합에 가입한 한 제조사의 인터넷 사이트에 나타난 규정을 보면 파라핀이나 실리콘 사용은 배제하지만 동물의 사체에서 얻은 성분은 사용을 허용하고 동물실험도 용인한다. 게다가 노이포름 인증 라벨을 받은 제품이라도 파라벤류의 방부제, PEG 성분, 페녹시에탄올 등이 포함된 경우가 많다. 하지만 노이포름 라벨을 부여받은 '안네마리 뵐린트(Annemarie Börlind)' 사의 인터넷사이트에서는 이 점을 강력하게 부인한다. 노이포름 품질 인증제는 조합원들의 노력 여하에 따라 더욱 명확하고 상세한 세부 사항을 갖춘 정식 규정집의 수준으로 격상할 수 있는 확고한 기반이 될 가능성이 높다.

천연 화장품 인증 제도의 탄생 기원은 다음과 같이 두 가지로 나뉜다. 독일의 BDIH의 천연 화장품 규정은 현재 서로 치열한 경쟁을 벌이는 제조사들이 과거에 공동으로 제안한 기본 골격을 토대로 형성되었다. 프랑스의 에코서트를 비롯하여 다른 국가의 여러 종류의 천연 화장품 규정은 유기농 전통의 영향력에 따라 형성되었다.

독일은 화장품 경쟁력에 있어서 다른 국가와 비교해 열세에 있는 제조사들의 현실을 인지하여 먼저 자발적으로 천연 화장품 규정을 정립한 반면 다른 국가들은 유기농 성분의 안전성이나 우수성에 초점을 맞추어 규정을 만들었다. 천연 화장품 인증제와 관련한 미래의 당면 과제는 기존의 모든 인증 제도를 통합하여 소비자들이 쉽게 식별할 수 있고, 이해하기 쉽고, 신뢰할 수 있는 공동 라벨을 만드는 것이다.

유기농 인증 성분 98%
에코서트 인증 라벨의 비밀

에코서트 인증 라벨은 BDIH에는 없지만 에코서트만이 지닌 소비자의 구미를 당기는 매력적인 마케팅 요소가 있다. 그것은 "화장품에 배합된 식물 성분 중에 유기농법으로 재배되어 인증을 받은 성분이 98퍼센트에 달합니다"라는 광고 문구에 잘 나타나 있다. 그러면 천연 화장품이 유기농 성분을 98퍼센트나 포함한단 말인가? 절대 그렇지 않다. 98퍼센트라는 수치가 감춘 진실은 화장품에 특별한 관심이 없는 사람이라면 잘 알 수 없다. 제품의 성분을 분석할 줄 알고 복잡한 계산 공식을 알고 있는 사람만이 그 비밀을 해독할 수 있다. 구체적인 예를 들어보자. 100퍼센트 식물이나 자연 성분을 함유한 크림이 있다고 가정하면, 이 제품은 에코서트나 BDIH 인증 라벨을 동시에 획득할 자격이 있다. BDIH에 인증을 신청하면 규정을 만족시키므로 당연히 BDIH 라벨을 붙일 수 있다. 또 에코서트에서 인증받을 수 있으므로 인증 라벨상에 "화장품에 배합된 식물 성분 중에 유기농법으로 재배되어 인증을 받은 성분이 98퍼센트에 달합니다"라는 문구를 넣을 수 있다. 여기서 반드시 알아야 할 사항은 크림을 구성하는 주성분은 '물'이며 일반적으로 60~70퍼센트를 차지한다는 사실이다.

예를 든 크림의 물 함유량을 평균으로 잡아 66퍼센트라고 가정하자. 그러면 98퍼센트라는 수치는 어떻게 도출되었는가? 이 크림이 식물성 오일이나 추출물로 22.757퍼센트를 포함하고, 이 성분 가운데 22.301퍼센트가 유기농 성분으로 인증을 받았다고 가정하자. 유기농 성분 98퍼센트라는 수치가 제품 전체에서 차지하는 비율은 실제로 22.301퍼센트밖에 되지 않는다는 말이다. 즉 제품에서 22.757퍼센트를 차지하는 식물 성분의 98퍼센트에 해당하는 22.301퍼센트가 유기농 성분임을 말한다. 물은 별도로 치고 나머지 성분은 완충화제나 농도조절제 등과 같은 유화제와 첨가제가 차지한다.

BDIH는 소비자에게 인증 라벨을 홍보하는 과정에서 유기농 성분이 발휘하는 효능을 전면에 내세우지 않는다. 이것은 결코 유기농 성분이 다른 유기농 화장품 라벨의 제품보다 덜 포함되어 있다는 뜻이 아니다. 유기농 성분이 발휘하는 효능은 매우 중요한 역할을 하므로 BDIH가 유기농 화장품으로 인증한 기초 제품 크림에도 당연히 식물성 오일과 식물성 추출물이 기본 원료로 배합되어 있다. BDIH 인증을 받은 제품에 배합되는 대부분의 기초 성분은 유기농법으로 재배된 식물에서 얻은 것이다. 예를 들어 콩, 참깨, 호호바, 올리브, 캐모마일, 박하, 로즈힙, 카렌둘라, 로즈마리, 세이지, 쉐어버터, 쐐기풀 등에서 얻은 식물성 오일이나 추출물이다.

국제적으로 인정받는
유기농 브랜드와 BDIH 인증

최근 몇 년 사이에 유기농 화장품 분야는 세계 각국에서, 특히 프랑스에서 비약적인 성장을 했다. 이러한 성공은 인증에 대한 소비자들의 관심을 모으는 계기가 되었다. 에코서트에서 인증을 받은 제품의 수효는 2005년에 1200개였는데, 2007년에는 무려 5000여 개로 가파르게 상승했다. 유기농 제품을 생산하는 회사도 70개에서 400여 개로 늘었다. BDIH는 2005년에 2500개 제품에서 4000여 개로 늘어났으며, 유기농 화장품 회사도 50개에서 130개로 불어났다. 인증 통과에 관해 한 가지 알아야 할 내용은 에코서트의 인증을 받는 것보다 BDIH의 인증을 받기가 더 어렵다는 것이다. 실제로 인증 획득 과정을 보면 BDIH 라벨을 부착할 권리를 얻기 위해서는 한 브랜드에 속하는 제품의 60퍼센트가 인증 기준에 부합해야 한다. 반면에 에코서트는 제품 하나만이라도 인증 요건을 충족하기만 하면 인증 라벨을 부여받는 자격을 얻는다.

프랑스에서는 중소 규모의 신생 화장품 회사가 설립되어 유기농 열풍에 합류하는 것이 유행이 되고 있다. 현재까지 유기농 화장품을 생산하지 않던 기존의 업체들도 점점 인증을 받은 제품을 출시하는 추세다. 다수의 기업들이 유기농 흐름에 편승하려고 하지만 그중 소수의 회사만이 장기간의 연구와 개발을 바탕으로 한 노하우를 확보하고 있다. BDIH 인증 제도를 확립한 독일의 화장품 회사들인 벨레다, 닥터하우슈카, 로고나 등과 같은 기업들의 국제적인 인지도가 높아지고 매출이 확대된 요인은 무엇보다도 장기간에 걸친 연구와 개발에서 비롯된 것이다. 영국의 유기농 시장 전문 조사 기관인 오르가닉모니터의 보고서에 따르면 '라베라'와 함께 위의 세 회사는 유기농 화장품 분야에서 세계적인 명성을 날리는 브랜드로 자리를 잡았다고 평가한다.

1970년대부터 1980년대까지 천연 화장품을 생산하는 회사가 하나둘 나타나기 시작했다. 천연 화장품의 개념이 태동하기 시작한 시기는 1970년대로 거슬러 올라가는데, 그 당시의 친환경 운동과 궤를 같이했다. 지금으로부터 약 40여 년 전 일이다. 2006년까지 천연 화장품이라는 유형은 사람들에게 큰 주목을 끌지 못하고 틈새시장으로 인식되었다. 그러나 이제는 무시할 수 없는 잠재력으로 소비자들에게 다가가고 있다.

유럽에서 일반 화학 화장품 산업의 성장률은 2003년에 3.5퍼센트, 2004년에 2퍼센트, 2005년에 1퍼센트, 2006년에 4.2퍼센트에 이르는 반면에 천연 화장품을 생산하는 회사들은 얼마 전부터 매년 두 자리 수의 매출 증가율을 과시하고 있다. 유기농 조사 기관 오르가닉모니터는 천연 화장품 시장의 연간 성장률은 20퍼센트에 이르는 것으로 예측한다. 이 분야의 시장 규모는 유럽에서는 약 11억 유로이며 세계적으로는 50억 유로에 달할 것으로 추정한다. 한편 이 조사 기관에 따르면 독일은 유럽에서 이 분야의 선두를 차지한다고 보고한다. 천연 화장품의 잠재력은 무한하며 기존의 화학 화장품을 생산하는 회사와 벤처 투자자들도 이러한 사실을 잘 알고 있다.

다양한 유통경로로
소비자와 만나다

 2006년에 '로레알' 사는 화장품 업계에 반향을 불러일으킬 만한 굵직한 두 가지 사건을 터트렸다. 화장품 업계의 세계 1위 회사가 친환경 이미지를 표방하는 브랜드인 '바디샵(The Body Shop)'을 인수하기 위해 거의 10억 유로에 달하는 거액을 지불한 것이다. 이 사건은 로레알 사가 천연 화장품 시장에 진입하기 위해 첫 번째로 취한 행동이었고 이어서 프랑스의 유기농 화장품 생산 회사인 '사노플로르(Sanoflore)'도 매입하기에 이르렀다. 이로써 천연 화장품 제조사가 일반 화장품 회사의 계열사로 편입되는 첫 번째 사례가 되기에 이르렀다.

 2007년은 전 세계적으로 이와 같은 기업 인수 바람이 매우 강하게 불었던 시기였다. 벤처기업이나 투자신탁회사 등이 전 방위적으로 투자에 참여했던 것이다. 투자신탁회사 JH Partners는 오스트레일리아 화장품 회사인 '훌리크(Jurlique)'를 인수하여 유럽으로 진출하려는 계획을 세웠다. 유럽과 북미는 유기농 화장품의 활성화에 견인차 역할을 하기 때문에 모두가 탐내는 시장이므로 그다지 놀라운 일이 아니다. 유기농 화장품의 시장점유율을 높이기 위한 치열한 경쟁이 불붙기 시작했다고 할 수 있다.

이와 같은 기업의 인수 사례만이 유기농 화장품 시장이 활성화되고 있다는 신호는 아니다. 유기농을 표방하는 새로운 브랜드가 우후죽순처럼 등록되고 있기 때문이다. 프랑스의 화장품 유통망인 '세포라(Sephora)'도 유기농 라인을 출시했다. 화장품 원료 제조사와 유통사도 천연 화장품의 활황에 힘입어 새로운 성분을 연이어 출시했다. 2008년 초에 '오르가닉모니터'지를 장식한 표지 제목이 "영국을 겨냥해 출시한 프랑스 유기농 화장품 원료"로 선정될 정도다. 물론 이 원료들은 에코서트의 인증을 받은 것이다. 에코서트가 보증한 성분은 화장품 제조사로 볼 때 품질에 대한 이의제기에서 자유로울 수 있다는 이점이 있다. 원료가 오염되지 않았을 뿐 아니라 유기농 화장품으로 인증받는 데 전혀 걸림돌이 되지 않을 만큼 우수하여 품질을 확인할 필요가 없다.

현재 천연 화장품은 다양한 유통경로를 통해서 판매되고 있다. 일상적인 판매처를 넘어서까지 소비자에게 다가가고 있다. 미국에서는 천연 화장품이 월마트와 같은 할인점에까지 진출했으며, 영국에서도 할인점 테스코는 영국의 유기농 인증 기관인 '농업협회'의 인증을 받은 제품을 판매할 수 있는 독점권을 갖고 있다. 프랑스의 사노플로르는 약국을 통해서만 유기농 화장품을 판매하는 방침을 정했다. 영국 브랜드인 스텔라맥카트니는 고급 화장품 체인점인 '세포라'에만 입점한 상태다.

NaTrue :
국제적으로 인정받는
천연 화장품 라벨을 향한 도약

현재 세계 각국에 있는 소비자들은 천연 화장품을 한눈에 알아 볼 수 있는 라벨이나 로고에 대해 큰 관심을 갖고 있다. 2001년에 BDIH 천연 화장품 인증 라벨이 처음으로 사람들에게 선보였다. 그 뒤 일 년이 지나 에코서트는 프랑스 천연 화장품 협회와 공동으로 '유기농 화장품'과 '친환경 화장품' 라벨을 만들었다. 그러나 이러한 라벨이 생긴 뒤에 상황은 더욱 복잡해졌다. 유럽의 소비자들은 무려 10여 개 이상의 라벨과 로고, 다양한 인증 기관의 명칭과 직면하였고, 서로를 구별하는 일에 어려움을 겪었다.

화장품 제조사 및 협회와 소비자들은 오래전부터 천연 화장품을 대표하는 공동 라벨의 필요성에 공감했기 때문에 유럽의 천연 화장품 협회 및 인증 기관은 유럽 공동 라벨을 만들기 위해 여러 해 동안 머리를 맞대며 협상에 임했다. 마침내 2008년 4월에 NaTrue라는 이름의 천연 화장품을 위한 국제적인 라벨을 만들었다. 이 라벨을 세상에 내놓은 단체는 EEIG(European Natural and

Organic Cosmetics Interest Grouping, 유럽 천연 및 유기농 화장품 이익단체)이다. 이들의 업무와 목적은 천연 화장품의 이익을 옹호하고, 천연 성분으로 인증받은 원료의 품질을 보증하고, 유럽연합 내에서 인증받은 유기농 화장품의 품질을 정의하는 규정을 만들고, 유사 천연 화장품과 구별되는 점을 부각하는 것이다.

NaTrue는 중소 브랜드의 회사뿐만 아니라 모든 사람에게 인지도가 높은 선두그룹의 천연 화장품 회사까지 재편성하는 중이다. 그런데 무엇 때문에 천연 화장품 업계에서 세계적인 명성이 있는 기업인 '벨레다'와 '닥터하우슈카'를 비롯하여 많은 NaTrue 라벨의 주창자들이 협력하여 이처럼 새로운 라벨을 만들고 단체를 결성하게 되었는가? 그것은 무엇보다도 공동 라벨을 만들어 유럽 및 세계 표준을 선도하는 규칙을 제정하기 위해서는 강력한 단체가 필요했기 때문일 것이다.

게다가 이 단체는 힘을 강화하기 위해 일반 화장품 산업 협회와 전략적 제휴를 이끌어내는 중이다. 독일과 스위스의 보디케어 제품 협회와 이미 협약을 맺은 상태고, 이탈리아 화장품 협회와는 협상 중에 있으며 다른 여러 나라와는 공동 라벨의 빠른 확산을 위한 협상이 시작될 예정이다. 천연 화장품 라벨인 NaTrue는 품질에 따라 다음과 같이 세 단계로 나눈다.

1. 첫 번째 단계는 사용되는 원료와 제품 제조 과정 등이 천연 화장품이 정한 기초 수준을 만족해야 한다.
2. 두 번째 단계는 유기농 재배를 통해서 얻은 천연 성분을 70

퍼센트 이상 포함해야 한다.

　3. 세 번째 단계는 가장 엄격한 조건을 요구하는 수준인데, 유기농 재배를 통해서 얻은 천연 원료를 95퍼센트 이상 포함한 진정한 유기농 화장품을 말한다.

　NaTrue 라벨의 기준 및 제반 정보는 이 라벨의 제품이 판매되는 모든 국가의 소비자들에게 투명하게 공개할 목적으로 인터넷사이트(www.natrue-label.com *이 싸이트에 들어가면 Natrue 라벨을 볼 수 있습니다)를 통해 해당 국가의 언어로 접속할 수 있도록 할 예정이다. 이 웹페이지에는 NaTrue 라벨을 획득한 모든 화장품에 관한 정보가 정기적으로 업데이트될 계획이다. 아직까지 NaTrue 라벨과 관련된 규정과 인증을 받기 위한 기준이 발표되지 않았기 때문에 세부 사항은 알려지지 않고 있다. 그렇지만 유럽연합 내의 소비자들에게 천연 화장품에 대한 길잡이 역할을 하는 라벨이 탄생되었다는 점에서 천연 화장품을 올바르게 인식시키기 위한 진일보한 제안이라 볼 수 있다.

　'유기농'이라는 낱말은 항상 최상의 품질이라는 의미를 포함하는가? 이 질문에 대해서는 명확하게 답변할 수 없다. 예를 들어 해조류에서 얻은 추출물은 지금까지 유기농 화장품에 사용될 수 있는 성분으로 인정되지 않고 있지만 피부를 보호하는 기능 면에서는 유기농 성분에 버금갈 만큼 우수하기 때문이다. 한편 원료의 취사선택 문제는 화장품 제조사들이 풀어야 할 과제가 되고 있다. 유기농으로 재배되지 않은 아몬드 오일이 화장품의 원료로 품질이 훨씬 우수한데도 단지 유기농 기준을 충족했다는 이유 하나만으로 코코넛 오일을 선택해야만 하는가?

NaTrue 인증 라벨을 획득하기 위해 지켜야 하는 제조 명세 규정 중 허용된 성분 목록과 세 단계로 구분된 품질은 문제점을 야기할 가능성도 있다. 어떤 기준으로 유기농 성분을 측정할 것인가? 어떤 종류의 방부제와 계면활성제를 허용할 것인가? 또 제품상에 라벨을 부착하는 규정에 관한 문제도 제기될 것이다. 인증과 감독은 각각 분리해서 다른 기관이 담당할 것인가? 추후에 변경될 제조 명세 규정은 어느 기관이 맡아서 처리할 것인가?

이런 여러 가지 문제가 있음에도 소비자들은 이제 그동안 난립했던 여러 종류의 유기농 인증 라벨의 혼란스러움에서 벗어나 손쉬운 구매 기준을 접할 수 있을 것이다. 그러나 한 가지 제조 명세 규정에 따라 천연 화장품을 개발하는 것이 좋은 일인지 나쁜 일인지에 대해서는 나중에 논쟁으로 비화될 소지가 다분하다. 그러나 NaTrue가 정한 제조 명세 규정은 단지 천연 화장품 제조시 사용을 허가하는 것과 금지하는 것을 정한 하나의 틀에 불과하다. 이러한 환경 안에서 화장품 제조사들이 자유롭게 제품을 개발할 수 있는 융통성을 남겨 놓았다는 점에서 다행이라 할 수 있다.

석면 의혹과 유기농 화장품의
판매량 증가

한국의 석면 파동과 관련해 유기[농] 및 관련 글로벌 생산 업체를 중점적으로 다루는 전문 연구와 컨설팅 회사 오르가닉모니터(Organic Monitor)는 '한 회사의 불행은 다른 회사의 이익'이라고 사실을 확인했다. 석면 오염 파우더에 대한 불안이 몇몇 브랜드의 급속한 판매 증가를 가져왔던 것이다. 오르가닉모니터는 2009년 4월에 다음과 같은 통계 자료를 발표했다.

● 롯데백화점은 4월 1일부터 6일까지 유기농 화장품 매출이 전년 대비 136.5퍼센트 증가했다고 밝혔다.

● 불안을 느낀 소비자들은 대부분 에스티로더의 오리진(Origins) 브랜드를 구매했다. 오리진은 미국 농산부가 유기농 제품으로 인정한 스킨케어 제품을 제공하는 브랜드다.

● 신세계백화점에서도 4월 들어 6일까지 키엘의 프레쉬, 아베다와 록시탕을 포함한 유기농 화장품의 매출이 108.8퍼센트 증가

했다. 이 브랜드들은 각각 90.7퍼센트, 93.8퍼센트, 29.8퍼센트 증가했다.

● 주요 온라인 쇼핑몰의 구매자들도 유기농 화장품을 구입한다. 온라인 쇼핑몰 AK몰에서는 바디샵, 어번스푼과 같은 15개의 천연 · 유기농 화장품 브랜드들의 매출이 전 년 대비 같은 기간에 비해 무려 열 배나 증가했다.

천연 · 유기농 화장품은 근래에 들어 전 세계적으로 평균 이상의 성장률을 자랑하고 있다. 오래전에는 천연 · 유기농 화장품 시장에 극소수의 브랜드만 존재했지만 최근 몇 년 동안에는 새로운 브랜드들이 우후죽순처럼 생겨난 결과다. 이런 붐에 힘입어 돈을 벌려는 기업들이 많이 생겨났다. 그러면서 신뢰성이 무너진 기업도 적지 않게 출현했으며 몇몇 제조업체에 대해 소비자들의 항의와 불만들이 늘기 시작했다. 가장 최근의 예는 호주를 들 수 있다. 2009년 4월 호주에서 "유기농 상표 남용에 행정당국은 제재를 가하다"라는 제하의 기사가 신문에 실렸다. 호주의 공정거래 및 소비자협회는 천연 · 유기농 화장품의 가짜 인증서에 대한 불만 사례가 많이 접수된 사실로 미루어볼 때 인증서 위조가 우려된다고 밝혔다. 다른 나라들에서도 비슷한 사례를 보도했다.

소비자로서는 국가가 천연 · 유기농 화장품 회사들이 규정을 제대로 지키는지를 감독하는 것은 매우 중요한 문제다. 함유 성분을 제대로 기재하는지, 제품이 광고 내용에 부합하는지 등을 철저하게 감시해야 할 것이다.

화장품
성분 사전

화장품 성분으로 빈번하게 사용되는 2000여 개 물질을 엄선해 피부에 미치는 효능과 유해성을 테스트한 결과를 〈화장품 성분 사전〉에 수록하였다. 독자들은 이 사전을 이용하여 국제 화장품 성분 명칭 표기법에 따라 제품에 기재된 성분의 이름을 단순히 확인하는 수준을 넘어서 피부에 대한 적합성 평가를 확인할 수 있을 것이다.

성분을 의무적으로 표기하는 제도 덕택에 성분 리스트가 기재된 화장품 상자나 용기는 제품의 품질을 알려주는 소중한 정보의 원천이 되고 있다. 한편 제품에 인쇄된 성분 목록의 표기 방식을 보면 소비자를 대하는 제조사의 태도를 엿볼 수 있다. 읽기 쉽고, 알아보기 쉽게 기재하여 소비자의 편에 서 있는 회사가 있는가 하면, 알아보기 힘들 정도의 깨알같이 작은 글씨로 라벨 귀퉁이에 적는 방식으로 소비자를 무시하는 기업도 있다. 샴푸처럼 별도의 포장이 없는 제품은 용기 표면에 직접 성분을 기재하고, 포장 상자가 없는 립스틱이나 아이섀도 등과 같이 조그마한 크기의 색조 화장품은 성분이 기재된 팸플릿을 매장 내 진열장에 걸어놓고 있다. 현장에서 성분을 쉽게 파악할 수 없을 때는 성분이 담긴 소책자를 우송해달라고 부탁하는 방법도 좋다.

〈화장품 성분 사전〉에는 '가르시니아열매추출물'이 한글 자음과 모음의 순서상 제일 첫 자리를 차지하고, '히스티딘하이드로클로라이드'가 마지막을 장식하고 있다. 이 두 단어 사이에는 수많은 성분이 자리를 잡고 있지만 화학적 측면에서 볼 때 건강에 해로운 것도 있고, 품질이 떨어지는 것도 포함돼 있다. 이 성분 사전은 피부를 아름답게 가꾸고 싶어 하는 소비자들에게 매우 중요한 길잡이 역할을 할 것이다.

〈화장품 성분 사전〉에서 독성을 나타내는 물질의 유해성 정도를 표시하는 기준은 다음과 같다. 심각한 독성의 우려가 있는 물질은 '사용 중지 권장'(💣💣💣)으로 표시한다. 피부 자극이나 알레르기 반응을 유발할 가능성이 높은 물질은 '매우 나쁨'(💣💣)으로 표시하지만 환경오염처럼 또 다른 부정적인 요인을 복합적으로 포함하면 '사용 중지 권장'(💣💣💣)으로 평가한다.

화장품 성분 사전

성분 평가 기준		
☺☺☺ 매우 좋음	☺☺ 좋음	☺ 보통
💣 나쁨	💣💣 매우 나쁨	💣💣💣 사용 중지 권장
성분의 기원 ; 식물성, 화학성, 광물성, 동물성, 복합성, 생체 기술		

〈화장품 성분 사전〉은 화장품에 사용되는 약 2000여 개 성분을 수록하고 있다. 각각의 성분이 피부에 발휘하는 기능(피부 보호, 피막 형성, 방부제 역할 등)과 성분의 기원(식물성, 화학성, 광물성, 동물성, 복합성, 생체 기술)을 밝히고 있다. 실리콘이나 파라핀과 같은 성분들은 피부에 끼치는 효과와 생태계에 미치는 영향 등 다양한 측면에서 평가하고 있다. 예를 들어 실리콘은 피부 적합성은 뛰어나지만 환경의 관점에서 봤을 때는 매우 부정적인 성분이다. 자연에 끼치는 영향을 고려해 '환경 평가'도 별도로 표시했다. 파라핀은 화장품의 기초 성분으로 매우 많이 사용되지만 피부 상태를 개선하는 작용은 전혀 없다. 미네랄 오일이나 그와 비슷한 성질의 물질들이 피부에 미치는 영향은 '매우 나쁨'이란 평가를 받고 있다. 세계보건기구의 연구에 따르면 이러한 성분들이 인체에 끼치는 영향은 매우 부정적이다.

식물 성분의 명기

성분 표기법에 대한 새로운 규정이 2005년 말부터 시행됐는데, 그 내용은 제품에 사용된 성분에 대한 정보를 더 구체적으로 공개하는 것이다. 예를 들어 예전에는 살구에서 얻은 성분은 그냥 '살구'라고 단순하게 표기하기만 하면 되었다. 그러나 새로운 규정은 성분으로 사용된 식물의 구체적인 부위에 관한 정보를 추가적으로 기재하도록 했다. 사용된 식물의 부위를 표시하는 단어들의 뜻은 다음과 같다.

- Flower는 '꽃'
- Leaf는 '잎'
- Seed는 '씨앗'
- Root는 '뿌리'
- Kernel은 '핵'(살구의 씨)

성분으로 배합된 형태를 표시하는 단어들의 뜻은 다음과 같다.

- Extract는 '액체 추출물'
- Oil은 '기름'
- Powder는 '가루'
- Juice는 '즙'
- Meal은 '곡물류를 빻은 가루'

1. "국제 화장품 성분 명칭(INCI)"이 정한 성분 명칭에 대한 한글화는 "대한화장품협회"에서 담당하였으며, 이 책에 실린 2000여 종류의 성분 명칭은 동 협회에서 발간한 "화장품 성분 표준화 명칭 리스트"를 기준으로 삼았다. 현재 시판되고 있는 국산 및 수입 화장품의 전성분 목록은 모두 이 리스트를 기준으로 한글 명칭을 기재하고 있다. 한편 영어로 표기한 외국 화장품의 성분을 쉽게 확인하는 데 도움을 주고자 알파벳 순서로도 성분을 배열하였다.

2. 화장품 성분이 발휘하는 기능을 설명하는 단어들은 일반인들이 봐서는 선뜻 이해하기 힘든 전문용어다. 독 자들에게 전문용어를 알기 쉽게 설명하기 위해 『화장품 원료 기준 성분 사전』(식품의약품안전청 화장품평가 팀 발간)에 수록된 「화장품 원료의 사용 목적」 편에서 용어의 명칭과 설명 부분 중에서 일부분을 인용하였 다. 현재 화장품 업계 종사자들은 성분들의 기능을 지칭하는 명칭을 각자 조금씩 다르게 사용하고 있어 통일 성을 기하는 차원에서 식품의약품안전청에서 발표한 명칭을 선택하였다.

■ **감미제/풍미제** : 화장품의 맛을 증진시키는 성분으로 보통 립스틱류 등에 사용함.

■ **거품 형성 방지제** : 화장품을 제조하거나 완제품을 사용할 때 거품 발생을 억제하기 위해 사용하는 성분으 로, 계면활성제를 함유하는 제품에 사용함.

■ **결합제** : 가루로 된 화장품 원료들을 서로 결합하기 위해 사용하는 성분으로 정제나 케이크 형태로 압축하는 과정에서 또는 압축 후에 점착성을 제공함.

■ **계면활성제** : 표면장력을 낮춰 계면을 활성화하는 성분.

■ **금속이온 봉쇄제** : 화장품의 안정성과 성상에 악영향을 끼치는 금속성 이온과 결합하여 불활성화시키는 성 분. 화장품 원료와 친화력이 없는 칼슘 또는 마그네슘이온, 완제품의 산패에 영향을 미치는 철 또는 구리 이 온을 제거하는 데 사용함.

■ **모발 고정제** : 모발을 고정시키거나 스타일을 보존하기 위해 쓰는 성분.

■ **변성제** : 화장품에 사용한 성분의 성질이나 상태를 특정 용도에 맞게 변화하는 데 쓰는 물질.

■ **분사제** : 가압된 용기(에어로졸)에서 내용물을 방출시키는 성분.

■ **불투명화제** : 제품의 투명도를 줄이기 위해 첨가하는 물질로서 제품에 필감을 주거나 결점을 감추기 위하여 메이크업용 제품에 사용함.

■ **산화방지제** : 산소와 반응하는 것을 억제하여 제품의 산패를 방지하거나 늦추는 성분. 산화방지제는 화장품

의 품질, 보존 및 안전성을 유지하는 데 중요한 역할을 함.

- **연마제** : 표피 등에서 필요 없는 외부 물질이나 조직을 물리적으로 제거하기 위해 쓰는 성분.

- **염모제** : 모발 염색에 사용하는 성분.

- **완충화제** : 작은 양의 산이나 염기를 추가해도 액의 산도가 크게 변하지 않도록 완충시켜주는 역할을 하는 성분.

- **용제** : 화장품의 구성 성분을 용해시키는 물질.

- **유화 안정제** : 유화 형성과 형성된 유화의 안정화에 도움을 주는 성분으로 전기적 반발, 점도 변경, 유화막 필름 형성 등의 기전으로 에멀션끼리 합체하는 것을 막아주거나 감소시켜줌.

- **자외선 차단제** : 자외선을 흡수 또는 차단시켜 자외선으로부터 피부를 보호하는 성분.

- **점도 조절제** : 최종 제품의 점도를 증가 또는 감소시키는 성분으로 제품의 안정성, 질감 및 사용성에 중요한 영향을 미침.

- **점착제** : 서로 다른 두 물질을 결합하기 위해 사용하는 성분.

- **정전기 방지제** : 전하를 감소시켜 화장품의 원료나 인체 표면(피부, 모발 등)의 전기적인 특성을 변경하는 성분.

- **착색제** : 화장품이나 완제품에 색조 효과를 주기 위해 사용하는 성분.

- **착향제** : 향료의 구성 물질로서 방향성 화학물질, 정유, 천연 추출물, 증류물, 단리 성분, 아로마, 수지성 레진 등이 있음.

- **탈취제** : 신체에서 발생하는 악취를 줄이기 위해 사용하는 성분으로 방향 효과로 냄새를 차폐함.

- **피막 형성제** : 피부, 모발 또는 손톱 위에 피막을 만드는 성분으로 팩, 마스크, 모발 고정제 등에 사용함.

- **피부 컨디셔닝제** : 피부 특성에 변화를 주어 피부 상태를 개선하는 성분. 그 기능에 따라 수분을 천천히 증발시켜 피부를 부드럽게 해주는 '연화제'와 피부를 부드럽고, 유연하게 유지하는 데 도움을 주는 지방성 물질인 '유연제' 등으로 나뉨.

- **산도 조절제** : 최종 제품의 산도를 조절하는 데 쓰는 성분.

- **헤어 컨디셔닝제** : 모발에 특별한 효과를 부여하는 성분으로 모발의 외형과 느낌 개선, 유연성 증대, 스타일 증진, 윤택 및 광택 부여, 모발의 질감 개선 등을 목적으로 사용함.

☺☺☺ **가르시니아열매추출물**
(Garcinia Cambogia Fruit Extract) : 식물성. 피부 컨디셔닝제.

☺☺☺ **가시대나무**
(Bambusa Arundinacea) : 식물성. 활성 성분. 셀룰로오스가 풍부한 가시대나무의 섬유소는 피부에 부드러움과 유연성을 주고, 피부가 햇빛에 대항하는 능력을 높여준다.

☺☺☺ **가자추출물**
(Terminalia Chebula Fruit Extract) : 식물성. 활성 성분, 피부 컨디셔닝제.

☺☺☺ **갈고리가시우무추출물**
(Hypnea Musciformis Extract) : 식물성. 활성 성분.

☺☺☺ **갈근추출물**
(Pueraria Lobata Root Extract) : 식물성. 활성 성분.

☺☺☺ **갈랑가뿌리추출물**
(Kaempferia Galanga Root Extract) : 식물성. 활성 성분, 착향제.

☺☺☺ **갈락토아라비난**
(Galactoarabinan) : 식물성. 유화 안정제, 피막형성제.

☺☺☺ **감국추출물**
(Chrysanthellum Indicum Extract) : 식물성. 활성 성분.

☺☺☺ **감마메칠이오논**
(Gamma Methyl Ionone) : 화학성. 착향제.

☺☺☺ **감초**
(Glycyrrhiza Glabra) : 식물성. 활성 성분. 피부를 진정시키고 자극을 완화한다.

☺☺☺ **감초추출물**
(Glycyrrhiza Inflata Extract) : 식물성. 활성 성분.

☺☺☺ **강황**
(Curcuma Longa) : 식물성. 노란색의 착색제.

☺☺☺ **개산초열매추출물**
(Zanthoxylum Alatum Fruit Extract) : 식물성. 활성 성분.

☺☺☺ **개암오일**
(Corylus Avellana Nut Oil) : 식물성. 활성 성분. 개암나무 열매에서 얻는 오일.

☺☺☺ **개양귀비추출물**
(Papaver Rhoeas Extract) : 식물성. 활성 성분.

☺☺☺ **검양옻나무열매왁스**
(Rhus Succedanea Fruit Wax) : 식물성. 스틱형 제품에 사용하는 점도증가제.

☺☺☺ **검은포플라**
(Populus Nigra) : 식물성. 피부 컨디셔닝제. 소염 작용을 하며 피부 결을 곱게 해준다. 수분을 저장하는 기능도 있다.

☺☺☺ **겔리디엘라아세로사추출물**
(Gelidiella Acerosa Extract) : 식물성. 해조류에서 얻은 활성 성분.

☺☺☺ **겨자무뿌리추출물**
(Cochlearia Armoracia Root Extract) : 식물성. 활성 성분.

☺☺☺ **결정셀룰로오스**
(Crystalline Cellulose) : 식물성. 각질 제거 물질. 필링용 제품에 배합하여 각질을 제거할 목적으로 사용하는 성분. 섬유소의 분말.

☺☺☺ **계란**
(Ovum) : 동물성. 피부 컨디셔닝제. 보통 건조시킨 계란 노른자에서 얻은 분말을 화장품 원료로 사용하지만 여기서는 계란 오일을 말한다.

☺☺☺ **계피**

(Cinnamomum Cassia) : *식물성. 활성 성분, 착향제.* 피부 결을 곱게 하고 혈액순환을 촉진한다. 살균 효과가 있는 반면 알레르기를 유발할 위험성이 있다.

☺☺☺ **고삼추출물**

(Sophora Angustifolia Root Extract) : *식물성. 활성 성분.*

☺☺☺ **고수열매추출물**

(Coriandrum Sativum Fruit Extract) : *식물성. 활성 성분.*

☺☺☺ **고추추출물**

(Capsicum Frutescens Fruit Extract) : *식물성. 붉은색을 내는 착색제.*

☺☺☺ **골든로드추출물**

(Solidago Virgaurea Extract) : *식물성. 활성 성분.*

☺☺☺ **과라나씨추출물**

(Paullinia Cupana Seed Extract) : *식물성. 활성 성분.*

☺☺☺ **과물시계꽃열매추출물**

(Passiflora Edulis Fruit Extract) : *식물성. 활성 성분.*

☺☺☺ **광곽향오일**

(Pogostemon Cablin Oil) : *식물성. 활성 성분, 착향제.* 살균 작용을 하거나 상처를 아물게 한다.

☺☺☺ **구기자추출물**

(Lycium Chinense Fruit Extract) : *식물성. 활성 성분.*

☺☺☺ **구아검**

(Cyanopsis Tetragonalba) : *식물성. 점착제, 점도 증가제.* 강낭콩을 닮은 식물인 구아의 씨앗을 분쇄하여 얻은 분말.

☺☺☺ **구아노신**

(Guanosine) : *복합성. 활성 성분. 피부 컨디셔닝제.* 피부를 재생하는 데 중요한 역할을 하는 피부 구성 물질이지만, 화장품으로서 효과가 있는지는 아직까지 명확하게 증명된 바 없다.

☺☺ **구아닌**

(Guanine) : *동물성. 불투명화제, 착색제.* 어류의 비늘에서 얻는 성분이며, 진줏빛 광택을 내는 데 사용한다.

☺☺☺ **구아바추출물**

(Psidium Guajava Fruit Extract) : *식물성. 활성 성분.*

☺☺☺ **구아이아줄렌**

(Guaiazulene) : *식물성. 활성 성분, 착색제.* 캐모마일 에센셜오일에서 얻는 성분으로 치료 기능이 있다.

💣💣💣 **구아하이드록시프로필트리모늄클로라이드**

(Guar Hydroxypropyltrimonium Chloride) : *복합성. 헤어 컨디셔닝제, 피막형성제.* 머리 손질을 용이하게 해주며 모발 세팅용 제품에 사용한다.

☺☺☺ **구주소나무싹추출물**

(Pinus Sylvestris Bud Extract) : *식물성. 활성 성분.*

☺☺☺ **귀리**

(Avena Sativa) : *식물성.* 분말의 원료로 이용하고 유탁액을 안정화시키는 데 사용한다. 오일 성분을 고정시키는 기능이 있다. 곡물, 감자, 타피오카, 밀가루 등에서 얻는 전분이며, 주로 스크럽 제품에 사용한다.

☺☺☺ **그리스세이지**

(Salvia Triloba) : *식물성. 활성 성분.* 이 식물의 추출물은 피부 결을 곱게 해준다. 소염 기능이 있다. 살균 작용 및 발한 억제 작용도 한다.

☺☺ **근육추출물**

(Muscle Extract) : *동물성.* 근육에서 추출한 활성 성분. 수분을 고정시키는 작용을 한다.

☺☺☺ **글라이신**

(Glycine) : *복합성. 활성 성분, 완충화제.* 초산 성분

의 아미노산은 상처를 치유하는 기능이 있다.

☺☺☺ 글라이신소자
(Glycine Soja) : *식물성.* 피부 컨디셔닝제. 레시틴과 비타민 E를 풍부하게 함유하고 있어 피부를 매우 부드럽게 만들어준다.

☺☺☺ 글라이코리피드
(Glycolipids) : *식물성.* 천연 지방 물질.

☺☺☺ 글라이코스아미노글리칸
(Glycosaminoglycans) : *복합성.* 활성 성분. 히알루론산과 동일한 계열의 물질이다. 생물공학이나 동물에서 얻으며, 피부를 보호하는 우수한 성분이다.

☺ 글라이콜
(Glycol) : *화학성.* 용제, 방부제.

☺☺ 글라이콜디스테아레이트
(Glycol Distearate) : *복합성.* 불투명화제. 샴푸나 샤워젤에 주로 사용한다.

☺☺ 글라이콜몬타네이트
(Glycol Montanate) : *복합성.* 유화제, 피부 컨디셔닝제.

☺☺ 글라이콜스테아레이트
(Glycol Stearate) : *화학성.* 보조유화제, 불투명화제. 진줏빛 광택을 내는 데 사용한다.

☺☺ 글라이콜팔미테이트
(Glycol Palmitate) : *복합성.* 보조유화제.

☺☺☺ 글루카민
(Glucamine) : *식물성.* 알칼리화 물질. 피부를 보호하는 작용이 우수하며, 수분을 저장하는 기능이 있다.

☺☺ 글루코사민에이치씨엘
(Glucosamine HCL) : *복합성.* 산도를 조절하는 성분.

☺☺☺ 글루코실루틴
(Glucosylrutin) : *식물성.* 활성 성분. 항산화 물질인 '플라보노이드'이며, 피부를 산화 스트레스로부터 막

아준다.

☺☺☺ 글루코오스
(Glucose) : *식물성.* 활성 성분, 용제. 피부에 수분을 공급하고, 피부를 진정시키는 작용을 한다.

☺☺ 글루코오스글루타메이트
(Glucose Glutamate) : *식물성.* 활성 성분, 피막형성제. 피부를 진정시키거나 수분을 저장하는 기능이 있는 성분이다. 모발을 보호할 뿐 아니라 볼륨감과 윤기도 준다.

☺☺☺ 글루코오스옥시다아제
(Glucose Oxidase) : *생체 기술.* 첨가물. 항균 효과가 있어 보존제로 사용한다.

💣💥💣 글루타랄
(Glutaral) : *화학성.* 방부제.

☺☺☺ 글루타믹애씨드
(Glutamic Acid) : *복합성.* 활성 성분. 아미노산의 일종이다. 피부에 수분을 공급하며, 보호하는 작용을 한다.

☺☺☺ 글루타치온
(Glutathione) : *복합성.* 활성 성분, 활성첨가물. 살아 있는 세포나 효모 내에 존재하는 성분이며, 독성을 제거하는 효과가 있어 라듐 방사선 조사 시 인체를 보호하는 작용을 한다.

💣💥💣 글리세레스-5락테이트
(Glycereth-5 Lactate) : *화학성.* 유화제.

💣💥💣 글리세레스-7
(Glycereth-7) : *화학성.* 활성 성분, 용제. 보습 작용을 한다.

💣💥💣 글리세레스-7벤조에이트
(Glycereth-7 Benzoate) : *화학성.* 유화제.

💣💥💣 글리세레스-7트리아세테이트
(Glycereth-7 Triacetate) : *화학성.* 피부 컨디셔닝제.

💣💥💣 글리세레스-20스테아레이트

(Glycereth-20 Stearate) : 화학성. 유화제.

◆※◆※ 글리세레스-26포스페이트
(Glycereth-26 Phosphate) : 화학성. 유화제.

☺☺☺ 글리세린
(Glycerin) : 복합성. 용제, 활성 성분. 수분을 고정시키는 기능이 있어 피부를 매끄럽게 해준다.

☺☺☺ 글리세릴디올리에이트
(Glyceryl Dioleate) : 식물성. 유화제.

☺☺☺ 글리세릴라놀레이트
(Glyceryl Lanolate) : 복합성. 피부 컨디셔닝제, 지방 물질, 유화제. 피부에 유분기를 공급해주는 성분이다. 피부가 수분을 유지하는 데 도움을 주고, 수분 함유율을 조절해주는 기능을 한다.

☺☺☺ 글리세릴라우레이트
(Glyceryl Laurate) : 식물성. 보조유화제, 결합제. 살균 효과가 약하게 있으며, 목욕용 제품에 유분기를 공급해주는 성분으로 사용한다.

☺☺☺ 글리세릴락테이트
(Glyceryl Lactate) : 식물성. 유화제.

☺☺☺ 글리세릴로지네이트
(Glyceryl Rosinate) : 식물성. 피막형성제. 물과 온도로 인한 변형에 저항하는 기능이 우수하여 주로 립스틱과 같은 스틱 형태의 제품에 사용한다.

☺☺☺ 글리세릴리놀레네이트
(Glyceryl Linolenate) : 식물성. 피부 컨디셔닝제.

☺☺☺ 글리세릴리시놀리에이트
(Glyceryl Ricinoleate) : 식물성. 피부 컨디셔닝제.

☺☺☺ 글리세릴미리스테이트
(Glyceryl Myristate) : 식물성. 용제, 보조유화제. 피부에 유분기를 공급해준다.

☺☺☺ 글리세릴스테아레이트
(Glyceryl Stearate) : 복합성. 피부 컨디셔닝제, 유화제. 수분을 저장하는 기능이 있다. 피부를 매끄럽게

하고 유분기를 공급해준다.

☺☺☺ 글리세릴스테아레이트시트레이트
(Glyceryl Stearate Citrate) : 복합성. 스테아린산, 구연산, 글리세린 등으로부터 얻는 유화제. 수분을 저장하는 기능이 있다. 피부를 매끄럽게 하고 유분기를 공급해준다.

☺☺☺ 글리세릴스테아레이트에스이
(Glyceryl Stearate SE) : 복합성. 유화제. 수분을 저장하는 기능이 있다. 피부를 매끄럽게 하고 유분기를 공급해준다.

☺☺☺ 글리세릴시트레이트/락테이트/리놀리에이트/올리에이트
(Glyceryl Citrate/Lactate/Linoleate/Oleate) : 식물성. 유화제, 결합제. 피부에 유분기를 공급해준다.

☺☺☺ 글리세릴올리에이트
(Glyceryl Oleate) : 식물성. 피부 컨디셔닝제, 지방 물질, 유화제. 피부를 매끄럽게 하고, 수분을 저장하는 기능이 있다.

☺☺☺ 글리세릴올리에이트시트레이트
(Glyceryl Oleate Citrate) : 식물성. 유화제.

☺☺☺ 글리세릴카프레이트
(Glyceryl Caprate) : 식물성. 피부 컨디셔닝제, 지방 물질. 피부를 매끄럽게 하고 유분기를 공급해준다.

☺☺☺ 글리세릴카프릴레이트
(Glyceryl Caprylate) : 식물성. 피부 컨디셔닝제, 지방 물질, 유화제. 피부를 매끄럽게 하고 유분기를 공급해준다.

☺☺☺ 글리세릴코코에이트
(Glyceryl Cocoate) : 식물성. 유화제.

☺☺☺ 글리세릴팔미테이트
(Glyceryl Palmitate) : 식물성. 피부 컨디셔닝제.

☺ 글리세릴폴리메타크릴레이트
(Glyceryl Polymethacrylate) : 화학성. 합성점착

제. 환경보호 측면의 평가 : 💣🎆💣💣🎆

☺☺☺ 글리시레티닉애씨드

(Glycyrrhetinic Acid) : *식물성. 활성 성분. 감초에서 추출한 물질이다.*

💣🎆💣💣🎆 글리옥살

(Glyoxal) : *화학성. 방부제. 독성이 매우 강해서 포름알데하이드와 버금갈 정도다.*

☺☺ 글리코겐

(Glycogen) : *동물성. 활성 성분, 점착제. 동물성 탄수화물이다. 피부를 매끄럽게 하고 보습 작용을 한다. 점성을 높이는 데도 사용한다.*

☺☺☺ 금가루

(Gold Powder) : *광물성. 착색제.*

☺☺☺ 기름야자오일

(Elaeis Guineensis Oil) : *식물성. 야자나무에서 얻는 오일이다.*

☺☺☺ 기장추출물

(Panicum Miliaceum Extract) : *식물성. 피부 컨디셔닝제.*

☺☺☺ 길레아드발삼나무

(Commiphora Gileadensis) : *식물성. 피부 컨디셔닝제. 살균 효과가 있고 수렴작용도 한다. 피부를 탄력 있게 해주며, 주로 노화가 진행되고 있는 피부에 사용되는 제품에 쓰인다.*

☺☺☺ 길초근추출물

(Valeriana Fauriei Root Extract) : *식물성. 활성 성분.*

☺☺☺ 꼬리풀추출물

(Veronica Officinalis Extract) : *식물성. 활성 성분.*

☺☺☺ 꽃박하

(Origanum Majorana) : *식물성. 활성 성분. 꽃박하의 추출물은 살균 작용과 수렴 작용을 한다.*

☺☺☺ 꽃창포추출물

(Iris Ensata Extract) : *식물성. 활성 성분.*

☺☺☺ 꿀

(Mel) : *동물성. 피부 및 헤어 컨디셔닝제. 꿀은 피부를 보호하는 물질들을 풍부히 함유하고 있어서 피부를 부드러운 상태로 유지해준다. 또한 꿀은 피부를 건강하게 하고 유연성을 높여줄 뿐 아니라 보습 작용도 한다.*

☺☺ 꿀추출물

(Honey Extract) : *식물성. 착향제.*

건강에 위험한 성분을 어떻게 식별할 수 있는가?

화장품에 들어간 성분명이나 성분의 일부분에 다음과 같은 단어가 포함되어 있으면 건강에 위험한 물질임을 알 수 있다.

- PEG(피이지) 또는 PPG(피피지)라는 단어가 포함되어 있거나 Ceteareth 33처럼 명칭의 끝부분에 'eth(에스)'라는 철자와 함께 숫자가 들어간 경우.

- 'bromo(브로모)', 'iodo(요오도)', 'chloro(클로로)'와 같은 접미사가 붙은 유기할로겐 화합물.

ㄴ

☺ 나무이끼추출물

(Evernia Furfuracea Extract) : *식물성. 착향제.*

☺☺☺ 나이아신

(Niacin) : *복합성. 활성 성분. 니코틴산이라 불리는 성분이다. 활력을 증강시키고 혈액순환을 촉진한다.*

☺☺☺ 나이아신아마이드

(Niacinamide) : *복합성. 활성 성분. 비타민 B군에 속하며, 음식물을 통한 섭취가 부족하면 피부색*

소 침착의 원인이 된다.

☺ **나일론-6,-11,-12,-66**

(Nylon-6,-11,-12,-66) : 화학성. 연마제. 분말의 원료로 사용한다.

☺☺☺ **나팔수선화추출물**

(Narcissus Pseudo-Narcissus Flower Extract) : 식물성. 활성 성분.

💣💥💣💥 **1-나프톨, 2-나프톨**

(1-Naphtol, 2-Naphthol) : 화학성. 모발착색제. 알레르기를 일으키는 염모제이며, '2-나프톨'은 피부에 흡수되어 독성을 유발할 수 있다.

☺☺☺ **납작파래추출물**

(Enteromorpha Compressa Extract) : 식물성. 활성 성분.

☺☺☺ **너도밤나무**

(Fagus Sylvatica) : 식물성. 활성 성분. 나무에서 추출한 오일이나 잎에서 얻은 추출물을 주로 사용한다.

☺ **네오펜틸글라이콜**

(Neopentyl Glycol) : 화학성. 용제. 보습 작용을 한다.

☺ **네오펜틸글라이콜디헵타노에이트**

(Neopentyl Glycol Diheptanoate) : 화학성. 용매, 피부 컨디셔닝제.

💣💥💣💥 **노녹시놀-2,-4,-10**

(Nonoxynol-2,-4,-10) : 화학성. 유화제.

💣💥💣💥 **노녹시놀-12아이오딘**

(Nonoxynol-12 Iodine) : 화학성. 방부제. 살균 효과가 있지만 알레르기를 유발할 수 있다.

☺☺☺ **노랑수련잎추출물**

(Nuphar Luteum Leaf Extract) : 식물성. 활성 성분.

☺☺☺ **노랑스위트클로버추출물**

(Melilotus Officinalis Extract) : 식물성. 활성 성분.

💣💥💣💥 **노르디하이드로구아이아레틱애씨드**

(Nordihydroguaiaretic Acid) : 화학성. 산화방지제. 습진과 피부병을 유발할 수 있다.

☺☺☺ **노티드랙추출물**

(Ascophyllum Nodosum Extract) : 식물성. 활성 성분.

☺☺☺ **녹나무껍질오일**

(Cinnamomum Camphora Bark Oil) : 식물성. 활성 성분.

☺☺☺ **녹차추출물**

(Camellia Sinensis Leaf Extract) : 식물성. 피부 컨디셔닝. 플라보노이드 성분을 함유하고 있어 활성 산소를 제거하는 데 효과적이다.

☺☺☺ **다마르**(Damar) : 식물성. 착향제, 피막형성제, 점도증가제.

☺☺☺ **다마스크장미**

(Rosa Damascena) : 식물성. 피부 컨디셔닝제.

☺☺☺ **다비드소니아열매추출물**

(Davidsonia Pruriens Fruit Extract) : 식물성. 활성 성분.

☺☺☺ **다이아몬드가루**

(Diamond Powder) : 광물성. 착색제.

☺☺☺ **달마시안아이리스뿌리추출물**(Iris Pallida Root Extract) : 식물성. 활성 성분.

☺☺☺ **달맞이꽃**

(Oenothera Biennis) : 식물성. 활성 성분. 달맞이꽃은 피부 유연성을 높여줄 뿐 아니라 피부 보호 장벽을 강화시켜주는 작용을 하여 피부의 수분 손실을 막아준다. 보통 오일 형태로 사용하며, 신경성 피부염 치료에 우수한 효과를 보인다.

☺☺☺ 담배

(Nicotiana Tabacum) : *식물성. 활성 성분.* 담배에서 추출한 성분이다. 혈액순환을 촉진하는 효과를 낸다.

☺☺☺ 당근

(Daucus Carota) : *식물성. 활성 성분.* 피부 컨디셔닝제. 각질의 상태를 향상시켜 피부 결을 곱게 하는 작용을 하며, 약하게 당근 색으로 피부를 물들이는 경향이 있다.

☺☺☺ 대나무

(Bambusa Vulgaris) : *식물성. 활성 성분.* 대나무의 순이나 뿌리에서 얻은 추출물. 뿌리는 수렴 작용을 하거나 청량감을 주는 작용을 한다. 어린 순에서 얻은 추출물은 소염 작용이 있고, 대나무 즙은 피부와 뼈에 매우 중요한 성분인 규산을 고농도로 함유하고 있다.

☺☺☺ 대마

(Cannabis Sativa) : *식물성. 활성 성분.* 불포화지방산을 풍부히 함유하고 있어 문제성 피부나 자극받은 피부를 진정시키는 효과가 있다. 오일 형태로 신경성 피부염을 치료하는 데 사용한다.

☺☺☺ 대추야자씨추출물

(Phoenix Dactylifera Seed Extract) : *식물성. 활성 성분.*

☺☺☺ 대추추출물

(Zizyphus Jujuba Fruit Extract) : *식물성. 활성 성분.*

☺☺☺ 덩굴월귤추출물

(Vaccinium Macrocarpon Fruit Extract) : *식물성. 활성 성분.*

💣☀ 데나토늄벤조에이트

(Denatonium Benzoate) : *화학성.* 변성 유도 물질.

☺☺ 데사미도콜라겐

(Desamido Collagen) : *동물성. 활성 성분,* 피막형성제. 피부를 매끄럽게 하고 탄력 있게 만들어준다.

☺ 데센/부텐코폴리머

(Decene/Butene Copolymer) : *화학성.* 피막형성제. 각질의 상태를 정상화시키고 피부 결을 곱게 만들어준다.

☺☺☺ 데실글루코사이드

(Decyl Glucoside) : *복합성.* 당성분의 계면활성제. 당 성분의 순한 계면활성제로 사용한다.

☺ 데실옥사졸리디논

(Decyloxazolidinone) : *복합성.* 피부 컨디셔닝제.

☺☺ 데실올리브에스터

(Decyl Olive Esters) : *식물성.* 에스테르 오일.

☺☺☺ 데실올리에이트

(Decyl Oleate) : *식물성.* 지방 물질. 피부 컨디셔닝제. 피부를 매끄럽게 하고 유분기를 공급한다.

☺☺☺ 데실폴리글루코오스

(Decyl Polyglucose) : *식물성.* 유화제, 계면활성제.

☺☺☺ 데이지꽃추출물

(Bellis Perennis Flower Extract) : *식물성. 활성 성분.*

☺ 데카복시카르노신에이치씨엘

(Decarboxy Carnosine HCL) : *복합성.* 생체에서 얻은 아미노산.

☺☺☺ 데하이드로아세틱애씨드

(Dehydroacetic Acid) : *복합성.* 방부제.

☺☺☺ 데하이드로잔탄검

(Dehydroxanthan Gum) : *생체 기술.* 점도증가제, 결합제.

☺☺☺ 덱스트란

(Dextran) : *복합성.* 결합제, 점착제. 수분을 저장하는 기능이 있다.

☺☺☺ 덱스트린

(Dextrin) : *식물성.* 보조제. 증발 작용이 있어 분말을

건조한 상태로 만들어주는 물질로 사용한다.

☺☺☺ 덱스트린팔미테이트
(Dextrin Palmitate) : 복합성. 유화제.

☺☺ 도데실갈레이트
(Dodecyl Gallate) : 복합성. 산화방지제. 가끔 피부를 민감성으로 변하게 하지만 유독성을 나타내지는 않는다.

💣 도데칸
(Dodecane) : 화학성. 액체형의 마취 성분. 피부점막을 자극한다.

☺☺☺ 도토리추출물
(Quercus Acutissima Fruit Extract) : 식물성. 활성 성분.

☺☺☺ 동백나무추출물
(Camellia Japonica Extract) : 식물성. 활성 성분.

☺☺☺ 두르빌레아안타르티카추출물
(Durvillea Antartica Extract) : 식물성. 활성 성분.

☺☺☺ 두송열매추출물
(Juniperus Communis Fruit Extract) : 식물성. 활성 성분, 착향제. 두송나무의 열매는 천연 식물성 화장품의 기본 원료로서 사용한다.

☺☺☺ 두충나무잎추출물
(Eucommia Ulmoides Leaf Extract) : 식물성. 활성 성분.

☺☺☺ 드럼스틱나무씨오일
(Moringa Pterygosperma Seed Oil) : 식물성. 활성 성분.

💣 드로메트리졸트리실록산
(Drometrizole Trisiloxane) : 화학성. 자외선 차단 물질.

☺☺☺ 들깨잎추출물
(Perilla Ocymoides Leaf Extract) : 식물성. 활성 성분.

☺☺☺ 들장미
(Rosa Rubignosa) : 식물성. 활성 성분.

☺☺☺ 등나무추출물
(Wisteria Sinensis Extract) : 식물성. 활성 성분.

☺☺☺ 디글라이콜/이소프탈레이트/시프코폴리머
(Diglycol/Isophthalates/SIP Copolymer) : 화학성. 피막형성제.

☺☺ 디글리세린
(Diglycerin) : 복합성. 활성 성분. 보습 작용을 한다.

☺ 디라우릴치오디프로피오네이트
(Dilauryl Thiodipropionate) : 화학성. 산화방지제.

☺☺☺ 디리놀레익애씨드
(Dilinoleic Acid) : 식물성. 지방 물질. 피부 컨디셔닝제. 피부를 매끄럽게 하고 유분기를 공급한다.

☺ 디메치콘
(Dimethicone) : 화학성. 지방 물질. 식물성 오일을 대체하는 실리콘 오일이다. 환경보호 측면의 평가 : 💣💣

☺ 디메치콘/소듐 피지-프로필디메치콘치오설페이트 코폴리머
(Dimethicone/Sodium PG-Propyldimethicone Thiosulfate Copolymer) : 화학성. 피막형성제. 모발에 잘 흡착되는 특수 실리콘 성분이므로 손상된 모발을 복원하는 샴푸나 린스에 주로 사용된다. 환경보호 측면의 평가 : 💣💣

☺ 디메치콘올
(Dimethiconol) : 화학성. 헤어 컨디셔닝제, 거품형성방지제. 퍼머넌트로 인해 손상된 모발을 위한 제품에 사용한다. 환경보호 측면의 평가 : 💣💣

☺ 디메치콘올베헤네이트
(Dimethiconol Behenate) : 화학성. 피부 컨디셔닝제. 환경보호 측면의 평가 : 💣💣

☺ **디메치콘코폴리올**

(Dimethicone Copolyol) : *화학성*. 피부 컨디셔닝제, 보조유화제. 식물성 오일을 대체하는 물질이다. 주로 샤워젤, 샴푸, 액체 비누 등에 사용한다. 환경보호 측면의 평가 : 💣💣

☺ **디메치콘코폴리올베헤네이트**

(Dimethicone Copolyol Behenate) : *화학성*. 보습 작용을 하는 물질이다. 환경보호 측면의 평가 : 💣💣

☺ **디메치콘코폴리올부틸에텔**

(Dimethicone Copolyol Butyl Ether) : *화학성*. 보습 작용을 하는 물질이다. 환경보호 측면의 평가 : 💣💣

☺ **디메치콘코폴리올비즈왁스**

(Dimethicone Copolyol Beeswax) : *화학성*. 피부 컨디셔닝제. 환경보호 측면의 평가 : 💣💣

☺ **디메치콘코폴리올아보카도에이트**

(Dimethicone Copolyol Avocadoate) : *화학성*. 식물성 오일을 대체하는 물질. 보습 효과를 낸다. 아보카도 오일과 실리콘의 혼합으로 만들어진 에스테르다. 환경보호 측면의 평가 : 💣💣

☺ **디메치콘코폴리올올리베이트**

(Dimethicone Copolyol Olivate) : *화학성*. 피부 컨디셔닝제. 환경보호 측면의 평가 : 💣💣

☺ **디메치콘코폴리올이소스테아레이트**

(Dimethicone Copolyol Isostearate) : *화학성*. 보습 작용을 하는 물질이다. 환경보호 측면의 평가 : 💣💣

☺ **디메치콘코폴리올코코아버터레이트**

(Dimethicone Copolyol Cocoa Butterate) : *화학성*. 피부 컨디셔닝제. 식물성 오일을 대체하는 물질이며, 카카오 버터와 실리콘의 혼합으로 만들어진 에스테르다. 환경보호 측면의 평가 : 💣💣

☺ **디메치콘코폴리올하이드록시스테아레이트**

(Dimethicone Copolyol Hydroxystearate) : *화학성*. 보습 작용을 하는 물질이다. 환경보호 측면의 평가 : 💣💣

☺ **디메치콘크로스폴리머**

(Dimethicone Crosspolymer) : *화학성*. 보습 작용을 하는 물질이다. 환경보호 측면의 평가 : 💣💣

☺ **디메칠실라놀하이알루로네이트**

(Dimethylsilanol Hyaluronate) : *화학성*. 피부 컨디셔닝제.

 디메칠아민

(Dimethylamine) : *화학성*. 첨가제. 화장품 원료를 제조하기 위한 기초 물질이지만 화장품 분야에서는 사용하지 말았어야 하는 물질이다.

☺☺ **디메칠에텔**

(Dimethyl Ether) : *화학성*. 용제. 분무제.

 디메칠엠이에이

(Dimethyl MEA) : *화학성*. 완충화제.

☺☺ **디메칠코카민**

(Dimethyl Cocamine) : *복합성*. 유화제, 결합제. 피부에 유분을 공급하는 작용을 한다.

☺ **디부틸아디페이트**

(Dibutyl Adipate) : *화학성*. 피막형성제, 보습제.

 디부틸프탈레이트

(Dibutyl Phthalate) : *화학성*. 변성제, 유연제. 유독 물질로 추정되고 있지만 건강에 어느 정도 해를 끼치는지는 아직 명확하게 밝혀지지 않고 있다.

💣💣💣 **디브로모헥사미딘이세치오네이트**

(Dibromohexamidine Isethionate) : *화학성*. 방부제.

☺ **디비닐디메치콘/디메치콘코폴리머**

(Divinyldimethicone/Dimethicone Copolymer) : *화학성*. 피막형성제, 피부 컨디셔닝제.

☺ **디소듐디스티릴바이페닐디설포네이트**

(Disodium Distyrylbiphenyl Disulfonate) : 화학성. 표백 기능이 있다.

♠☀♠☀ **디소듐라우레스설포석시네이트**

(Disodium Laureth Sulfosuccinate) : 화학성. 계면활성제.

☺☺☺ **디소듐라우로암포디아세테이트**

(Disodium Lauroamphodiacetate) : 화학성. 계면활성제.

☺☺☺ **디소듐라우릴설포석시네이트**

(Disodium Lauryl Sulfosuccinate) : 식물성. 순한 성질의 계면활성제.

☺☺ **디소듐리시놀레아미도엠이에이-설포석시네이트**

(Disodium Ricinoleamido MEA-Sulfosuccinate) : 화학성. 순한 성질의 계면활성제.

☺☺☺ **디소듐스테아로일글루타메이트**

(Disodium Stearoyl Glutamate) : 식물성. 헤어 컨디셔닝제.

☺☺☺ **디소듐아데노신트리포스페이트**

(Disodium Adenosine Triphosphate) : 복합성. 활성 성분. 의약용으로 사용하는 성분이며 혈액순환과 혈관 확장을 촉진한다.

☺ **디소듐아젤레이트**

(Disodium Azelate) : 복합성. 활성 성분. 세균성 여드름을 치료하는 효과가 있으며, 색소가 침착된 피부를 밝게 해주는 제품에 주로 사용한다. 반면 피부 자극과 광독성 반응을 유발할 가능성이 있다.

☺☺ **디소듐엔에이디에이치**

(Disodium NADH) : 화학성. 피부 컨디셔닝제.

♠☀♠☀ **디소듐이디티에이**(Disodium EDTA) : 화학성. 금속이온 봉쇄제.

☺☺ **디소듐코코암포디아세테이트**

(Disodium Cocoamphodiacetate) : 화학성. 계면활성제. 지방 성분을 용해하고 세정 작용을 한다.

☺☺☺ **디소듐코코일글루타메이트**

(Disodium Cocoyl Glutamate) : 식물성. 계면활성제. 부드러운 세정 작용을 하여 피부를 보호한다. 거품을 잘 발생시키는 작용을 한다.

☺☺ **디소듐페닐디벤즈이미다졸테트라설포네이트**

(Disodium Phenyl Dibenzimidazole Tetrasulfonate) : 화학성. 자외선 차단제. UVA를 흡수하는 기능이 있는 합성 자외선 차단제다.

☺ **디소듐포스페이트**

(Disodium Phosphate) : 광물성. 연마제, 구강청정제. 충치를 예방하는 효과가 있지만 치석을 형성할 위험이 있다.

☺ **디소듐파이로포스페이트**

(Disodium Pyrophosphate) : 광물성. 연마제, 구강청정제. 충치를 예방하는 효과가 있지만 치석을 형성할 위험이 있다.

♠☀♠☀ **디소듐피이지-4코카미도미파-설포석시네이트**

(Disodium PEG-4 Cocamido MIPA-Sulfosuccinate) : 복합성. 계면활성제.

☺ **디소듐피이지-5라우릴시트레이트설포석시네이트**

(Disodium PEG-5 Laurylcitrate Sulfosuccinate) : 화학성. 계면활성제.

☺☺ **디소듐하이드로제네이티드탈로우글루타메이트**

(Disodium Hydrogenated Tallow Glutamate) : 복합성. 계면활성 작용을 하는 물질.

☺☺☺ **디스타치포스페이트**

(Distarch Phosphate) : 복합성. 전분을 원료로 한 인산염. 물과 기름에 반발하는 기능을 가진 분말 성분

이어서 주로 색조 화장품이나 분말의 보형제로 사용한다.

☺☺☺ 디스테아르디모늄헥토라이트
(Disteardimonium Hectorite) : 광물성. 유화안정제.

☺☺ 디스테아로일에칠하이드록시에칠모늄메토설페이트
(Distearoylethyl Hydroxyethylmonium Methosulfate) : 화학성. 정전기방지제, 헤어 컨디셔닝제. 새로운 양이온계 계면활성제이며, 머리 손질을 용이하게 해준다.

💣💣 디스테아릴디모늄클로라이드
(Distearyldimonium Chloride) : 화학성. 헤어 컨디셔닝제.

☺☺ 디스테아릴에텔(Distearyl Ether) : 화학성. 피부 컨디셔닝제.

💣💣 디스퍼스바이올렛1(Disperse Violet 1) : 화학성. 염모제.

☺ 디스퍼스블랙9(Disperse Black 9) : 화학성. 염모제.

☺ 디스퍼스블루3(Disperse Blue 3) : 화학성. 염모제.

💣💣 2,4-디아미노페녹시에탄올에이치씨엘
(2,4-Diaminophenoxyethanol HCL) : 화학성. 합성모발착색제.

💣💣 2,4-디아미노페놀
(2,4-Diaminophenol) : 화학성. 모발착색제.

💣💣 디아졸리디닐우레아
(Diazolidinyl Urea) : 화학성. 방부제.

☺☺ 디-C12-15알킬푸마레이트
(DI-C12-15 Alkyl Fumarate) : 화학성. 활성 성분, 피부 컨디셔닝제.

☺☺☺ 디-알파토코페롤
(D-alpha Tocopherol) : 식물성. 산화방지제, 활성 성분.

💣💣 디에칠프탈레이트
(Diethyl Phthalate) : 화학성. 변성제. 건강에 위험한 유독물질로 추정되고 있다.

☺ 디에칠헥실2,6-나프탈레이트
(Diethylhexyl 2,6-Naphthalate) : 화학성. 용제, 자외선 차단 물질.

💣💣 디에칠헥실부타미도트리아존
(Diethylhexyl Butamido Triazone) : 화학성. 자외선 차단 물질.

☺☺ 디에칠헥실석시네이트
(Diethylhexyl Succinate) : 화학성. 합성 용제.

☺☺ 디에칠헥실카보네이트
(Diethylhexyl Carbonate) : 화학성. 용제, 피부 컨디셔닝제.

💣💣 디에탄올아민바이설페이트
(Diethanolamine Bisulfate) : 화학성. 완충화제, 알칼리화 물질. 지방 성분을 용해하며, 세정 작용을 한다.

💣💣 디엠디엠하이단토인
(DMDM Hydantoin) : 화학성. 방부제. 알레르기를 유발할 가능성이 높다.

☺☺ 디옥틸도데실다이머디리놀리에이트
(Dioctyldodecyl Dimer Dilinoleate) : 화학성. 피부 컨디셔닝제.

☺ 디옥틸사이클로헥산
(Dioctylcyclohexane) : 화학성. 합성 고농도 지방 물질. 알코올과 에스테르에서 얻은 왁스를 오일 형태로 만든 것인데 피부를 매끄럽게 해준다.

☺☺ 디옥틸소듐설포석시네이트
(Dioctyl Sodium Sulfosuccinate) : 복합성. 계면활성제. 신속한 보습 작용을 한다. 지방 성분을 용해

하며 세정 작용을 한다.

☺ **디이소스테아로일트리메칠올프로판실록시실리케이트**
(Diisostearoyl Trimethylolpropane Siloxy Silicate) : 복합성. 피부 컨디셔닝제. 환경보호 측면의 평가 : 💣💣☀

☺☺ **디이소스테아릴말레이트**
(Diisostearyl Malate) : 복합성. 피부 컨디셔닝제, 연화제.

☺☺ **디이소프로필다이머디리놀리에이트**
(Diisopropyl Dimer Dilinoleate) : 복합성. 피부 컨디셔닝제, 유연제, 용제.

☺ **디이소프로필세바케이트**
(Diisopropyl Sebacate) : 복합성. 헤어 컨디셔닝제.

☺☺☺ **디이소프로필아디페이트**
(Diisopropyl Adipate) : 복합성. 지방 물질, 피부 컨디셔닝제. 피부를 매끄럽게 하고 유분기를 공급한다.

💣☀💣☀ **디이에이-세틸포스페이트**
(DEA-Cetyl Phosphate) : 화학성. 계면활성제, 유화제.

💣☀💣☀ **디이에이피지프로필피이지/피피지 18/21 디메치콘**
(DEA PG Propyl PEG/PPG 18/21 Dimethicone) : 화학성. 활성 성분. 헤어 컨디셔닝제. 머리 손질을 용이하게 해주는 성분이다.

💣☀💣☀💣☀ **디이오도메칠톨릴설폰**
(Diiodomethyltolylsulfone) : 화학성. 방부제, 살균물질.

☺☺☺ **디카프릴릴말리에이트**
(Dicaprylyl Maleate) : 복합성. 피부를 매끄럽게 해준다.

☺☺ **디카프릴릴에텔**
(Dicaprylyl Ether) : 화학성. 오일 성분. 무색무취의 물질이다.

☺☺ **디카프릴릴카보네이트**
(Dicaprylyl Carbonate) : 화학성. 피부 컨디셔닝제. 합성 오일이다.

☺ **디칼슘포스페이트**
(Dicalcium Phosphate) : 복합성. 연마제, 구강청정제. 치석을 긁어내는 효과가 있어 충치를 예방한다.

☺ **디칼슘포스페이트디하이드레이트**
(Dicalcium Phosphate Dihydrate) : 광물성. 연마제, 구강청정제. 치석을 긁어내는 효과가 있어 충치를 예방한다.

💣☀💣☀💣☀ **디클로로벤질알코올**
(Dichlorobenzyl Alcohol) : 화학성. 방부제.

💣☀ **디탈로우디모늄클로라이드**
(Ditallowdimonium Chloride) : 화학성. 헤어 컨디셔닝제.

💣☀💣☀ **디팔미토일에칠디모늄클로라이드**
(Dipalmitoylethyl Dimonium Chloride) : 화학성. 아미노산 화합물.

☺☺ **디팔미토일에칠하이드록시에칠모늄메토설페이트**
(Dipalmitoylethyl Hydroxyethylmonium Methosulfate) : 화학성. 정전기방지제, 헤어 컨디셔닝제. 새로운 양이온계 계면활성제이며, 머리 손질을 용이하게 해준다.

☺☺☺ **디팔미토일하이드록시프롤린**
(Dipalmitoyl Hydroxyproline) : 복합성. 정전기방지제, 헤어 컨디셔닝제.

☺ **디페닐디메치콘**
(Diphenyl Dimethicone) : 화학성. 유화제. 환경보호 측면의 평가 : 💣💣☀

☺☺ **디펜타에리스리틸헥사카프릴레이트/헥사카프레이트**

(Dipentaerythrityl Hexacaprylate/Hexacaprate) : 복합성. 보조유화제.

☺ ☺ **디펜타에리스리틸헥사하이드록시스테아레이트/헥사스테아레이트/헥사로지네이트**
(Dipentaerythrityl Hexahydroxystearate/Hexastearate/Hexarosinate) : 복합성. 보조유화제. 피부 컨디셔닝제.

☺ ☺ **디펜텐**
(Dipentene) : 복합성. 용제.

☺ ☺ ☺ **디포타슘글리시리제이트**
(Dipotassium Glycyrrhizate) : 식물성. 활성 성분. 감초 뿌리에서 추출한 물질이다.

☺ **디프로필렌글라이콜**
(Dipropylene Glycol) : 화학성. 용제. 보습 효과를 유지시켜준다.

♦☀♦☀ **디하이드로제네이티드탈로우아미도에칠하이드록시에칠모늄메토설페이트**
(Dihydrogenated Tallowamidoethyl Hydroxyethylmonium Methosulfate) : 화학성. 헤어 컨디셔닝제.

☺ ☺ **디하이드록시아세톤**
(Dihydroxyacetone) : 복합성. 첨가물, 인공 선탠제. 당 성분을 가진 식물을 발효하여 얻는 물질이다.

☺ ☺ ☺ **딸기씨오일**
(Fragaria Ananassa Seed Oil) : 식물성. 활성 성분.

☺ ☺ ☺ **땅콩**
(Arachis Hypogaea) : 식물성. 지방 물질, 활성 성분. 비타민 E, 불포화지방산, 미네랄 등을 풍부하게 함유하고 있다.

☺ ☺ ☺ **띠아레꽃추출물**
(Gardenia Tahitensis Flower Extract) : 식물성. 활성 성분.

♦☀♦☀ **라네스-10**
(Laneth-10) : 동물성. 유화제.

☺ ☺ ☺ **라놀린**
(Lanolin) : 동물성. 피부 컨디셔닝제, 지방 물질. 피부를 매끄럽게 하고 유분기를 공급한다. 세척한 양모에서 추출한 기름을 굳혀 얻는 노란색 물질이며, '수중유' 형태의 유탁액을 만들 때 사용하는 가장 오래된 유화제 가운데 하나다.

☺ ☺ ☺ **라놀린알코올**
(Lanolin Alcohol) : 동물성. 유화제, 피부 컨디셔닝제. 피부를 매끄럽게 하고 유분기를 공급한다.

☺ ☺ ☺ **라놀린애씨드**
(Lanolin Acid) : 동물성. 유화제, 피부 컨디셔닝제. 피부를 매끄럽게 하고 유분기를 공급한다.

☺ ☺ ☺ **라놀린오일**
(Lanolin Liquida) : 동물성. 피부 및 헤어 컨디셔닝제. 라놀린 오일은 유분 공급 작용이 뛰어나다.

☺ ☺ ☺ **라놀린왁스**
(Lanolin Cera) : 동물성. 유화제, 피부 컨디셔닝제. 양모 기름의 비감화성 물질로만 이루어진 성분이며, 우수한 피부 컨디셔닝제다.

☺ ☺ ☺ **라다넘오일**
(Cistus Ladaniferus Oil) : 식물성. 활성 성분. 피부 결을 곱게 하고, 뾰루지를 발생하게 하는 원인 박테리아를 살균하는 효과가 우수하다.

☺ ☺ ☺ **라다넘잎/줄기추출물**
(Cistus Ladaniferus Leaf/Stem Extract) : 식물성. 활성 성분. 피부 결을 곱게 하고, 살균 효과가 있다. '시스터스속'에 속하는 식물의 잎과 가지에서 추출한 성분이다.

☺ ☺ **라다글리세라이드**
(Lard Glycerides) : 동물성. 피부 컨디셔닝제, 유화

제. 돼지비계에서 추출한 성분이다. 피부를 매끄럽게 하고 유분기를 공급하지만 화장품 원료로서는 매우 드물게 사용한다.

☺☺☺ 라반딘오일
(Lavandula Hybrida Oil) : 식물성. 피부 컨디셔닝제.

☺☺☺ 라벤더
(Lavandula Angustifolia) : 식물성. 활성 성분, 착향제. 탈취 작용을 하는 성분이며, 세포를 재생시키는 작용을 한다. 라벤더의 에센셜오일은 혈액순환을 촉진하고 피부를 진정시키는 작용을 한다. 화장품에 자주 사용하는 방향 성분이다.

☺☺☺ 라벤사라아로마티카잎오일
(Ravensara Aromatica Leaf Oil) : 식물성. 활성 성분.

💣※💣※ 라우라마이드디이에이
(Lauramide DEA) : 식물성. 정전기방지제, 점착제.

☺☺ 라우라미도프로필베타인
(Lauramidopropyl Betaine) : 복합성. 계면활성제, 점도조절제.

☺ 라우라민옥사이드
(Lauramine Oxide) : 화학성. 피부 및 헤어 컨디셔닝제.

💣※※💣※ 라우레스-2,-3,-4,-7
(Laureth-2,-3,-4,-7) : 식물성. 유화제, 계면활성제.

💣※💣※ 라우레스-5카복실릭애씨드
(Laureth-5 Carboxylic Acid) : 복합성. 유화제.

💣※※💣※ 라우레스-8포스페이트
(Laureth-8 Phosphate) : 화학성. 유화제, 계면활성제.

☺☺☺ 라우로일라이신
(Lauroyl Lysine) : 복합성. 안정제, 분말의 원료. 오일 성분을 고정시키는 작용을 하여 피부에 매우 부드러운 촉감을 준다.

☺ 라우르디모늄하이드록시프로필하이드롤라이즈드밀단백질
(Laurdimonium Hydroxypropyl Hydrolyzed Wheat Protein) : 화학성. 활성 성분.

☺ 라우르디모늄하이드록시프로필하이드롤라이즈드콩단백질
(Laurdimonium Hydroxypropyl Hydrolyzed Soy Protein) : 화학성. 정전기방지제, 헤어 컨디셔닝제.

☺☺☺ 라우릭애씨드
(Lauric Acid) : 복합성. 결합제.

☺☺☺ 라우릴글루코사이드
(Lauryl Glucoside) : 복합성. 계면활성제. 피부 수용성이 매우 우수한 성분이다.

☺☺ 라우릴디모늄하이드록시프로필하이드롤라이즈드콜라겐
(Lauryldimonium Hydroxypropyl Hydrolyzed Collagen) : 동물성. 피부 및 헤어 컨디셔닝제. 모발을 보호하고 고정하는 데 유용한 성분이며, 머리 손질을 용이하게 해준다.

☺☺ 라우릴디에칠렌디아미노글라이신
(Lauryl Diethylenediaminoglycine) : 복합성. 유화제, 계면활성제. 피부에 보습 작용을 한다.

☺☺☺ 라우릴락테이트
(Lauryl Lactate) : 식물성. 피부가 화사하게 빛이 나게 해주는 성분이며, 피부를 부드럽게 하고 촉감을 좋게 만들어준다. 피부에 바르기 좋게 하기 위해 크림에 주로 사용한다.

☺ 라우릴메치콘코폴리올
(Laurylmethicone Copolyol) : 화학성. 유화제, 피부 컨디셔닝제. 환경보호 측면의 평가 : 💣※💣※.

💣※💣※ 라우릴메칠글루세스-10하이드록시프로필디모늄클로라이드

(Lauryl Methyl Gluceth-10 Hydroxy propy-ldimonium Chloride) : 복합성. 정전기방지제, 헤어 컨디셔닝제.

☺☺ 라우릴베타인
(Lauryl Betaine) : 복합성. 유화제, 계면활성제.

☺☺ 라우릴아미노프로필글라이신
(Lauryl Aminopropylglycine) : 식물성. 정전기방지제, 계면활성제.

☺☺ 라우릴옥타노에이트
(Lauryl Octanoate) : 식물성 / 화학성. 지방 물질. 피부에 유분기를 공급한다.

☺☺☺ 라우릴폴리글루코오스
(Lauryl Polyglucose) : 식물성. 당계면활성제.

☺☺☺ 라우릴피롤리돈
(Lauryl Pyrrolidone) : 화학성. 금속이온 봉쇄제, 보습 물질. 모발용 제품에 헤어 컨디셔닝제로 사용한다.

☀☀☀ 라우릴피리디늄클로라이드
(Laurylpyridinium Chloride) : 화학성. 방부제.

☺☺☺ 라우릴피씨에이
(Lauryl PCA) : 식물성. 보조유화제, 활성 성분. 보습 작용을 하는 물질이며, 세균 번식을 억제하는 기능이 있다.

☺☺ 라우릴하이드록시설테인
(Lauryl Hydroxysultaine) : 화학성. 계면활성제.

☺☺☺ 라이소레시틴
(Lysolecithin) : 식물성 / 화학성. 유화제, 보조유화제, 활성 성분. 가수 분해된 레시틴이다.

☺☺☺ 라이신
(Lysine) : 복합성. 활성 성분. 소염 작용을 하는 아미노산이며, 우수한 헤어 컨디셔닝제다.

☺☺☺ 라이신하이드로클로라이드
(Lysine Hydrochloride) : 화학성. 피부 컨디셔닝

제. 수용성 라이신의 이형체이며, 피부에 미치는 효과는 아직까지 밝혀지지 않고 있다.

☺☺☺ 라임
(Citrus Aurantifolia) : 식물성. 착향제. 라임나무의 열매의 껍질을 증류해서 얻는 에센셜오일이다.

☺☺☺ 라즈베리오일
(Rubus Idaeus Oil) : 식물성. 피부 컨디셔닝제.

☺☺☺ 라타니아뿌리추출물
(Krameria Triandra Root Extract) : 식물성. 활성 성분, 착색제. 수렴 작용을 하여 피부 활력을 증강시키고 청량감을 준다.

☺☺ 락타마이드엠이에이
(Lactamide MEA) : 복합성. 활성 성분, 정전기방지제. 보습 작용을 한다.

☺☺ 락토바실러스발효물
(Lactobazillus Ferment) : 생체 기술. 피부에 작용하는 활성 성분. 세포 형성을 촉진하는 기능이 있지만 살균 효과도 있어 보존제로도 사용한다.

☺☺☺ 락토오스
(Lactose) : 동물성. 보조첨가제. 활성 성분의 보형제로 주로 사용하며, 분말의 원료로 쓰인다.

☺☺☺ 락토퍼옥시다아제
(Lactoperoxidase) : 생체 기술. 첨가제. 살균 효과가 있어 보존제로 사용한다.

☺☺☺ 락틱애씨드
(Lactic Acid) : 복합성. 완충화제, 방부제. 보습 효과가 있으며, 피부를 튼튼하게 해준다.

☺☺☺ 런던로켓
(Sisymbrium Irio) : 식물성. 피부 컨디셔닝제.

☺☺☺ 레몬
(Citrus Medica Limonum) : 식물성. 활성 성분, 착향제. 주로 에센셜오일 형태로 사용한다.

☺☺☺ 레몬그라스

(Cymbopogon Schoenanthus) : 식물성. 착향제.

☺☺☺ 레몬밤
(Melissa Officinalis) : 식물성. 활성 성분. 진정 작용, 활력 증강 작용, 피부 보호 작용 등이 있어 주로 크림, 토너, 목욕용 제품 등에 사용한다.

☺☺☺ 레몬버베나잎추출물
(Lippia Citriodora Leaf Extract) : 식물성. 활성 성분.

☺☺☺ 레불리닉애씨드
(Levulinic Acid) : 복합성. 피부 컨디셔닝제.

☺☺☺ 레시틴
(Lecithin) : 식물성. 유화제, 피부 컨디셔닝제. 보습 작용을 하여 피부를 매끄럽게 한다. 레시틴은 무엇보다도 수분을 잘 고정시키는 성질이 있어 건조한 피부용 제품에 사용한다.

☺☺ 레이온
(Rayon) : 화학성. 연마제. 세정 작용이 있어 주로 마스크 제품이나 분말용으로 사용한다.

💣💣💣 레조시놀
(Resorcinal) : 화학성. 정전기방지제, 착색제. 피부를 민감하게 하고, 접촉성 피부염을 일으킬 위험이 있다.

☺☺ 레티닐아세테이트
(Retinyl Acetate) : 복합성. 산화방지제, 활성 성분. 활성 산소를 제거하는 데 효과가 좋으며, 자외선으로부터 피부를 보호한다. 치료 효과도 있다.

☺☺☺ 레티닐팔미테이트
(Retinyl Palmitate) : 복합성. 산화방지제, 활성 성분. 피부의 각질 형성을 조절해주는 작용을 하며, 세포 재생에도 관여한다.

☺☺☺ 레티닐팔치스히포가에아
(Retinyl Palchis Hypogaea) : 복합성. 피부 컨디셔닝제, 활성 성분. 비타민 A의 유도체다.

☺☺☺ 로부스타커피추출물
(Coffea Robusta Seed Extract) : 식물성. 피부 컨디셔닝제.

☺☺ 로얄젤리추출물
(Royal Jelly Extract) : 동물성. 활성 성분. 세포 조직 내에 산소의 이동을 활성화하고, 신진대사를 촉진하는 로얄젤리는 아미노산과 비타민을 풍부히 함유하고 있다.

☺☺☺ 로즈마리
(Rosmarinus Officinalis) : 식물성. 활성 성분. 피부에 활력을 주는 효과가 있어 목욕용 제품과 체형 관리 제품에 주로 사용한다.

☺☺ 로즈우드
(Aniba Rosaeodora) : 식물성. 활성 성분. 로즈우드에서 얻는 에센셜오일은 피부를 진정시키는 작용을 한다.

☺☺☺ 로즈제라늄
(Pelargonium Capitatum) : 식물성. 활성 물질, 천연향. 로즈제라늄에서 추출한 에센셜오일이다. 장미의 향과 매우 흡사하지만 가격이 매우 저렴하다.

☺☺☺ 로즈힙
(Rosa Canina) : 식물성. 피부 컨디셔닝제. 피부 결을 곱게 해주며, 치료 효과가 있다. 오일 형태로 사용한다.

☺☺☺ 록샘파이어추출물
(Crithmum Maritimum Extract) : 식물성. 활성 성분.

☺☺☺ 루이보스잎추출물
(Aspalathus Linearis Leaf Extract) : 식물성. 활성 성분.

☺☺☺ 루틴
(Rutin) : 식물성. 산화방지제. 플라보노이드 성분이며 비타민 P로 불린다. 적포도주, 마늘, 고추나물 등에 주로 함유되어 있다.

☺☺☺ 류신

(Leucine) : 화학성. 활성 성분, 정전기방지제. 모발을 부드럽게 하고 모발 상태를 개선한다.

☺☺ 리날룰
(Linalool) : 식물성/화학성. 착향제.

💣💣☀ 리놀레아마이드디이에이
(Linoleamide DEA) : 식물성. 정전기방지제, 헤어 컨디셔닝제, 지방 물질.

☺ 리놀레아마이드엠이에이
(Linoleamide MEA) : 복합성. 정전기방지제, 지방 물질. 치료 효과가 있으며 피부를 매끄럽게 한다.

💣💣☀ 리놀레아미도프로필피지-디모늄클로라이드포스페이트
(Linoleamidopropyl PG-Dimonium Chloride Phosphate) : 복합성. 헤어 컨디셔닝.

☺☺☺ 리놀레익애씨드
(Linoleic Acid) : 식물성. 활성 성분, 피부 컨디셔닝제. 피부를 매끄럽게 하고 유분기를 공급한다.

☺☺☺ 리마콩추출물
(Phaseolus Lunatus Seed Extract) : 식물성. 활성 성분.

☺☺ 리모넨
(Limonene) : 식물성. 착향제.

☺☺☺ 리보플라빈
(Riboflavin) : 화학성. 착색제, 활성 성분. 치료 효과가 있다.

☺☺ 리시놀레아미도프로필베타인
(Ricinoleamidopropyl Betaine) : 식물성. 정전기방지제, 계면활성제. 세정 작용을 하고, 머리 손질을 용이하게 해준다.

☺ 리시놀레아미도프로필트리모늄메토설페이트
(Ricinoleamidopropyltrimonium Methosulfate) : 식물성. 정전기방지제, 계면활성제. 세정 작용을 하고 머리 손질을 용이하게 해준다. 사용 시 피부

점막과 접촉하지 않도록 주의해야 한다.

☺☺☺ 리치열매추출물
(Litchi Chinensis Fruit Extract) : 식물성. 활성 성분.

☺☺☺ 리토탐니움칼카룸가루
(Lithothamnium Calcarum Powder) : 식물성. 스크럽제.

☺☺☺ 리튬마그네슘소듐실리케이트
(Lithium Magnesium Sodium Silicate) : 광물성. 유화안정제, 점도조절제.

☺ 릴리알(Lilial) : 화학성. 착향제.

■

💣💣☀ 마그네슘라우레스설페이트(Magnesium Laureth Sulfate) : 복합성. 계면활성제.

💣💣☀ 마그네슘라우레스-8설페이트
(Magnesium Laureth-8 Sulfate) : 복합성. 계면활성제.

☺☺ 마그네슘라우릴설페이트
(Magnesium Lauryl Sulfate) : 복합성. 계면활성제.

☺☺☺ 마그네슘미리스테이트
(Magnesium Myristate) : 복합성. 결합제, 유화안정제.

☺☺☺ 마그네슘설페이트
(Magnesium Sulfate) : 광물성. 유화안정제. 피부를 탄력 있게 해준다.

☺☺☺ 마그네슘스테아레이트
(Magnesium Stearate) : 복합성. 유화안정제. 피부를 매끄럽게 하고 유분기를 공급한다.

☺☺☺ 마그네슘아스코빌포스페이트

(Magnesium Ascorbyl Phosphate) : 복합성. 활성 성분, 산화방지제. 안정된 비타민 C 염이다.

☺☺☺ 마그네슘아스파테이트
(Magnesium Aspartate) : 복합성. 피부 컨디셔닝제.

☺☺ 마그네슘알루미늄실리케이트
(Magnesium Aluminium Silicate) : 광물성. 천연 점착제, 점도증가제. 유기물질이 포함되지 않은 점토이며, 분말의 원료로 사용한다.

♠♠♠ 마그네슘올레스설페이트
(Magnesium Oleth Sulfate) : 화학성. 계면활성제.

☺☺☺ 마그네슘카보네이트
(Magnesium Carbonate) : 광물성. 흡수제. 분말의 원료로 사용한다.

☺☺☺ 마그네슘클로라이드
(Magnesium Chloride) : 복합성. 첨가물. 피부를 탄력 있게 해준다.

☺☺☺ 마그놀리아꽃추출물
(Magnolia Acuminata Flower Extract) : 식물성. 활성 성분.

☺☺☺ 마누카
(Leptospermum Scoparium) : 식물성. 활성 성분, 착향제. 뉴질랜드가 원산지인 '마누카' 라는 식물은 피부 수용성이 우수하여 잡티가 많은 문제성 피부용 제품에 주로 사용한다. 주로 에센셜오일 형태로 사용한다.

☺☺☺ 마돈나백합꽃추출물
(Lilium Candidum Flower Extract) : 식물성. 활성 성분.

☺☺☺ 마로니에
(Aesculus Hippocastanum) : 식물성. 활성 성분. 마로니에는 체내에서 비타민 C의 효능을 증강시키고, 혈관의 탄력을 높이는 '플라보노이드' 를 함유하고 있다. 마로니에 껍질은 자외선을 막아주는 물질인 '에스쿨린' 을 포함하고 있다.

☺☺☺ 마스틱타임꽃오일
(Thymus Mastichina Flower Oil) : 식물성. 활성 성분.

☺☺☺ 마이카(Mica) : 광물성. 착색제. 분말용 보형제이며, 햇빛으로부터 피부를 보호한다.

☺☺☺ 마이크로코쿠스용해물
(Micrococcus Lysate) : 식물성. 활성 성분. 토양이나 염호에 살고 있는 세균의 일종이며, 인체에는 무해하지만 아직까지 피부에 미치는 효과가 자세히 밝혀지지 않고 있다.

☺ 마이크로크리스탈린왁스
(Cera Microcristallina) : 화학성. 결합제, 안정제. 피부 보호 측면의 평가 : ♠♠♠

☺☺☺ 마카다미아씨오일
(Macadamia Ternifolia Seed Oil) : 식물성. 활성 성분. 마카다미아 씨 오일은 피부에서 분비되는 피지와 조성 성분이 매우 흡사하여 피부를 매끄럽게 할 뿐 아니라 피부 촉감도 부드럽게 만들어준다. 팔미톨레인산과 올레인산을 함유하고 있어 건성 피부에 탁월한 효과를 낸다.

☺☺☺ 마테잎추출물
(Ilex Paraguariensis Leaf Extract) : 식물성. 활성 성분.

☺☺☺ 마텔추출물
(Myrtus Communis Extract) : 식물성. 활성 성분.

☺☺☺ 마편초추출물
(Verbena Officinalis Leaf Extract) : 식물성. 활성 성분.

☺☺☺ 만니톨
(Mannitol) : 식물성. 충진제, 분말결합제. 천연 당성분의 6가 알코올이며, 동결 건조된 성분의 보형제로 사용한다.

☺☺☺ 만다린
(Citrus Nobilis) : 식물성. 활성 성분, 착향제. 주로 에

센셜오일 형태로 사용한다. 피부를 진정시키는 작용을 하며, 외부 자극에 대한 피부 대항 능력도 높여준다.

☺☺☺ **말굽잔나비버섯추출물**
(Fomes Officinalis Extract) : *식물성. 활성 성분.*

☺☺☺ **말로우**(Malva Sylvestris) : *식물성. 활성 성분. 피부 결을 곱게 하고, 피부를 진정시키는 효과가 있다.*

☺☺☺ **말리화꽃왁스**
(Jasminum Sambac Flower Wax) : *식물성. 활성 성분, 결합제. 쟈스민 오일을 생산하는 과정에서 얻는 왁스다.*

☺☺☺ **말릭애씨드**
(Malic Acid) : *복합성. 활성 성분. 과일 산의 일종이며, 박피 작용을 하는 것으로 유명하다. 피부 탄력을 높이는 작용을 한다.*

☺☺☺ **말토덱스트린**
(Maltodextrin) : *식물성. 활성 성분. 활성 성분의 보형제로 사용한다.*

☺☺ **망가니스설페이트**
(Manganese Sulfate) : *복합성. 피부 컨디셔닝제.*

☺☺☺ **망고추출물**
(Mangifera Indica Fruit Extract) : *식물성. 활성 성분.*

☺☺☺ **매도스위트잎추출물**
(Spiraea Ulmaria Leaf Extract) : *식물성. 활성 성분.*

☺☺☺ **매스틱**
(Pistacia Lentiscus) : *식물성. 활성 성분, 피막형성제. 구강청정제 및 치약류에 사용한다.*

☺☺☺ **맥아추출물**
(Malt Extract) : *식물성. 활성 성분.*

☺☺☺ **맥주**
(Beer) : *식물성. 식품첨가물. 효과가 증명된 천연 제품*

이며, 모발에 풍성한 볼륨감과 아름다운 윤기를 준다.

☺☺☺ **멀런추출물**
(Verbascum Thapsus Extract) : *식물성. 활성 성분.*

☺☺☺ **메도우폼씨오일**
(Limnanthes Alba Seed Oil) : *식물성. 활성 성분, 피부 컨디셔닝제.*

☺☺☺ **메밀추출물**
(Polygonum Fagopyrum Extract) : *식물성. 피부 컨디셔닝제.*

☺☺☺ **메이창오일**
(Litsea Cubeba Oil) : *식물성. 활성 성분, 착향제.*

☺☺☺ **메치오닌**
(Methionine) : *복합성. 활성 성분. 필수 아미노산의 하나다.*

☺ **메치콘**
(Methicone) : *화학성. 식물성 오일을 대체하는 지방성 물질. 환경보호 측면의 평가 :* 💣💣

☺ **메칠2-옥티노에이트**
(Methyl 2-Octynoate) : *화학성. 착향제.*

💣💣 **메칠글루세스-10,-20**
(Methyl Gluceth-10,-20) : *식물성. 점착제.*

☺☺☺ **메칠글루코오스디올리에이트**
(Methyl Glucose Dioleate) : *식물성. 당성분의 유화제.*

☺☺ **메칠글루코오스세스퀴이소스테아레이트**
(Methyl Glucose Sesquiisostearate) : *식물성. 유화제, 피부 컨디셔닝제.*

💣💣💣 **메칠디브로모글루타로나이트릴**
(Methyldibromo Glutaronitrile) : *화학성. 방부제.*

☺☺ **메칠락테이트**
(Methyl Lactate) : *화학성. 용제.*

💣💣 **2-메칠레조시놀**

(2-Methylresorcinol) : 화학성. 모발착색제. 페놀 계열에 속하는 성분이며, 발색제로 사용한다.

☺ ☺ 메칠렌비스-벤조트리아졸릴테트라메칠부틸페놀

(Methylene Bis-Benzotriazolyl Tetramethylbutylphenol) : 화학성. 자외선 차단 물질.

☺ 메칠메타크릴레이트크로스폴리머

(Methyl Methacrylate Crosspolymer) : 화학성. 피막형성제. 환경보호 측면의 평가 : 💣💣💧

☺ ☺ 4-메칠벤질리덴캠퍼

(4-Methylbenzyllidene Camphor) : 화학성. UVB 자외선을 차단하는 성분.

☺ ☺ ☺ 메칠셀룰로오스

(Methylcellulose) : 식물성. 점착제.

☺ 메칠실라놀카복시메칠테오필린알지네이트

(Methylsilanol Carboxymethyl Theophylline Alginate) : 화학성. 피부 및 헤어 컨디셔닝제. 실리콘 계열의 물질이다. 환경보호 측면의 평가 : 💣💣💧

💣💧💣💧 메칠이소치아졸리논

(Methylisothiazolinone) : 화학성. 방부제. 알레르기를 유발하거나 피부와 점막을 자극할 가능성이 있는 성분이다.

☺ ☺ 메칠코코에이트

(Methyl Cocoate) : 복합성. 피부 컨디셔닝제.

💣💧💣💧 메칠클로로이소치아졸리논

(Methylchloroisothiazolinone) : 화학성. 방부제.

☺ ☺ 메칠타이로시네이트에이치씨엘

(Methyl Tyrosinate HCl) : 복합성. 헤어 컨디셔닝제.

💣💧 메칠파라벤

(Methylparaben) : 화학성. 방부제.

☺ 메칠프로판디올

(Methylpropanediol) : 화학성. 용제.

☺ ☺ 1-메칠하이단토인-2-이미드

(1-Methylhydantoin-2-Imide) : 화학성. 피부 컨디셔닝제.

💣💧💣💧 메칠하이드록시에칠셀룰로오스

(Methyl Hydroxyethylcellulose) : 복합성. 점착제, 유화제.

☺ ☺ ☺ 멕시코양귀비오일

(Argemone Mexicana Oil) : 식물성. 활성 성분.

☺ ☺ ☺ 멘톨

(Menthol) : 복합성. 착향제. 박하에서 얻는 에센셜오일을 구성하는 주성분이다.

☺ ☺ ☺ 멜론추출물

(Cucumis Melo Fruit Extract) : 식물성. 피부 컨디셔닝제.

☺ ☺ ☺ 명일엽추출물

(Angelica Keiskei Extract) : 식물성. 활성 성분.

☺ ☺ ☺ 모과추출물

(Chaenomeles Sinensis Fruit Extract) : 식물성. 활성 성분.

☺ ☺ ☺ 모근추출물

(Imperata Cylindrica Root Extract) : 식물성. 활성 성분.

☺ ☺ ☺ 모란뿌리추출물

(Paeonia Suffruticosa Root Extract) : 식물성. 활성 성분.

☺ ☺ ☺ 모로코라바클레이

(Moroccan Lava Clay) : 광물성. 세정 물질.

☺ ☺ ☺ 모르티에렐라

(Mortierella Isabellina) : 식물성. 피부를 보호하는 활성 성분.

☺ ☺ ☺ 모우레라플루비아틸리스추출물

(Mourera Fluviatilis Extract) : 식물성. 활성 성분. 보습 작용을 하는 성분이며 프랑스령 기아나의 강

등지에서 자생하는 쌍자엽과에 속하는 식물에서 추출한 것이다.

☺☺☺ **목련나무껍질추출물**
(Magnolia Kobus Bark Extract) : 식물성. 활성 성분.

☺☺☺ **목화추출물**
(Gossypium Herbaceum Extract) : 식물성. 피부 컨디셔닝제.

☺☺☺ **몬모릴로나이트**
(Montmorillonite) : 광물성. 점도조절제, 유화안정제.

☺☺☺ **몰약**
(Commiphora Myrrha) : 식물성. 활성 성분. 치약에 주로 사용한다.

☺☺☺ **몰약추출물**
(Commiphora Abyssinica Resin Extract) : 식물성. 활성 성분.

☺☺☺ **무수자일리톨**
(Anhydroxylitol) : 식물성. 활성 성분.

☺☺☺ **무화과추출물**
(Ficus Carica Fruit Extract) : 식물성. 활성 성분.

☺☺☺ **무환자추출물**
(Sapindus Mukurossi Fruit Extract) : 식물성. 활성 성분.

☺☺☺ **물**
(Aqua) : 기초물질.

☺☺☺ **물냉이**
(Nasturtium Officinale) : 식물성. 활성 성분. 색소가 침착된 노화성 검버섯을 엷게 해주는 효과가 있어 주로 스크럽 제품과 세정 제품에 사용한다.

☺☺☺ **미국개암**
(Corylus Americana) : 식물성. 피부 컨디셔닝제.

☺☺☺ **미국참나무**
(Quercus Alba) : 식물성. 활성 성분.

☺ **미네랄오일**
(Mineral Oil) : 화학성. 용제. 피부 컨디셔닝제. 피부의 성질과는 이질적이며, 피부호흡을 방해한다. 피부 보호 측면의 평가 : 💣💦💣

💣💦💣 **미레스-3미리스테이트**
(Myreth-3 Myristate) : 복합성. 점착제, 피부 컨디셔닝제.

💣💦💣 **미레스-4**
(Myreth-4) : 복합성. 유화제.

☺☺☺ **미리스토일하이드롤라이즈드콜라겐**
(Myristoyl Hydrolyzed Collagen) : 동물성. 정전기방지제, 피부 컨디셔닝제.

☺☺☺ **미리스틱애씨드**
(Myristic Acid) : 식물성. 보조유화제, 피부 컨디셔닝제. 피부를 매끄럽게 하고 유분기를 공급한다. 또한 세정 작용도 한다.

☺☺☺ **미리스틸락테이트**
(Myristyl Lactate) : 식물성. 피부 컨디셔닝제. 피부를 매우 부드럽게 만들어 촉감을 좋게 해준다.

☺☺☺ **미리스틸미리스테이트**
(Myristyl Myristate) : 식물성. 점착제, 피부 컨디셔닝제. 피부를 매끄럽게 하고 유분기를 공급한다.

☺☺ **미리스틸알코올**
(Myristyl Alcohol) : 식물성. 보조유화제, 활성 성분. 피부 컨디셔닝제. 보습 작용을 하고 피부를 매끄럽게 한다.

☺☺☺ **미리스틸옥타노에이트**
(Myristyl Octanoate) : 복합성. 활성 성분의 피부 컨디셔닝제.

☺☺☺ **미모사**
(Mimosa Tenuiflora) : 식물성. 활성 성분. 살균 효과가 있으며, 주로 여드름을 치료하는 천연 물질로 사용한다.

☺ ☺ ☺ **미모사꽃왁스**

(Acacia Dealbata Flower Wax) : 식물성. 활성 성분.

☺ ☺ ☺ **밀**

(Triticum Vulgare) : 식물성. 피부 컨디셔닝제. 마그네슘, 포타슘, 비타민 B 복합제 등을 함유하고 있어 피부를 매끄럽게 해주면서 보호하는 작용을 한다.

☺ ☺ ☺ **밀배아글리세라이드**

(Wheat Germ Glycerides) : 식물성. 활성 성분, 피부 컨디셔닝제.

☺ ☺ ☺ **밀배아애씨드**

(Wheat Germ Acid) : 식물성. 피부 컨디셔닝제.

💣💣✳ **밍크오일피이지-13에스터**

(Mink Oil PEG-13 Esters) : 복합성. 피부 및 헤어 컨디셔닝제.

ㅂ

☺ ☺ ☺ **바닐라**

(Vanilla Planifolia) : 식물성. 착향제. 소독 효과가 있으며, 주로 에센셜오일 형태로 사용한다.

☺ ☺ ☺ **바닷소금**

(Maris Sal) : 광물성. 활성 성분, 계면활성제, 점도증가제.

☺ ☺ ☺ **바닷소금**

(Sea Salt) : 광물성. 활성 성분.

☺ ☺ **바륨설페이트**

(Barium Sulfate) : 광물성. 착색제. 점착력이 높은 물질이므로 분말을 보형제로 사용할 때 첨가하는 성분이다.

☺ **바륨설파이드**

(Barium Sulfide) : 광물성. 제모 작용을 하는 물질. 점착력이 높은 물질이므로 분말을 보형제로 사용할 때 첨가하는 성분이며, 고농도로 제품에 배합하면 피부 자극을 유발할 수 있다.

💣✳ **바바수아마이드디이에이**

(Babassuamide DEA) : 복합성. 지방 물질.

☺ ☺ ☺ **바바수씨오일**

(Orbignya Oleifera Seed Oil) : 식물성. 활성 성분. 바바수종려나무 열매에서 얻는 오일 및 지방은 불포화지방산을 풍부하게 함유하고 있는데, 산화가 잘 되지 않는 안정된 특징을 갖고 있다. 피부를 매끄럽게 하고 유분기를 공급하는 작용을 한다.

☺ ☺ ☺ **바실오일**

(Ocimum Basilicum Oil) : 식물성. 활성 성분, 착향제.

☺ ☺ ☺ **바오밥나무**

(Adansonia Digitata) : 식물성. 활성 성분.

☺ ☺ ☺ **바이오사카라이드검-1**

(Biosaccharide Gum-1) : 생체 기술. 점도증가제. 소르비톨에서 얻는 성분이다.

☺ ☺ ☺ **바이오사카라이드검-2**

(Biosaccharide Gum-2) : 생체 기술. 점도증가제. 소르비톨에서 얻는 성분이며, 식물성 중합체다.

☺ ☺ ☺ **바이오틴**

(Biotin) : 복합성. 활성 성분. 피부와 모발에 효과가 좋은 성분이며, 특히 모발의 성장을 촉진하는 작용이 입증되었다.

☺ ☺ ☺ **뱅크셔나무꽃추출물**

(Banksia Serrata Flower Extract) : 식물성. 활성 성분.

☺ ☺ ☺ **발린**

(Valine) : 복합성. 아미노산, 활성 성분. 수분을 고정시키는 작용을 한다.

☺ ☺ ☺ **발삼아미리스오일**

(Amyris Balsamifera Oil) : 식물성. 활성 성분,

착향제.

☺ ☺ ☺ **발삼유럽추출물**
(Abies Pectinata Extract) : *식물성. 활성 성분.*
착향제.

☺ ☺ ☺ **발삼캐나다추출물**
(Abies Balsamea Extract) : *식물성. 피막형성제.*
헤어 컨디셔닝제.

☺ ☺ ☺ **백단향추출물**
(Santalum Album Extract) : *식물성. 활성 성분.*

☺ ☺ ☺ **백지추출물**
(Angelica Dahurica Extract) : *식물성. 활성 성분.*

☺ ☺ ☺ **버넷추출물**
(Burnet Extract) : *식물성. 활성 성분.*

☺ ☺ ☺ **버독**
(Arctium Majus) : *식물성. 활성 성분.* 두피와 모근을 강화시키는 효과가 있고 탈모를 예방한다. 살균 효과가 있어 미생물의 번식을 억제한다.

☺ ☺ ☺ **버터밀크**
(Butyris Lac) : *동물성. 피부 컨디셔닝제.*

☺ ☺ ☺ **범꼬리뿌리추출물**
(Polygonum Bistorta Root Extract) : *식물성. 활성 성분.*

☺ ☺ ☺ **베르가모트**
(Citrus Aurantium Bergamia) : *식물성. 활성 성분, 착향제.* 주로 에센셜오일 형태로 사용한다. 탈취제로 쓰이는 성분이며, 피부 결을 곱게 하고 살균 작용을 한다.

☺ ☺ ☺ **베스우드꽃추출물**
(Tilia Americana Flower Extract) : *식물성. 피부 컨디셔닝제.*

☺ ☺ ☺ **베어베리추출물**
(Arctostaphylos Uva Ursi Extract) : *식물성. 활성 성분.*

☺ ☺ ☺ **베이베리**
(Myrica Cerifera) : *식물성. 결합제.* 미리카펜실바니카 열매에서 추출한 왁스이며, 트리글리세라이드와 디글리세라이드를 풍부하게 함유하고 있다.

☺ ☺ ☺ **베타-글루칸**
(Beta-Glucan) : *식물성. 피부에 좋은 활성 성분.* 식물성 다당류에 속한다.

☺ ☺ ☺ **베타시토스테롤**
(Beta Sitosterol) : *식물성. 지방 물질.*

☺ ☺ ☺ **베타인**
(Betaine) : *복합성. 활성 성분.* 사탕수수에서 추출한 성분이며, 모발에 볼륨감을 준다. 피부를 진정시키고 보습 작용을 한다.

☺ ☺ ☺ **베타-카로틴**
(Beta-Carotene) : *식물성. 활성 성분, 착색제.* 유해 산소를 제거하는 중요한 물질 중 하나다.

☺ ☺ ☺ **베티버뿌리오일**
(Vetiveria Zizanoides Root Oil) : *식물성. 활성 성분.*

💧✶💧 **베헤네스-5,-10,-20,-25**
(Beheneth-5,-10,-20,-25) : *화학성. 유화제, 점착제.* 진줏빛 광택을 발산하는 효과를 낸다.

💧✶💧 **베헤노일피지-트리모늄클로라이드**
(Behenoyl PG-Trimonium Chloride) : *화학성.* 정전기방지제, 헤어 컨디셔닝제.

☺ **베헤녹시디메치콘**
(Behenoxy Dimethicone) : *화학성. 피부 컨디셔닝제.* 환경보호 측면의 평가 : 💧💧✶

☺ ☺ ☺ **베헤닉애씨드**
(Behenic Acid) : *식물성. 활성 성분, 지방 성분.* 포도 씨 오일에 포함되어 있는 불포화지방산이다.

☺ 베헤닉에스터디메치콘
(Behenic Ester Dimethicone) : 화학성. 지방 물질. 환경보호 측면의 평가 : 💣☀💣☀

☺☺☺ 베헤닐비즈왁스
(Behenyl Beeswax) : 복합성. 결합제.

☺☺☺ 베헤닐알코올
(Behenyl Alcohol) : 식물성. 결합제. 식물성 오일에서 얻는 성분이며, 피부를 매끄럽게 하는 작용을 한다.

💣☀ 베헨트리모늄클로라이드
(Behentrimonium Chloride) : 화학성. 방부제.

💣☀💣☀💣 벤잘코늄 브로마이드
(Benzalkonium Bromide) : 화학성. 방부제, 헤어 컨디셔닝제.

💣☀💣☀ 벤잘코늄클로라이드
(Benzalkonium Chloride) : 화학성. 방부제, 헤어 컨디셔닝제. 피부를 자극하고 염증을 유발할 위험성이 있는 성분이다.

💣☀💣☀💣 벤제토늄클로라이드
(Benzethonium Chloride) : 화학성. 방부제. 발암 물질로 의심을 받고 있는 성분이며, 화장품에서의 배합 비율은 0.1퍼센트까지만 허용하고 있다.

☺☺ 벤조익애씨드
(Benzoic Acid) : 화학성. 방부제.

☺☺☺ 벤조인나무검
(Styrax Benzoin Gum) : 식물성. 피막형성제.

💣☀💣☀ 벤조페논-1,-3,-4,-9
(Benzophenone-1,-3,-4,-9) : 화학성. 자외선을 광범위하게 차단하는 물질.

☺☺ 벤질벤조에이트
(Benzyl Benzoate) : 식물성/화학성. 착향제.

☺☺ 벤질살리실레이트
(Benzyl Salicylate) : 식물성/화학성. 착향제.

☺☺ 벤질신나메이트
(Benzyl Cinnamate) : 식물성/화학성. 착향제.

☺☺ 벤질알코올
(Benzyl Alcohol) : 식물성/화학성. 방부제, 용제, 착향제.

☺☺☺ 벤토나이트
(Bentonite) : 광물성. 점착제, 헤어 컨디셔닝제. 지방 성분을 용해하며 세정 기능이 있다.

☺ 변성감자전분
(Potato Starch Modified) : 복합성. 점도조절제.

☺☺ / ☺ 변성알코올
(Alcohol denat.) : 식물성. 변성 알코올은 세정 작용을 하거나 지방 성분을 용해하는 효과가 있다. 보존제로도 사용하는 변성 알코올의 품질은 변성을 일으키는 물질의 종류에 좌우된다.

☺☺☺ 병풀
(Centella Asiatica) : 식물성. 치유 기능이 있으며, 콜라겐 합성을 촉진한다고 알려져 있다.

☺ 보론나이트라이드
(Boron Nitride) : 화학성. 보형제 역할을 하는 분말. 화학적으로 매우 안정된 분말이며, 3000℃ 이상의 고온에서 사용하는 마찰방지제다.

☺☺☺ 보르네오탈로우
(Shorea Stenoptera) : 식물성. 피부 컨디셔닝제. 사라수속에 속하는 나무의 열매에서 얻는 성분인데, 피부에 좋은 효과를 내는 비감화성 물질을 다량 포함하고 있다.

☺☺☺ 보리지
(Borago Officinalis) : 식물성. 피부 컨디셔닝제. 피부 탄력을 높여주고, 피부가 수분을 간직하는 능력을 높여준다. 쉽게 염증이 발생하는 지성 피부와 잘 부서지는 손톱 등에 좋은 효과가 있다.

☺☺☺ 보리추출물
(Hordeum Vulgare Extract) : 식물성. 활성 성분.

☺☺☺ **복령추출물**

(Poria Cocos Extract) : *식물성. 피부 컨디셔닝제.*

☺☺☺ **복숭아**

(Prunus Persica) : *식물성. 연마제. 복숭아씨의 분말은 필링용 제품에 사용한다.*

☺☺☺ **봉작고사리추출물**

(Adiantum Capillus Veneris Extract) : *식물성. 활성 성분. 두피의 비듬을 예방하는 데 효과가 좋다.*

☺☺☺ **부석**

(Pumice) : *광물성. 연마제. 각질을 제거하는 용도로 사용한다.*

☺☺☺ **부처브룸추출물**

(Butcherbroom Extract) : *식물성. 활성 성분.*

☺ **부탄**

(Butane) : *화학성. 분사제. 스프레이용 제품에 사용하는 가스다.*

💣💣💥 **부톡시디글라이콜**

(Butoxydiglycol) : *화학성. 용제.*

💣💣💥 **부톡시에탄올**

(Butoxyethanol) : *화학성. 용제.*

☺ **부티로락톤**

(Butyrolactone) : *화학성. 수지를 용해하는 용제.*

☺☺ **부틸렌글라이콜**

(Butylene Glycol) : *화학성. 용제. 수분을 간직하는 기능이 있다.*

☺ **부틸렌글라이콜디카프릴레이트/디카프레이트**

(Butylene Glycol Dicaprylate/Dicaprate) : *화학성. 보습 물질.*

💣💥 **부틸메톡시디벤조일메탄**

(Butyl Methoxydibenzoylmethane) : *화학성. 자외선 차단 성분.*

☺ **부틸벤질메칠프로피오날**

(Butylbenzyl Methylpropional) : *화학성. 합성향. 이 성분을 제품에 사용할 때는 반드시 국제 화장품 성분 명칭으로 포장상자에 표기해야 한다.*

☺☺ **부틸스테아레이트**

(Butyl Stearate) : *화학성. 합성 오일 형태의 피부 컨디셔닝제.*

☺☺ **부틸아세테이트**

(Butyl Acetate) : *화학성. 용제, 착향제.*

☺ **t-부틸알코올**

(t-Butyl Alcohol) : *화학성. 변성제, 용제.*

☺ **부틸에스터오브피브이엠/엠에이코폴리머**

(Butyl Ester of PVM/MA Copolymer) : *화학성. 주로 정전기방지제, 피막형성제. 헤어무스에 사용한다.*

☺ **부틸옥타노익애씨드**

(Butyloctanoic Acid) : *화학성. 계면활성제, 유화제.*

☺ **부틸파라벤**

(Butylparaben) : *화학성. 방부제. 파라벤류의 방부제는 알레르기를 유발할 가능성이 있다.*

☺ **부틸페닐메칠프로피오날**

(Butylphenyl Methylpropional) : *화학성. 합성향. 이 성분을 제품에 사용할 때는 반드시 국제 화장품 성분 명칭으로 포장상자에 표기해야 한다.*

☺☺☺ **분열조직**

(Meristem) : *식물성. 활성 성분. 유해 산소를 제거하는 물질로 알려지고 있으며, 광알레르기를 완화하는 작용을 한다.*

불소화합물 – 배합량이 중요하다.

■ 불소화합물은 치아의 법랑질을 단단하게 하기 위해 치의학 분야에서 주로 사용한다. 불소화합물은 구강 복용을 통해서 성장기 어린이에게 좋은 효과를 볼 수 있다.

■ 그러나 고농도의 불소화합물은 세포에는 독이나 마찬가지이므로 최대 허용 농도는 0.15퍼센트로 한정하고 있다. 이런 이유로 불소화합물은 보통 (☺)이라는 평가를 받게 되었다.

☺☺☺ **분홍바늘꽃추출물**
(Epilobium Angustifolium Extract) : 식물성. 활성 성분.

☺ **불화주석**
(Stannous Fluoride) : 화학성. 구강청정제에 사용하는 물질. 충치를 예방할 목적으로 사용하는 성분이다.

☺☺☺ **붉나무추출물**
(Rhus Semialata Extract) : 식물성. 활성 성분.

☺☺☺ **붉은토끼풀추출물**
(Trifolium Pratense Extract) : 식물성. 활성 성분.

☺☺☺ **붓들레야악실라리스잎추출물**
(Buddleja Axillaris Leaf Extract) : 식물성. 활성 성분.

☺☺☺ **브델리아추출물**
(Buddleja Davidii Extract) : 식물성. 활성 성분.

☺☺☺ **브라질넛**
(Bertholletia Excelsa) : 식물성. 활성 성분. 브라질넛에서 얻는 오일이다.

☺☺☺ **브라질자귀나무껍질추출물**
(Stryphnodendron Adstringens Bark Extract) : 식물성. 활성 성분. 브라질 자귀나무에서 얻는 타닌 성분의 추출물이다.

💣💣💣 **2-브로모-2-나이트로프로판-1,3-디올**
(2-Bromo-2-Nitropropane-1,3-Diol) : 화학성. 방부제. 흔히 '브로노폴(Bronopol)'로 불린다.

💣💣💣 **5-브로모-5-나이트로-1,3-디옥산**
(5-Bromo-5-Nitro-1,3-Dioxane) : 화학성. 방부제. 흔히 '브로노독스(Bronodox)'로 불린다.

💣💣💣 **브로모클로로펜**
(Bromochlorophene) : 화학성. 방부제.

☺☺☺ **브로콜리씨오일**
(Brassica Oleracea Italica Seed Oil) : 식물성. 활성 성분.

☺ **브이에이/비닐부틸벤조에이트/크로토네이트코폴리머**
(VA/Vinyl Butyl Benzoate/Crotonates Copolymer) : 화학성. 헤어 컨디셔닝제, 피막형성제. 스프레이나 모발용 제품에 사용한다. 환경보호 측면의 평가 : 💣💣

☺ **브이에이/크로토네이트/비닐네오데카노에이트코폴리머**
(VA/Crotonates/Vinyl Neodecanoate Copolymer) : 화학성. 헤어 컨디셔닝제, 피막형성제. 스프레이나 모발용 제품에 사용한다. 환경보호 측면의 평가 : 💣💣

☺ **브이피/브이에이코폴리머**
(VP/VA Copolymer) : 화학성. 정전기방지제, 피막형성제.

☺ **브이피/에이코센코폴리머**
(VP/Eicosene Copolymer) : 식물성/화학성. 점성을 높이는 데 사용하는 물질, 피막형성제.

☺ **브이피/헥사데센코폴리머**
(VP/Hexadecene Copolymer) : 화학성. 피막형성제, 점도조절제.

☺☺☺ **블래더랙엘지추출물**
(Fucus Vesiculosus Extract) : 식물성. 활성 성분. 기포해초의 추출물은 피부에 우수한 보습 작용을 하며, 유해 산소로부터 피부를 보호하는 기능도 한다. 또한 피부 탄력 유지에 도움을 주고 피지선 활동을 정

상화시킨다.

☺☺☺ **블랙멀베리뿌리추출물**
(Morus Nigra Root Extract) : 식물성. 활성 성분.

☺☺☺ **블랙베리추출물**
(Rubus Fruticosus Fruit Extract) : 식물성. 활성 성분.

☺☺☺ **블랙윌로우껍질추출물**
(Salix Nigra Bark Extract) : 식물성. 활성 성분.

☺☺☺ **블랙커런트추출물**
(Ribes Nigrum Extract) : 식물성. 활성 성분, 피부 컨디셔닝제.

☺☺☺ **블랙커민씨오일**
(Nigella Sativa Seed Oil) : 식물성. 활성 성분.

☺☺☺ **블루베리추출물**
(Vaccinium Angustifolium Fruit Extract) : 식물성. 활성 성분.

☺☺☺ **블루위드씨오일**
(Echium Plantagineum Seed Oil) : 식물성. 피부 컨디셔닝제.

☺☺☺ **블루위드열매오일**
(Echium Lycopsis Fruit Oil) : 식물성. 피부 컨디셔닝제.

☺ **비닐디메치콘/메치콘실세스퀴옥산크로스폴리머**
(Vinyl Dimethicone/Methicone Silsesquioxane Crosspolymer) : 화학성. 점도조절제. 환경보호 측면의 평가 : 💣💣

☺ **비닐카프롤락탐/브이피/디메칠아미노에칠메타크릴레이트코폴리머**
(Vinyl Caprolactam/VP/Dimethylaminoethyl Methacrylate Copolymer) : 화학성. 피막형성제. 환경보호 측면의 평가 : 💣💣

☺☺☺ **비르씨오일**
(Sclerocarya Birrea Seed Oil) : 식물성. 피부 컨디셔닝제.

☺☺☺ **비사볼올**
(Bisabolol) : 복합성. 활성 성분. 민감성 피부에 소염 작용이 우수하다.

☺☺☺ **비스-디글리세릴카프릴레이트/카프레이트/이소스테아레이트/하이드록시스테아레이트아디페이트**
(BIS-Diglyceryl Caprylate/Caprate/Isostearate/Hydroxystearate Adipate) : 화학성. 결합제. 식물성 원료로 만들어진 성분이며, 수소를 첨가한 천연 지방산으로 만든 디글리세린 에스테르다.

☺☺☺ **비스-디글리세릴폴리아실아디페이트-1**
(Bis-Diglyceryl Polyacyladipate-1) : 화학성. 피막형성제, 결합제.

☺☺☺ **비스-디글리세릴 폴리아실아디페이트-2**
(Bis-Diglyceryl Polyacyladipate-2) : 화학성. 피부 컨디셔닝제.

☺ **비스머스옥시클로라이드**
(Bismuth Oxychloride) : 광물성. 착색제. 광택없는 진줏빛을 내는 효과를 볼 수 있으며, 발한작용을 억제하는 기능도 있다.

☺ **비스-에칠헥실옥시페놀메톡시페닐트리아진**
(Bis-Ethylhexyloxyphenol Methoxyphenyl Triazine) : 화학성. 자외선 차단 물질.

💣💣 **비스-피이지-18메칠에텔디메칠실란**
(Bis-PEG-18 Methyl Ether Dimethyl Silane) : 화학성. 거품형성제, 보습제. 환경보호 측면의 평가 : 💣💣

💣💣💣 **비에이치에이**
(BHA) : 화학성. 산화방지제.

💣💣💣 **비에이치티**
(BHT) : 화학성. 산화방지제.

☺☺☺ **비정제비즈왁스**

(Cera Flava) : 동물성. 피부 컨디셔닝제, 보조유화제, 피막형성제. 비즈왁스를 정제하지 않은 성분이며, 노란색을 띤다.

☺☺☺ 비즈왁스애씨드
(Beeswax Acid) : 동물성. 유화안정제.

☺☺☺ 비터오렌지
(Citrus Aurantium Amara) : 식물성. 활성 성분, 착향제. 주로 에센셜오일 형태로 사용하며, 피부를 진정시키는 효과가 있을 뿐 아니라 외부 자극에 대한 대항 능력도 높여주는 작용도 한다. 신체에 활력을 준다.

☺☺☺ 비트
(Beta Vulgaris) : 식물성. 착색제. 근대 줄기를 건조시켜서 추출한 성분이다.

☺☺☺ 비트레오실라발효물
(Vitreoscilla Ferment) : 복합성. 활성 성분.

☺☺☺ 비파나무잎추출물
(Eriobotrya Japonica Leaf Extract) : 식물성. 활성 성분.

☺☺☺ 비피다발효용해물
(Bifida Ferment Lysate) : 생체 기술. 활성 성분.

☺☺☺ 빅사씨추출물
(Bixa Orellana Seed Extract) : 식물성. 활성 성분.

☺☺☺ 빌베리
(Vaccinium Myrtillus) : 식물성. 활성 성분. 타닌 성분을 고농도로 함유하고 있어 수렴 작용을 한다.

☺☺☺ 사과
(Pyrus Malus) : 식물성. 활성 성분. 사과에서 얻는 왁스이며, 모발용 제품에 사용한다.

☺☺☺ 사발팜열매추출물
(Serenoa Serrulata Fruit Extract) : 식물성. 활성 성분.

☺☺ 사이아노코발라민
(Cyanocobalamin) : 복합성. 비타민 B_{12}. 화장품에 사용하는 비타민 물질이지만 광고에서 주장하는 효과는 실제보다 과장되어 있다.

☺☺☺ 사이잘추출물
(Agave Rigida Extract) : 식물성. 활성 성분.

☺☺☺ 사이클로덱스트린
(Cyclodextrin) : 복합성. 용해를 돕는 물질. 피부 기저에 활성 성분을 전달하는 리포솜에 사용하는 성분이다.

☺ 사이클로메치콘
(Cyclomethicone) : 화학성. 정전기방지제, 피부 컨디셔닝제. 식물성 오일을 대체할 목적으로 사용하는 실리콘 오일이다. 피부에 잘 발라지게 하는 성분이다. 환경보호 측면의 평가 : 💣💣.

☺ 사이클로메치콘/디메치콘크로스폴리머
(Cyclomethicone/Dimethicone Crosspolymer) : 화학성. 점도조절제. 환경보호 측면의 평가 : 💣💣

☺ 사이클로펜타실록산
(Cyclopentasiloxane) : 화학성. 피부 및 헤어 컨디셔닝제, 용제, 연화제.

☺ 사이클로헥사실록산
(Cyclohexasiloxane) : 화학성. 피부 및 헤어 컨디셔닝제. 환경보호 측면의 평가 : 💣💣

☺☺☺ 사카라이드아이소머레이트
(Saccharide Isomerate) : 식물성. 활성 성분. 설탕 성분을 원료로 하여 얻은 물질이다.

☺☺☺ 사카라이드하이드롤리세이트
(Saccharide Hydrolysate) : 식물성. 활성 성분.

☺☺ 사카린

(Saccharin) : 화학성. 감미제. 구강청정제에 사용한다.

☺☺☺ 사탕수수
(Saccharum Officinarum) : 식물성. 활성 성분. 피부를 보호하고 탄력을 준다.

☺☺☺ 사향장미씨오일
(Rosa Moschata Seed Oil) : 식물성. 피부 컨디셔닝제.

☺☺☺ 산자나무
(Hippophae Rhamnoides) : 식물성. 활성 성분. 소염 작용과 치유 기능이 있는 성분이며, 피부를 진정시키는 작용을 한다.

☺☺☺ 산뽕나무잎추출물
(Morus Bombycis Leaf Extract) : 식물성. 활성 성분.

☺☺☺ 살구
(Prunus Armeniaca) : 식물성. 연마제, 피부 컨디셔닝제. 살구에서 피부에 좋은 오일 성분을 얻을 수 있다. 살구씨는 필링용 제품에 사용한다.

☺☺☺ 살리실릭애씨드
(Salicylic Acid) : 식물성/화학성. 방부제. 살리실산은 박리 효과가 있어 피부의 가장 바깥층을 떨어져나가게 할 뿐만 아니라 검은 반점까지도 없애준다.

☺☺☺ 살트리씨버터
(Shorea Robusta Seed Butter) : 식물성. 활성 성분.

☺☺☺ 삼색제비꽃추출물
(Viola Tricolor Extract) : 식물성. 활성 성분.

☺☺☺ 생강
(Zingiber Officinale) : 식물성. 활성 성분. 주로 에센셜오일 형태로 사용한다.

생체 기술 성분
미생물의 대사 과정에서 얻는 산물

생체 기술 성분은 단순한 자연적인 과정을 통해 미생물이 생산한 물질이다. 미생물이 영양분을 공급받으면 대사 물질을 분비하는데, 이것을 원심분리법을 통해 모은다. 그 다음에 세척 과정을 거쳐 가공을 하여 얻은 것이 생체 기술 성분이다. 획득하고자 하는 생체 기술 성분은 미생물의 종류와 영양분에 좌우된다.

☺☺☺ 서던우드추출물
(Artemisia Abrotanum Extract) : 식물성. 활성 성분.

☺☺☺ 서양고추나물
(Hypericum Perforatum) : 식물성. 활성 성분. 피부 결을 곱게 하고, 피부를 정상 상태로 회복시키거나 진정시키는 기능이 있다. 반면에 이 성분을 바르고 햇빛에 노출되면 피부 민감성이 커진다.

☺☺☺ 서양민들레추출물
(Taraxacum Officinale Extract) : 식물성. 활성 성분.

☺☺☺ 서양배씨추출물
(Pyrus Communis Seed Extract) : 식물성. 활성 성분.

☺☺☺ 서양산사나무열매추출물
(Crataegus Monogina Fruit Extract) : 식물성. 활성 성분.

☺☺☺ 서양산황나무
(Rhamnus Frangula) : 식물성. 착색제. 서양산황나무 껍질을 빻아서 얻은 성분이다. 염모제의 착색제로 쓰이며, 모발에 윤기를 준다.

☺☺☺ 서양송악추출물
(Hedera Helix Extract) : 식물성. 활성 성분. 두피

가 외부 자극을 쉽게 수용하는 능력을 키워주며, 두피를 튼튼하게 만들어준다. 이 식물에서 얻는 추출물은 비만 치료용 제품에 사용하며 지방을 분해하는 효과가 있다.

☺☺☺ 서양유채
(Brassica Campestris) : 식물성. 결합제. 서양유채 오일을 원료로 하여 얻은 식물성 스테롤이다.

☺☺☺ 서양유채/유동오일코폴리머
(Brassica Campestris/Aleurites Fordi Oil Copolymer) : 식물성. 활성 성분. 모발에 볼륨감을 주고 보습 효과를 내는 헤어 컨디셔너로 사용한다.

☺☺☺ 서양자두추출물
(Prunus Domestica Fruit Extract) : 식물성. 활성 성분.

☺☺☺ 서양장미
(Rosa Centifolia) : 식물성. 피부 컨디셔닝제. 피부결을 곱게 할 뿐 아니라 피부를 진정시키고, 투명하게 하고, 청량감을 준다. 세정 작용도 하고 피부의 신진대사를 정상화시킨다. 보통 오일 형태로 사용한다.

☺☺☺ 서양접시꽃
(Althea Officinalis) : 식물성. 피부 컨디셔닝제. 소염 기능이 있어 피부를 부드럽게 풀어주는 작용을 한다. 천연 화장품 제조사들이 선호하는 성분이며, 잡티가 많은 피부를 개선할 목적으로 사용하는 대표적인 물질이다.

☺☺☺ 서양톱풀
(Achillea Millefolium) : 식물성. 활성 성분. 서양톱풀은 지친 피부를 진정시키는 효과가 있으며, 민감성 피부에 특히 소염 작용과 살균 작용이 탁월하다. 그렇지만 상당수 사람에게 알레르기 반응을 유발하는 단점이 있다.

☺☺ 석시닉애씨드
(Succinic Acid) : 광물성. 산도를 조절하는 물질.

☺☺☺ 선백리향
(Thymus Vulgaris) : 식물성. 활성 성분. 피부를 보호하는 성질이 있지만 약한 살균 작용도 있어 데오도란트나 구강청정제에 주로 사용한다.

☺☺☺ 선인장꽃추출물
(Cereus Grandiflorus Flower Extract) : 식물성. 활성 성분.

☺☺☺ 석류나무추출물
(Punica Granatum Extract) : 식물성. 활성 성분.

☺☺☺ 석류씨추출물
(Punica Granatum Seed Extract) : 식물성. 활성 성분.

☺☺☺ 설탕단풍나무
(Acer Saccharinum) : 식물성. 활성 성분.

☺ 설페이티드캐스터오일
(Sulfated Castor Oil) : 화학성. 유화제, 계면활성제. 합성 계면활성제다. 알레르기 반응을 유발할 가능성이 높지만 보습 작용을 한다.

☺☺☺ 성모초추출물
(Alchemilla Vulgaris Extract) : 식물성. 활성 성분. 타닌 성분을 8퍼센트나 포함하고 있으며, 주로 구강청정제로 사용한다.

☺☺☺ 세라마이드3
(Ceramide 3) : 복합성. 활성 성분. 지질에 속하는 세라마이드는 피부 각질이 포함하고 있는 유지 중에서 가장 중요한 성분이며, 외부 환경에 대항하는 작용을 하는 피부 보호막을 형성하는 데도 큰 역할을 한다. 피부 지질 장벽을 강화하는 기능도 있다.

☺☺ 세럼프로테인
(Serum Protein) : 동물성. 활성 성분. 수분을 저장하는 기능이 있어 피부를 매끄럽게 해준다.

☺ 세레신
(Ceresin) : 복합성. 지방 물질. 피부를 매끄럽게 하고 유분기를 공급하지만 고농도로 사용할 경우에는 피부 호흡을 방해한다. 피부 보호 측면의 평가 : 💣💥💣💥

☺☺☺ **세리신**

(Sericin) : 동물성. 헤어 컨디셔닝제. 실크 단백질이며 주로 빛을 차단하는 작용을 하여 일광 차단용 제품에 사용한다.

☺☺☺ **세리카**

(Serica) : 동물성. 헤어 컨디셔닝제.

☺☺☺ **세린**

(Serine) : 복합성. 활성 성분. 보습 작용을 한다.

☺☺☺ **세이보리오일**

(Satureia Montana Oil) : 식물성. 활성 성분, 착향제.

☺☺☺ **세이지**

(Salvia Officinalis) : 식물성. 활성 성분, 피부 컨디셔닝제. 피부 결을 곱게 해준다. 소염 기능이 있으며 발한 억제 작용도 한다.

💣💥💣💥 **세테스-1,-20**

(Ceteth-1,-20) : 화학성. 유화제.

💣💥💣💥 **세테아레스**

(Ceteareth) : 화학성. 유화제.

☺☺☺ **세테아릴글루코사이드**

(Cetearyl Glucoside) : 식물성. 당 성분의 유화제. '수중유' 형태의 유탁액에 사용하는 순한 성질의 유화제이며, 피부 사용감이 우수하다.

☺☺☺ **세테아릴밀짚코사이드**

(Cetearyl Wheat Straw Glucosides) : 복합성. 계면활성제.

☺☺☺ **세테아릴알코올**

(Cetearyl Alcohol) : 식물성. 피부 컨디셔닝제, 결합제, 유화안정제. 수분을 저장하는 기능이 있어 피부를 매끄럽게 해준다.

☺☺☺ **세테아릴옥타노에이트**

(Cetearyl Octanoate) : 복합성. 피부 컨디셔닝제. 왁스 형태의 물질. 피부를 매끄럽게 하고 유분기를 공급하여 피부 촉감을 좋게 만든다.

☺☺☺ **세테아릴올리베이트**

(Cetearyl Olivate) : 식물성. 피부 컨디셔닝제.

☺☺ **세테아릴이소노나노에이트**

(Cetearyl Isononanoate) : 복합성. 피부 컨디셔닝제. 왁스 형태의 물질. 피부에 유분기를 공급한다.

☺☺☺ **세테아릴칸데릴레이트**

(Cetearyl Candelillate) : 식물성. 유화제, 활성 성분.

💣💥 **세트리모늄브로마이드**

(Cetrimonium Bromide) : 화학성. 방부제.

💣💥 **세트리모늄클로라이드**

(Cetrimonium Chloride) : 식물성. 헤어 컨디셔닝제. 머리 손질을 용이하게 해준다.

☺ **세틸디메치콘**

(Cetyl Dimethicone) : 화학성. 피부 컨디셔닝제. 환경보호 측면의 평가 : 💣💥💣

☺ **세틸디메치콘코폴리올**

(Cetyl Dimethicone Copolyol) : 화학성. 유화제, 헤어래커에 들어가는 성분이다. 환경보호 측면의 평가 : 💣💥💣

☺☺☺ **세틸라우레이트**

(Cetyl Laurate) : 식물성. 점도조절제, 유화제, 유분기를 공급한다.

☺☺☺ **세틸락테이트**

(Cetyl Lactate) : 복합성. 피부 컨디셔닝제.

☺☺☺ **세틸리시놀리에이트**

(Cetyl Ricinoleate) : 식물성. 지방알코올이며, 결합력을 조절하는 작용을 한다. 피부에 유분기를 공급한다.

☺☺☺ **세틸미리스테이트**

(Cetyl Myristate) : 식물성. 피부 컨디셔닝제.

☺☺☺ **세틸베타인**

(Cetyl Betaine) : 복합성. 피부 컨디셔닝제.

☺☺☺ **세틸아라키돌**

(Cetylarachidol) : 복합성. 합성 오일.

💣 **세틸아민하이드로플루오라이드**

(Cetylamine Hydrofluoride) : *화학성. 방부제, 구강 보호 물질.*

☺☺☺ **세틸아세테이트**

(Cetyl Acetate) : *식물성. 피부 컨디셔닝제. 왁스 형태의 물질. 세틸알코올의 에스테르다. 피부를 매끄럽게 하는 성질이 있다.*

☺☺☺ **세틸알코올**

(Cetyl Alcohol) : *식물성. 피부 컨디셔닝제, 유화안정제. 피부를 매끄럽게 하고 유분기를 공급한다.*

☺☺☺ **세틸에스터**

(Cetyl Esters) : 복합성. 결합제, 헤어 컨디셔닝제.

☺☺☺ **세틸옥타노에이트**

(Cetyl Octanoate) : 복합성. 피부 컨디셔닝제. 왁스 형태의 물질. 피부를 매끄럽게 하고 유분기를 공급한다.

☺☺☺ **세틸올리에이트**

(Cetyl Oleate) : *식물성. 유화제.*

☺☺ **세틸이소노나노에이트**

(Cetyl Isononanoate) : *화학성. 피부 컨디셔닝제. 왁스 형태의 물질.*

☺☺☺ **세틸팔미테이트**

(Cetyl Palmitate) : 복합성. 유화안정제. 고래기름을 대체한 물질이며, 피부에 유분기를 공급한다.

☺ **세틸포스페이트**

(Cetyl Phosphate) : *화학성. 유화제, 계면활성제.*

💣☀💣 **세틸피리디늄클로라이드**

(Cetylpyridinium Chloride) : 복합성. 착향제, 헤어 컨디셔닝제, 방부제. 강한 알레르기 반응을 유발한다.

💣☀💣 **세틸피이지/피피지-10/1디메치콘**

(Cetyl PEG/PPG-10/1 Dimethicone) : *화학성.*

피부 컨디셔닝제. 환경보호 측면의 평가 : 💣☀💣

☺ **세틸-피지하이드록시에칠데칸아마이드**

(Cetyl-PG Hydroxyethyl Decanamide) : 복합성. 피부 컨디셔닝제.

💣☀💣 **세틸피피지-2이소데세스-7카복실레이트**

(Cetyl PPG-2 Isodeceth-7 Carboxylate) : *화학성. 계면활성제.*

☺☺☺ **센나추출물**

(Cassia Angustifolia Extract) : *식물성. 활성 성분.*

☺☺☺ **센타우리추출물**

(Centaurium Erythraea Extract) : *식물성. 활성 성분.*

☺☺☺ **센티드제라늄꽃오일**

(Pelargonium Graveolens Flower Oil) : *식물성. 활성 성분, 착향제.*

💣☀💣 **셀레늄설파이드**

(Selenium Sulfide) : 복합성. 활성 성분. 비듬이나 버짐을 치료하는 데 사용하지만 건강에 해로운 물질로 추정되고 있다.

☺☺☺ **셀룰로오스**

(Cellulose) : *식물성. 분말 형태의 보형제, 연마제.*

☺☺☺ **셀룰로오스검**

(Cellulose Gum) : *식물성. 결합제, 안정제, 점착제, 피막형성제. 주로 치약에 사용한다.*

☺☺☺ **셀룰로오스아세테이트부티레이트**

(Cellulose Acetate Butyrate) : 복합성. 피막형성제.

☺☺☺ **소나무**

(Pinus) : *식물성. 활성 성분. 소염 및 거담 작용을 하며, 혈액순환을 촉진한다.*

☺☺☺ **소두구씨오일**

(Elettaria Cardamomum Seed Oil) : *식물성. 활성 성분, 착향제.*

☺ ☺ ☺ **소듐글루코네이트**
(Sodium Gluconate) : 복합성. 보조유화제, 피부 컨디셔닝제.

☺ ☺ ☺ **소듐글루타메이트**
(Sodium Glutamate) : 식물성. 음이온성 계면활성제.

☺ ☺ ☺ **소듐데하이드로아세테이트**
(Sodium Dehydroacetate) : 복합성. 방부제.

💣💥💣💥 **소듐도데실벤젠설포네이트**
(Sodium Dodecylbenzenesulfonate) : 복합성. 계면활성제.

💣💥💣💥 **소듐디에칠렌트리아민펜타메칠렌포스포네이트**
(Sodium Diethylenetriamine Pentamethylene Phosphonate) : 화학성. 금속이온 봉쇄제.

☺ ☺ ☺ **소듐디엔에이**
(Sodium DNA) : 복합성. 피부 컨디셔닝제.

☺ ☺ **소듐라놀레이트**
(Sodium Lanolate) : 복합성. 보조유화제, 피부 컨디셔닝제.

💣💥💣💥 **소듐라우레스설페이트**
(Sodium Laureth Sulfate) : 복합성. 계면활성제. 지방 성분을 용해하고, 세정 작용을 한다.

☺ ☺ ☺ **소듐라우로일글루타메이트**
(Sodium Lauroyl Glutamate) : 식물성. 음이온성 계면활성제.

☺ ☺ ☺ **소듐라우로일락틸레이트**
(Sodium Lauroyl Lactylate) : 복합성. 유화제.

☺ ☺ ☺ **소듐라우로일사코시네이트**
(Sodium Lauroyl Sarcosinate) : 복합성. 음이온성 계면활성제.

💣💥 **소듐라우릴설페이트**
(Sodium Lauryl Sulfate) : 화학성. 계면활성제.

지방 성분을 용해하고, 세정 작용을 한다. 피부 자극을 유발한다.

☺ ☺ **소듐라우릴설포아세테이트**
(Sodium Lauryl Sulfoacetate) : 복합성. 음이온성 계면활성제. 순한 성질을 가진 천연 계면활성제다.

☺ ☺ ☺ **소듐락테이트**
(Sodium Lactate) : 복합성. 보습 물질. 젖산의 소듐염이며, 완충화제로서 젖산과 함께 사용한다. 보습 작용을 하는 성분이며, 수분을 고정시키는 성질이 있어 피부를 매끄럽게 해준다.

☺ **소듐락테이트메칠실란올**
(Sodium Lactate Methylsilanol) : 화학성. 피부 컨디셔닝제. 환경보호 측면의 평가 : 💣💥💣💥

☺ ☺ **소듐마그네슘실리케이트**
(Sodium Magnesium Silicate) : 복합성. 결합제.

☺ **소듐만누로네이트메칠실란올**
(Sodium Mannuronate Methylsilanol) : 화학성. 피부 컨디셔닝제.

☺ **소듐메칠파라벤**
(Sodium Methylparaben) : 화학성. 방부제.

☺ ☺ **소듐메타바이설파이트**
(Sodium Metabisulfite) : 복합성. 산화방지제.

☺ **소듐모노플루오로포스페이트**
(Sodium Monofluorophosphate) : 복합성. 구강 청정제.

💣💥💣💥 **소듐미레스설페이트**
(Sodium Myreth Sulfate) : 식물성. 유화제, 계면활성제. 지방 성분을 용해하고, 세정 작용을 한다.

☺ ☺ ☺ **소듐미리스토일글루타메이트**
(Sodium Myristoyl Glutamate) : 복합성. 계면활성제.

☺ ☺ **소듐바이설파이트**
(Sodium Bisulfite) : 광물성. 환원제.

☺☺☺ **소듐바이카보네이트**
(Sodium Bicarbonate) : 광물성. 첨가제. 산도를 조절하는 작용을 한다.

☺☺☺ **소듐베타-시토스테릴설페이트**
(Sodium Beta-Sitosteryl Sulfate) : 복합성. 피부 컨디셔닝제.

☺☺ **소듐벤조에이트**
(Sodium Benzoate) : 복합성. 방부제.

💣💥💣💥 **소듐보레이트**
(Sodium Borate) : 화학성. 방부제.

☺☺☺ **소듐비즈왁스**
(Sodium Beeswax) : 동물성. 유화제, 보조유화제. 비누화한 비즈왁스다.

☺☺☺ **소듐사카린**
(Sodium Saccharin) : 복합성. 구강청정제.

☺☺☺ **소듐살리실레이트**
(Sodium Salicylate) : 복합성. 방부제.

☺☺ **소듐설파이트**
(Sodium Sulfite) : 광물성. 방부제.

☺☺☺ **소듐설페이트**
(Sodium Sulfate) : 복합성. 보조 물질로 사용한다.

☺☺ **소듐세테아릴설페이트**
(Sodium Cetearyl Sulfate) : 식물성. 유화제. 지방 성분을 용해하고, 세정 작용을 한다.

☺ **소듐셰일오일설포네이트**
(Sodium Shale Oil Sulfonate) : 복합성. 계면활성제, 비듬 방지 활성 성분.

☺☺☺ **소듐스타네이트**
(Sodium Stannate) : 복합성. 점도증가제, 유화안정제. 유성 상태에 있는 물질의 점착도를 증가시키는 성분.

☺ **소듐스타이렌/아크릴레이트코폴리머**

(Sodium Styrene/Acrylates Copolymer) : 화학성. 피막형성제. 환경보호 측면의 평가 : 💣💥💣💥

💣💥 **소듐스타이렌/엠에이코폴리머**
(Sodium Styrene/MA Copolymer) : 화학성. 피막형성제.

☺☺☺ **소듐스테아레이트**
(Sodium Stearate) : 복합성. 결합제, 보조유화제.

☺☺☺ **소듐스테아로일글루타메이트**
(Sodium Stearoyl Glutamate) : 복합성. 피부 컨디셔닝제.

☺☺☺ **소듐스테아로일락틸레이트**
(Sodium Stearoyl Lactylate) : 복합성. 수중유 형태의 유탁액에 사용하는 보조유화제. 결합제 및 계면활성제로 사용하기도 하며, 피부에 유분기를 공급하는 역할을 한다.

☺☺☺ **소듐시트레이트**
(Sodium Citrate) : 화학성. 활성 성분, 완충화제. 산도를 조절하는 작용을 한다.

☺☺☺ **소듐아스코빌포스페이트**
(Sodium Ascorbyl Phosphate) : 복합성. 활성 성분. 비타민 C의 인산염이며, 피부를 보호하는 성질이 있는 안정된 상태의 비타민 C유도체. 활성 산소를 제거할 뿐만 아니라 발암물질인 니트로사민의 형성도 억제한다.

☺ **소듐아이오다이드**(Sodium Iodide) : 화학성. 살균제, 방부제.

💣💥💣💥 **소듐아이오데이트**(Sodium Iodate) : 화학성. 방부제.

☺ **소듐아크릴레이트/아크릴로일디메칠타우레이트코폴리머**
(Sodium Acrylate/Acryloyldimethyl Taurate Copolymer) : 화학성. 피막형성제, 젤 및 유탁액 안정제, 불투명화제. 환경보호 측면의 평가 : 💣💥

☺ **소듐아크릴레이트/C10-30알킬아크릴레이트크로스폴리머**

(Sodium Acrylates/C10-30 Alkyl Acrylate Crosspolymer) : 화학성. 피막형성제. 환경보호 측면의 평가 : 💣💣.

☺☺☺ **소듐알엔에이**

(Sodium RNA) : 복합성. 피부 컨디셔닝제.

☺☺ **소듐앨럼**

(Sodium Alum) : 광물성/복합성. 일반적으로 사용하는 명반이다.

💣💣 **소듐올레스설페이트**

(Sodium Oleth Sulfate) : 화학성. 계면활성제.

☺ **소듐C14-16올레핀설포네이트**

(Sodium C14-16 Olefin Sulfonate) : 화학성. 음이온성의 계면활성 물질. 주로 주방 세제에 사용한다.

☺☺ **소듐이세치오네이트**

(Sodium Isethionate) : 복합성. 정전기방지제, 헤어 컨디셔닝제.

☺☺ **소듐이소스테아로일락틸레이트**

(Sodium Isostearoyl Lactylate) : 복합성. 헤어 컨디셔닝제. 모발에 볼륨감을 주며, 수분을 고정시키는 성질이 있는 우수한 성분이다.

☺ **소듐C8-16이소알킬석시닐락토글로불린설포네이트**

(Sodium C8-16 Isoalkylsuccinyl Lactoglobulin Sulfonate) : 복합성. 계면활성제. 피부 및 헤어 컨디셔닝제.

💣💣 **소듐자일렌설포네이트**

(Sodium Xylenesulfonate) : 화학성. 계면활성제.

☺ **소듐치오설페이트**

(Sodium Thiosulfate) : 광물성. 산화방지제.

☺ **소듐카보머**

(Sodium Carbomer) : 화학성. 점도증가제, 합성점

착제. 아크릴산이다. 환경보호 측면의 평가 : 💣💣.

☺ **소듐카복시메칠올레일폴리프로필아민**

(Sodium Carboxymethyl Oleyl Polypropylamine) : 화학성. 계면활성제, 정전기방지제.

☺☺☺ **소듐코코-글루코사이드타트레이트**

(Sodium Coco-Glucoside Tartrate) : 복합성. 계면활성제, 유화제.

☺☺ **소듐코코-설페이트**

(Sodium Coco-Sulfate) : 복합성. 계면활성제.

☺☺ **소듐코코암포아세테이트**

(Sodium Cocoamphoacetate) : 화학성. 순한 계면활성제.

☺☺ **소듐코코암포프로피오네이트**

(Sodium Cocoamphopropionate) : 화학성. 계면활성제.

☺☺☺ **소듐코코에이트**

(Sodium Cocoate) : 식물성. 유화제, 계면활성제. 지방 성분을 용해하고, 세정 작용을 한다. 거품이 잘 일어나는 성질이 있다.

☺☺☺ **소듐코코일글루타메이트**

(Sodium Cocoyl Glutamate) : 화학성. 음이온성 계면활성제. 베이비용 제품이나 알레르기성 피부를 가진 사람에게 적합한 성분이다.

☺☺ **소듐코코일이세치오네이트**

(Sodium Cocoyl Isethionate) : 복합성. 계면활성제, 헤어 컨디셔닝제.

☺☺ **소듐콘드로이틴설페이트**

(Sodium Chondroitin Sulfate) : 동물성. 활성 성분. 연골에서 추출한 성분이다.

☺☺☺ **소듐클로라이드**

(Sodium Chloride) : 광물성. 일부의 계면활성제에서 점성을 높이는 작용을 한다.

☺☺ **소듐탈로우에이트**

(Sodium Tallowate) : 동물성. 유화제. 지방 성분을 용해시키고, 세정 작용을 한다.

💣✳💣✳ 소듐C12-13파레스설페이트(Sodium C12-13 Pareth Sulfate) : *화학성*. 계면활성제.

😊😊😊 소듐팔미테이트
(Sodium Palmitate) : *식물성*. 결합제, 비누 작용을 하는 물질.

😊😊 소듐팜커넬레이트
(Sodium Palm Kernelate) : *식물성*. 결합제, 보조유화제. 비누 작용을 하는 물질.

😊😊😊 소듐포메이트
(Sodium Formate) : *화학성*. 방부제, 산성화 물질.

😊 소듐포스페이트
(Sodium Phosphate) : *광물성*. 활성 성분, 완충화제. 충치를 예방하며 동시에 치석 형성도 억제한다.

😊 소듐폴리메타크릴레이트
(Sodium Polymethacrylate) : *화학성*. 결합제, 안정제, 피막형성제. 환경보호 측면의 평가 : 💣✳💣✳

😊 소듐폴리아크릴레이트
(Sodium Polyacrylate) : *화학성*. 점착제. 환경보호 측면의 평가 : 💣✳💣✳.

😊😊😊 소듐프로피오네이트
(Sodium Propionate) : *화학성*. 방부제.

😊 소듐프로필파라벤
(Sodium Propylparaben) : *화학성*. 방부제.

😊 소듐플루오라이드
(Sodium Fluoride) : *화학성*. 충치 예방 물질.

😊😊😊 소듐피씨에이
(Sodium PCA) : *식물성*. 수분을 고정시키는 성질이 있다. 아미노산에서 추출한 성분이며, 헤어용 제품에서 모발의 질감을 살리는 효과를 낸다.

😊😊 소듐하이드로설파이트
(Sodium Hydrosulfite) : *광물성*. 환원제.

😊😊 소듐하이드로제네이티드탈로우오일글루타메이트
(Sodium Hydrogenated Tallowoyl Glutamate) : *식물성*. 음이온성 계면활성제.

😊😊 소듐하이드록사이드
(Sodium Hydroxide) : *복합성*. 산도조절제로 사용한다.

😊 소듐하이드록시메칠글리시네이트
(Sodium Hydroxymethylglycinate) : *화학성*. 방부제.

😊😊😊 소듐하이알루로네이트
(Sodium Hyaluronate) : *생체 기술*. 첨가물, 피막형성제. 히알루론산의 소듐염이지만 히알루론산처럼 작용한다. 피부에 수분을 공급하고 탄력을 준다.

최초로 사용된 순한 성질의 유화제

유화제는 기름과 물을 혼합하여 유탁액을 만들 때 필요한 성분이다. 식물 성분을 사용한 순한 성질의 최초의 유화제는 감자나 옥수수 전분을 원료로 사용하였다. 전분에서 포도당, 소르비톨, 6가 알코올 등을 추출하여, 이 성분들을 에스테르 반응이라는 '순한' 화학 공정을 거치게 하여 '순한' 성질을 가진 유화제를 얻었다.

😊😊😊 소르비탄디스테아레이트(Sorbitan Distearate) 😊😊😊 소르비탄디올리에이트(Sorbitan Dioleate) 😊😊 소르비탄디이소스테아레이트(Sorbitan Diisostearate) 😊😊😊 소르비탄라우레이트(Sorbitan Laurate) 😊😊😊 소르비탄세스퀴스테아레이트(Sorbitan Sesquistearate) 😊😊😊 소르비탄세스퀴올리에이트(Sorbitan Sesquioleate) 😊😊 소르비탄세스퀴이소스테아레이트(Sorbitan Sesquiisostearate) 😊😊😊 소

르비탄스테아레이트(Sorbitan Stearate) ☺☺☺
소르비탄올리에이트(Sorbitan Oleate) ☺☺ 소르
비탄이소스테아레이트(Sorbitan Isostearate)
☺☺☺ 소르비탄카프릴레이트(Sorbitan
Caprylate) ☺☺☺ 소르비탄코코에이트
(Sorbitan Cocoate) ☺☺☺ 소르비탄트리스테
아레이트(Sorbitan Tristearate) ☺☺☺ 소르비
탄트리올리에이트(Sorbitan Trioleate) ☺☺ 소
르비탄트리이소스테아레이트(Sorbitan
Triisostearate) ☺☺☺ 소르비탄팔미테이트
(Sorbitan Palmitate)

☺☺☺ **소르비톨**
(Sorbitol) : 식물성. 활성 성분. 보습 작용을 하며 피
부를 매끄럽게 한다.

☺☺☺ **소르빅애씨드**
(Sorbic Acid) : 화학성. 방부제.

☺☺☺ **소시지나무열매추출물**
(Kigelia Africana Fruit Extract) : 식물성. 활성
성분.

☺☺☺ **소이스테롤**
(Soy Sterol) : 식물성. 보조유화제, 결합제, 유연제.
보습 작용을 하며 피부를 매끄럽게 한다.

💣💣 **소이아마이드디이에이**
(Soyamide DEA) : 식물성. 유화제, 점착제.

☺☺☺ **소이애씨드**
(Soy Acid) : 식물성. 피부 컨디셔닝제. 피부를 매끄
럽게 하고 유분기를 공급한다.

☺☺☺ **속새추출물**
(Equisetum Hiemale Extract) : 식물성. 활성 성
분, 피부 컨디셔닝제.

☺☺☺ **솔잣나무추출물**
(Cupressus Sempervirens Extract) : 식물성.

활성 성분.

☺☺☺ **송이버섯추출물**
(Tricholoma Matsutake Extract) : 식물성. 활성
성분.

☺☺☺ **쇠뜨기**
(Equisetum Arvense) : 식물성. 활성 성분. 규산과
사포닌 성분이 고농도로 함유되어 있어 피부에 탄력
을 주고, 혈액순환을 촉진한다. 주로 탄력 크림과 모
발용 제품에 사용한다.

☺☺☺ **수레국화**
(Centaurea Cyanus) : 식물성. 수레국화에서 추출
한 성분은 전통적인 약용식물로 사용되어 눈을 보호
하고 진정시키는 작용을 한다.

☺☺☺ **수련추출물**
(Nymphaea Alba Extract) : 식물성. 활성 성분.

☺☺☺ **수마뿌리추출물**
(Pfaffia Paniculata Root Extract) : 식물성. 활
성 성분, 피부 컨디셔닝제.

☺☺☺ **수박**
(Citrullus Vulgaris) : 식물성. 활성 성분. 피부에
청량감과 활력을 준다.

☺☺☺ **수선화비늘줄기추출물**
(Narcissus Tazetta Bulb Extract) : 식물성. 활
성 성분.

☺☺☺ **수세미씨오일**
(Luffa Cylindrica Seed Oil) : 식물성. 수세미 씨
에서 추출한 오일.

☺☺ **수영**
(Rumex Acetosa) : 식물성. 활성 성분. 여뀟과에
속하는 식물이며, 살균 및 약한 수렴 효과를 낸다. 수
영이 함유하고 있는 주요 성분은 타닌, 수산염, 플라
보노이드다.

☺☺☺ **쉐어버터**

(Butyrospermum Parkii) : 식물성. 지방성 물질, 점도증가제. 아프리카가 원산지인 카리테나무의 열매에서 얻는 성분이며, 피부를 보호하는 탁월한 효과가 있다. 천연 알란토인, 비타민 E, 카로틴 등을 풍부하게 함유하고 있어 피부를 매끄럽게 하고 유분기를 공급한다. 또한 피부에 염증이 발생했을 때 진정시키는 작용을 한다.

☺ ☺ ☺ 쉘락

(Shellac) : 동물성. 피막을 형성하는 성질이 있는 점착성의 수지. 인도산 랙벌레 암컷의 분비물에서 추출한 성분이다.

☺ ☺ ☺ 슈가켈프추출물

(Laminaria Saccharina Extract) : 식물성. 활성 성분.

☺ ☺ ☺ 슈크로오스

(Sucrose) : 식물성. 활성 성분. 보습 작용을 한다.

대표적으로 사용되는 순한 유화제

설탕 성분의 에스테르는 순한 성질의 유화제이며 피부 적합성도 우수하다. 보통 나무에서 얻는 설탕 성분인 '크실로즈'를 원료로 하여 순한 화학 공정을 거쳐서 생산한다. 자연 속에서 쉽게 분해되는 장점이 있다.

☺ ☺ ☺ 슈크로오스디스테아레이트(Sucrose Distearate) ☺ ☺ ☺ 슈크로오스디라우레이트(Sucrose Dilaurate) ☺ ☺ ☺ 슈크로오스라우레이트(Sucrose Laurate) ☺ ☺ ☺ 슈크로오스 미리스테이트(Sucrose Myristate) ☺ ☺ ☺ 슈크로오스스테아레이트(Sucrose Stearate) ☺ ☺ ☺ 슈크로오스올리에이트(Sucrose Oleate) ☺ ☺ ☺ 슈크로오스코코에이트(Sucrose Cocoate) ☺ ☺ ☺ 슈크로오스테트라스테아레이트트리아세테이트(Sucrose Tetrastearate Triacetate)

☺ ☺ ☺ 슈크로오스트리베헤네이트(Sucrose Tribehenate) ☺ ☺ ☺ 슈크로오스트리스테아레이트(Sucrose Tristearate) ☺ ☺ ☺ 슈크로오스팔미테이트(Sucrose Palmitate) ☺ ☺ ☺ 슈크로오스폴리리놀리에이트(Sucrose Polylinoleate) ☺ ☺ ☺ 슈크로오스폴리라우레이트(Sucrose Polylaurate) ☺ ☺ ☺ 슈크로오스폴리스테아레이트(Sucrose Polystearate) ☺ ☺ ☺ 슈크로오스폴리올리에이트(Sucrose Polyoleate)

☺ ☺ ☺ 스위트아몬드

(Prunus Amygdalus Dulcis) : 식물성. 피부 컨디셔닝제. 피부 흡수력이 매우 우수하여 피부를 매끄럽게 해주며, 주로 오일 형태로 사용한다.

☺ ☺ ☺ 스위트아카시아추출물

(Acacia Farnesiana Extract) : 식물성. 활성 성분.

☺ ☺ 스쿠알란

(Squalane) : 동물성. 활성 성분. 피부를 매끄럽게 하고 유분기를 공급한다. 이 성분은 올리브 오일에서 또는 합성을 통해서도 얻을 수 있다.

☺ ☺ 스쿠알렌

(Squalene) : 복합성. 활성 성분, 정전기방지제. 피부에 유분기를 공급한다.

☺ ☺ ☺ 스클레로튬검

(Sclerotium Gum) : 식물성. 유화안정제, 점도조절제.

☺ 스타이렌/아크릴레이트코폴리머

(Styrene/Acrylates Copolymer) : 화학성. 점착제. 진줏빛 광택을 내는 효과가 있다. 환경보호 측면의 평가 : 💣💣※

☺ 스타이렌/피브이피코폴리머

(Styrene/PVP Copolymer) : 화학성. 불투명화제. 환경보호 측면의 평가 : 💣💣※

☺ ☺ **스테아라마이드에이엠피**

(Stearamide AMP) : 복합성. 점도조절제, 거품형 성제.

💣💣 **스테아라마이드엠이에이**

(Stearamide MEA) : 복합성. 결합제, 유화안정제, 보조 물질. 주로 치약에 사용한다.

💣💣 **스테아라마이드엠이에이-스테아레이트**

(Stearamide MEA-Stearate) : *복합성. 불투명화제.*

💣💣 **스테아라미도프로필디메칠아민**

(Stearamidopropyl Dimethylamine) : *화학성.* 보조유화제. 모발 보호에 우수한 효과를 낸다.

☺ **스테아라민**

(Stearamine) : 복합성. 정전기방지제. 머리 손질을 용이하게 해준다.

💣💣 **스테아랄코늄헥토라이트**

(Stearalkonium Hectorite) : 복합성. 결합제, 점도조절제.

💣💣 **스테아레스-2**

(Steareth-2) : *화학성.* 유화제.

💣💣 **스테아르트리모늄메토설페이트**

(Steartrimonium Methosulfate) : *화학성.* 헤어 컨디셔닝제.

☺ ☺ ☺ **스테아릭애씨드**

(Stearic Acid) : 복합성. 유화제. 피부를 매끄럽게 하고 유분기를 공급한다.

☺ ☺ ☺ **스테아릴글리시레티네이트**

(Stearyl Glycyrrhetinate) : *식물성. 활성 성분.* 감초 뿌리에서 얻은 성분이며, 습진이나 버짐과 같은 여러 가지 피부 질환을 탁월하게 호전시켜준다.

☺ **스테아릴디메치콘**

(Stearyl Dimethicone) : *화학성.* 피부 컨디셔닝제. 환경보호 측면의 평가 : 💣💣

☺ ☺ ☺ **스테아릴비즈왁스**

(Stearyl Beeswax) : 식물성. 결합제.

☺ ☺ ☺ **스테아릴스테아레이트**

(Stearyl Stearate) : 복합성. 결합제, 피부 컨디셔닝제.

☺ ☺ ☺ **스테아릴시트레이트**

(Stearyl Citrate) : 복합성. 유화제. 피부 컨디셔닝제. 수분을 고정시키는 성질이 있으며 피부를 매끄럽게 해준다.

☺ ☺ ☺ **스테아릴알코올**

(Stearyl Alcohol) : 복합성. 안정제, 피부 컨디셔닝제. 피부를 매끄럽게 하고 유분기를 공급한다.

☺ ☺ ☺ **스테아릴카프릴레이트**

(Stearyl Caprylate) : 복합성. 피부 컨디셔닝제, 지방 물질. 피부를 매끄럽게 하고 유분기를 공급한다. 피부를 부드럽게도 만들어준다.

☺ ☺ ☺ **스테아릴헵타노에이트**

(Stearyl Heptanoate) : *화학성.* 피부 컨디셔닝제. 피부를 매끄럽게 하고 유분기를 공급한다.

💣 **스트론튬설파이드**

(Strontium Sulfide) : 광물성. 제모 작용을 하는 성분. 제모 제품에만 한정적으로 사용하며, 최대 허용 농도는 별도로 정해져 있다. 어린이의 손이 닿지 않는 곳에 보관해야 한다.

☺ ☺ **스플린추출물**

(Spleen Extract) : 동물성. 활성 성분.

☺ ☺ ☺ **스피룰리나**

(Spirulina Platensis) : 식물성. 활성 성분. 청록색의 미세 남조류인 스피룰리나에서 얻는 성분이다. 비타민과 미네랄 성분을 풍부하게 함유하고 있으며, 피부를 매끄럽게 하고 유분기를 공급할 뿐 아니라 피부를 진정시키는 작용도 한다.

☺ ☺ ☺ **스피어민트잎오일**

(Mentha Viridis Leaf Oil) : 식물성. 활성 성분, 착향제.

☺☺☺ **스핑고리피드**
(Sphingolipids) : 복합성. 활성 성분, 피부 컨디셔닝제. 수분을 고정시키는 성질이 있다.

☺☺☺ **시계꽃**
(Passiflora Incarnata) : 식물성. 활성 성분. 시계꽃에서 추출한 성분이며, 피부를 진정시키는 작용을 한다.

☺ **시메치콘**
(Simethicone) : 화학성. 피부 컨디셔닝제, 거품형성 방지제. 환경보호 측면의 평가 : 💣💣

☺☺☺ **시스테인에이치씨엘**
(Cysteine HCL) : 복합성. 활성 성분. 헤어 컨디셔닝제.

☺☺☺ **시아테아메둘라리스추출물**
(Cyathea Medullaris Extract) : 식물성. 활성 성분.

☺☺ **시트랄**
(Citral) : 복합성. 착향제.

☺☺☺ **시트로넬라오일**
(Cymbopogon Nardus Oil) : 식물성. 착향제.

☺☺ **시트로넬올**
(Citronellol) : 식물성 / 화학성. 착향제.

☺☺☺ **시트룰린**
(Citrulline) : 복합성. 활성 성분.

☺☺☺ **시트릭애씨드**
(Citric Acid) : 화학성. 완충화제. 산도를 조절하는 기능을 한다.

☺☺☺ **시호추출물**
(Bupleurum Falcatum Extract) : 식물성. 활성 성분.

☺☺☺ **식물성글리세린**
(Vegetable Glycerin) : 복합성. 활성 성분.

☺☺☺ **식물성오일**

(Olus Vegetable Oil) : 식물성. 피부 컨디셔닝제.

☺☺☺ **신나믹애씨드**
(Cinnamic Acid) : 복합성. 착향제.

☺ **신나밀알코올**
(Cinnamyl Alcohol) : 식물성 / 화학성. 착향제

☺ **신남알**
(Cinnamal) : 식물성 / 화학성. 착향제.

☺☺☺ **신당화씨추출물**
(Pyrus Cydonia Seed Extract) : 식물성. 활성 성분. 신당화 씨에서 얻은 다당류다. 소염 작용을 하며, 피부를 매끄럽게 만들어준다.

☺☺☺ **신양벚나무추출물**
(Prunus Cerasus Extract) : 식물성. 활성 성분.

☺☺☺ **실리카**
(Silica) : 복합성. 점착제, 연마제. 각질제거 제품, 치약 등에 사용하며 분말의 원료로 쓰인다.

☺ **실리카디메칠실릴레이트**
(Silica Dimethyl Silylate) : 화학성. 유화안정제, 점도조절제. 환경보호 측면의 평가 : 💣💣

☺☺☺ **실버**
(Silver) : 광물성. 활성 성분, 착색제. 살균 작용을 한다.

☺ **실버나이트레이트**
(Silver Nitrate) : 광물성. 모발착색제. 살균 작용을 하는 성분이다. 최대 4퍼센트 농도까지만 사용을 허가하고 있으며, 건강에 해를 끼치는 것으로 의심을 받고 있는 물질이다.

☺☺☺ **실버라임추출물**
(Tilia Tomentosa Extract) : 식물성. 활성 성분.

☺☺☺ **실버설페이트**
(Silver Sulfate) : 광물성. 보조물질. 살균 효과를 낸다.

☺☺☺ **실트**
(Silt) : 복합성. 사해의 이끼에서 얻는 성분이다.

☺☺☺ **쌀**

(Oryza Sativa) : 식물성. 결합제, 지방 물질, 분말용 보형제, 피부 컨디셔닝제. 보통 쌀눈에서 추출한 오일이나 쌀 자체에서 얻은 분말 형태로 사용한다.

☺☺☺ **쐐기풀**

(Urtica Dioica) : 식물성. 활성 성분. 지성 피부와 정상 피부용 제품에 많이 쓰이며, 모발용 제품에도 사용되어 두피의 혈액순환을 촉진한다.

☺☺☺ **쑥추출물**

(Artemisia Vulgaris Extract) : *식물성. 활성 성분.*

☺☺☺ **쓴박하추출물**

(Marrubium Vulgare Extract) : *식물성. 활성 성분.*

☺☺☺ **쓴쑥추출물**

(Artemisia Absinthium Extract) : *식물성. 활성 성분.*

☺☺☺ **씨실트추출물**

(Maris Limus Extract) : *식물성. 활성 성분.*

☺☺☺ **아가**

(Agar) : *식물성. 유화제, 점착제. 해조류에서 얻은 성분이며, 수분을 저장하는 기능이 있어 피부를 매끄럽게 해준다.*

☺☺☺ **아까시나무꽃추출물**

(Robinia Pseudacacia Flower Extract) : *식물성. 활성 성분.*

☺☺☺ **아나토**

(Anatto) : *식물성. 착색제.*

☺☺☺ **아네톨**

(Anethole) : *복합성. 착향제, 활성 성분. 소염 작용이 있는 방향물질이다.*

☺☺☺ **아니스**

(Pimpinella Anisum) : *식물성. 활성 성분. 아니스라는 식물에서 얻은 에센셜오일이다. 살균 작용을 하며 방향 물질이기도 하다.*

☺☺ **아니스알코올**

(Anise Alcohol) : *식물성/화학성. 착향제.*

☺☺ **아데노신**

(Adenosine) : *복합성. 피부 컨디셔닝제.*

☺☺ **아데노신트리포스페이트**

(Adenosine Triphosphate) : *복합성. 피부 컨디셔닝제.*

☺☺ **아데노신포스페이트**

(Adenosine Phosphate) : *복합성. 피부 컨디셔닝제.*

☺☺ **아디픽애씨드**

(Adipic Acid) : *화학성. 피부 컨디셔닝제. 수분을 저장하는 기능이 있다.*

☺☺☺ **아라비아고무**

(Acacia Senegal Gum) : *식물성. 점착제. 아라비아고무나무의 줄기를 건조한 후에 분쇄한 가루에서 얻는 즙이다.*

☺☺☺ **아라비아고무추출물**

(Acacia Senegal Extract) : *식물성. 활성 성분.*

☺☺☺ **아라키도닉애씨드**

(Arachidonic Acid) : *식물성. 피부 컨디셔닝제. 피부를 매끄럽게 하고 치유하는 기능이 있다.*

☺☺☺ **아라키딜글루코사이드**

(Arachidyl Glucoside) : *식물성. 유화 작용 물질.*

☺☺☺ **아라키딜알코올**

(Arachidyl Alcohol) : *식물성. 피부 컨디셔닝제.*

☺☺☺ **아라키딜팔미테이트**

(Arachidyl Palmitate) : *복합성. 활성 성분, 피부 컨디셔닝제. 소염 작용이 있는 '아라키돈산'은 불포화 필수지방산의 하나다.*

☺☺ **아라키딜프로피오네이트**

(Arachidyl Propionate) : 복합성. 피부 컨디셔닝제. 피부를 부드럽게 하는 유연제로 사용한다.

아로마와 향료

- '아로마(Aroma)'는 모든 종류의 풍미제를 지칭하는 국제 화장품 성분 명칭 용어다. 풍미제는 보통 치약이나 립스틱 등과 같은 제품에 냄새를 좋게 하기 위해 첨가하는 물질이다.

- 화장품에서 일반적으로 향을 내는 물질들을 포괄적으로 지칭하여 '향료(Parfum)'라는 용어로 성분 표시를 한다. 유럽의회 7차 집행위원회의 화장품 분과는 알레르기 반응을 유발하는 것으로 알려진 26가지의 향을 내는 물질들을 선별하였다. 이러한 물질 목록에는 합성 물질과 천연 물질이 모두 포함되어 있다. 이 26가지의 물질들을 일정 농도 이상으로 제품에 배합하면 포장 상자나 용기에 반드시 국제 화장품 성분 명칭으로 명기하도록 했다. 이러한 규제는 2005년 3월부터 실시되고 있으며, 자세한 정보는 '천연 화장품' 장의 착향제 알레르기 편을 참조하면 된다.

☺☺☺ **아르간트리커넬오일**

(Argania Spinosa Kernel Oil) : 식물성. 활성 물질, 피부 컨디셔닝제. 모로코가 주산지인 아르간트리 열매에서 얻는 오일. 피부 노화를 늦추는 효과가 있고, 불포화지방산과 토코페롤(비타민 E)을 포함하고 있다.

☺☺☺ **아르니카**

(Arnica Montana) : 식물성. 활성 성분, 유성 물질. 프로비타민 A를 함유하고 있어 잡티가 많은 지성 피부용 화장수에 주로 사용한다.

☺☺☺ **아르테미아추출물**

(Artemia Extract) : 동물성. 플랑크톤에서 추출한 활성 성분.

☺☺☺ **아마인추출물**

(Linum Usitatissimum Seed Extract) : 식물성. 피부 컨디셔닝제. 보습 작용을 하고 피부를 진정시키는 효과가 있다.

☺ **아모디메치콘**

(Amodimethicone) : 화학성. 정전기방지제. 머리 손질을 용이하게 해준다. 환경보호 측면의 평가 : 💣💣

☺ **아모디메치콘코폴리올**

(Amodimethicone Copolyol) : 화학성. 정전기방지제, 유연제. 환경보호 측면의 평가 : 💣💣

💣💣 **아몬드오일피이지-6에스터**

(Almond Oil PEG-6 Esters) : 화학성. 피부 컨디셔닝제. 피부를 매끄럽게 하고 부드러운 촉감을 선사한다.

☺ **아미노메칠프로판올**

(Aminomethyl Propanol) : 화학성. 수지중화제. 주로 에어로졸에 사용한다.

☺☺ **아미노프로필아스코빌포스페이트**

(Aminopropyl Ascorbyl Phosphate) : 복합성. 활성 성분, 산화방지제.

💣💣 **4-아미노-2-하이드록시톨루엔**

(4-Amino-2-Hydroxytoluene) : 화학성. 산화착색제. 독성이 있는 물질로 추정되고 있다.

☺☺ **아밀신나밀알코올**

(Amylcinnamyl Alcohol) : 식물성/화학성. 착향제.

☺☺ **아밀신남알**

(Amyl Cinnamal) : 식물성/화학성. 착향제.

💣💣 **아보카다마이드디이에이**

(Avocadamide DEA) : 복합성. 유화제, 계면활성제, 점도조절제.

☺ ☺ ☺ **아보카도**

(Persea Gratissima) : *식물성. 피부 컨디셔닝제.* 비타민과 미네랄을 풍부하게 함유하고 있는 성분이다. 피부에서 분비되는 피지와 매우 유사한 성질이 있어 피부가 건조해지는 것을 막아준다. 보통 오일 형태로 사용한다.

💣☀💣☀ **아보카도오일피이지-11에스터**

(Avocado Oil PEG-11 Esters) : *화학성. 피부 컨디셔닝제.*

☺ ☺ ☺ **아비에틱애씨드**

(Abietic Acid) : *식물성. 안정제, 피막형성제.*

☺ ☺ **아비에틸알코올**

(Abietyl Alcohol) : *식물성. 용제.*

☺ ☺ ☺ **아사이야자추출물**

(Euterpe Oleracea Fruit Extract) : *식물성. 활성 성분.*

☺ ☺ ☺ **아선약추출물**

(Uncaria Gambir Extract) : *식물성. 활성 성분.*

☺ ☺ ☺ **아세로라추출물**

(Malpighia Punicifolia Fruit Extract) : *식물성. 피부 컨디셔닝제.*

☺ **아세톤**

(Acetone) : *화학성. 용제.* 희석되지 않은 상태에서는 지방 성분을 강력하게 용해하는 작용을 한다.

☺ ☺ ☺ **아세툼**

(Acetum) : *식물성. 정전기방지제.*

💣☀ **아세트아닐라이드**

(Acetanilid) : *화학성. 유화안정제.* 독성이 있는 물질로 추정되고 있다.

☺ **아세트아마이드엠이에이**

(Acetamide MEA) : *화학성. 피부 컨디셔닝제, 용제.* 보습 작용을 하는 물질이다.

💣☀💣☀ **아세트아미도에톡시부틸트리모늄클로라**

이드

(Acetamidoethoxybutyl Trimonium Chloride) : *화학성. 정전기방지제.*

💣☀💣☀ **아세트아미도프로필트리모늄클로라이드**

(Acetamidopropyl Trimonium Chloride) : *화학성. 정전기방지제.*

☺ ☺ ☺ **아세틱애씨드**

(Acetic Acid) : *식물성. 완충화제.*

☺ ☺ ☺ **아세틸디펩타이드-1세틸에스터**

(Acetyldipeptide-1 Cetyl Ester) : *복합성. 피부 및 헤어 컨디셔닝제.*

☺ **아세틸레이티드글라이콜스테아레이트**

(Acetylated Glycol Stearate) : *화학성. 보조유화제.* 환경보호 측면의 평가 : 💣☀💣☀

☺ ☺ ☺ **아세틸레이티드라놀린**

(Acetylated Lanolin) : *동물성. 피부 컨디셔닝제, 정전기방지제, 유화제.*

☺ ☺ ☺ **아세틸레이티드캐스터오일**

(Acetylated Castor Oil) : *식물성. 피부 컨디셔닝제.* 착색제를 용해하는 효과가 좋아 립스틱에 주로 사용한다.

☺ ☺ ☺ **아세틸레이티드하이드로제네이티드목화씨글리세라이드**

(Acetylated Hydrogenated Cottonseed Glyceride) : *식물성. 유화제, 피부 컨디셔닝제.*

☺ ☺ ☺ **아세틸레이티드하이드로제네이티드탈로우글리세라이드**

(Acetylated Hydrogenated Tallow Glyceride) : *동물성. 유화제, 피부 컨디셔닝제.*

☺ ☺ ☺ **아세틸메치오닌**

(Acetyl Methionine) : *복합성. 피부 컨디셔닝제.*

☺ ☺ ☺ **아세틸타이로신**

(Acetyl Tyrosine) : *복합성. 선탠물질.*

💣💣💥 **아세틸트리플루오로메칠페닐발릴글라이신**
(Acetyl Trifluoromethylphenyl Valylglycine) :
화학성. 피부 컨디셔닝제.

☺☺☺ **아세틸펜타펩타이드-1**
(Acetyl Pentapeptide-1) : 복합성. 피부 컨디셔닝제.

☺☺☺ **아스코빅애씨드**
(Ascorbic Acid) : 복합성. 활성 성분, 산화방지제.
수분을 저장하는 기능이 있으며, 알파 하이드록시 애씨드의 한 종류다.

☺☺☺ **아스코빌글루코사이드**
(Ascorbyl Glucoside) : 식물성. 피부에 이로운 활성 성분. 포도당과 비타민 C의 복합체다.

☺ **아스코빌메칠실란올펙티네이트**
(Ascorbyl Methylsilanol Pectinate) : 복합성. 실리콘 기반의 활성 성분. 환경보호 측면의 평가 :
💣💥💣

☺☺☺ **아스코빌스테아레이트**
(Ascorbyl Stearate) : 복합성. 산화방지제.

☺☺☺ **아스코빌팔미테이트**
(Ascorbyl Palmitate) : 복합성. 산화방지제. 팔미틴산과 아스코르빈산에서 얻은 비타민 C의 안정된 형태이며, 활력을 증강시키는 작용을 한다.

☺☺☺ **아스파라거스추출물**
(Asparagus Officinalis Extract) : 식물성. 활성 성분.

☺☺☺ **아스파라곱시스아르마타추출물**
(Asparagopsis Armata Extract) : 식물성. 활성 성분.

☺☺☺ **아스파라긴**
(Asparagine) : 복합성. 활성 성분.

☺☺ **아스파틱애씨드**
(Aspartic Acid) : 식물성. 활성 성분. 수분을 고정시

키는 기능이 있다.

☺☺☺ **아위뿌리추출물**
(Ferula Aassa Foetida Root Extract) : 식물성. 활성 성분.

☺☺☺ **아이런하이드록사이드**
(Iron Hydroxide) : 광물성. 착색제.

☺☺☺ **아이브라이트**
(Euphrasia Officinalis) : 식물성. 활성 성분. 이 식물에서 얻은 추출물은 눈가에 사용하는 제품에 배합하여 진정 효과와 재생 작용을 한다.

☺☺☺ **아이슬란드이끼추출물**
(Cetraria Islandica Extract) : 식물성. 활성 성분, 착향제.

💣💥💣💥 **아이오다이즈드갈릭추출물**
(Iodized Garlic Extract) : 화학성. 방부제, 피부 컨디셔닝제.

💣💥💣💥 **아이오다이즈드옥수수단백질**
(Iodized Corn Protein) : 화학성. 방부제, 피부 컨디셔닝제.

💣💥💣💥 **아이오다이즈드하이드롤라이즈드제인**
(Iodized Hydrolyzed Zein) : 화학성. 방부제, 피부 컨디셔닝제.

💣💥💣💥 **아이오도프로피닐부틸카바메이트**
(Iodopropynyl Butylcarbamate) : 화학성. 방부제.

☺☺☺ **아주가투르케스타니카추출물**
(Ajuga Turkestanica Extract) : 식물성. 활성 성분.

☺☺☺ **아줄렌**
(Azulene) : 복합성. 활성 성분. 아줄렌 오일은 피부를 진정시키고 치유하는 기능이 있다.

☺☺☺ **아카시아빅토리아에열매추출물**
(Acacia Victoriae Fruit Extract) : 식물성. 활성 성분.

☺ **아크릴레이트/디메치콘코폴리머**

(Acrylates/Dimethicone Copolymer) : 화학성. 피막형성제, 결합제. 환경보호 측면의 평가 : 💣💣

☺ **아크릴레이트/비닐이소데카노에이트크로스폴리머**

(Acrylates/Vinyl Isodecanoate Crosspolymer) : 화학성. 유화안정제, 점도증가제. 환경보호 측면의 평가 : 💣💣

💣💣 **아크릴레이트/스테아레스-20메타크릴레이트코폴리머**

(Acrylates/Steareth-20 Methacrylate Copolymer) : 화학성. 점도조절제, 점착제. 진줏빛 광택을 발산하는 효과를 낸다.

☺ **아크릴레이트/C10-30알킬아크릴레이트크로스폴리머**

(Acrylates/C10-30 Alkyl Acrylate Crosspolymer) : 화학성. 피막형성제. 환경보호 측면의 평가 : 💣

☺ **아크릴레이트/옥틸아크릴아마이드코폴리머**

(Acrylates/Octylacrylamide Copolymer) : 화학성. 피막형성제. 환경보호 측면의 평가 : 💣💣

☺ **아크릴레이트코폴리머**

(Acrylates Copolymer) : 화학성. 피막형성제. 환경보호 측면의 평가 : 💣💣

💣💣 **아크릴레이트/팔메스-25아크릴레이트코폴리머**

(Acrylates/Palmeth-25 Acrylate Copolymer) : 화학성. 점도조절제. 환경보호 측면의 평가 : 💣💣

☺ **아크릴릭애씨드/아크릴로나이트로젠코폴리머**

(Acrylic Acid/Acrylonitrogens Copolymer) : 화학성. 피막형성제. 환경보호 측면의 평가 : 💣💣

☺ **아크릴아마이드/소듐아크릴레이트코폴리머**

(Acrylamide/Sodium Acrylate Copolymer) : 화학성. 정전기방지제, 점착제, 피막형성제. 환경보호 측면의 평가 : 💣💣

☺ **아크릴아마이드/소듐아크릴로일디메칠타우레이트코폴리머**

(Acrylamide/Sodium Acryloyldimethyltaurate Copolymer) : 화학성. 유화안정제, 점도증가제. 환경보호 측면의 평가 : 💣💣

☺ **아크릴아마이드코폴리머**

(Acrylamides Copolymer) : 화학성. 점착제. 환경보호 측면의 평가 : 💣💣

☺ **아크릴아미도프로필트리모늄클로라이드/아그릴레이트코폴리머**

(Acrylamidopropyltrimonium Chloride/Acrylates Copolymer) : 화학성. 헤어 컨디셔닝제, 점착제, 피막형성제. 자연 속에서 생분해가 잘 되지 않는다. 환경보호 측면의 평가 : 💣💣

☺☺ **아텔로콜라겐**

(Atelocollagen) : 복합성. 활성 성분. 수분을 저장하는 기능이 있다. 생체 기술을 이용하여 합성한 히알루론산과 암소에서 얻은 콜라겐을 혼합하여 만들어진 물질이며, 수분을 고정시키는 탁월한 기능이 있다. 촉감이 부드러운 피부를 만들어준다.

☺☺☺ **아틀라스시다오일**

(Cedrus Atlantica Oil) : 식물성. 활성 성분. 착향제.

☺☺☺ **아티초크추출물**

(Cynara Scolymus Extract) : 식물성. 활성 성분.

💣💣 **아프리코트커넬오일피이지-6에스터**

(Apricot Kernel Oil PEG-6 Esters) : 식물성. 유화제, 피부 컨디셔닝제.

☺☺☺ **악마의발톱뿌리추출물**

(Harpagophytum Procumbens Root Extract) : 식물성. 활성 성분.

☺☺☺ **안디로바씨오일**

(Carapa Guaianensis Seed Oil) : 식물성. 활성

성분, 피부 컨디셔닝제.

☺ ☺ ☺ 안젤리카추출물
(Angelica Archangelica Extract) : 식물성. 활성 성분.

☺ ☺ ☺ 안토시아닌
(Anthocyanins) : 식물성. 꽃에서 추출한 착색제.

☺ ☺ ☺ 알라닌
(Alanine) : 복합성. 활성 성분. 수분을 저장하는 기능이 있다.

☺ ☺ ☺ 알란토인
(Allantoin) : 화학성. 활성 성분. 알란토인은 상처를 치유하는 기능이 있어 트고 거칠어진 피부를 개선하여 매끄럽게 만들어준다. 또한 피부의 보습 기능을 향상시키는 데도 도움이 된다.

☺ ☺ ☺ 알로에베라추출물
(Aloe Barbadensis Extract) : 식물성. 활성 성분. 알로에베라는 햇빛에 화상을 입었을 때 피부의 치유 능력을 강화시켜준다. 자극받은 피부에 효과적인 보습 작용을 할 뿐만 아니라 자외선을 차단하는 기능도 갖고 있다. 알로에베라에 포함된 다양한 당 성분이 거칠고 지친 피부를 부드럽게 하여 탁월한 매끄러움을 선사한다.

☺ ☺ 알루미나
(Alumina) : 복합성. 점도증가제, 연마제.

☺ 알루미늄디미리스테이트
(Aluminum Dimyristate) : 복합성. 유화안정제, 점도조절제.

☺ 알루미늄디스테아레이트
(Aluminum Distearate) : 광물성. 점착제, 유화제.

☺ ☺ 알루미늄락테이드
(Aluminum Lactate) : 광물성. 완충화제. 수렴 및 발한 억제 작용을 하지만 고농도로 사용할 경우에는 땀구멍을 막아버릴 위험이 있다.

☺ ☺ ☺ 알루미늄/마그네슘하이드록사이드스테아레이트
(Aluminum/Magnesium Hydroxide Stearate) : 복합성. 안정제, 점착제, 보조유화제. 스테아릭애씨드 성질을 나타내는 광물성 점토다.

☻☀☻☀ 알루미늄세스퀴클로로하이드레이트
(Aluminum Sesquichlorohydrate) : 광물성. 탈취제. 피부에 염증을 유발할 위험성이 높다.

☺ ☺ ☺ 알루미늄스타치옥테닐석시네이트
(Aluminum Starch Octenylsuccinate) : 복합성. 점도증가제. 전분을 원료로 한 유화안정제다.

☺ 알루미늄스테아레이트
(Aluminum Stearate) : 복합성. 보조유화제, 유화안정제. 땀의 분비를 억제하는 기능이 있지만 피부에 염증을 유발할 위험성이 높다.

☻☀☻☀ 알루미늄지르코늄트리클로로하이드렉스지엘와이
(Aluminum Zirconium Trichlorohydrex GLY) : 광물성. 탈취제, 활성 성분. 피부에 염증을 유발할 위험성이 높다.

☻☀☻☀ 알루미늄클로라이드
(Aluminum Chloride) : 복합성. 탈취제, 살균제. 피부에 염증을 유발할 위험성이 높다.

☻☀☻☀ 알루미늄클로로하이드레이트
(Aluminum Chlorohydrate) : 화학성. 탈취제. 피부에 염증을 유발할 위험성이 높다.

☻☀☻☀ 알루미늄클로로하이드렉스
(Aluminum Chlorohydrex) : 화학성. 탈취제. 피부에 염증을 유발할 위험성이 높다.

☻☀☻☀ 알루미늄클로로하이드렉스피지
(Aluminum Chlorohydrex PG) : 광물성. 땀의 분비를 억제하는 성분.

☺ 알루미늄트리스테아레이트
(Aluminum Tristearate) : 복합성. 점착제, 활성 성

분. 탈취제 역할을 하면서 동시에 유화제로도 쓰인다.

☺ ☺ 알루미늄하이드록사이드

(Aluminum Hydroxide) : 광물성. 피부 컨디셔닝제. 여과 기능과 탈색 작용을 하는 물질이다. 수분을 첨가했을 경우에는 보습 작용을 한다.

☺ ☺ ☺ 알부민

(Albumen) : 동물성. 보조유화제. 마이크로캡슐을 만들 때 사용하는 기본 물질이며, 산패를 억제하는 항산화 작용을 한다.

☺ ☺ ☺ 알엔에이

(RNA) : 복합성. 피부 컨디셔닝제.

☺ ☺ ☺ 알지닉애씨드

(Alginic Acid) : 식물성. 점착제, 점도증가제. 해조류에서 추출한 성분이며, 주로 치약, 헤어래커, 젤 등을 제조할 때 농도를 높일 목적으로 사용한다.

☺ ☺ ☺ 알지닌

(Arginine) : 식물성. 활성 성분, 정전기방지제.

☺ ☺ ☺ 알지닌아스퍼테이트

(Arginine Aspartate) : 복합성. 피부 및 헤어 컨디셔닝제.

☺ ☺ ☺ 알지닌페룰레이트

(Arginine Ferulate) : 복합성. 산화방지제, 피부 컨디셔닝제.

☺ ☺ ☺ 알진

(Algin) : 식물성. 점도증가제. 해조류에서 얻는 성분이다.

☺ ☺ ☺ C12-13알코올

(C12-13 Alcohols) : 복합성. 결합제, 유화안정제. 주로 크림이나 토너에 사용한다.

☺ ☺ ☺ C12-18알킬글루코사이드

(C12-18 Alkyl Glucoside) : 복합성. 당성분의 계면활성제.

☺ ☺ ☺ C12-20알킬글루코사이드

(C12-20 Alkyl Glucoside) : 복합성. 당성분의 유화제.

☺ ☺ C12-15알킬락테이트

(C12-15 Alkyl Lactate) : 복합성. 피부에 잘 발라지게 하는 성분.

☺ ☺ C12-15알킬벤조에이트

(C12-15 Alkyl Benzoate) : 복합성. 피부에 잘 발라지게 하는 성분.

☺ ☺ ☺ C14-22알킬알코올

(C14-22 Alkyl Alcohol) : 화학성. 피부 컨디셔닝제.

☺ ☺ ☺ 알테로모나스발효추출물

(Alteromonas Ferment Extract) : 생체 기술. 피부 컨디셔닝제.

☺ ☺ ☺ 알파-글루칸올리고사카라이드

(Alpha-Glucan Oligosaccharide) : 식물성. 피막형성제, 활성 성분.

☺ ☺ 알파리포익애씨드

(Alpha Lipoic Acid) : 복합성. 활성 성분.

☺ ☺ 알파-이소메칠이오논

(Alpha-Isomethyl Ionone) : 화학성. 인공 합성향.

☺ ☺ ☺ 암모늄글리시리제이트

(Ammonium Glycyrrhizate) : 식물성. 첨가제. 수분을 저장하는 기능이 있다.

💣※💣 암모늄라우레스설페이트

(Ammonium Laureth Sulfate) : 화학성. 계면활성제.

💣※ 암모늄라우릴설페이트

(Ammonium Lauryl Sulfate) : 화학성. 계면활성제. 지방 성분을 용해한다.

☺ ☺ 암모늄앨럼

(Ammonium Alum) : 광물성/복합성. 명반이라 불리는 성분.

☺ 암모늄아이오다이드

(Ammonium Iodide) : 화학성. 살균제, 방부제.

☺ 암모늄아크릴로일디메칠타우레이트/브이피코폴리머

(Ammonium Acryloyldimethyltaurate/VP Copolymer) : 화학성. 피막형성제, 점도조절제. 환경보호 측면의 평가 : 💣💣

💣 암모늄자일렌설포네이트

(Ammonium Xylenesulfonate) : 화학성. 계면활성제. 자일렌을 원료로 만들며, 매우 드물게 사용한다. 이 성분이 갖고 있는 독성은 아직 명확하게 밝혀지지 않았지만 위험성이 적은 대체 물질이 존재한다.

☺ 암모늄치오락테이트

(Ammonium Thiolactate) : 복합성. 활성 성분. 털을 제거하거나 머리카락을 펴주는 제품에 주로 사용한다.

☺ 암모늄폴리아크릴디메칠라우라마이드

(Ammonium Polyacryldimethylauramide) : 화학성. 점착제, 헤어 컨디셔닝제. 이 성분의 독성과 그 영향에 대한 구체적인 정보는 알려져 있지 않다. 환경보호 측면의 평가 : 💣💣

☺ 암모늄폴리아크릴로일디메칠타우레이트

(Ammonium Polyacryloyldimethyl Taurate) : 화학성. 보조유화제. 에멀션을 안정화시키는 합성 폴리머. 피막형성제로도 사용한다. 환경보호 측면의 평가 : 💣💣

☺☺ 암모늄하이드록사이드

(Ammonium Hydroxide) : 화학성. 산을 중화하여 산도를 고정시켜주는 작용을 한다.

☺☺☺ 암모니아

(Ammonia) : 광물성. 완충화제. 유연제 역할을 하며, 산도를 조절하는 작용을 한다.

☺☺☺ 암펠롭시스그로세덴타타추출물

(Ampelopsis Grossedentata Extract) : 식물성. 활성 성분.

☺☺☺ 애기똥풀추출물

(Chelidonium Majus Extract) : 식물성. 활성 성분.

☺ C18-36애씨드글라이콜에스터

(C18-36 Acid Glycol Ester) : 화학성. 피부 컨디셔닝제.

☺☺☺ C18-36애씨드트리글리세라이드

(C18-36 Acid Triglyceride) : 복합성. 계면활성제, 피부 컨디셔닝제. 피부를 매끄럽게 하고 유분기를 공급한다.

💣💣 C12-20애씨드피이지-8에스터

(C12-20 Acid PEG-8 Ester) : 화학성. 유화제, 계면활성제, 점착제. 진줏빛 광택을 발산하는 효과를 낸다.

☺☺☺ 야생얌추출물

(Dioscorea Villosa Extract) : 식물성. 활성 성분.

☺☺☺ 양박하추출물

(Mentha Spicata Extract) : 식물성. 착향제.

☺☺☺ 어성초추출물

(Houttuynia Cordata Extract) : 식물성. 활성 성분.

☺☺☺ 어스니어추출물

(Usnea Barbata Extract) : 식물성. 활성 성분. 산에서 자라는 나무의 표면이나 바위에서 흔히 볼 수 있는 지의류에서 얻는 추출물이며, 살균 작용을 한다.

☺☺☺ 에델바이스꽃추출물

(Gnaphalium Leontopodium Flower Extract) : 식물성. 활성 성분.

☺☺☺ 에델바이스추출물

(Leontopodium Alpinum Flower Extract) : 식물성. 활성 성분.

☺ 에리소빅애씨드

(Erythorbic Acid) : 복합성. 산화방지제. 이 성분이 나타내는 독성은 아직까지 명확하게 밝혀지지 않고

있다.

☺☺☺ 에리스룰로오스
(Erythrulose) : *생체 기술.* 활성 성분, 선탠 물질.

☺☺☺ 에버라스팅추출물
(Helichrysum Arenarium Extract) : *식물성.* 활성 성분.

☺☺☺ 에스신
(Escin) : *식물성.* 활성 성분. 마로니에의 종자에서 추출한 성분이며, 충혈을 해소하고 부종을 억제하는 작용을 한다.

☺☺☺ 에스쿨린
(Esculin) : *식물성.* 활성 성분.

☺☺ 에이치디아이/트리메칠올헥실락톤크로스폴리머
(HDI/Trimethylol Hexyllactone Crosspolymer) : *화학성.* 결합방지제.

☺☺ 에칠디이소프로필신나메이트
(Ethyl Diisopropylcinnamate) : *화학성.* 일광 차단제. 알레르기 반응을 유발할 수 있다.

☺ 에칠렌/브이에이코폴리머
(Ethylene/VA Copolymer) : *화학성.* 피막형성제.

☺ 에칠렌/아크릴릭애씨드코폴리머
(Ethylene/Acrylic Acid Copolymer) : *화학성.* 헤어 컨디셔닝제, 피막형성제.

☺☺☺ 에칠리놀리에이트
(Ethyl Linoleate) : *식물성.* 피부 컨디셔닝제, 지방물질. 피부를 매끄럽게 하고 치유하는 기능이 있다.

☺☺☺ 에칠미리스테이트
(Ethyl Myristate) : *식물성.* 피부 컨디셔닝제, 지방물질. 피부를 매끄럽게 하고 유분기를 공급한다.

☺☺ 에칠비스이미노메칠구아이아콜망가니스클로라이드
(Ethylbisiminomethylguaiacol Manganese

Chloride) : *화학성.* 산화방지제.

☺☺☺ 에칠스테아레이트
(Ethyl Stearate) : *식물성.* 피부 컨디셔닝제, 지방물질. 피부를 매끄럽게 하고 유분기를 공급한다.

☺☺☺ 에칠아세테이트
(Ethyl Acetate) : *화학성.* 용제.

☺ 에칠에스터오브피브이엠/엠에이코폴리머
(Ethyl Ester of PVM/MA Copolymer) : *화학성.* 합성 왁스. 모발고정제로 모발용 제품에 사용한다. 자연 속에서 잘 분해되지 않는다.

☺☺ 에칠우로카네이트
(Ethyl Urocanate) : *화학성.* 금속이온 봉쇄제. 일광을 막아주는 차단제 역할을 한다.

💣 에칠파라벤
(Ethylparaben) : *화학성.* 방부제. 알레르기 반응을 유발할 수 있다.

☺☺☺ 에칠팔미테이트
(Ethyl Palmitate) : *식물성.* 피부 컨디셔닝제, 지방물질. 피부를 매끄럽게 하고 유분기를 공급한다.

☺☺☺ 에칠헥실글리세린
(Ethylhexylglycerin) : *화학성.* 탈취 작용을 하는 활성 성분. 순한 성질의 탈취 기능이 있으며, 용제로도 사용한다.

☺ 에칠헥실디메칠파바
(Ethylhexyl Dimethyl PABA) : *화학성.* UVB를 막아주는 자외선 차단제.

☺ 에칠헥실메톡시신나메이트
(Ethylhexyl Methoxycinnamate) : *화학성.* UVB를 막아주는 자외선 차단제.

☺☺ 에칠헥실살리실레이트
(Ethylhexyl Salicylate) : *화학성.* UVB를 막아주는 자외선 차단제.

☺☺☺ 에칠헥실스테아레이트

(Ethylhexyl Stearate) : 복합성. 피부 컨디셔닝제. 피부를 매끄럽게 하고 유분기를 공급한다.

☺ ☺ ☺ 에칠헥실에칠헥사노에이트

(Ethylhexyl Ethylhexanoate) : 복합성. 에스테르 오일, 유성 성분.

☺ ☺ 에칠헥실코코에이트

(Ethylhexyl Cocoate) : 복합성. 지방 물질, 피부 컨디셔닝제.

☺ ☺ ☺ 에칠헥실트리아존

(Ethylhexyl Triazone) : *화학성. 자외선 차단 물질.*

☺ ☺ ☺ 에칠헥실팔미테이트

(Ethylhexyl Palmitate) : 복합성. 유성 성분. 피부를 매끄럽게 하고 유분기를 공급한다.

☺ ☺ ☺ 에칠헥실하이드록시스테아레이트

(Ethylhexyl Hydroxystearate) : 복합성. 피부 컨디셔닝제, 유성 성분.

☺ ☺ ☺ 에키나세아추출물

(Echinacea Angustifolia Extract) : *식물성. 활성 성분. 피지선을 정상화시키는 작용을 한다. 상처를 치유하는 기능이 있으며 소염 작용도 한다.*

☺ ☺ ☺ 에탄올

(Alcohol) : 복합성. 용제, 유화안정제. 천연 알코올을 발효시켜 얻는다. 세정 작용을 하거나 지방 성분을 용해한다.

화장품에 사용하는 알코올이 모두 똑같은 것은 아니다.

화장품의 조성 성분 중에서 알코올은 매우 중요한 역할을 한다. '알코올'이라는 국제 화장품 성분 명칭은 '에탄올'을 가리킨다. 에탄올과 식용 알코올은 과세 품목이므로 변성 알코올보다 가격이 비싸다.

■ 변성 알코올은 불쾌한 냄새와 역한 맛이 나는 물질을 첨가하므로 마시지 못한다. 이런 변성 알코

올의 품질은 국제 화장품 성분 명칭 용어집에 등재되어 있지 않은 변성 물질에 따라 좌우된다. 그러므로 변성 알코올은 사용된 변성 물질에 따라 ☺(보통) 또는 ☺ ☺(좋음)으로 평가가 달라진다.

☺ 에탄올아민

(Ethanolamine) : *화학성. 완충화제, 알칼리화 물질. 지방 성분을 용해하고, 세정 작용을 한다.*

💣💥 💣💥 에톡시디글라이콜

(Ethoxydiglycol) : *화학성. 용제. 보습 작용을 한다.*

💣💥 💣💥 에티드로닉애씨드

(Etidronic Acid) : *화학성. 금속이온 봉쇄제. 매우 제한적으로 사용이 허가되고 있다.*

☺ ☺ 엑토인

(Ectoin) : *생체 기술. 활성 성분.*

☺ ☺ 엘더추출물

(Sambucus Nigra Extract) : *식물성. 착색제. 엘더 열매를 건조시킨 후에 빻아서 얻은 성분이다.*

☺ ☺ 엘라스틴

(Elastin) : *동물성. 활성 성분. 수분을 저장하는 기능이 있고, 피부를 탄력 있게 해준다.*

💣💥 💣💥 엠디엠하이단토인

(MDM Hydantoin) : *화학성. 방부제.*

☺ 엠이에이-라우릴설페이트

(MEA-Lauryl Sulfate) : 복합성. 계면활성제. 지방 성분을 용해하며, 세정 작용을 한다.

☺ ☺ ☺ 연어알추출물

(Salmon Egg Extract) : *동물성. 활성 성분.*

☺ ☺ 연필향나무오일

(Juniperus Virginiana Oil) : *식물성. 살균 효과가 있는 물질. 에센셜오일은 연필향나무의 목재를 증류하

여 얻는다.

☺ ☺ ☺ **연꽃추출물**

(Nelumbo Nucifera Flower Extract) : *식물성. 활성 성분.* 연꽃 잎에서 추출한 성분이다. 수렴 작용을 하며, 피부 결을 곱게 해주는 효과가 있다.

☺ ☺ ☺ **영지줄기추출물**

(Ganoderma Lucidum Stem Extract) : *식물성. 활성 성분.*

☺ ☺ ☺ **오디추출물**

(Morus Alba Fruit Extract) : *식물성. 활성 성분.*

☺ ☺ ☺ **오렌지**

(Citrus Aurantium Dulcis) : *식물성. 활성 성분, 착향제.* 주로 에센셜오일 형태로 사용되는 성분이며, 피부를 진정시키는 효과가 있을 뿐 아니라 외부 자극에 대한 대항 능력을 높여주는 작용도 한다. 신체에 활력을 준다.

☺ ☺ ☺ **오로반체라품추출물**

(Orobanche Rapum Extract) : *식물성. 활성 성분.* 해바라기나 잇꽃의 뿌리에 기생하는 꽃에서 얻은 성분이다.

☺ ☺ ☺ **오르니틴**

(Ornithine) : *복합성. 활성 성분.*

☺ ☺ ☺ **오리자놀**

(Oryzanol) : *식물성. 활성 성분, 피부 컨디셔닝제.*

☺ ☺ ☺ **오스트레아추출물**

(Ostrea Extract) : *동물성. 피부 컨디셔닝제.*

☺ ☺ ☺ **오스트레일리안레몬머틀오일**

(Backhousia Citriodora Oil) : *식물성. 활성 성분, 착향제.*

☺ ☺ ☺ **오이**

(Cucumis Sativus) : *식물성. 피부 컨디셔닝제.* 피부 보습 효과를 향상시킨다. 오이 즙은 피지와 불순물을 부드럽게 제거하는 작용을 하므로 주로 클렌징 유액에 사용한다.

☺ ☺ ☺ **오이풀뿌리추출물**

(Poterium Officinale Root Extract) : *식물성. 활성 성분.*

☺ **오조케라이트**

(Ozokerite) : *광물성. 유화안정제.* 광물성 왁스에 속하는데, 피부에 유분기를 공급해준다. 고농도로 사용하면 피부호흡을 방해하는 결과를 초래한다. 피부 보호 측면의 평가 : 💣💣🎇

☺ ☺ ☺ **오쿠메수지추출물**

(Aucoumea Klaineana Resin Extract) : *식물성. 활성 성분.*

☺ ☺ ☺ **오크라씨추출물**

(Hibiscus Esculentus Seed Extract) : *식물성. 활성 성분.* 오크라 씨에서 얻은 추출물이다.

☺ ☺ ☺ **옥수수**

(Zea Mays) : *식물성. 분말, 지방 물질.* 옥수수에서 추출한 식물성 활성 성분이다.

💣🎇💣🎇 **옥수수오일피이지-6에스터**

(Corn Oil PEG-6 Esters) : *화학성. 유화제, 피부 컨디셔닝제.*

☺ **옥수수전분/아크릴아마이드/소듐아크릴레이트 코폴리머**

(Corn Starch/Acrylamide/Sodium Acrylate Copolymer) : *복합성. 피막형성제, 헤어 컨디셔닝제.* 환경보호 측면의 평가 : 💣💣🎇

☺ **옥시다이즈드폴리에칠렌**

(Oxidized Polyethylene) : *화학성. 연마제.*

☺ **옥토크릴렌**

(Octocrylene) : *화학성. UVB 자외선을 차단하는 성분.*

☺ ☺ ☺ **옥틸도데실라놀레이트**

(Octyldodecyl Lanolate) : *복합성. 피부 컨디셔*

닝제.

☺ ☺ ☺ 옥틸도데실미리스테이트

(Octyldodecyl Myristate) : 복합성. 피부 컨디셔닝제.

☺ ☺ 옥틸도데실스테아로일스테아레이트

(Octyldodecyl Stearoyl Stearate) : 화학성. 연화제. 립스틱에서 분말 성분을 결합시키는 점착제로 주로 사용한다.

☺ ☺ ☺ 옥틸도데실에칠헥사노에이트

(Octyldodecyl Ethylhexanoate) : 복합성. 피부 컨디셔닝제. 피부에 유분기를 공급하는 작용을 한다.

☺ ☺ 옥틸도데칸올

(Octyldodecanol) : 화학성. 용제. 피부 컨디셔닝제. 피부를 매끄럽게 하고 유분기를 공급한다.

☺ 옥틸아크릴아마이드/아크릴레이트/부틸아미노에칠메타크릴레이트코폴리머

(Octylacrylamide/Acrylates/Butylaminoethyl Methacrylate Copolymer): 화학성. 정전기방지제, 피막형성제.

💧💧💧 올레스-3포스페이트

(Oleth-3 Phosphate) : 복합성. 계면활성제.

💧💧💧 올레스-4

(Oleth-4) : 화학성. 유화제.

☺ ☺ ☺ 올레아놀릭애씨드

(Oleanolic Acid) : 복합성. 피부 컨디셔닝제.

☺ 2-올레아미도-1,3-옥타데칸디올

(2-Oleamido-1,3-Octadecanediol) : 화학성. 용제. 헤어 컨디셔닝제.

☺ 올레아마이드디이에이

(Oleamide DEA) : 화학성. 정전기방지제. 점착제. 피부를 매끄럽게 하고 유분기를 공급한다.

☺ ☺ 올레오일타이로신

(Oleoyl Tyrosine) : 복합성. 선탠 유도 물질.

☺ ☺ 올레익 / 리놀레익 / 리놀레닉폴리글리세라이드

(Oleic/Linoleic/Linolenic Polyglycerides) : 식물성. 유화안정제, 보조유화제.

☺ ☺ ☺ 올레익애씨드

(Oleic Acid) : 식물성. 피부 컨디셔닝제, 보형제. 세정 작용을 한다. 피부를 매끄럽게 하고 유분기를 공급하는 역할도 한다.

☺ ☺ ☺ 올레일리놀리에이트

(Oleyl Linoleate) : 식물성. 피부 컨디셔닝제. 피부를 매끄럽게 하고 유분기를 공급한다.

☺ ☺ ☺ 올레일알코올

(Oleyl Alcohol) : 복합성. 유화제. 피부 컨디셔닝제. 보습 작용을 한다.

☺ ☺ ☺ 올레일에루케이트

(Oleyl Erucate) : 식물성. 활성 성분. 피부를 매끄럽게 하고 유분기를 공급한다.

☺ ☺ ☺ 올레일올리에이트

(Oleyl Oleate) : 화학성. 피부 컨디셔닝제. 피부를 매끄럽게 하고 유분기를 공급한다. 피부에 잘 발라지게 해준다.

☺ ☺ 올리보일하이드롤라이즈드밀단백질

(Olivoyl Hydrolyzed Wheat Protein) : 복합성. 헤어 컨디셔닝제.

☺ ☺ ☺ 올리브

(Olea Europaea) : 식물성. 용제. 피부 컨디셔닝제. 올리브 오일은 화장품 원료로서 오래전부터 쓰여왔으며, 피부를 보호하는 성질을 가진 올레인산, 리놀레인산, 팔미틴산 등을 함유하고 있다. 피부를 부드럽게 하고, 촉감을 좋게 해준다.

☺ ☺ ☺ 옻나무껍질왁스

(Rhus Verniciflua Peel Wax) : 식물성. 스크럽제.

☺ ☺ ☺ 와일드망고커넬버터

(Irvingia Gabonensis Kernel Butter) : 식물성.

피부 컨디셔닝제.

☺☺☺ **와일드타임추출물**

(Thymus Serpillum Extract) : *식물성. 활성 성분.*

☺☺☺ **완두콩**

(Pisum Sativum) : *식물성. 활성 성분.* 완두콩 단백질의 구조는 인간의 피부를 구성하는 물질과 매우 유사할 뿐 아니라 피부에 보호막을 형성하고, 피부 탄력을 높여주는 작용을 한다.

☺☺☺ **왕귤**

(Citrus Grandis) : *식물성. 착향제.* 주로 에센셜오일 형태로 사용한다.

☺☺☺ **왕질경이잎추출물**

(Plantago Major Leaf Extract) : *식물성. 활성 성분.*

☺☺☺ **요구르트**

(Yogurt) : *동물성. 피부 컨디셔닝제.*

☺☺☺ **용설란추출물**

(Agave Americana Extract) : *식물성. 활성 성분.*

☺☺☺ **우레아**

(Urea) : *화학성. 활성 성분, 피부 컨디셔닝제.* 수분을 고정시키는 작용을 하며, 치료 기능도 있다.

☺☺☺ **우로카닉애씨드**

(Urocanic Acid) : *화학성.* 자외선 흡수제, 햇빛으로부터 피부를 보호하는 성분. 인간의 땀 속에 존재하는 물질이며, 자외선을 흡수하는 특징이 있다.

☺☺☺ **우스닉애씨드**

(Usnic Acid) : *식물성. 활성 성분.* 살균 작용 및 발한 억제 작용을 한다.

☺☺ **우엉**

(Arctium Lappa) : *식물성. 피부 컨디셔닝제.* 혈액순환을 촉진하고 피부의 신진대사가 순조롭게 일어나도록 도와준다. 우엉을 압착해서 얻는 지방성 오일은

비타민 E, 베타카로틴, 불포화 및 다중불포화지방산 등을 포함하고 있다.

☺☺☺ **우유**

(Lac) : *동물성. 활성 성분.* 우유는 피부에 필요한 모든 종류의 비타민, 미네랄, 미량원소 등을 함유하고 있다.

☺☺☺ **우유단백질**

(Lactis Proteinum) : *동물성. 활성 성분.* 피부 컨디셔닝제.

☺☺ **우지**

(Adeps Bovis) : *동물성.* 피부 컨디셔닝제.

💣💣💣 **운데세스-3**

(Undeceth-3) : *화학성.* 유화제.

☺☺☺ **운데실레닉애씨드**

(Undecylenic Acid) : *식물성. 방부제, 활성 성분.* 비듬을 치료하는 효과가 있다.

☺☺☺ **운데실레노일글라이신**

(Undecylenoyl Glycine) : *복합성.* 헤어 컨디셔닝제, 살균제.

☺☺☺ **운데실레노일페닐알라닌**

(Undecylenoyl Phenylalanine) : *복합성. 활성 성분.*

☺ **운데실렌아마이드디이에이**

(Undecylenamide DEA) : *식물성. 활성 성분.* 비듬을 치료하기 위해 주로 사용한다.

☺☺☺ **원추천인국추출물**

(Rudbeckia Extract) : *식물성. 활성 성분.*

☺☺☺ **위버대나무줄기추출물**

(Bambusa Textilis Stem Extract) : *식물성. 활성 성분.*

☺☺☺ **위치하젤추출물**

(Hamamelis Virginiana Extract) : *식물성. 활성 성분.* 피부 결을 곱게 해주고, 피부를 탄력 있게 만들

어준다. 소염 작용을 하는 이 성분은 주로 잡티가 많은 지성 피부용 제품에 사용한다. 또한 면도용 화장수와 기초 제품용 로션에도 사용된다.

☺ ☺ ☺ 윈터그린잎추출물
(Gaultheria Procumbens Leaf Extract) : *식물성. 활성 성분.*

☺ ☺ ☺ 윈터체리뿌리추출물
(Withania Somnifera Root Extract) : *식물성. 활성 성분.*

☺ ☺ ☺ 월계수
(Laurus Nobilis) : *식물성. 피막형성제, 헤어 컨디셔닝제. 모발에 보호막을 형성하는 작용을 한다.*

☺ ☺ ☺ 유럽라임트리꽃추출물
(Tilia Vulgaris Flower Extract) : *식물성. 피부 컨디셔닝제. 유럽라임트리 꽃은 피부를 진정시키는 효과가 있다.*

☺ ☺ ☺ 유럽밤추출물
(Castanea Sativa Extract) : *식물성. 활성 성분.*

☺ ☺ ☺ 유비퀴논
(Ubiquinone) : *복합성. 활성 성분. 조효소(코엔자임) Q10이며, 비타민과 비슷한 구조의 물질이다. 주로 영양 보조제로 사용한다.*

☺ ☺ 유제놀
(Eugenol) : *식물성. 착향제.*

☺ ☺ ☺ 유차나무
(Camellia Oleifera) : *식물성. 활성 성분. 피부를 진정시키는 효과가 있지만 천연 항산화제로도 탁월한 효과가 있어 피부의 조로 현상을 예방하는 데 사용한다. 민감성 피부용 기초 제품, 충치를 예방하는 치약 등에 많이 쓰이고 있다.*

☺ ☺ ☺ 유채추출물
(Brassica Napus Extract) : *식물성. 미백 효과를 내는 활성 성분.*

☺ ☺ ☺ 유칼립투스
(Eucalyptus Globulus) : *식물성. 활성 성분, 착향제. 살균 효과가 있고, 세포를 재생하는 작용도 한다. 상처를 빠르게 치유하거나 경련을 진정시키는 기능과 신체에 활기를 불어넣어주는 효과도 있다. 유칼립투스의 에센셜오일은 발을 보호하는 제품, 모발용 제품 등에 사용될 뿐 아니라 화장품에 향을 내는 용도로도 쓰인다.*

☺ ☺ ☺ 유향
(Boswellia Carterii) : *식물성. 활성 성분. 유향나무 추출물은 살균 효과가 있으며, 피부 재생을 촉진하는 효과도 있다.*

☺ ☺ ☺ 육두구커넬오일
(Myristica Fragrans Kernel Oil) : *식물성. 활성 성분, 착향제.*

☺ ☺ ☺ 은엉겅퀴뿌리추출물
(Carlina Acaulis Root Extract) : *식물성. 활성 성분.*

☺ ☺ ☺ 은젓나무
(Abies Alba) : *식물성. 활성 성분. 혈액순환을 촉진하며, 식물 추출물 혹은 에센셜오일 형태로 사용한다.*

☺ ☺ ☺ 은행
(Ginkgo Biloba) : *식물성. 활성 성분. 은행나무 잎에서 추출한 성분이며, 피부를 탄력 있게 하고 튼튼하게 만들어준다.*

☺ ☺ ☺ 이노시톨
(Inositol) : *복합성. 활성 성분, 피부 컨디셔닝제. 비타민 B군에 속하는 물질이다. 피부에 보습 작용을 하며, 피부를 매끄럽게 해준다.*

💣💣💣 이디티에이
(EDTA) : *화학성. 금속이온 봉쇄제, 방부제. 독성을 나타내는 물질로 추정되고 있으며, 자연 속에서 생분해가 잘 되지 않는 단점이 있다. 이 성분은 특히 중금속과 매우 강하게 결합하려는 성질이 있다.*

💣💣☀ 이미다졸리디닐우레아

(Imidazolidinyl Urea) : 화학성. 방부제.

☺☺ 이소노닐이소노나노에이트

(Isononyl Isononanoate) : 화학성. 피부 컨디셔닝제. 합성 오일이다.

☺☺ 이소데실네오펜타노에이트

(Isodecyl Neopentanoate) : 화학성. 합성 오일.

☺ 이소도데칸

(Isododecane) : 화학성. 용제, 유성 성분. 파라핀 유도체. 피부 보호 측면의 평가 : 💣💣☀

☺ 이소부탄

(Isobutane) : 화학성. 분사제. 석유를 정제하는 과정에서 얻는 가스다.

☺ 이소부틸파라벤

(Isobutylparaben) : 화학성. 방부제.

☺☺ 이소세틸스테아레이트

(Isocetyl Stearate) : 화학성. 피부 컨디셔닝제.

☺☺ 이소세틸알코올

(Isocetyl Alcohol) : 화학성. 결합제, 유화안정제.

☺☺ 이소스테아릭애씨드

(Isostearic Acid) : 화학성. 결합제, 유화안정제. 합성 지방산이다.

☺☺ 이소스테아릴네오펜타노에이트

(Isostearyl Neopentanoate) : 화학성. 합성 지방성 물질.

☺☺ 이소스테아릴디글리세릴석시네이트

(Isostearyl Diglyceryl Succinate) : 복합성. 유화제. 세정 작용을 하며, 지방 성분을 용해한다.

☺☺ 이소스테아릴알코올

(Isostearyl Alcohol) : 화학성. 결합제, 유화안정제. 합성 지방알코올이며, 립스틱의 원료로 사용한다.

☺☺ 이소스테아릴이소스테아레이트

(Isostearyl Isostearate) : 복합성. 피부 컨디셔닝제, 결합제.

☺☺ 이소아밀 p-메톡시신나메이트

(Isoamyl p-Methoxycinnamate) : 화학성. UVB 자외선을 차단하는 성분. 인공적인 합성을 통해 얻는 물질이다.

☺ 이소유제놀

(Isoeugenol) : 식물성/화학성. 착향제.

☺☺☺ 이소쿼시트린

(Isoquercitrin) : 식물성. 활성 성분. 플라보노이드다.

☺ C7-8 이소파라핀

(C7-8 Isoparaffin) : 화학성. 합성 오일. 피부 보호 측면의 평가 : 💣💣☀

☺ C9-11 이소파라핀

(C9-11 Isoparaffin) : 화학성. 합성 오일. 피부 보호 측면의 평가 : 💣💣☀

☺ C10-11 이소파라핀

(C10-11 Isoparaffin) : 화학성. 파라핀의 유도체, 합성 오일. 피부 보호 측면의 평가 : 💣💣☀

☺ C13-14 이소파라핀

(C13-14 Isoparaffin) : 화학성. 미네랄 오일. 피부 보호 측면의 평가 : 💣💣☀

☺ C13-16 이소파라핀

(C13-16 Isoparaffin) : 화학성. 용제. 피부 보호 측면의 평가 : 💣💣☀

☺☺ 이소펜틸디올(Isopentyldiol) : 화학성. 첨가물.

☺ 이소프로판(Isopropane) : 화학성. 분사제. 석유를 정제하는 과정에서 얻는 가스이며, 고휘발성 유기화합물이다.

☺ 이소프로필디벤조일메탄

(Isopropyl Dibenzoylmethane) : 화학성. 일광 차단 성분.

☺ ☺ 이소프로필라놀레이트

(Isopropyl Lanolate) : 복합성. 피부 컨디셔닝제, 유화제, 정전기방지제. 피부에 유분기를 공급한다.

☺ ☺ 이소프로필메톡시신나메이트

(Isopropyl Methoxycinnamate) : 화학성. 일광 차단 성분.

☺ ☺ 이소프로필미리스테이트

(Isopropyl Myristate) : 식물성. 지방성 물질. 피부를 매끄럽게 한다.

☺ ☺ 이소프로필스테아레이트

(Isopropyl Stearate) : 복합성. 유성 성분. 피부에 잘 발라지게 한다. 피부를 매끄럽게 하고 유분기를 공급한다.

☺ ☺ 이소프로필알코올

(Isopropyl Alcohol) : 화학성. 방부제, 용제, 거품 형성방지제. 세정 및 살균 작용을 한다.

☺ 이소프로필이소스테아레이트

(Isopropyl Isostearate) : 화학성. 피부 컨디셔닝제, 왁스. 피부를 매끄럽게 하고 유분기를 공급한다.

☺ 이소프로필티타늄트리이소스테아레이트

(Isopropyl Titanium Triisostearate) : 화학성. 유연제, 보조유화제.

☺ 이소프로필파라벤

(Isopropylparaben) : 화학성. 방부제.

☺ ☺ 이소프로필팔미테이트

(Isopropyl Palmitate) : 화학성. 오일의 원료 물질. 피부에 잘 발라지게 하는 기능이 있지만 피부를 자극할 수 있다.

☺ 이소헥사데칸

(Isohexadecane) : 화학성. 피부 컨디셔닝제, 용제. 피부 보호 측면의 평가 : 💣💥💣💥

☺ ☺ ☺ 이탈리아센나

(Cassia Italica) : 식물성. 헤어 컨디셔닝제. '중성

헤나' 라는 명칭으로 알려진 성분이며 모발에 윤기를 주고, 치료 효과도 있어 모발을 보호하는 작용을 한다.

☺ ☺ ☺ 인도너도밤나무열매오일

(Pongamia Glabra Seed Oil) : 식물성. 피부 컨디셔닝제.

☺ ☺ ☺ 인도멀구슬나무

(Melia Azadirachta) : 식물성. 활성 성분. 소염 및 살균 작용을 하므로 주로 에센셜오일 형태로 사용한다. 비듬 치료용 헤어 제품, 구강청정제, 치은염을 예방하는 치약 등에 두루 쓰인다.

☺ ☺ ☺ 인도유향추출물

(Boswellia Serrata Extract) : 식물성. 활성 성분.

☺ ☺ ☺ 인도쪽

(Indigofera Tinctoria) : 식물성. 착색제. '인디고페라 아르젠테아' 와 마찬가지로 '인도쪽' 도 아프리카나 아시아에서 자생하는 관목이며, 그 잎은 '인디고' 라는 색소를 포함하고 있다. 오래전부터 이집트인들은 이 남색 염료를 사용했다.

☺ ☺ ☺ 인도키노나무껍질추출물

(Pterocarpus Marsupium Bark Extract) : 식물성. 활성 성분, 착향제.

☺ ☺ ☺ 인디고페라아르젠테아

(Indigofera Argentea) : 식물성. 착색제. '인디고페라 아르젠테아' 의 잎에서 식물성 염료를 얻는다. 이 염료는 시중에서는 '검은 헤나' 라는 명칭으로 불리고 있다.

☺ ☺ ☺ 인디언구스베리열매추출물

(Phyllanthus Emblica Fruit Extract) : 식물성. 활성 성분.

☺ ☺ ☺ 인삼추출물

(Panax Ginseng Root Extract) : 식물성. 활성 물질. 인삼 추출물이다.

☺ ☺ ☺ 일당귀추출물

(Angelica Acutiloba Extract) : 식물성. 활성 성분.

☺☺☺ **일랑일랑꽃**

(Cananga Odorata) : 식물성. 활성 성분, 착향제. 일랑일랑 꽃에서 추출한 에센셜오일이다. 피부에 효과가 좋은 활성 성분이며, 살균 작용 및 보습 작용을 한다.

☺☺☺ **잇꽃**

(Carthamus Tinctorius) : 식물성. 피부 컨디셔닝제. 피부를 매끄럽게 하고 유분기를 공급한다. 또한 피부를 부드럽게 하고 탄력 있게 해준다. 주로 건성 피부용 제품에 사용하는데 오일 형태로 배합한다.

ㅈ

☺☺☺ **자몽씨추출물**

(Citrus Paradisi Seed Extract) : 식물성. 활성 성분, 착향제.

☺☺☺ **자이언트켈프추출물**

(Macrocystis Pyrifera Extract) : 식물성. 활성 성분.

🌢🌢🌢 **자일렌**

(Xylene) : 화학성. 용제. 건강에 해로운 성분이다.

☺☺☺ **자일리톨**

(Xylitol) : 식물성. 용제. 수분을 보존하는 성질이 있다. 치약에 사용하며, 충치를 유발하지 않는 자일로오스(목당 : 나무에서 얻는 당)다.

☺☺☺ **자일리틸글루코사이드**

(Xylitylglucoside) : 식물성. 활성 성분.

☺☺☺ **자작나무**

(Betula Alba) : 식물성. 착색제, 활성 성분. 피부 결을 곱게 하고, 상처를 치유하는 기능이 있다.

☺☺☺ **자주개자리추출물**

(Medicago Sativa Extract) : 식물성. 활성 성분.

☺☺☺ **자주꿩의비름추출물**

(Sedum Purpureum Extract) : 식물성. 활성 성분. 자주꿩의비름이라는 식물에서 추출한 성분이다.

☺☺☺ **작약추출물**

(Paeonia Albiflora Root Extract) : 식물성. 활성 성분.

☺☺☺ **잔탄검**

(Xanthan Gum) : 화학성. 결합제, 점착제. 점성을 증가시키는 작용을 하며, 피부의 탄력을 높여주는 효과를 낸다.

☺☺☺ **잠두콩추출물**

(Glycine Hispida Extract) : 식물성. 활성 성분.

☺☺☺ **장엽대황뿌리추출물**

(Rheum Palmatum Root Extract) : 식물성. 착색제. 장엽대황의 뿌리를 빻아서 얻은 성분이다.

☺☺☺ **쟈스민**

(Jasminum Officinale) : 식물성. 쟈스민의 추출물이다.

☺☺☺ **정제비즈왁스**

(Cera Alba) : 동물성. 피부 컨디셔닝제, 보조유화제, 피막형성제. 벌집을 녹여서 추출한 성분이며, 피부를 매끄럽게 하고 유분기를 공급한다.

☺☺☺ **제라늄오일**

(Geranium Maculatum Oil) : 식물성. 활성 성분. 제라늄 에센셜오일은 피부 결을 곱게 하고, 자극받은 피부를 진정시키는 작용을 한다.

☺☺ **제라니올**

(Geraniol) : 식물성/화학성. 착향제.

☺☺☺ **제인**

(Zein) : 식물성. 헤어 컨디셔닝제, 피막형성제. 수분을 저장하는 성질이 있으며, 피부를 매끄럽게 한다.

☺☺☺ **제주이질풀추출물**

(Geranium Robertianum Extract) : 식물성. 활성 성분, 착향제.

☺☺ **젤라틴**

(Gelatin) : 동물성. 활성 성분. 수분을 저장하는 기능이 있는 성분이다. 피부를 매끄럽게 하고, 치료 기능도 있다.

☺☺☺ **종대황추출물**

(Rheum Undulatum Extract) : 식물성. 활성 성분.

☺☺☺ **줄맨드라미씨추출물**

(Amaranthus Caudatus Seed Extract) : 식물성. 활성 성분, 피부 컨디셔닝제.

☺☺☺ **지유추출물**

(Sanguisorba Officinalis Root Extract) : 식물성. 활성 성분.

☺☺☺ **지치추출물**

(Lithospermum Officinale Extract) : 식물성. 활성 성분.

☺☺ **징크글루코네이트**

(Zinc Gluconate) : 복합성. 탈취제.

☺☺ **징크글루타메이트**

(Zinc Glutamate) : 복합성. 탈취제.

☺☺☺ **징크라우레이트**

(Zinc Laurate) : 복합성. 보조유화제, 안정제.

☺☺☺ **징크락테이트**

(Zinc Lactate) : 복합성. 탈취제. 수렴 작용을 하며, 피부에 탄력을 준다.

☺☺☺ **징크리시놀리에이트**

(Zinc Ricinoleate) : 복합성. 아연비누. 광물성 비누라 할 수 있는 아연비누는 수렴 작용을 하는 백색의 분말이다. 분말 형태로 사용되는 이 성분은 마찰력을 줄이거나 분말의 접착력을 증가시키는 데 사용한다.

💣💣 **징크보레이트**

(Zinc Borate) : 화학성. 살균물질. 붕산을 사용하여 제조할 때는 특별히 주의해야 하는데, 특히 유아용 제품에 사용해서는 안 된다.

💣💣 **징크설페이트**

(Zinc Sulfate) : 복합성. 살균 및 수렴 작용을 한다. 고농도로 사용할 경우에 알부민의 변성을 초래한다.

☺ **징크설파이드**

(Zinc Sulfide) : 화학성. 제모제.

☺☺☺ **징크스테아레이트**

(Zinc Stearate) : 복합성. 아연비누. 광물성 비누라 할 수 있는 아연비누는 수렴 작용을 하는 백색 분말이다. 분말 형태로 사용되는 이 성분은 마찰력을 줄이거나 분말의 접착력을 증가시키는 데 사용한다.

☺☺☺ **징크아세테이트**

(Zinc Acetate) : 복합성. 피부 컨디셔닝제. 수렴 작용을 한다.

☺☺☺ **징크아세틸메치오네이트**

(Zinc Acetylmethionate) : 복합성. 피부 컨디셔닝제.

☺☺☺ **징크옥사이드**

(Zinc Oxide) : 광물성. 미세한 입자 형태의 색소로 일광 차단 물질로 사용하거나 상처를 치료하는 분말로 이용한다. 발한 억제 작용을 하며, 햇빛으로부터 피부를 보호한다.

☺ **징크운데실레네이트**

(Zinc Undecylenate) : 복합성. 살균제.

💣💣 **징크클로라이드**

(Zinc Chloride) : 화학성. 방부제, 살균제. 목재를 보호하기 위해 주로 사용하는 물질이다.

☺☺☺ **징크팔미테이트**

(Zinc Palmitate) : 복합성. 아연비누. 광물성 비누라 할 수 있는 아연비누는 수렴 작용을 하는 백색 분말이다. 분말 형태로 사용되는 이 성분은 마찰력을 줄이거나 분말의 접착력을 증가시키는 데 사용한다.

☺ **징크페놀설포네이트**

(Zinc Phenolsulfonate) : 화학성. 탈취제. 접촉성 피부염을 일으킬 위험이 있다.

☺ **징크피리치온**

(Zinc Pyrithione) : *화학성. 방부제, 비듬을 치료하는 활성 성분. 과도한 세포분열을 억제하지만 접촉성 피부염을 일으킬 위험이 있다. 사용 후에 즉시 씻어내는 제품에 한해서만 방부제로 사용이 허가되는 성분이다.*

☺ ☺ ☺ **징크피씨에이**

(Zinc PCA) : *복합성. 피부 컨디셔닝제.*

☺ ☺ ☺ **차파랄추출물**

(Larrea Divaricata Extract) : *식물성. 활성 성분.*

☺ ☺ ☺ **참깨**

(Sesamum Indicum) : *식물성. 피부 컨디셔닝제. 참깨에서 얻은 오일은 피부를 매끄럽게 하고 유분기를 공급한다. 피부를 보호하는 순한 성질이 있어 아이크림에 사용한다.*

☺ ☺ ☺ **참나무**

(Quercus) : *식물성. 활성 성분. 이 나무의 껍질에서 타닌이 고농도로 함유된 추출물을 얻을 수 있는데, 모발용 제품, 구강청정제, 발 보호용 제품 등에서 수렴작용을 하는 성분으로 사용한다. 식물성 염모제에 첨가제로 사용하기도 한다.*

☺ **참나무이끼추출물**

(Evernia Prunastri Extract) : *식물성. 착향제.*

☺ ☺ ☺ **참미역추출물**

(Undaria Pinnatifida Extract) : *식물성. 활성 성분.*

☺ ☺ ☺ **참산호말추출물**

(Corallina Officinalis Extract) : *식물성. 활성 성분.*

☺ ☺ ☺ **천당삼추출물**

(Codonopsis Tangshen Root Extract) : *식물성. 활성 성분.*

☺ ☺ **치오디글라이콜릭애씨드**

(Thiodiglycolic Acid) : *화학성. 환원제. 모발용 퍼머넌트제이며, 취급상 주의를 요하는 물질이다.*

☺ ☺ **치오타우린**

(Thiotaurine) : *복합성. 산화방지제.*

☺ **치올란디올**

(Thiolanediol) : *화학성. 용제.*

☺ ☺ ☺ **치자오일**

(Gardenia Florida Oil) : *식물성. 활성 성분.*

☺ ☺ ☺ **치커리뿌리추출물**

(Cichorium Intybus Root Extract) : *식물성. 활성 성분.*

☺ ☺ ☺ **카나우바왁스**

(Copernicia Cerifera Wax) : *식물성. 피부 컨디셔닝제, 결합제. 카나우바 야자나무 잎에서 얻는 왁스이며, 크림의 질감을 내는 데 사용한다. 피부를 보호하는 효과도 있으며, 색조 화장품에 많이 사용한다.*

☺ ☺ ☺ **카라기난**

(Carrageenan) : *식물성. 점도증가제, 결합제. 해조류에서 얻는 성분이며, 피부 자극을 진정시키는 효과가 있다.*

☺ ☺ ☺ **카라기난추출물**

(Chondrus Crispus Extract) : *식물성. 점도증가제, 결합제.*

☺ ☺ ☺ **카라멜**

(Caramel) : *화학성. 착색제.*

☺ ☺ ☺ **카렌둘라**

(Calendula Officinalis) : *식물성. 활성 성분. 소염 효과와 소독 작용이 있는 성분이며, 피부를 진정시킬 뿐만 아니라 재생시키는 작용도 한다. 햇빛에 노출된*

피부를 보호하는 제품이나 치약에 주로 사용한다.

☺ ☺ ☺ 카르니틴
(Carnitine) : 복합성. 피부 및 헤어 컨디셔닝제.

☺ ☺ ☺ 카르본
(Carvone) : 복합성. 착향제.

☺ ☺ ☺ 카멜리아키시
(Camellia Kissi) : 식물성. 활성 성분. 페놀을 풍부하게 함유하고 있다.

☺ ☺ ☺ 카바
(Piper Methysticum) : 식물성. 피부 컨디셔닝제. 피부 보호 효과가 있는 귀중한 활성 성분이다. 피부를 진정시키는 작용을 하며, 살균 및 치료 기능이 있다.

☺ 카보머
(Carbomer) : 화학성. 유화안정제, 점착제. 아크릴산의 하나다. 환경보호 측면의 평가 : 💣💣✳

☺ ☺ ☺ 카복시메칠키틴
(Carboxymethyl Chitin) : 동물성. 피막형성제. 해양 생물의 등껍질에서 얻는 성분이다.

☺ ☺ 카복시메칠하이드록시프로필구아
(Carboxymethyl Hydroxypropyl Guar) : 복합성. 유화안정제, 점착제.

☺ ☺ ☺ 카스카라사그라다
(Rhamnus Purshiana) : 식물성. 착색제. 갈매나무 껍질을 분쇄하여 얻은 성분이다.

☺ ☺ ☺ 카올린
(Kaolin) : 광물성. 흡수력이 강한 물질. 피지를 흡수하는 효과가 우수하고, 피지 생성을 완화하는 기능이 있는 성분이다. 마스크용 제품에 사용한다.

☺ ☺ ☺ 카우슬립추출물
(Primula Veris Extract) : 식물성. 활성 성분.

☺ ☺ ☺ 카카두플럼추출물
(Terminalia Ferdinandiana Fruit Extract) : 식물성. 활성 성분.

☺ ☺ ☺ 카카오씨드버터
(Theobroma Cacao Seed Butter) : 식물성. 결합제, 피부 컨디셔닝제.

☺ ☺ ☺ 카테츄
(Acacia Catechu) : 식물성. 착색제. 콩과 식물인 '카테츄나무'에서 염모제의 원료가 되는 밝은 갈색의 가루를 얻을 수 있다.

☺ ☺ 카퍼글루코네이트
(Copper Gluconate) : 복합성. 활성 성분, 피부 컨디셔닝제.

☺ ☺ 카퍼아세틸메치오네이트
(Copper Acetylmethionate) : 복합성. 활성 성분, 피부 컨디셔닝제.

☺ ☺ ☺ 카페인
(Caffeine) : 식물성. 활성 성분. 혈액순환을 촉진하고, 신체에 활력을 준다. 특히 셀룰라이트를 제거하는 작용을 한다.

☺ ☺ 카프릴로일글라이신
(Caprylyl Glycine) : 복합성. 헤어 컨디셔닝제.

☺ ☺ 카프릴로일살리실릭애씨드
(Caprylyl Salicylic Acid) : 복합성. 활성 성분. 살균 작용을 한다.

☺ ☺ ☺ 카프릴릭/카프릭/리놀레익트리글리세라이드
(Caprylic/Capric/Linoleic Triglyceride) : 식물성. 유화제. 피부를 매끄럽게 하고 치료 기능이 있다.

☺ ☺ ☺ 카프릴릭/카프릭/미리스틱/스테아릭트리글리세라이드
(Caprylic/Capric/Myristic/Stearic Triglyceride) : 식물성. 피부 컨디셔닝제.

☺ ☺ ☺ 카프릴릭/카프릭/석시닉트리글리세라이드
(Caprylic/Capric/Succinic Triglyceride) : 복합성. 피부 컨디셔닝제.

☺ ☺ ☺ 카프릴릭/카프릭/스테아릭트리글리세라이드

(Caprylic/Capric/Stearic Triglyceride) : 식물성. 유화제.

☺ ☺ ☺ 카프릴릭/카프릭트리글리세라이드

(Caprylic/Capric Triglyceride) : 식물성. 용제, 피부 컨디셔닝제. 피부를 매끄럽게 하고 유분기를 공급한다.

☺ ☺ ☺ 카프릴릭트리글리세라이드

(Caprylic Triglyceride) : 식물성. 피부 컨디셔닝제.

☺ ☺ 카프릴릴글라이콜

(Caprylyl Glycol) : 화학성. 피부 컨디셔닝제. 보습 작용을 하며, 피부에 수분을 조절하는 기능을 한다.

☺ ☺ ☺ 카프릴릴/카프릴글루코사이드

(Caprylyl/Capryl Glucoside) : 식물성. 유화제, 당계면활성제.

☺ ☺ ☺ 칸데릴라왁스(Euphorbia Cerifera Wax) : 식물성. 결합제. 등대풀속과에 속하는 식물인 칸데릴라에서 추출한 왁스다. 피부를 보호하고, 유분기를 공급하고, 매끄럽게 해준다. 점성이 높아 응고시킨 형태로 립스틱에 주로 사용한다.

☺ ☺ ☺ 칸디다봄비콜라/글루코오스/메칠레이프씨데이트 발효물

(Candida Bombicola/Glucose/Methyl Rapeseedate Ferment) : 생체 기술. 활성 성분.

☺ ☺ ☺ 칼라민

(Calamine) : 광물성. 흡수제, 착색제. 분말 형태의 성분이며, 햇빛에 탄 피부를 치유하는 기능이 있다.

☺ ☺ ☺ 칼메그잎추출물

(Andrographis Paniculata Leaf Extract) : 식물성. 활성 성분.

☺ 칼슘글리세로포스페이트

(Calcium Glycerophosphate) : 화학성. 활성 성분. 구강을 보호하는 작용을 하며, 구루병에도 효과가 있다.

☺ 칼슘모노플루오로포스페이트

(Calcium Monofluorophosphate) : 화학성. 활성 성분. 구강청정제에 주로 사용하며 충치를 예방하는 효과가 있다.

☺ 칼슘설파이드

(Calcium Sulfide) : 광물성. 제모 기능이 있는 성분이다.

☺ ☺ 칼슘소듐보로실리케이트

(Calcium Sodium Borosilicate) : 광물성. 피부 컨디셔닝제.

☺ ☺ ☺ 칼슘스테아레이트

(Calcium Stearate) : 복합성. 유화안정제, 보조유화제.

☺ ☺ ☺ 칼슘실리케이트

(Calcium Silicate) : 복합성. 규산염. 팩이나 분말의 원료로 사용한다.

☺ ☺ ☺ 칼슘알루미늄보로실리케이트

(Calcium Aluminum Borosilicate) : 광물성. 유리 성분. 안료로 사용하거나 착색보조제로 사용한다.

☺ ☺ ☺ 칼슘알지네이트

(Calcium Alginate) : 식물성. 점도증가제, 점도 조절 성분. '레소니아플라비칸스'라는 갈색 해조류에서 얻는 성분이다.

☺ ☺ ☺ 칼슘카보네이트

(Calcium Carbonate) : 광물성. 세정 기능이 있는 미세 분말 형태로 주로 치약에 사용한다.

☺ ☺ ☺ 칼슘클로라이드

(Calcium Chloride) : 광물성. 첨가물.

☺ ☺ ☺ 칼슘판테테인설포네이트

(Calcium Pantetheine Sulfonate) : 복합성. 헤어 컨디셔닝제.

☺ ☺ ☺ 칼슘판토테네이트

(Calcium Pantothenate) : 화학성. 치료 효과가 있는 활성 성분. 비타민 B군의 염이다.

☺☺☺ 칼슘포스페이트

(Calcium Phosphate) : 복합성. 분말 원료.

☺ 칼슘플루오라이드

(Calcium Fluoride) : 복합성. 활성 성분. 구강 청정 효과가 있는 성분이다.

☺ 칼슘하이드록사이드

(Calcium Hydroxide) : 복합성. 완충화제, 보형제. 산도를 조절하는 작용을 하며, 강한 염기성을 나타내는 유연제. 순도 100퍼센트일 경우에는 부식성이 매우 강하여 취급 시 주의해야 한다.

☺☺☺ 캐놀라

(Canola) : 식물성. 활성 성분. 주로 오일 형태로 사용하며 피부에 유분기를 공급한다.

☺☺☺ 캐러웨이

(Carum Carvi) : 식물성. 활성 성분.

☺☺☺ 캐럽콩검

(Ceratonia Siliqua Gum) : 식물성. 유화안정제.

☺☺☺ 캐럽콩추출물

(Ceratonia Siliqua Fruit Extract) : 식물성. 활성 성분.

☺☺☺ 캐모마일

(Anthemis Nobilis) : 식물성. 착색제, 활성 성분. 잡티가 많은 민감성 피부에 소염 및 진정 작용을 한다. 짙은 금발 색을 내는 염료로 사용한다.

☺☺☺ 캐모마일

(Chamomilla Recutita) : 식물성. 활성 성분. 자극을 받아 붉게 변한 피부를 진정시키고 부드럽게 만들어줄 뿐 아니라 소염 작용과 살균 기능이 있다. 햇빛을 막아주는 효과가 있고, 유아용 제품과 핸드크림에 사용한다. 약간의 염색 효과가 있어 금발용 샴푸나 헤어린스에 사용하기에 적당하다.

☺☺☺ 캐슈너트오일

(Anacardium Occidentale Seed Oil) : 식물성. 피부 컨디셔닝제.

☺☺☺ 캠퍼

(Camphor) : 식물성 / 화학성. 활성 성분. 피부를 진정시키거나 활력을 증가시키는 효과가 있는 성분이며, 가려움증을 없애줄 뿐 아니라 살균 작용 및 소염 효과가 있다. 주정 형태로 화장수의 성분으로 들어간다.

☺ 캠퍼벤잘코늄메토설페이트

(Camphor Benzalkonium Methosulfate) : 화학성. 자외선 차단 물질로 사용한다.

☺☺☺ 캡산틴/캡소루빈

(Capsanthin/Capsorubin) : 식물성. 카로틴과 유사한 작용을 하는 착색제.

☺☺☺ 캣츠클로추출물

(Uncaria Tomentosa Extract) : 복합성. 활성 성분.

☺☺☺ 커피

(Coffea Arabica) : 식물성. 활성 성분. 색채를 선명하게 하는 효과가 있다. 신진대사 및 혈액순환을 촉진한다.

☺☺☺ 컴프리뿌리추출물

(Symphytum Officinale Root Extract) : 식물성. 활성 성분.

☺☺ 케라틴

(Keratin) : 동물성. 활성 성분. 보습 효과가 있어 모발 보호용 제품에 주로 사용한다.

💣💥💣 코세스-8/-10

(Coceth-8/-10) : 식물성/화학성. 유화제.

☺☺☺ 코엔자임에이

(Coenzyme A) : 화학성. 활성 성분, 피부 컨디셔닝제.

☺☺ 코카마이드

(Cocamide) : *식물성. 결합제.*

💣💣 **코카마이드디이에이**

(Cocamide DEA) : *식물성. 결합제.* 피부에 유분기를 공급하지만 발암물질인 '니트로사민'을 형성할 위험이 있다.

☺ **코카마이드미파**

(Cocamide MIPA) : *화학성. 결합제.*

☺ **코카마이드엠이에이**

(Cocamide MEA) : *화학성. 활성 성분, 점도증가제.* 소염 작용을 한다.

☺☺ **코카미도프로필베타인**

(Cocamidopropyl Betaine) : *화학성.* 순한 성질의 계면활성제.

💣💣 **코카미도프로필아민옥사이드**

(Cocamidopropylamine Oxide) : *식물성.* 계면활성제. 지방 성분을 용해하는 작용과 세정 작용을 한다. 발암물질인 '니트로사민'을 형성할 위험이 있다.

☺☺ **코카미도프로필하이드록시설테인**

(Cocamidopropyl Hydroxysultaine) : *화학성.* 순한 성질의 계면활성제.

💣 **코카민**

(Cocamine) : *화학성. 계면활성제, 헤어 컨디셔닝제.* 발암물질인 '니트로사민'을 형성할 위험이 있다.

☺☺☺ **코코-글루코사이드**

(Coco-Glucoside) : *식물성.* 당 성분의 계면활성제. 매우 부드러운 느낌을 주어 피부 사용감을 향상시켜준다. 머리 손질을 용이하게 해준다.

☺☺☺ **코코글리세라이드**

(Cocoglycerides) : *식물성. 유화안정제, 지방 물질, 결합제.* 수분을 저장하는 기능이 있으며 피부를 매끄럽게 해준다.

☺☺☺ **코코넛알코올**

(Coconut Alcohol) : *식물성. 결합제, 유화안정제.* 코코넛 오일의 지방알코올이다.

☺☺☺ **코코넛애씨드**

(Coconut Acid) : *식물성. 피부 컨디셔닝제, 결합제, 보조유화제.* 피부를 매끄럽게 하고 유분기를 공급한다.

💣💣 **코코디모늄하이드록시프로필실크아미노애씨드**

(Cocodimonium Hydroxypropyl Silk Amino Acids) : *복합성. 정전기방지제, 헤어 컨디셔닝제.*

💣💣 **코코디모늄하이드록시프로필하이드롤라이즈드밀단백질**

(Cocodimonium Hydroxypropyl Hydrolyzed Wheat Protein) : *복합성. 정전기방지제, 헤어 컨디셔닝제.*

☺☺☺ **코코-베타인**

(Coco-Betaine) : *화학성. 계면활성제.*

☺☺☺ **코코스야자수**

(Cocos Nucifera) : *식물성. 지방 물질.* 코코야자나무 열매에서 얻은 성분이며, 피부와 모발을 보호하는 효과가 있다. 수산화지방 형태로 유탁액이나 색조 화장품의 결합제로 사용한다.

☺☺☺ **코코일사코신**

(Cocoyl Sarcosine) : *식물성.* 순한 성질의 계면활성제.

☺☺☺ **코코-카프릴레이트/카프레이트**

(Coco-Caprylate/Caprate) : *식물성. 용제, 피부에 잘 발라지게 하는 물질.* 화장품이 피부에 잘 발라지도록 돕는 유성 성분이다.

💣 **코코트리모늄클로라이드**

(Cocotrimonium Chloride) : *식물성. 정전기방지제, 헤어 컨디셔닝제.*

☺☺☺ **코쿰씨드버터**

(Garcinia Indica Seed Butter) : *식물성. 피부 컨디셔닝제.*

☺☺☺ **코포아수씨드버터**

(Theobroma Grandiflorum Seed Butter) : 식물성. 결합제.

☺☺ 콜라겐
(Collagen) : 동물성. 활성 성분. 피부의 보습 효과를 높이고, 피부를 매끄럽게 하고 치유하는 기능도 있다.

☺☺☺ 콜라나무씨추출물
(Cola Acuminata Seed Extract) : 식물성. 활성 성분, 피부 컨디셔닝제.

🌢🌢 콜레스-10,-20,-24
(Choleth-10,-20,-24) : 화학성. 유화제.

☺☺☺ 콜레스테롤
(Cholesterol) : 복합성. 유화제, 피부 컨디셔닝제. 피부를 매끄럽게 하며, 소염 효과도 있다.

☺☺☺ C10-30 콜레스테롤/라네스테롤에스터
(C10-30 Cholesterol/Lanesterol Esters) : 동물성. 활성 성분. 라놀린을 구성하는 성분이며, 탁월한 보습 작용을 한다.

☺☺☺ 콜레스테릴/베헤닐옥틸도데실라우로일글루타메이트
(Cholesteryl/Behenyl Octyldodecyl Lauroyl Glutamate) : 복합성. 활성 성분, 피부 컨디셔닝제. 보습 작용을 한다.

☺☺☺ 콜레스테릴하이드록시스테아레이트
(Cholesteryl Hydroxystearate) : *생체 기술*. 활성 성분, 점도증가제, 유화안정제. 보습 작용을 한다.

☺☺☺ 콜레칼시페롤폴리펩타이드
(Cholecalciferol Polypeptide) : 복합성. 약용활성 성분. 치료 기능이 있는 비타민 A와 D의 복합체다.

☺☺☺ 콜로이달설퍼
(Colloidal Sulfur) : 복합성. 항균물질. 비듬을 예방하는 데 유용한 성분이다.

☺☺☺ 콜로이달오트밀
(Colloidal Oatmeal) : *식물성*. 피부 컨디셔닝제. 귀리 분말에서 얻는 성분이며, 피부를 매끄럽게 해준다. 페이셜 마스크에 주로 사용한다.

쿼터늄 – 사용을 권하고 싶지 않은 헤어 컨디셔닝제

쿼터늄이라 불리는 4가 암모늄 화합물은 머리 손질을 용이하게 하기 위한 모발용 제품에 사용한다. 예외적으로 '쿼터늄 18 헥토라이트(Quaternium 18 Hectorite)'만이 헤어 컨디셔닝제가 아닌 다른 용도로 쓰이는데, 유성 상태에 있는 유탁액의 농도를 증가시키는 목적으로 사용한다. 쿼터늄은 건강뿐만 아니라 자연 생태계에도 해를 끼치는 것으로 추정되고 있다. 쿼터늄은 대체 성분이 존재하기 때문에 '매우 나쁨(🌢🌢)'이라는 평가를 받고 있다.

🌢🌢 쿼터늄-8(Quaternium-8)
🌢🌢 쿼터늄-14(Quaternium-14)
🌢🌢 쿼터늄-15(Quaternium-15)
🌢🌢 쿼터늄-16(Quaternium-16)
🌢🌢 쿼터늄-18(Quaternium-18)
🌢🌢 쿼터늄-18 벤토나이트(Quaternium-18 Bentonite)
🌢🌢 쿼터늄-18 헥토라이트(Quaternium-18 Hectorite)
🌢🌢 쿼터늄-22(Quaternium-22)
🌢🌢 쿼터늄-24(Quaternium-24)
🌢🌢 쿼터늄-26(Quaternium-26)
🌢🌢 쿼터늄-27(Quaternium-27)
🌢🌢 쿼터늄-30(Quaternium-30)
🌢🌢 쿼터늄-33(Quaternium-33)
🌢🌢 쿼터늄-43(Quaternium-43)
🌢🌢 쿼터늄-45(Quaternium-45)
🌢🌢 쿼터늄-51(Quaternium-51)
🌢🌢 쿼터늄-52(Quaternium-52)
🌢🌢 쿼터늄-53(Quaternium-53)
🌢🌢 쿼터늄-56(Quaternium-56)

💣💣💣 쿼터늄-60(Quaternium-60)
💣💣💣 쿼터늄-61(Quaternium-61)
💣💣💣 쿼터늄-62(Quaternium-62)
💣💣💣 쿼터늄-63(Quaternium-63)
💣💣💣 쿼터늄-70(Quaternium-70)
💣💣💣 쿼터늄-71(Quaternium-71)
💣💣💣 쿼터늄-72(Quaternium-72)
💣💣💣 쿼터늄-73(Quaternium-73)
💣💣💣 쿼터늄-75(Quaternium-75)
💣💣💣 쿼터늄-80(Quaternium-80)

😊😊 **쿠마린**

(Coumarin) : 식물성 / 화학성. 착향제.

💣💣 **퀴닌**

(Quinine) : 복합성. 활성 성분. 기나나무에서 추출한 알칼로이드다. 알레르기를 유발하고 피부를 자극한다 (세포의 원형질에 독성을 나타낸다).

😊😊😊 **퀼라야**

(Quillaia Saponaria) : 식물성. 천연 세정 물질. 비누나무 껍질에서 추출한 이 성분은 세정 기능이 있으며, 계면활성제를 대체할 수 있는 순한 성질의 물질이다.

😊😊😊 **큰잎유럽피나무꽃추출물**

(Tilia Platyphyllos Flower Extract) : 식물성. 활성 성분.

😊😊😊 **클라리추출물**

(Salvia Sclarea Extract) : 식물성. 활성 성분, 착향제.

😊😊😊 **클레이추출물**

(Clay Extract) : 광물성. 활성 성분.

😊😊😊 **클로렐라추출물**

(Chlorella Vulgaris Extract) : 식물성. 활성 성분.

💣💣💣 **4-클로로레조시놀**

(4-Chlororesorcinol) : 화학성. 염모제.

💣💣 **클로로부탄올**

(Chlorobutanol) : 화학성. 방부제.

💣💣 **클로로아세트아마이드**

(Chloroacetamide) : 화학성. 방부제.

💣💣💣 **클로로자일레놀**

(Chloroxylenol) : 화학성. 방부제.

💣💣 **클로로펜**

(Chlorophene) : 화학성. 방부제.

😊😊😊 **클로로필린-카퍼콤플렉스**

(Chlorophyllin-Copper Complex) : 복합성. 착색제.

😊😊😊 **클로브**

(Eugenia Caryophyllus) : 식물성. 활성 성분. 소독 효과와 살균 작용이 있는 방향 물질이며, 정향나무 꽃에서 얻는 에센셜오일이다.

💣💣💣 **클로페네신**

(Chlorphenesin) : 화학성. 방부제.

💣💣💣💣 **클로헥시딘디글루코네이트**

(Chlorhexidine Digluconate) : 화학성. 방부제.

💣💣 **클로헥시딘디하이드로클로라이드**

(Chlorhexidine Dihydrochloride) : 화학성. 방부제.

💣💣 **클림바졸**

(Climbazole) : 화학성. 방부제.

😊😊😊 **키드니베치추출물**

(Anthyllis Vulneraria Extract) : 식물성. 활성 성분.

😊😊😊 **키위**

(Actinidia Chinensis) : 식물성. 활성 성분.

😊😊😊 **키토산**

(Chitosan) : 동물성. 피막형성제.

😊😊😊 **키토산글라이콜레이트**

(Chitosan Glycolate) : 복합성. 산화방지제, 피막형성제, 피부 컨디셔닝제.

E

☺☺☺ **타마누씨오일**
(Calophylium Tacamahaca Seed Oil) : 식물성. 활성 성분. 착향제.

☺☺☺ **타마린드추출물**
(Tamarindus Indica Extract) : 식물성. 활성 성분.

☺☺ **타우린**
(Taurine) : 복합성. 완충화제.

☺☺☺ **타이로신**
(Tyrosine) : 복합성. 피부 컨디셔닝제, 활성 물질. 아미노산의 한 종류다.

☺☺☺ **타타릭애씨드**
(Tartaric Acid) : 식물성. 완충화제. 과일 산의 하나다.

☺☺☺ **타피오카**
(Manihot Esculenta) : 식물성. 첨가제.

☺☺☺ **타피오카전분**
(Tapioca Starch) : 식물성. 점도증가제. 타피오카 전분은 기름기를 흡수하는 성질이 있어 번들거림 없는 얼굴로 만들어준다.

☺☺☺ **탄닌산**
(Tannic Acid) : 식물성. 활성 성분. 수렴 및 발한 억제 작용을 하며, 피부를 매끄럽게 해준다.

☺☺☺ **탄제린껍질추출물**
(Citrus Reticulata Peel Extract) : 식물성. 활성 성분.

☺☺☺ **탄제린잎오일**
(Citrus Reticulata Leaf Oil) : 식물성. 활성 성분.

☺☺ **탈로우글리세라이드**

(Tallow Glyceride) : 동물성. 유화제, 피부 컨디셔닝제. 피부를 매끄럽게 해준다.

☺☺ **탈로우알코올**
(Tallow Alcohol) : 동물성. 유화제, 피부 컨디셔닝제. 피부를 매끄럽게 하고 유분기를 공급한다.

☺☺ **탈로우애씨드**
(Tallow Acid) : 동물성. 보조유화제, 유화안정제, 피부 컨디셔닝제.

☺☺ **탈로우트리모늄클로라이드**
(Tallowtrimonium Chloride) : 화학성. 방부제, 계면활성제, 정전기방지제.

☺☺☺ **탈크**
(Talc) : 광물성. 분말. 피부를 매끄럽게 하며, 커버력이 우수하다.

☺☺☺ **태너카시아**
(Cassia Auriculata) : 식물성. 헤어 컨디셔닝제. 광택을 발산하는 효과를 낸다. 태너카시아나무의 잎을 빻아서 얻는 성분이다.

☺☺☺ **털부처꽃추출물**
(Lythrum Salicaria Extract) : 식물성. 활성 성분.

☺ **테레프탈릴리덴디캄퍼설포닉애씨드**
(Terephthalylidene Dicamphor Sulfonic Acid) : 화학성. UVA 자외선을 차단하는 성분. 자외선 차단 제품에서 최대 허용 농도는 10퍼센트다.

💣💣 **테트라소듐에티드로네이트**
(Tetrasodium Etidronate) : 화학성. 안정제, 금속이온 봉쇄제.

💣💣 **테트라소듐이디티에이**
(Tetrasodium EDTA) : 화학성. 금속이온 봉쇄제.

☺☺ **테트라소듐이미노디석시네이트**
(Tetrasodium Iminodisuccinate) : 복합성. 금속이온 봉쇄제. EDTA를 대체하는 물질이다.

💣 **테트라소듐파이로포스페이트**

(Tetrasodium Pyrophosphate) : 광물성. 완충화제, 금속이온 봉쇄제. 환경보호 측면의 평가 : 💣💣

💣💣 2,4,5,6-테트라아미노피리미딘

(2-4-5-6-Tetraaminopyrimidine) : 화학성. 모발착색제.

😊 테트라포타슘파이로포스페이트

(Tetrapotassium Pyrophosphate) : 화학성. 금속이온 봉쇄제. 완충화제.

💣💣 테트라하이드록시프로필에칠렌디아민

(Tetrahydroxypropylethylenediamine) : 화학성. 금속이온 봉쇄제.

😊😊😊 토마토추출물

(Solanum Lycopersicum Fruit Extract) : 식물성. 활성 성분, 피부 컨디셔닝제.

😊😊 토멘틸뿌리추출물

(Potentilla Erecta Root Extract) : 식물성. 활성 성분. 장미과에 속하는 식물의 뿌리에서 얻는 추출물이다.

😊😊😊 토코페롤

(Tocopherol) : 식물성. 산화방지제, 활성 성분. 치료 효과가 있는 비타민 E다.

😊😊😊 토코페릴글루코사이드

(Tocopheryl Glucoside) : 식물성. 활성 성분, 피부 컨디셔닝제. 포도당과 비타민 E의 복합체.

😊😊😊 토코페릴니코티네이트

(Tocopheryl Nicotinate) : 복합성. 산화방지제, 활성 성분. 혈액순환을 촉진한다.

😊😊😊 토코페릴리놀리에이트

(Tocopheryl Linoleate) : 식물성. 산화방지제, 활성 성분. 치료 효과가 있다.

😊😊😊 토코페릴아세테이트

(Tocopheryl Acetate) : 식물성. 산화방지제, 활성 성분. 치료 효과가 있다.

💣💣 톨루엔

(Toluene) : 화학성. 용제. 위험한 보조 물질이며, 건강에도 해롭다. 화장품 원료로 사용하는 데 대한 규제가 매우 심한 편이다.

💣💣 톨루엔-2,5-디아민

(Toluene-2,5-Diamine) : 화학성. 모발 착색제.

😊 트라넥사믹애씨드

(Tranexamic Acid) : 화학성. 산화방지제. 의약용 활성 성분이며, 정보 부족으로 정확한 평가를 내릴 수 없는 물질이다.

😊😊😊 트래거캔스고무

(Astragalus Gummifer Gum) : 식물성. 유화안정제, 결합제.

😊😊😊 트레오닌

(Threonine) : 복합성. 아미노산, 활성 성분. 보습 작용을 한다.

😊😊😊 트레할로스

(Trehalose) : 복합성. 피부 컨디셔닝제, 보습제.

💣💣 트로메타민

(Tromethamine) : 화학성. 완충화제.

😊😊😊 트로피칼아몬드잎추출물

(Terminalia Catappa Leaf Extract) : 식물성. 활성 성분, 피부 컨디셔닝제.

💣💣 트리데세스-12

(Trideceth-12) : 복합성. 유화제.

😊😊😊 트리데실스테아레이트

(Tridecyl Stearate) : 복합성. 보조유화제, 유성 성분.

😊 트리데실트리멜리테이트

(Tridecyl Trimellitate) : 복합성. 피부 컨디셔닝제. 피부호흡을 방해하는 성질이 있다. 피부 보호 측면의 평가 : 💣💣.

💣💣 트리라우레스-4포스페이트

(Trilaureth-4 Phosphate) : 복합성. 유화제, 계면활성제.

☺☺☺ 트리라우린
(Trilaurin) : 식물성. 결합제, 보조유화제. 점도를 조절하는 역할을 한다.

☺☺ 트리리놀레익애씨드
(Trilinoleic Acid) : 복합성. 유화제, 피부 컨디셔닝제. 피부를 매끄럽게 하고 유분기를 공급한다.

☺☺☺ 트리리놀레인
(Trilinolein) : 식물성. 유화안정제.

💣💥 트리메칠실록시실리케이트
(Trimethylsiloxysilicate) : 화학성. 거품형성방지제, 헤어 컨디셔닝제. 환경보호 측면의 평가 : 💣💥

☺ 트리메칠실록시아모디메치콘
(Trimethylsiloxyamodimethicone) : 화학성. 정전기방지제, 피부 컨디셔닝제. 환경보호 측면의 평가 : 💣💥

☺☺ 트리메칠올프로판트리카프릴레이트/트리카프레이트
(Trimethylolpropane Tricaprylate/Tricaprate) : 화학성. 피부 컨디셔닝제.

☺ 트리메톡시카프릴릴실란
(Trimethoxycaprylylsilane) : 화학성. 결합제, 피부 컨디셔닝제.

☺☺☺ 트리미리스틴
(Trimyristin) : 복합성. 피부 컨디셔닝제.

💣💥💣 트리세테아레스-4 포스페이트
(Triceteareth-4 Phosphate) : 화학성. 유화제.

💣 트리소듐엔티에이
(Trisodium NTA) : 화학성. 금속이온 봉쇄제.

💣💥💣 트리소듐이디티에이
(Trisodium EDTA) : 화학성. 금속이온 봉쇄제.

☺ 트리소듐포스페이트
(Trisodium Phosphate) : 광물성. 금속이온 봉쇄제, 물을 부드럽게 만들어주는 물질. 비누와 충치를 예방하는 치약에 주로 사용한다.

☺☺☺ 트리스테아린
(Tristearin) : 복합성. 유화안정제, 보조유화제. 점성을 높이는 데 사용한다.

☺☺ 트리아세틴
(Triacetin) : 복합성. 용제, 유연제. 피부를 매끄럽게 하고 유분기를 공급한다.

☺☺ 트리에칠렌글라이콜
(Triethylene Glycol) : 복합성. 용제. 소독 효과가 있다.

☺☺☺ 트리에칠시트레이트
(Triethyl Citrate) : 화학성. 산화방지제, 탈취제. 발한 억제 작용을 하며, 산도를 조절하는 역할도 한다.

☺☺☺ 트리에칠헥사노인
(Triethylhexanoin) : 화학성. 피부 컨디셔닝제.

💣💥 트리에탄올아민
(Triethanolamine) : 화학성. 완충화제.

☺☺☺ 트리옥타니온
(Trioctanion) : 화학성. 피부 컨디셔닝제.

☺☺ 트리이소스테아린
(Triisostearin) : 복합성. 결합제, 보조유화제. 점도를 조절하는 역할을 한다.

☺☺ 트리카프릴린
(Tricaprylin) : 식물성/화학성. 유성 성분. 피부 수용성이 매우 우수하여 립스틱에 자주 사용한다.

☺☺☺ 트리칼슘포스페이트
(Tricalcium Phosphate) : 광물성. 연마제, 구강청정제의 원료. 충치를 예방한다.

☺ 트리콘타닐피브이피
(Tricontanyl PVP) : 화학성. 피막형성제, 보습제.

💣💥💣💥 트리클로로에탄

(Trichloro Ethane) : 화학성. 용제.

💣💣 트리클로산
(Triclosan) : 화학성. 방부제, 탈취제.

☺☺☺ 트리토마넥타
(Kniphofia Uvaria Nectar) : 식물성. 활성 성분.

☺☺☺ 트리팔미틴
(Tripalmitin) : 식물성. 유화안정제.

☺☺☺ 트리하이드록시스테아린
(Trihydroxystearin) : 식물성. 점도증가제, 피부 컨디셔닝제. 피부를 매끄럽게 하고 유분기를 공급한다.

☺☺ 트리하이드록시팔미타미도하이드록시프로필미리스틸에텔
(Trihydroxypalmitamidohydroxypropyl Myristyl Ether) : 화학성. 피부 컨디셔닝제. 합성 세라마이드다.

☺ 티몰
(Thymol) : 식물성/화학성. 방부제, 착색제, 착향제. 살균 효과가 있지만 알레르기를 강하게 유발할 수 있다.

☺☺ 티아민나이트레이트
(Thiamine Nitrate) : 복합성. 활성 성분. 음식물로 섭취해야만 효과가 있는 비타민 B$_1$이며, 화장품에서 사용하는 이유는 판매를 촉진하기 위해서일 뿐이다.

💣💣 티이에이-도데실벤젠설포네이트
(TEA-Dodecylbezenesulfonate) : 화학성. 계면활성제. 피부 자극성이 매우 강하며, 자연 속에서 잘 분해되지 않는다.

💣💣 티이에이-락테이트
(TEA-Lactate) : 복합성. 활성 성분. 피부에 수분을 공급하고 탄력을 선사한다.

💣💣 티이에이-라우릴설페이트
(TEA-Lauryl Sulfate) : 복합성. 음이온성 계면활성제. 세정 작용을 하지만 피부 자극을 일으킬 수 있다.

💣💣 티이에이-스테아레이트
(TEA-Stearate) : 복합성. 유화제. 피부를 강하게 자극할 수 있다.

💣💣 티이에이-이디티에이
(TEA-EDTA) : 화학성. 금속이온 봉쇄제, 방부제.

💣💣 티이에이-카보머
(TEA-Carbomer) : 화학성. 점도증가제. 환경보호 측면의 평가 : 💣💣

💣💣 티이에이-코코에이트
(TEA-Cocoate) : 복합성. 유화제.

💣💣 티이에이-코코일글루타메이트
(TEA-Cocoyl Glutamate) : 화학성. 계면활성제, 헤어 컨디셔닝제.

💣💣 티이에이-코코일하이드롤라이즈드콜라겐
(TEA-Cocoyl Hydrolyzed Collagen) : 복합성. 계면활성제, 정전기방지제, 피부 및 헤어 컨디셔닝제.

💣💣 티이에이-탈레이트
(TEA-Tallate) : 복합성. 결합제, 보조유화제.

☺☺☺ 티타늄디옥사이드
(Titanium Dioxide) : 복합성. 착색제 및 광물성 자외선 차단 성분이다. 색 번호로는 CI 77891에 해당된다.

☺☺☺ 티트리잎오일
(Melaleuca Alternifolia Leaf Oil) : 식물성. 활성 성분. 오스트레일리아가 원산지인 티트리의 에센셜오일은 강력한 살균 작용이 있어 샴푸, 컨디셔너, 핸드 및 바디크림, 구강청정제, 비누 등에 사용한다.

☺☺ 틴옥사이드
(Tin Oxide) : 광물성. 불투명화제.

☺☺☺ 틸리로사이드
(Tiliroside) : 식물성. 활성 성분.

☺☺ **파네솔**
(Farnesol) : *식물성/화학성. 착향제, 탈취제. 꽃에서 얻은 천연 알코올 성분이며, 미생물의 번식과 증식을 억제하는 작용을 한다.*

☺☺ **파네실아세테이트**
(Farnesyl Acetate) : *복합성. 활성 성분.*

☺☺☺ **파디나파보니카추출물**
(Padina Pavonica Extract) : *식물성. 활성 성분.*

☺ **파라벤**
(Paraben) : *화학성. 방부제. 알레르기를 유발할 수 있다.*

☺ **파라피눔리퀴둠**
(Paraffinum Liquidum) : *화학성. 용제. 피부 컨디셔닝제. 피부의 성질과는 이질적이며, 피부호흡을 방해한다. 피부 보호 측면의 평가 :* 💣💥💣💥

☺ **파라핀**
(Paraffin) : *화학성. 왁스. 석유에서 얻은 성분이므로 피부의 성질과는 이질적이며, 피부호흡을 방해한다. 피부 보호 측면의 평가 :* 💣💥💣💥

💣💥💣💥 **C9-11파레스-3**
(C9-11 Pareth-3) : *화학성. 유화제.*

💣💥💣💥 **C9-11파레스-6**
(C9-11 Pareth-6) : *화학성. 유화제.*

💣💥💣💥 **C9-11파레스-8**
(C9-11 Pareth-8) : *화학성. 유화제.*

💣💥💣💥 **C12-13파레스-3**
(C12-13 Pareth-3) : *화학성. 유화제.*

💣💥💣💥 **C20-40파레스-10**
(C20-40 Pareth-10) : *화학성. 유화제.*

☺ **파바**
(PABA) : *화학성. 일광 차단 성분. 자외선흡수제. 햇빛으로부터 피부를 보호한다.*

☺☺☺ **파에오닥틸룸트리코르누툼추출물**
(Phaeodactylum Tricornutum Extract) : *식물성. 활성 성분.*

☺☺☺ **파이틱애씨드**
(Phytic Acid) : *식물성. 금속이온 봉쇄제. 쌀에서 추출한 성분이다.*

☺☺☺ **파인애플추출물**
(Ananas Sativus Fruit Extract) : *식물성. 피부 컨디셔닝제.*

☺☺☺ **파일워트추출물**
(Ranunculus Ficaria Extract) : *식물성. 활성 성분.*

☺☺☺ **파파야열매추출물**
(Carica Papaya Fruit Extract) : *식물성. 활성 성분. 파파야 즙은 귀한 성분을 얻을 수 있는 천연 원료이며, 파파야 열매의 유액 및 파파야 나무의 잎은 '파파인'이라는 효소와 자유 아미노산을 함유하고 있다.*

☺☺☺ **파파인**
(Papain) : *복합성. 정전기방지제, 헤어 컨디셔닝제.*

☺☺☺ **판테놀**
(Panthenol) : *화학성. 활성 성분. 피부에 상처가 났을 때 세포의 재생과 생성을 촉진한다. 연화제 역할을 하며, 모발을 강화시키는 작용도 한다.*

☺☺☺ **판테닐에칠에텔**
(Pantenyl Ethyl Ether) : *화학성. 피부와 모발에 작용하는 활성 성분. 판테놀의 액상 형태이며, 점착성이 높은 원래의 판테놀보다 취급하기가 쉽다.*

☺☺☺ **판테닐트리아세테이트**
(Pantenyl Triacetate) : *화학성. 정전기방지제, 활성 성분. 치료 효과를 내는 성분이다.*

☺☺ **판테친**
(Pantethine) : *화학성. 헤어 컨디셔닝제.*

☺☺ **판토락톤**

(Pantolactone) : 복합성. 피부 및 헤어 컨디셔닝제. 보습 효과를 낸다.

☺☺☺ **팔마로사오일**

(Cymbopogon Martini Oil) : 식물성. 활성 성분, 착향제.

☺☺☺ **팔미토일올리고펩타이드**

(Palmitoyl Oligopeptide) : 복합성. 피부 컨디셔닝제. 피부를 매끄럽게 하고 유분기를 공급한다.

☺☺☺ **팔미토일펜타펩타이드-3**

(Palmitoyl Pentapeptide-3) : 복합성. 피부 컨디셔닝제. 단백질 유도체.

☺☺☺ **팔미틱애씨드**

(Palmitic Acid) : 식물성. 결합제. 피부 컨디셔닝제. 피부를 매끄럽게 하고 유분기를 공급한다.

☺☺☺ **팜글리세라이드**

(Palm Glyceride) : 식물성. 결합제. 피부 컨디셔닝제. 피부를 매끄럽게 하고 유분기를 공급한다.

☺☺☺ **팜커넬애씨드**

(Palm Kernel Acid) : 식물성. 결합제. 피부 컨디셔닝제. 종려나무 오일에서 얻은 지방산이다.

💣 **퍼플루오로폴리메칠이소프로필에텔**

(Perfluoropolymethylisopropyl Ether) : 화학성. 피부 컨디셔닝제. 무색·무취·무미의 액상 중합체(폴리머)이며 인공적으로 합성된 화합물이다. 그러나 아직까지 이 성분의 효과에 대해서는 자세히 밝혀지지 않고 있다.

☺☺☺ **페네칠알코올**

(Phenethyl Alcohol) : 복합성. 방부제, 탈취제, 착향제. 살균 및 피부 진정 작용을 한다.

💣 **페녹시에탄올**

(Phenoxyethanol) : 화학성. 용제, 방부제.

💣 **페녹시이소프로판올**

(Phenoxyisopropanol) : 화학성. 용제, 방부제. 피부를 자극할 수 있다.

💣💣 **페놀**

(Phenol) : 화학성. 방부제. 독성을 띤 살균제이며, 건강에 해로운 성분이다.

💣💣💣 **페닐머큐릭보레이트**

(Phenyl Mercuric Borate) : 화학성. 방부제. 맹독성의 수은 화합물이다. 심각한 피부 자극을 유발할 수 있으며, 피부를 민감한 상태로 변화시킬 수 있다.

💣💣💣 **페닐머큐릭아세테이트**

(Phenyl Mercuric Acetate) : 화학성. 방부제. 맹독성의 수은 화합물.

💣💣 **페닐메칠피라졸론**

(Phenyl Methyl Pyrazolone) : 화학성. 모발용 산화착색제. 독성 물질로 의심받고 있는 성분이다.

☺ **페닐벤즈이미다졸설포닉애씨드**

(Phenylbenzimidazole Sulfonic Acid) : 화학성. 자외선으로부터 피부를 보호하는 성분.

☺☺☺ **페닐알라닌**

(Phenylalanine) : 복합성. 정전기방지제. 수분을 저장하는 기능이 있다.

☺ **페닐트리메치콘**

(Phenyl Trimethicone) : 화학성. 정전기방지제, 거품형성방지제, 피부 컨디셔닝제. 환경보호 측면의 평가 : 💣💣💣

☺ **페닐파라벤**

(Phenylparaben) : 화학성. 방부제.

☺ **페닐프로판올**

(Phenylpropanol) : 복합성. 용제, 착향제. 살균 효과가 있다.

☺ **페트롤라툼**

(Petrolatum) : 화학성. 정전기 방지제, 피부 컨디셔닝제. 피부를 매끄럽게 하고 유분기를 공급한다. 고농

도로 사용하면 피부호흡을 방해하는 결과를 초래한다.
피부 보호 측면의 평가 : 💣※💣※

☺☺☺ 페퍼민트

(Mentha Piperita) : 식물성. 활성 성분, 착향제. 에센셜오일 형태로 많이 사용하는 성분으로 탈취 기능과 살균 효과가 있을 뿐만 아니라 청량감을 주는 작용을 한다. 혈액순환을 촉진하기도 한다.

☺☺☺ 펙틴

(Pectin) : 식물성. 활성 성분, 점착제. 서양자두 열매와 껍질에서 추출한 식물 성분이며, 치료 효과와 독성을 제거하는 기능이 있다.

💣※💣※ 펜타소듐에칠렌디아민테트라메칠렌포스페이트

(Pentasodium Ethylenediamine Tetra methylene Phosphate) : 화학성. 금속이온 봉쇄제.

☺ 펜타소듐펜테테이트

(Pentasodium Pentetate) : 화학성. 금속이온 봉쇄제. EDTA 대체물질이다.

☺☺☺ 펜타에리스리틸디스테아레이트

(Pentaerythrityl Distearate) : 복합성. 유화제.

☺☺☺ 펜타에리스리틸테트라에스터

(Pentaerythrityl Tetraester) : 복합성. 유화제.

☺☺ 펜타에리스리틸테트라에칠헥사노에이트

(Pentaerythrityl Tetraethylhexanoate) : 복합성. 유화제.

☺☺ 펜타에리스리틸테트라이소스테아레이트

(Pentaerythrityl Tetraisostearate) : 복합성. 수중유 형태로 만들어주는 유화제.

☺☺☺ 펜타에리스리틸테트라카프릴레이트/ 테트라카프레이트

(Pentaerythrityl Tetracaprylate/Tetra caprate) : 화학성. 피부 컨디셔닝제, 보조유화제.

☺ 펜탄

(Pentane) : 화학성. 용제, 분사제.

💣※💣※ 펜테틱애씨드

(Pentetic Acid) : 화학성. 금속이온 봉쇄제, 방부제. EDTA와 유사한 작용을 한다.

☺ 펜틸렌글라이콜

(Pentylene Glycol) : 화학성. 용제, 보습 효과를 내는 성분. 살균 작용 및 보습 효과를 낸다.

☺☺☺ 평지

(Brassica Oleifera) : 식물성. 지방 물질, 활성 성분.

☺☺☺ 포도

(Vitis Vinifera) : 식물성. 피부 컨디셔닝제. 포도 씨 오일은 필수 지방산을 풍부하게 함유하고 있으며, 피부 보호막의 기능을 정상화시키는 데 도움을 준다.

☺☺☺ 포르믹애씨드

(Formic Acid) : 화학성. 방부제. 산도를 조절하는 용도로 주로 사용한다.

💣※💣※💣※ 포름알데하이드

(Formaldehyde) : 화학성. 방부제. 중증의 접촉성 알레르기 반응을 일으키는 고위험 군으로 분류되는 물질.

☺☺☺ 포스파티딜콜린

(Phosphatidylcholine) : 복합성. 유화제.

☺☺☺ 포스포리피드

(Phospholipids) : 복합성. 활성 성분. 불포화지방산을 풍부하게 함유하고 있다. 인체의 세포를 구성하는 성분이며, 피부에 매우 중요한 역할을 한다. 피부의 수분 저장 능력을 향상시킨다.

💣※ 포스포릭애씨드

(Phosphoric Acid) : 복합성. 산성화제.

☺☺☺ 포타슘라우레이트

(Potassium Laurate) : 식물성. 유화제, 계면활성제. 지방 성분을 용해하는 작용을 하며, 세정 효과도

있다.

☺ ☺ ☺ 포타슘베헤네이트

(Potassium Behenate) : 식물성. 지방산, 피부 컨디셔닝제. 피부에 매우 우수한 효과를 내는 불포화지방산이다.

☺ ☺ 포타슘설파이드

(Potassium Sulfide) : 광물성. 제모제. 황화칼륨이며, 피부의 잡티를 없애는 제품에 사용한다.

☺ ☺ 포타슘세틸포스페이트

(Potassium Cetyl Phosphate) : 복합성. 계면활성제.

☺ ☺ 포타슘소르베이트

(Potassium Sorbate) : 복합성. 방부제.

☺ ☺ ☺ 포타슘스테아레이트

(Potassium Stearate) : 복합성. 유화제, 결합제.

☺ ☺ ☺ 포타슘실리케이트

(Potassium Silicate) : 광물성. 유화안정제.

☺ ☺ 포타슘아스코빌토코페릴포스페이트

(Potassium Ascorbyl Tocopheryl Phosphate) : 복합성. 활성 성분, 산화방지제.

☺ ☺ ☺ 포타슘아스파테이트

(Potassium Aspartate) : 화학성. 활성 성분. 수분을 저장하는 기능이 있다.

☺ 포타슘아세설팜

(Potassium Acesulfame) : 화학성. 착향제.

☺ ☺ 포타슘아이오다이드

(Potassium Iodide) : 광물성. 활성 성분. 잡티가 많은 피부용 제품에 사용한다.

☺ ☺ 포타슘운데실레노일하이드롤라이즈드콜라겐

(Potassium Undecylenoyl Hydrolyzed Collagen) : 복합성. 정전기 방지제. 비듬 치료에 우수한 활성 물질이며, 피부에 매우 순하다.

☺ ☺ 포타슘이소스테아레이트

(Potassium Isostearate) : 화학성. 결합제, 보조유화제.

☺ ☺ ☺ 포타슘카보네이트

(Potassium Carbonate) : 광물성. 첨가물. 지방성분을 용해하는 작용을 하며, 세정 효과도 있다.

☺ ☺ ☺ 포타슘코코에이트

(Potassium Cocoate) : 식물성. 보조유화제, 점도조절제. 지방 성분을 용해시키는 작용을 하며, 세정 효과도 있다.

☺ ☺ 포타슘코코일하이드롤라이즈드콜라겐

(Potassium Cocoyl Hydrolyzed Collagen) : 동물성. 활성 성분, 피부 컨디셔닝제.

☺ ☺ ☺ 포타슘클로라이드

(Potassium Chloride) : 광물성. 세정 작용을 하는 물질에 사용되는 점도증가제이며, 소금 성분이다.

☺ ☺ 포타슘클로레이트

(Potassium Chlorate) : 광물성. 산화제. 치아미백제로 사용한다.

💣💣 포타슘트로클로센

(Potassium Troclosene) : 화학성. 방부제.

☺ ☺ ☺ 포타슘팔미테이트

(Potassium Palmitate) : 식물성. 결합제, 세정제.

☺ ☺ ☺ 포타슘팔미토일하이드롤라이즈드밀 단백질

(Potassium Palmitoyl Hydrolyzed Wheat Protein) : 복합성. 피부 및 헤어 컨디셔닝제.

☺ ☺ 포타슘퍼설페이트

(Potassium Persulfate) : 광물성. 산화제, 미백제.

☺ ☺ ☺ 포타슘피씨에이

(Potassium PCA) : 복합성. 피부 컨디셔닝제.

☺ ☺ 포타슘하이드록사이드

(Potassium Hydroxide) : 광물성. 알칼리화 물질.

피부를 붓게 하는 경향이 있다.

☺☺☺ **포피라움빌리칼리스추출물**
(Porphyra Umbilicalis Extract) : 식물성. 활성 성분.

💣💥💣 **폴록사머123,폴록사머184,188,폴록사머407**
(Poloxamer 124, Poloxamer 184, 188, Poloxamer 407) : 화학성. 유화제, 계면활성제.

💣💥💣 **폴록사민**
(Poloxamine) : 화학성. 보습 물질, 점착제. 용해를 돕는 물질이기도 하다.

☺☺☺ **폴리글리세릴-2디이소스테아레이트**
(Polyglyceryl-2 Diisostearate) : 복합성. 유화제.

☺☺☺ **폴리글리세릴-3 디이소스테아레이트**
(Polyglyceryl-3 Diisostearate) : 복합성. 유화제.

☺☺☺ **폴리글리세릴-6디카프레이트**
(Polyglyceryl-6 Dicaprate) : 복합성. 비이온성 계면활성제, 용해를 돕는 물질. 식물성 원료에서 얻은 폴리글리세릴 에스테르다.

☺☺☺ **폴리글리세릴-2디폴리하이드록시스테아레이트**
(Polyglyceryl-2 Dipolyhydroxystearate) : 식물성. 수중유 형태의 유탁액을 만들기 위한 유화제로 사용한다.

☺☺☺ **폴리글리세릴-2라우레이트**
(Polyglyceryl-2 Laurate) : 복합성. 유화제.

☺☺☺ **폴리글리세릴-3라우레이트**
(Polyglyceryl-3 Laurate) : 복합성. 결합제, 점도 증가제. 피부와 모발에 유분기를 공급한다.

☺☺☺ **폴리글리세릴-5라우레이트**
(Polyglyceryl-5 Laurate) : 복합성. 유화제, 용제.

☺☺☺ **폴리글리세릴-10라우레이트**
(Polyglyceryl-10 Laurate) : 복합성. 수중유 형태

의 유탁액을 만들기 위한 유화제, 용해를 돕는 물질. 피부가 가진 원래의 보습 상태를 유지시켜주고 피부 촉감을 좋게 해준다.

☺☺☺ **폴리글리세릴-3리시놀리에이트**
(Polyglyceryl-3 Ricinoleate) : 복합성. 유화제.

☺☺☺ **폴리글리세릴-3메칠글루코오스디스테아레이트**
(Polyglyceryl-3 Methylglucose Distearate) : 복합성. 유화제.

☺☺☺ **폴리글리세릴-3비즈왁스**
(Polyglyceryl-3 Beeswax) : 복합성. 계면활성제.

☺☺ **폴리글리세릴-2세스퀴이소스테아레이트**
(Polyglyceryl-2 Sesquiisostearate) : 복합성. 유화제.

☺☺☺ **폴리글리세릴-2스테아레이트**
(Polyglyceryl-2 Stearate) : 복합성. 유화제.

☺☺☺ **폴리글리세릴-6에스터**
(Polyglyceryl-6 Esters) : 식물성. 용제.

☺☺☺ **폴리글리세릴-3올리에이트**
(Polyglyceryl-3 Oleate) : 식물성. 유화제.

☺☺ **폴리글리세릴-4이소스테아레이트**
(Polyglyceryl-4 Isostearate) : 복합성. 유화제.

☺☺☺ **폴리글리세릴-2카프레이트**
(Polyglyceryl-2 Caprate) : 복합성. 계면활성제.

☺☺☺ **폴리글리세릴-3카프레이트**
(Polyglyceryl-3 Caprate) : 복합성. 계면활성제, 유화제.

☺☺☺ **폴리글리세릴-4카프레이트**
(Polyglyceryl-4 Caprate) : 복합성. 유화제, 용해를 돕는 물질. 피부에 유분기를 공급한다.

☺☺☺ **폴리글리세릴-3팔미테이트**
(Polyglyceryl-3 Palmitate) : 복합성. 유화제.

☺☺☺ **폴리글리세릴-3폴리리시놀리에이트**

(Polyglyceryl-3 Polyricinoleate) : 복합성. 유화제, 점도조절제.

☺☺☺ 폴리글리세릴-6폴리리시놀리에이트

(Polyglyceryl-6 Polyricinoleate) : 복합성. 유화제.

☺☺☺ 폴리글리세릴-2폴리하이드록시스테아레이트

(Polyglyceryl-2 Polyhydroxystearate) : 복합성. 유화제.

💣※💣※ 폴리글리세릴-2-피이지-4 스테아레이트

(Polyglyceryl-2-PEG-4 Stearate) : 복합성. 유화제.

☺☺☺ 폴리네시안타마나트리씨오일

(Calophyllum Tacamahaca Seed Oil) : 식물성. 활성 성분.

☺ 폴리데센

(Polydecene) : 화학성. 피부 컨디셔닝제.

☺ 폴리메칠메타크릴레이트

(Polymethyl Methacrylate) : 화학성. 진줏빛 광택 효과를 내는 제품에 사용하는 안정제, 피막형성제. 독성을 지닌 단량체에 의해 감염될 위험이 있다. 환경보호 측면의 평가 : 💣※💣※💣※

☺ 폴리메칠실세스퀴옥산

(Polymethylsilsesquioxane) : 화학성. 불투명화제. 환경보호 측면의 평가 : 💣※💣※

☺ 폴리부텐

(Polybutene) : 화학성. 합성 오일. 환경보호 측면의 평가 : 💣※💣※ 피부 보호 측면의 평가 : 💣💣

☺☺ 폴리비닐알코올

(Polyvinyl Alcohol) : 식물성/화학성. 피막형성제, 점도증가제.

💣※💣※ 폴리소르베이트20

(Polysorbate 20) : 복합성. 유화제.

💣※💣※ 폴리소르베이트60

(Polysorbate 60) : 복합성. 유화제.

💣※💣※ 폴리소르베이트80

(Polysorbate 80) : 복합성. 유화제.

☺ 폴리실리콘-8

(Polysilicon-8) : 화학성. 헤어 컨디셔닝제, 피막형성제. 실리콘 오일이며 거품 형성을 조절하는 기능도 한다. 환경보호 측면의 평가 : 💣※💣※

☺☺ 폴리아미노프로필바이구아나이드

(Polyaminopropyl Biguanide) : 화학성. 방부제.

☺ 폴리아크릴릭애씨드

(Polyacrylic Acid) : 화학성. 결합제, 피막형성제. 환경보호 측면의 평가 : 💣💣

☺ 폴리아크릴아마이드

(Polyacrylamide) : 화학성. 정전기방지제, 피막형성제. 환경보호 측면의 평가 : 💣※💣

☺ 폴리에칠렌

(Polyethylene) : 화학성. 스크럽 입자, 분말의 원료 등으로 사용한다. 환경보호 측면의 평가 : 💣※💣※

☺ 폴리에칠렌테레프탈레이트

(Polyethylene Terephthalate) : 화학성. 피막형성제.

☺ 폴리이소부텐

(Polyisobutene) : 화학성. 결합제, 피막형성제. 피부를 매끄럽게 하고 유분기를 공급한다. 자연 속에서 생분해가 잘 일어나지 않는 단점이 있다.

☺☺ 폴리이소프렌

(Polyisoprene) : 식물성. 피부 컨디셔닝제. 피부를 촉촉하게 하고 유분기를 공급한다. 보통 마스크 제품에 사용한다.

☺ 폴리카프롤락톤

(Polycaprolactone) : 화학성. 플라스틱 물질. 폴리아마이드와 성질이 유사한 물질이다. 환경보호 측면의

평가 : 💣☀💣☀

💣☀💣☀ 폴리쿼터늄-1,-2,-4,-5,-6,-7,-8,-9,-10,-11,-12,-13,-37
(Polyquaternium-1,-2,-4,-5,-6,-7,-8,-9,-10,-11,-12,-13,-37) : *화학성.* 헤어 컨디셔닝제. 머리 손질을 용이하게 해준다.

💣☀ 폴리퍼플루오로메칠이소프로필에텔
(Polyperfluoromethylisopropyl Ether) : *화학성.* 피부 컨디셔닝제.

☺☺ 폴리포스포릴콜린글라이콜아크릴레이트
(Polyphosphorylcholine Glycol Acrylate) : *화학성.* 피막형성제. 환경보호 측면의 평가 : 💣☀💣☀

☺☺ 폴릭애씨드
(Folic Acid) : *복합성.* 활성 성분. 세포 형성에 매우 중요한 역할을 하지만 화장품에서의 효과는 증명되지 않았다. 반면 화장품 광고에는 빈번하게 등장하는 성분이다.

☺☺☺ 폴스산달우드씨오일
(Ximenia Americana Seed Oil) : *식물성.* 피부 컨디셔닝제.

☺☺☺ 표고버섯추출물
(Lentinus Edodes Extract, Corthellus Shiitake Extract) : *식물성.* 활성 성분.

☺☺☺ 푸른연꽃추출물
(Nymphaea Coerulea Extract) : *식물성.* 활성 성분.

☺☺☺ 푸마릭애씨드
(Fumaric Acid) : *복합성.* 활성 성분. 비듬 치료에 우수한 성분이다.

☺☺☺ 풍선덩굴추출물
(Cardiospermum Halicacabum Extract) : *식물성.* 활성 성분.

☺☺☺ 프렌치로즈

(Rosa Gallica) : *식물성.* 피부 컨디셔닝제. 피부 결을 곱게 하며, 피부를 진정시키는 작용을 한다. 피부를 투명하게 하고, 청량감을 준다. 세정 작용도 하며, 피부의 신진대사를 정상화시킨다.

☺ 프로판
(Propane) : *화학성.* 분사제.

☺☺☺ 프로폴리스왁스
(Propolis Cera) : *동물성.* 피부 컨디셔닝제, 방부제, 살균제.

☺☺☺ 프로피오닉애씨드
(Propionic Acid) : *복합성.* 방부제.

☺☺ 프로필갈레이트
(Propyl Gallate) : *화학성.* 산화방지제. 합성향의 성분으로 사용한다.

☺ 프로필렌글라이콜
(Propylene Glycol) : *화학성.* 용제, 방부제. 보습 작용을 하며 피부를 부드럽게 만들어준다.

☺ 프로필렌글라이콜디카프레이트
(Propylene Glycol Dicaprate) : *복합성.* 유화제, 피부 컨디셔닝제.

☺ 프로필렌글라이콜디카프릴레이트
(Propylene Glycol Dicaprylate) : *복합성.* 유화제, 피부 컨디셔닝제.

☺ 프로필렌글라이콜디카프릴레이트/디카프레이트
(Propylene Glycol Dicaprylate/Dicaprate) : *화학성.* 연화제. 보습 작용을 하는 합성 오일이며, 피부 호흡을 방해하는 단점이 있다.

☺ 프로필렌글라이콜스테아레이트
(Propylene Glycol Stearate) : *화학성.* 유화제, 피부 컨디셔닝제.

☺ 프로필렌글라이콜알지네이트
(Propylene Glycol Alginate) : *식물성.* 결합제, 점

착제. 피부에 탄력을 주고 보습 작용을 하여 마스크용 제품에 주로 사용한다.

☺ 프로필렌카보네이트

(Propylene Carbonate) : 화학성. 용제, 방부제. 에어로졸 제품에 첨가제로 사용한다.

💣☀ 프로필파라벤

(Propylparaben) : 화학성. 방부제.

☺☺☺ 프롤린

(Proline) : 복합성. 아미노산의 일종이다.

☺☺ 프롤린아미도에칠이미다졸

(Prolinamidoethyl Imidazole) : 화학성. 피부 컨디셔닝제.

☺☺☺ 프룩토오스

(Fructose) : 식물성. 과당. 당뇨병 환자에게 사용되는 설탕 대용품. 치약이나 구강청정제에서 감미료로 이용된다.

☺☺ 프리스탄

(Pristane) : 동물성. 피부 컨디셔닝제. 피부를 매끄럽게 하고 유분기를 공급한다.

☺ 프릭클리주니퍼목타르

(Juniperus Oxycedrus Wood Tar) : 식물성. 활성 성분, 착향제. 비듬을 치료하는 데 효과적인 성분이다.

☺☺ 플라센타단백질

(Placental Protein) : 동물성. 활성 성분. 보습 작용과 치료 효과가 있다.

☺☺☺ 플랑크톤추출물

(Plancton Extract) : 식물성. 피부 컨디셔닝제, 활성 성분. 미네랄 성분을 풍부하게 함유하고 있는 해수에 사는 부유성 미세 생물들인 플랑크톤에서 추출한 성분들의 복합체다.

💣☀ 플로로글루시놀트리메칠에텔

(Phloroglucinol Trimethyl Ether) : 화학성. 피

부 컨디셔닝제.

💣☀ C9-19플루오로알코올포스페이트

(C9-19 Fluoroalcohol Phosphate) : 화학성. 치아를 보호하는 활성 성분. 건강에 해가 되는 물질로 추정되고 있다.

☺☺☺ 피나무

(Tilia Cordata) : 식물성. 피부 컨디셔닝제. 포도당과 비타민 E의 복합체다.

☺ 피로인산염주석

(Stannous Pyrophosphate) : 화학성. 세정 기능이 있는 입자다.

☺☺ 피록톤올아민

(Piroctone Olamine) : 화학성. 방부제, 활성 성분. 비듬을 치료하기 위해 가장 많이 사용한다고 알려져 있는 활성 성분이다. 잡티가 많은 피부용 제품에 쓰인다.

☺☺☺ 피리독신

(Pyridoxine) : 복합성. 활성 성분. 필수 비타민의 한 가지다. 효모에서 추출한 성분이며, 피부 신진대사에 매우 중요한 역할을 할 뿐만 아니라 피부 활력을 촉진하며, 치유 기능도 있다.

☺☺☺ 피리독신에이치씨엘

(Pyridoxine HCL) : 복합성. 활성 성분. 비타민 B_6의 염화수소다.

☺☺☺ 피리딘디카복실릭애씨드

(Pyridinedicarboxylic Acid) : 복합성. 활성 성분, 피부 컨디셔닝제. 비타민 B와 유사한 기능을 한다.

☺☺☺ 피마자

(Ricinus Communis) : 식물성. 지방 물질. 주로 오일 형태로 사용되며 화장용 펜슬에 사용한다.

☺ 피브이엠/엠에이데카디엔크로스폴리머

(PVM/MA Decadiene Crosspolymer) : 화학성. 피막형성제, 점도조절제.

☺ **피브이엠/엠에이코폴리머**

(PVM/MA Copolymer) : 화학성. 피막형성제, 고정제.

☺ **피브이피**

(PVP) : 화학성. 정전기방지제, 결합제, 피막형성제. 모발 고정제로 사용한다.

☺ **피브이피/브이에이코폴리머**

(PVP/VA Copolymer) : 화학성. 정전기방지제, 피막형성제. 모발고정제로 사용한다.

☺ **피브이피아이오딘**

(PVP Iodine) : 화학성. 방부제, 활성 성분. 살균 효과가 있다.

☺ **피브이피/에이이코센코폴리머**

(PVP/Eicosene Copolymer) : 화학성. 정전기방지제, 결합제. 피막형성제. 머리 손질을 용이하게 해준다.

☺ **피브이피/헥사데센코폴리머**

(PVP/Hexadecene Copolymer) : 화학성. 모발고정제. 인체의 장기 내에 축적될 위험이 있다. 환경보호 측면의 평가 : 💣💣.

☺☺ **피시즈**

(Pisces) : 동물성. 활성 성분. 어류에서 추출한 모든 성분을 지칭하는 용어다.

☺☺☺ **피씨에이**

(PCA) : 복합성. 활성 성분. 보습 작용을 한다.

☺ **피씨에이디메치콘**

(PCA Dimethicone) : 화학성. 헤어 컨디셔닝제. 환경보호 측면의 평가 : 💣💣

☺☺☺ **피씨에이에칠코코일알지네이트**

(PCA Ethyl Cocoyl Arginate) : 복합성. 피부 컨디셔닝제. 정전기방지제 및 살균 작용을 하는 물질로 사용한다.

💣💣 **피이아이-7**

(PEI-7) : 화학성. 점도조절 물질. 고농도로 사용 시 피부 자극을 유발할 수 있고, 자연 속에서 생분해가 잘 되지 않는 단점이 있다.

PEG - 위험한 화학 공정을 거친 독성의 원료 물질

PEG는 유화제나 용매로서 또는 진줏빛 광택을 내기 위해 사용하는데, 유독성 가스를 이용하여 제조한다. PEG는 훌륭한 대체 물질이 있음에도 화장품 원료로서 여전히 광범위하게 사용된다.

💣💣 피이자-4,-17,-8(PEG-4,-17,-8) 💣💣 피이자-32(PEG-32) 💣💣 피이자-350(PEG-350) 💣💣 피이자-20글리세릴라우레이트(PEG-20 Glyceryl Laurate) 💣💣 피이자-30글리세릴모노코코에이트(PEG-30 Glyceryl Monococoate) 💣💣 피이자-5글리세릴스테아레이트(PEG-5 Glyceryl Stearate) 💣💣 피이지-30글리세릴스테아레이트(PEG-30 Glyceryl Stearate) 💣💣 피이자-7글리세릴코코에이트(PEG-7 Glyceryl Cocoate) 💣💣 피이자-200글리세릴탈로우에이트(PEG-200 Glyceryl Tallowate) 💣💣 피이자-22/도데실글라이콜 코폴리머(PEG-22/Dodecyl Glycol Copolymer) 💣💣 피이자-45/도데실글라이콜코폴리머(PEG-45/Dodecyl Glycol Copolymer) 💣💣 피이자-3디스테아레이트(PEG-3 Distearate) 💣 피이지-150디스테아레이트(PEG-150 Distearate) 💣💣 피이자-75라놀린(PEG-75 Lanolin) 💣💣 피이자-2라우레이트(PEG-2 Laurate) 💣💣 피이자-120메칠글루코오스디올리에이트(PEG-120 Methyl Glucose Dioleate) 💣💣 피이자-20메칠글루코오스세스퀴스테아레이트(PEG-20 Methyl Glucose Sesquistearate) 💣💣 피이자-8비즈왁스(PEG-8 Beeswax) 💣💣 피이자-22세틸스테아

릴 알코올(PEG-22 Cetylstearyl Alcohol) 💣💥 피이지-60소르비탄스테아레이트(PEG-60 Sorbitan Stearate) 💣💥 피이지-160소르비탄트리이소스테아레이트(PEG-160 Sorbitan Triisostearate) 💣💥 피이지-40소르비탄페롤리에이트(PEG-40 Sorbitan Peroleate) 💣💥 피이지-5소이스테롤(PEG-5 Soy Sterol) 💣💥 피이지-2스테아레이트(PEG-2 Stearate) 💣💥 피이지-6스테아레이트(PEG-6 Stearate) 💣💥 피이지-8스테아레이트(PEG-8 Stearate) 💣💥 피이지-40스테아레이트(PEG-40 Stearate) 💣💥 피이지-100스테아레이트(PEG-100 Stearate) 💣💥 피이지-20스테아레이트(PEG-20 Stearate) 💣💥 피이지-5스테아릴암모늄 락테이트(PEG-5 Stearyl Ammonium Lactate) 💣💥 피이지-10엠(PEG-10M) 💣💥 피이지-14엠(PEG-14M) 💣💥 피이지-45엠(PEG-45M) 💣💥 피이지-5옥타노에이트(PEG-5 Octanoate) 💣💥 피이지-올레아마이드(PEG-Oleamide) 💣💥 피이지캐스터오일(PEG Castor Oil) 💣💥 피이지-2캐스터오일(PEG-2 Castor Oil) 💣💥 피이지-35캐스터오일(PEG-35 Castor Oil) 💣💥 피이지-4코코아미도미파설포석시네이트(PEG-4 Cocoamido MIPA Sulfosuccinate) 💣💥 피이지-10코코에이트(PEG-10 Cocoate) 💣💥 피이지-25파바(PEG-25 PABA) 💣💥 피이지-4폴리글리세릴-2스테아레이트(PEG-4 Polyglyceryl-2 Stearate) 💣💥 피이지-200하이드로제네이티드글리세릴팔메이트(PEG-200 Hydrogenated Glyceryl Palmate) 💣💥 피이지-40하이드로제네이티드캐스터 오일(PEG-40 Hydrogenated Castor Oil)

😊😊😊 피탄트리올
(Phytantriol) : *화학성. 활성 성분. 헤어 컨디셔닝제.*

스킨케어 제품에 배합하여 수분 저장 능력을 높이는 성분으로 사용한다. 모발에 윤기를 주는 역할도 한다.

😊😊😊 피토스테아릴/옥틸도데실라우로일글루타메이트
(Phytostearyl/ Octyldodecyl Lauroyl Glutamate) : *복합성. 피부 컨디셔닝제.*

😊😊😊 피토스핑고신
(Phytosphingosine) : *복합성. 활성 성분.*

😊😊😊 피트모스
(Sphagnum Squarrosum) : *식물성. 활성 성분.*

💣 피티에프이
(PTFE) : *화학성. 분말의 원료. 모발용 제품에 사용하는 피막형성제. 플라스틱 성분이므로 자연 속에서 생분해가 잘 되지 않고, 인체의 장기에 축적될 위험이 있다.*

💣💣💥 피-페닐렌디아민
(p-Phenylenediamine) : *화학성. 모발착색제. 강력한 알레르기 유발 물질이다.*

💣💥 피피지-9,-30
(PPG-9,-30) : *화학성. 유화제, 피부 컨디셔닝제.*

💣💥 피피지-5라놀린왁스
(PPG-5 Lanolin Wax) : *화학성. 유화제, 피부 컨디셔닝제.*

💣💥 피피지-5-라우레스-5
(PPG-5-Laureth-5) : *화학성. 유화제, 피부 컨디셔닝제.*

💣💥 피피지-3메칠에텔
(PPG-3 Methyl Ether) : *화학성. 용제.*

💣💥 피피지-4미리스틸에텔
(PPG-4 Myristyl Ether) : *화학성. 유화제, 피부 컨디셔닝제.*

💣💥 피피지-2미리스틸에텔프로피오네이트
(PPG-2 Myristyl Ether Propionate) : *화학성.*

피부 컨디셔닝제.

💣☀️💣☀️ 피피지-15스테아릴에텔
(PPG-15 Stearyl Ether) : 화학성. 지방 물질.

💣☀️💣☀️ 피피지-12/에스엠디아이코폴리머
(PPG-12/SMDI Copolymer) : 화학성. 피막형성제.

💣☀️💣☀️ 피피지-51/에스엠디아이코폴리머
(PPG-51/SMDI Copolymer) : 화학성. 피막형성제.

💣☀️💣☀️ 피피지-1트리데세스-6
(PPG-1 Trideceth-6) : 화학성. 머리 손질을 용이하게 해주는 물질이다.

ㅎ

☺☺☺ 하수오추출물
(Polygonum Multiflorum Root Extract) : 식물성. 활성 성분.

☺☺☺ 하얀루핀씨추출물
(Lupinus Albus Seed Extract) : 식물성. 피부 컨디셔닝제.

☺☺☺ 하와이무궁화추출물
(Hibiscus Rosa-Sinensis Extract) : 식물성. 활성 성분.

☺☺☺ 하이드레이티드실리카
(Hydrated Silica) : 복합성. 점도증가제, 유화안정제, 연마제.

☺☺☺ 하이드로제네이티드글리세린
(Hydrogenated Glycerin) : 복합성. 활성 성분, 용제.

☺☺☺ 하이드로제네이티드라놀린
(Hydrogenated Lanolin) : 복합성. 피부 컨디셔닝제, 정전기방지제.

☺☺☺ 하이드로제네이티드레시틴

☺☺ 하이드로제네이티드레시틴
(Hydrogenated Lecithin) : 식물성. 보조유화제. 피부의 보습 효과를 향상시킨다.

☺☺☺ 하이드로제네이티드레이프씨드오일
(Hydrogenated Rapeseed Oil) : 식물성. 점도조절제, 피부 컨디셔닝제.

☺☺☺ 하이드로제네이티드목화씨오일
(Hydrogenated Cottonseed Oil) : 복합성. 피부 컨디셔닝제.

☺☺ 하이드로제네이티드스테아릴올리브에스터
(Hydrogenated Stearyl Olive Esters) : 식물성. 활성 성분.

☺☺☺ 하이드로제네이티드식물성오일
(Hydrogenated Vegetable Oil) : 식물성. 결합제. 색조 화장품의 스틱형 제품에 사용하며 피부를 매끄럽게 해준다.

☺☺ 하이드로제네이티드카프릴릴올리브에스터
(Hydrogenated Caprylyl Olive Esters) : 식물성. 천연 왁스와 유사한 물질.

☺☺☺ 하이드로제네이티드캐스터오일
(Hydrogenated Castor Oil) : 식물성. 결합제. 피부의 보습 효과를 향상시키는 성분이며, 화장용 펜슬이나 스틱에 주로 사용한다.

☺☺☺ 하이드로제네이티드코코-글리세라이드
(Hydrogenated Coco-Glycerides) : 식물성. 결합제. 화장용 펜슬이나 스틱에 주로 사용한다.

☺☺☺ 하이드로제네이티드코코넛오일
(Hydrogenated Coconut Oil) : 식물성. 결합제. 화장용 펜슬이나 스틱의 원료로 사용한다.

☺☺ 하이드로제네이티드탈로우글리세라이드시트레이트
(Hydrogenated Tallow Glyceride Citrate) : 복합성. 유화제.

☺☺☺ 하이드로제네이티드팜글리세라이드

(Hydrogenated Palm Glyceride) : 식물성. 결합제, 왁스의 보형제, 유화안정제.

☺☺☺ 하이드로제네이티드팜글리세라이드시트레이트
(Hydrogenated Palm Glycerides Citrate) : 복합성. 유화제, 결합제.

☺☺☺ 하이드로제네이티드팜오일
(Hydrogenated Palm Oil) : 식물성. 결합제.

☺☺☺ 하이드로제네이티드팜커넬글리세라이드
(Hydrogenated Palm Kernel Glycerides) : 식물성. 피부 컨디셔닝제.

☺☺☺ 하이드로제네이티드팜커넬오일
(Hydrogenated Palm Kernel Oil) : 식물성. 결합제. 화장용 펜슬이나 스틱의 원료로 사용한다.

☺☺☺ 하이드로제네이티드포스파티딜콜린
(Hydrogenated Phosphatidylcholine) : 복합성. 피부 컨디셔닝제.

☺☺☺ 하이드로제네이티드폴리데센
(Hydrogenated Polydecene) : 화학성. 피부 컨디셔닝제.

☺ 하이드로제네이티드폴리이소부텐
(Hydrogenated Polyisobutene) : 화학성. 피부 컨디셔닝제, 지방 물질. 피부를 매끄럽게 하고, 촉촉하게 하고, 유분기를 공급한다.

☺☺☺ 하이드로제네이티드호호바오일
(Hydrogenated Jojoba Oil) : 식물성. 결합제, 왁스의 보형제, 유화안정제.

☺☺☺ 하이드로젠퍼옥사이드
(Hydrogen Peroxide) : 화학성. 방부제, 탈색제.

☺☺ 하이드로클로릭애씨드
(Hydrochloric Acid) : 화학성. 희석되어 산도 조절제로 사용. 고농도로 사용하면 부식성을 나타낸다.

☺ 하이드로퀴논
(Hydroquinone) : 화학성. 모발을 염색시키거나 탈색시키는 물질. 색소가 침착된 반점을 제거하는 기능이 있다.

☺ 하이드록시메칠펜틸사이클로헥센카복스알데하이드
(Hydroxymethylpentylcyclohexenecarboxaldehyde) : 화학성. 착향제.

💣☀ 4-하이드록시벤조익애씨드
(4-Hydroxybenzoic Acid) : 화학성. 파라벤 계열의 방부제.

☺☺☺ 하이드록시스테아릭애씨드
(Hydroxystearic Acid) : 식물성. 결합제.

☺☺ 하이드록시스테아릴세틸에텔
(Hydroxystearyl Cetyl Ether) : 화학성. 보조 유화제, 유화안정제.

☺ 하이드록시시트로넬알(Hydroxycitronellal) : 화학성. 착향제.

☺ 1-하이드록시에칠4,5-디아미노피라졸설페이트
(1-Hydroxyethyl 4,5-Diamino Pyrazole Sulfate) : 화학성. 염모제.

☺☺ 하이드록시에칠세틸디모늄포스페이트
(Hydroxyethyl Cetyldimonium Phosphate) : 복합성. 정전기방지제, 계면활성제.

☺☺ 하이드록시에칠셀룰로오스
(Hydroxyethylcellulose) : 복합성. 결합제, 유화안정제, 피막형성제.

☺☺ 하이드록시옥타코사닐하이드록시스테아레이트
(Hydroxyoctacosanylhydroxystearate) : 화학성. 피부 컨디셔닝제. 점성을 조절할 목적으로 쓰이는 합성 왁스. 피부를 매끄럽게 하고 유분기를 공급한다.

☺ 하이드록시이소헥실3-사이클로헥센카복스알

데하이드

(Hydroxyisohexyl 3-Cyclohexene Carboxalde hyde) : *화학성*. 향. 제품 성분 목록에 반드시 국제 화장품 성분 명칭으로 표기해야 하는 성분이다.

☺☺☺ 하이드록시팔미토일스핑가닌

(Hydroxypalmitoyl Sphinganine) : *복합성*. 헤어 컨디셔닝제.

💣☀ 하이드록시프로필구아

(Hydroxypropyl Guar) : *복합성*. 점도증강제, 결합제.

💣☀💣☀ 하이드록시프로필구아하이드록시프로필트 리모늄클로라이드

(Hydroxypropyl Guar Hydroxypropyltrimo-nium Chloride) : *화학성*. 정전기방지제, 헤어 컨디셔닝제.

☺ 하이드록시프로필메칠셀룰로오스

(Hydroxypropyl Methylcellulose) : *식물성*. 결합제, 유화안정제, 피막형성제.

💣☀💣☀ 하이드록시프로필비아이에스에이치씨아이

(Hydroxypropyl BIS HCI) : *화학성*. 모발 착색제.

☺☺ 하이드록시프로필스타치포스페이트

(Hydroxypropyl Starch Phosphate) : *화학성*. 점도증가제, 결합제. 합성 미네랄이다.

☺ 하이드록시프로필키토산

(Hydroxypropyl Chitosan) : *복합성*. 피막형성제. 모발고정제로 사용한다.

💣☀ 하이드록시프로필트리모늄하이드롤라이즈드 실크

(Hydroxypropyltrimonium Hydrolyzed Silk) : *복합성*. 피부 및 헤어 컨디셔닝제.

💣☀ 하이드록시프로필트리모늄하이드롤라이즈드 콜라겐

(Hydroxypropyltrimonium Hydrolyzed Collagen) : *복합성*. 피부 및 헤어 컨디셔닝제.

💣☀ 하이드록실아민에이치씨아이

(Hydroxylamine HCI) : *화학성*. 산화방지제. 독성이 매우 강하며, 과거에는 피부 질환 치료에 사용하였다.

☺☺☺ 하이드롤라이즈드감자단백질

(Hydrolyzed Potato Protein) : *식물성*. 피부 및 헤어 컨디셔닝제.

☺☺☺ 하이드롤라이즈드귀리

(Hydrolyzed Oats) : *식물성*. 활성 성분.

☺☺☺ 하이드롤라이즈드라이조비안검

(Hydrolyzed Rhizobian Gum) : *식물성*. 활성 성분.

☺☺☺ 하이드롤라이즈드루핀프로테인

(Hydrolyzed Lupine Protein) : *식물성*. 피부 및 헤어 컨디셔닝제.

☺☺☺ 하이드롤라이즈드밀단백질

(Hydrolyzed Wheat Protein) : *식물성*. 피막형성제. 수분을 저장하는 기능이 있으며, 손상된 피부를 치유하고 튼튼하게 해준다. 머리 손질을 용이하게 해준다.

☺☺☺ 하이드롤라이즈드밀전분

(Hydrolyzed Wheat Starch) : *식물성*. 점도조절제.

☺☺☺ 하이드롤라이즈드밀크프로테인

(Hydrolyzed Milk Protein) : *동물성*. 정전기방지제. 피막형성제. 피부에 수분을 공급하고, 피부를 튼튼하게 해준다. 수분을 고정시키는 기능이 있다. 머리 손질을 용이하게 해준다.

☺☺☺ 하이드롤라이즈드비즈왁스

(Hydrolyzed Beeswax) : *동물성*. 계면활성제, 유화제.

☺☺☺ 하이드롤라이즈드쌀단백질

(Hydrolyzed Rice Protein) : *식물성*. 피부 및 헤어 컨디셔닝제.

☺☺☺ 하이드롤라이즈드실크

(Hydrolyzed Silk) : 동물성. 활성 성분, 정전기방지제. 피부 보습 효과를 향상시키고 모발에 볼륨감을 준다. 머리 손질을 용이하게 해주는데, 특히 건조하고 외부 자극을 많이 받은 모발에 효과가 좋다.

☺☺☺ 하이드롤라이즈드액틴

(Hydrolyzed Actin) : 복합성. 활성 성분, 피부 컨디셔닝제. 해조류에서 추출한 성분이며, 보습 작용을 한다.

☺☺ 하이드롤라이즈드엘라스틴

(Hydrolyzed Elastin) : 동물성. 정전기방지제, 피부 컨디셔닝제, 피막형성제. 피부에 수분을 공급하고, 피부를 튼튼하게 해준다. 머리 손질을 용이하게 해준다.

☺☺☺ 하이드롤라이즈드오크라추출물

(Hydrolyzed Hibiscus Esculentus Extract) : 식물성. 활성 성분.

☺☺☺ 하이드롤라이즈드카세인

(Hydrolyzed Casein) : 복합성. 피부 및 헤어 컨디셔닝제.

☺☺☺ 하이드롤라이즈드케라틴

(Hydrolyzed Keratin) : 동물성. 정전기방지제, 피막형성제. 피부에 수분을 공급하고, 피부를 튼튼하게 해준다. 머리 손질을 용이하게 해준다.

☺☺☺ 하이드롤라이즈드콘키올린프로테인

(Hydrolyzed Conchiolin Protein) : 복합성. 피부 및 헤어 컨디셔닝제.

☺☺ 하이드롤라이즈드콜라겐

(Hydrolyzed Collagen) : 동물성. 정전기방지제, 피막형성제. 피부에 수분을 공급하고, 피부를 튼튼하게 해준다. 머리 손질을 용이하게 해준다.

☺☺☺ 하이드롤라이즈드콩단백질

(Hydrolyzed Soy Protein) : 식물성. 피부 컨디셔닝제. 보습 작용을 한다.

☺☺☺ 하이드롤라이즈드펄

(Hydrolyzed Pearl) : 복합성. 피부 컨디셔닝제.

☺☺☺ 하이드롤라이즈드헤이즐넛단백질

(Hydrolyzed Hazelnut Protein) : 식물성. 피부 및 헤어 컨디셔닝제.

☺☺☺ 하이드롤라이즈드효모단백질

(Hydrolyzed Yeast Protein) : 복합성. 활성 성분, 피부 컨디셔닝제. 효모에서 추출한 성분.

☺☺☺ 하이알루로닉애씨드

(Hyaluronic Acid) : 복합성. 정전기방지제, 피막형성제. 강력한 보습 효과를 나타내어 피부를 보호할 뿐 아니라 피부를 탄력 있게 해준다. 피부에 수분을 고정시키는 막을 형성한다. 그러나 이러한 작용은 단지 표피 상에서만 일어나기 때문에 히알루론산이 포함된 제품의 사용을 중지하면 피부의 매끄러운 촉감이 점차 줄어들기 시작한다.

☺☺☺ 한련초 추출물

(Eclipta Prostrata Extract) : 식물성. 활성 성분.

☺☺☺ 한련추출물

(Tropaeolum Majus Extract) : 식물성. 활성 성분.

☺☺ 합성비즈왁스

(Synthetic Beeswax) : 복합성. 결합제. 피부에 유분기를 공급한다.

☺ 합성왁스

(Synthetic Wax) : 화학성. 정전기방지제, 피부 컨디셔닝제. 피부의 대사 활동에 참여하지 않는 물질이며, 피부호흡을 방해하는 성질이 있다. 피부 보호 측면의 평가 : 💣💥💣💥

💣💥💣💥 합성플루오르플로고파이트

(Synthetic Fluorphlogopite) : 화학성. 점도조절제.

☺☺ 합성호호바오일

(Synthetic Jojoba Oil) : 복합성. 피부 컨디셔닝제. 피부를 매끄럽게 하고 유분기를 공급한다.

☺☺☺ **향수련뿌리추출물**

(Nymphaea Odorata Root Extract) : 식물성. 활성 성분.

☺☺☺ **해바라기씨오일**

(Helianthus Annuus Seed Oil) : 식물성. 피부 컨디셔닝제, 지방 물질. 해바라기 씨의 지방 오일은 피부를 보호하고 세정하는 작용을 한다.

☺☺☺ **해조류**

(Algae) : 식물성. 활성 성분. 해조류는 피부에 막을 형성하고, 미네랄, 단백질, 당염, 비타민, 미량원소 등을 풍부히 함유하고 있다. 해조류는 피부를 튼튼하게 하고 탄력을 높여준다. 또한 신진대사를 촉진하고 활성산소를 제거한다. 특히 보습 작용이 우수하여 기초 스킨케어 제품 및 모발용 제품에 많이 사용한다.

💣❋ **헥사디메스린클로라이드**

(Hexadimethrine Chloride) : 화학성. 정전기방지제.

☺ **헥사메칠디실록산**

(Hexamethyldisiloxane) : 화학성. 거품형성방지제. 피부 컨디셔닝제. 환경보호 측면의 평가 : 💣💣❋

💣❋💣❋ **헥사미딘디이세치오네이트**

(Hexamidine Diisethionate) : 화학성. 방부제.

☺ **1,2-헥산디올**

(1,2-Hexanediol) : 화학성. 용제.

💣❋ **헥산디올비즈왁스**

(Hexanediol Beeswax) : 동물성. 피부 컨디셔닝제.

💣❋💣❋ **헥세티딘**

(Hexetidine) : 화학성. 방부제.

☺☺☺ **헥실라우레이트**

(Hexyl Laurate) : 화학성. 피부 컨디셔닝제, 용제. 피부를 매끄럽게 하고 유분기를 공급한다.

☺ **헥실렌글라이콜**

(Hexylene Glycol) : 화학성. 용제. 살균 작용을 하는 성분이며, 주로 투명 비누에 사용되지만 접촉성 알레르기를 유발할 수 있다.

☺☺ **헥실신남알**

(Hexyl Cinnamal) : 화학성. 착향제.

☺☺☺ **헥토라이트**

(Hectorite) : 광물성. 유화안정제, 점착제, 점도증가제. '라술'이라는 이름으로 알려진 물질인데, 모로코에서 오래전부터 얼굴, 몸, 머리 등을 씻을 때 사용하였다.

☺☺☺ **헤나**

(Lawsonia Inermis) : 식물성. 모발 착색제. 북아프리카에서 자생하는 관목의 잎에서 추출한 성분이며, 모발에 윤기를 준다.

☺☺☺ **호동씨오일**

(Calophyllum Inophyllum Seed Oil) : 식물성. 활성 성분.

☺☺☺ **호두껍질추출물**

(Juglans Regia Shell Extract) : 식물성. 피부 컨디셔닝제, 착색제. 호두 껍질 추출물은 피부를 보호하며, 지성 모발용 제품에도 사용한다. 천연 선탠을 가능하게 해주는 성분이기도 하다.

☺☺☺ **호로파씨추출물**

(Trigonella Foenum-Graecum Seed Extract) : 식물성. 활성 성분.

☺☺☺ **호박추출물**

(Cucurbita Pepo Fruit Extract) : 식물성. 활성 성분.

☺☺☺ **호스테일켈프추출물**

(Laminaria Digitata Extract) : 식물성. 활성 성분. 해조류에서 추출한 성분이며, 미네랄과 미량원소들을 함유하고 있다.

☺☺☺ **호이초추출물**

(Saxifraga Sarmentosa Extract) : 식물성. 활성 성분. 호이초는 수렴 효과와 살균 작용을 하는 타닌

성분을 풍부하게 함유하고 있다.

☺☺☺ 호장근추출물
(Polygonum Cuspidatum Root Extract) : 식물성. 활성 성분.

☺☺☺ 호프추출물
(Humulus Lupulus Extract) : 식물성. 활성 성분. 진정 작용과 소염 작용을 하는 성분이며, 노화가 진행되고 있는 건성피부용 제품에 사용되어 세포 재생 능력을 향상시킨다.

☺☺☺ 호호바
(Simmondsia Chinensis) : 식물성. 피부 컨디셔닝제. 호호바 오일은 거칠고 지친 피부에 좋은 효과가 있으며, 피부를 매끄럽게 하고 탄력을 준다.

☺☺☺ 호호바씨왁스
(Simmondsia Chinensis Seed Wax) : 식물성. 피부 컨디셔닝제. 액상의 왁스인 호호바 오일은 지치고 거칠어진 피부에 좋은 효과를 발휘하여 피부를 매끄럽게 하고 탄력 있게 해준다. 일광욕을 하기 전이나 한 후에 마사지 오일로 사용하면 좋다.

☺☺ 호호바에스터
(Jojoba Esters) : 식물성. 연마제. 호호바 오일에서 얻는 물질이다.

☺☺☺ 호호바왁스
(Simmondsia Chinensis Wax) : 식물성. 활성 성분. 비타민 E와 미네랄 성분을 풍부히 함유하고 있는 액상의 천연 식물성 왁스이며, 피부를 매끄럽게 해주고 유분기를 공급한다. 지치고 거칠어진 피부와 햇볕에 그을린 피부를 곱게 해준다.

☺☺☺ 화분추출물
(Pollen Extract) : 식물성. 활성 성분, 피부 컨디셔닝제.

☺☺☺ 화이트윌로우
(Salix Alba) : 식물성. 활성 성분, 피부 컨디셔닝제. 버드나무 껍질에서 얻은 추출물이다. 피부 결을 곱게 하며, 살균 작용을 한다.

☺☺☺ 황
(Sulfur) : 광물성. 활성 성분. 비듬을 예방하는 물질이다.

☺☺☺ 황금추출물
(Scutellaria Baicalensis Root Extract) : 식물성. 활성 성분.

☺☺☺ 황토추출물
(Loess Extract) : 광물성. 부드러운 광물성 침전물.

☺☺☺ 회향
(Foeniculum Vulgare) : 식물성. 활성 성분, 착향제. 피부를 탄력 있게 하고 피부의 수분 흡수 능력을 향상시킨다. 주로 에센셜오일 형태로 사용하며 경련을 진정시키고 긴장을 완화하는 효과가 있다.

☺☺☺ 효모
(Faex) : 복합성. 활성 성분. 효모는 우수한 피부 보호 기능이 있으며, 세포의 재생을 촉진하는 작용도 한다.

☺☺☺ 효모/글라이신소자발효물
(Saccharomyces/Glycine Soja Ferment) : 생체 기술. 활성 성분.

☺☺☺ 효모베타-글루칸
(Yeast Beta-Glucan) : 식물성. 피부 컨디셔닝제. 피부를 매끄럽게 하고 유분기를 공급한다.

☺☺☺ 효모/쌀발효물
(Saccharomyces/Oryza Sativa Ferment) : 생체 기술. 활성 성분.

☺☺☺ 효모용해추출물
(Saccharomyces Lysate Extract) : 생체 기술. 활성 성분.

☺☺☺ 효모추출물
(Barm Extract) : 식물성. 피부 컨디셔닝제. 여드름으로 고통받는 청결하지 않은 지성 피부용 제품에 주로 사용한다.

☺ ☺ ☺ **효모/칼슘발효물**

(Saccharomyces/Calcium Ferment) : *생체 기술*. 활성 성분.

☺ ☺ ☺ **희첨추출물**

(Sigesbeckia Orientalis Extract) : 식물성. 활성 성분.

☺ ☺ ☺ **흰무늬엉겅퀴**

(Silybum Marianum) : *식물성*. 피부 컨디셔닝제. 엉겅퀴과의 한 종류인 이 식물은 오일을 풍부히 함유하고 있다.

☺ ☺ ☺ **히비스커스**

(Hibiscus Sabdariffa) : 식물성. 활성 성분, 착색제.

☺ ☺ ☺ **히스티딘**

(Histidine) : 복합성. 활성 성분. 준필수 아미노산이며, 알레르기 반응을 억제하는 치료제로 사용한다.

☺ ☺ **히스티딘하이드로클로라이드**

(Histidine Hydrochloride) : *화학성*. 활성 성분. 준필수 아미노산의 염산염이며, 알레르기 반응을 억제하기 위한 활성 성분으로 의약품에서도 사용된다.

착색제

💣☀ **CI 10006**

녹색 염료. 미국에서는 사용을 금지하고 있지만 유럽연합에서는 피부와의 접촉이 매우 짧은 시간 동안만 일어나는 화장품에는 사용을 허용하고 있다.

💣☀ **CI 10020**

녹색 염료. 미국에서는 사용을 금지하고 있지만 유럽연합에서는 매우 제한적으로 허용하고 있다.

💣☀ **CI 10316**

노란색 염료. 미국에서는 눈 및 입술 부위에 쓰이는 제품에는 사용을 금지하고 있고, 유럽연합에서는 CI 11680에서 CI 40215까지의 성분은 제한적으로 허용하고 있다.

☺ ☺ ☺ **CI 40800**

오렌지색 염료. '베타카로틴'이라는 천연색소. 식용색소로 사용을 허가하고 있다.

☺ ☺ ☺ **CI 40820**

오렌지색 염료. 특수한 '베타카로틴' 천연색소. 식용색소로 사용을 허가하고 있다.

☺ ☺ ☺ **CI 40825**

오렌지색 염료. 특수한 '베타카로틴' 천연색소. 식용색소로 사용을 허가하고 있다.

☺ ☺ ☺ **CI 40850**

노란색–오렌지색/붉은색 염료. 식용염료.

☺ **CI 42045**

파란색 염료. 미국에서는 사용을 금지하고 있지만 유럽연합에서는 매우 제한적으로 허용하고 있다.

☺ **CI 42051**

파란색 염료. 미국에서는 사용을 금지하고 있다.

☺ **CI 42053**

파란색–녹색 염료. 미국에서는 눈 주위에 사용하는 제품에 사용을 금지하고 있다.

☺ **CI 42080**

파란색 염료. 미국에서는 사용을 금지하고 있다.

☺ ☺ **CI 42090**

파란색 염료. 식용색소.

☺ **CI 42100**

녹색 염료. 미국에서는 사용을 금지하고 있다.

☺ **CI 42170**

녹색 염료. 미국에서는 사용을 금지하고 있지만 유럽연합에서는 매우 제한적으로 허용하고 있다.

☺ **CI 42510**

붉은색–보라색 염료. 미국에서는 사용을 금지하고 있지만 유럽연합에서는 매우 제한적으로 허용하고 있다.

☺ **CI 42520**

붉은색–보라색 염료. 미국에서는 사용을 금지하고 있지만 유럽연합에서는 매우 제한적으로 허용하고 있다.

☺ **CI 42735**

파란색 염료. 미국에서는 사용을 금지하고 있지만 유럽연합에서는 매우 제한적으로 허용하고 있다.

☺ **CI 44045**

파란색 염료. 미국에서는 사용을 금지하고 있지만 유럽연합에서는 매우 제한적으로 허용하고 있다.

☺ **CI 44090**

파란색-녹색 염료. 식용색소로도 사용을 허가하고 있다.

☺ **CI 45100**

붉은색 염료. 미국에서는 사용을 금지하고 있지만 유럽연합에서는 매우 제한적으로 허용하고 있다.

☺ **CI 45190**

붉은색-보라색 염료. 미국에서는 사용을 금지하고 있지만 유럽연합에서는 매우 제한적으로 허용하고 있다.

☺ **CI 45220**

붉은색 염료. 미국에서는 사용을 금지하고 있지만 유럽연합에서는 매우 제한적으로 허용하고 있다.

☺☺ **CI 45350**

노란색 염료. 미국에서는 눈 및 입술 부위에 사용하는 제품에 사용을 금지하고 있다.

☺☺ **CI 45370**

오렌지색 염료. 미국에서는 눈 주위에 사용하는 제품에 사용을 금지하고 있다.

☺☺ **CI 45380**

붉은색 염료. 미국에서는 눈 주위에 사용하는 제품에 사용을 금지하고 있다.

☺ **CI 45396**

오렌지색 염료. 미국에서는 사용을 금지하고 있다.

☺ **CI 45405**

붉은색 염료. 미국에서는 사용을 금지하고 있다.

☺ **CI 45410**

파란색-붉은색 염료. 미국에서는 눈 및 입술 부위에 사용하는 제품에 사용을 금지하고 있다.

☺☺ **CI 45425**

붉은색 염료. 미국에서는 눈 및 입술 부위에 사용하는 제품에 사용을 금지하고 있다.

☺ **CI 45430**

붉은색 염료. 미국에서는 사용을 금지하고 있지만 유럽연합에서는 식용색소로 허용하고 있다.

☺☺ **CI 47000**

노란색 염료. 미국에서는 눈 및 입술 부위에 사용하는 제품에 사용을 금지하고 있지만 유럽연합에서는 매우 제한적으로 허용하고 있다.

☺☺ **CI 47005**

노란색 염료. 식용색소로도 사용을 허가하고 있다.

💣✶💣✶ **CI 50325**

붉은색-보라색 염료. 미국에서는 사용을 금지하고 있지만 유럽연합에서는 매우 제한적으로 허용하고 있다.

💣✶💣✶ **CI 50420**

파란색-보라색 염료. 미국에서는 사용을 금지하고 있지만 유럽연합에서는 매우 제한적으로 허용하고 있다.

💣✶💣✶ **CI 51319**

보라색 염료. 미국에서는 사용을 금지하고 있지만 유럽연합에서는 매우 제한적으로 허용하고 있다.

☺ **CI 58000**

붉은색 염료. 미국에서는 사용을 금지하고 있다.

☺☺ **CI 59040**

노란색-녹색 염료. 미국에서는 눈 및 입술 부위에 사용하는 제품에 사용을 금지하고 있지만 유럽연합에서는 매우 제한적으로 허용하고 있다.

☺ **CI 60724** : 보라색 염료. 미국에서는 사용을 금지하고 있지만 유럽연합에서는 매우 제한적으로 허용하고 있다.

☺☺ **CI 60725** : 파란색-보라색 염료. 미국에서는 눈 및 입술 부위에 사용하는 제품에 사용을 금지하고 있다.

☺☺ **CI 60730** : 보라색 염료. 미국에서는 눈 및 입술 부위에 사용하는 제품에 사용을 금지하고 있지만 유럽연합에서는 매우 제한적으로 허용하고 있다.

☺☺ **CI 61565** : 파란색-녹색 염료. 미국에서는 눈 및 입술 부위에 사용하는 제품에 사용을 금지하고 있다.

☺☺ **CI 61570** : 녹색 염료. 미국에서는 눈 주위에 사용하는 제품에 사용을 금지하고 있다.

☺ **CI 61585** : 파란색 염료. 미국에서는 사용을 금지하고 있지만 유럽연합에서는 매우 제한적으로 허용하고 있다.

☺ **CI 62045** : 파란색 염료. 미국에서는 사용을 금

지하고 있지만 유럽연합에서는 매우 제한적으로 허용하고 있다.

😊😊 **CI 69800** : 파란색 염료. 미국에서는 사용을 금지하고 있다.

😊 **CI 69825** : 파란색 염료. 미국에서는 사용을 금지하고 있다.

😊 **CI 71105** : 오렌지색 염료. 미국에서는 사용을 금지하고 있지만 유럽연합에서는 매우 제한적으로 허용하고 있다.

😊😊😊 **CI 73000** : 파란색 염료. 미국에서는 사용을 금지하고 있다.

😊😊😊 **CI 73015** : 파란색 염료. 미국에서는 사용을 금지하고 있다.

😊😊 **CI 73360** : 붉은색 염료. 미국에서는 눈 및 입술 부위에 사용하는 제품에 사용을 금지하고 있다.

😊 **CI 73385**

붉은색–보라색 염료. 미국에서는 사용을 금지하고 있다.

😊 **CI 73915**

붉은색 염료. 미국에서는 사용을 금지하고 있다.

😊 **CI 74100**

파란색 염료. 미국에서는 사용을 금지하고 있지만 유럽연합에서는 매우 제한적으로 허용하고 있다.

😊 **CI 74160**

파란색 염료. 미국에서는 사용을 금지하고 있지만 유럽연합에서는 화장품에서의 사용을 허가하고 있다.

😊 **CI 74180**

파란색 염료. 미국에서는 사용을 금지하고 있지만 유럽연합에서는 매우 제한적으로 허용하고 있다.

😊 **CI 74260**

녹색 염료. 미국에서는 사용을 금지하고 있지만 유럽연합에서는 매우 제한적으로 허용하고 있다.

아조 염료 – 유독성 물질로 의혹 받고 있는 성분

미국에서는 타르에서 얻은 합성염료인 아조 염료의 대부분은 사용을 금지하고 있다. 반면 유럽연합에서는 매우 짧은 시간 동안만 피부 접촉이 일어나는 카테고리 4의 제품에 한하여 사용을 허가하고 있다.

💣💣☀️ **CI 11680** : 노란색.
💣💣☀️ **CI 11710** : 노란색.
💣💣☀️ **CI 11725** : 오렌지색.
💣💣☀️ **CI 11920** : 오렌지색.
💣💣☀️ **CI 12010** : 밤색.
💣☀️ **CI 12085** : 붉은색.
💣💣☀️ **CI 12120** : 붉은색.
💣💣☀️ **CI 12150** : 붉은색.
💣💣☀️ **CI 12370** : 붉은색.
💣💣☀️ **CI 12420** : 붉은색.
💣💣☀️ **CI 12480** : 밤색.
💣💣☀️ **CI 12490** : 붉은색.
💣💣☀️ **CI 12700** : 노란색.
💣💣☀️ **CI 13015** : 노란색.
💣💣☀️ **CI 14270** : 노란색.

💣☀️ **CI 14700** : 노란색–붉은색.
💣☀️ **CI 14720** : 붉은색.
💣☀️ **CI 14815** : 붉은색.
💣☀️ **CI 15510** : 오렌지색.
💣💣☀️ **CI 15525** : 붉은색.
💣☀️ **CI 15580** : 붉은색.
💣💣☀️ **CI 15620** : 붉은색.
💣💣☀️ **CI 15630** : 붉은색.
💣☀️ **CI 15800** : 붉은색.
💣☀️ **CI 15850** : 붉은색.
💣💣☀️ **CI 15865** : 붉은색.
💣☀️ **CI 15880** : 붉은색.
💣💣☀️ **CI 15980** : 노란색–오렌지색.
💣☀️ **CI 15985** : 노란색–오렌지색.
💣☀️ **CI 16035** : 붉은색.

◐❈◐❈ CI 16185 : 붉은색.
◐❈◐❈ CI 16230 : 오렌지색.
◐❈◐❈ CI 16255 : 붉은색.
◐❈◐❈ CI 16290 : 붉은색.
◐❈ CI 17200 : 파란색-붉은색.
◐❈◐❈ CI 18050 : 붉은색.
◐❈◐❈ CI 18130 : 붉은색.
◐❈◐❈ CI 18690 : 노란색.
◐❈◐❈ CI 18736 : 붉은색.
◐❈◐❈ CI 18820 : 노란색.
◐❈◐❈ CI 18965 : 노란색.
◐❈ CI 19140 : 노란색.

◐❈◐❈ CI 20040 : 노란색.
◐❈ CI 20170 : 노란색-밤색.
◐❈◐❈ CI 20470 : 짙은 청색.
◐❈◐❈ CI 21100 : 노란색.
◐❈◐❈ CI 21108 : 노란색.
◐❈◐❈ CI 21230 : 노란색.
◐❈ CI 24790 : 붉은색.
◐❈ CI 26100 : 붉은색.
◐❈◐❈ CI 27290 : 붉은색.
◐❈◐❈ CI 27755 : 파란색-검은색.
◐❈◐❈ CI 28440 : 파란색-보라색.
◐❈◐❈ CI 40215 : 오렌지색.

피부 수용성이 우수한 순한 성질의 천연염료

천연염료는 대부분 광물성이거나 식물에서 추출하며, 최근 들어서 화장품에 빈번하게 사용하기 시작했다.

☺☺☺ CI 75100 : 노란색
☺☺☺ CI 75120 : 노란색-오렌지색
☺☺☺ CI 75125 : 노란색-오렌지색
☺☺☺ CI 75130 : 노란색-오렌지색
☺☺☺ CI 75170 : 흰색-노란색
☺☺☺ CI 75300 : 노란색
☺☺☺ CI 75470 : 붉은색
☺☺☺ CI 75810 : 녹색-붉은색
☺☺☺ CI 77000 : 은색
☺☺ CI 77002 : 흰색
☺☺☺ CI 77004 : 흰색
☺☺☺ CI 77007 : 파란색-보라색, 분홍색,
　　　　　　　　　붉은색, 녹색
☺☺☺ CI 75015 : 붉은색
☺☺ CI 77120 : 흰색
☺☺ CI 77163 : 흰색
☺☺☺ CI 77220 : 흰색
☺☺☺ CI 77231 : 흰색

☺☺☺ CI 77266 : 검은색
☺☺☺ CI 77267 : 검은색
☺☺☺ CI 77268 : 검은색
☺☺ CI 77288 : 녹색
☺☺ CI 77289 : 녹색
☺☺ CI 77346 : 파란색/녹색
☺☺☺ CI 77400 : 구리색
☺☺☺ CI 77480 : 금색
☺☺☺ CI 77491 : 붉은색-밤색
☺☺☺ CI 77492 : 노란색
☺☺☺ CI 77499 : 검은색
☺☺ CI 77510 : 파란색
☺☺☺ CI 77713 : 흰색
☺☺ CI 77742 : 보라색
☺☺ CI 77745 : 붉은색
☺☺☺ CI 77820 : 은색
☺☺☺ CI 77891 : 흰색
☺☺☺ CI 77947 : 흰색

알파벳 순서 성분 사전

A

☺☺☺ **Abies Alba**(은젓나무)

☺☺☺ **Abies Balsamea Extract**(발삼캐나다추출물)

☺☺☺ **Abies Pectinata Extract**(발삼유럽 추출물)

☺☺☺ **Abietic Acid**(아비에틱애씨드)

☺☺ **Abietyl Alcohol**(아비에틸알코올)

☺☺☺ **Acacia Catechu**(카테츄)

☺☺☺ **Acacia Dealbata Flower Wax**(미모사꽃왁스)

☺☺☺ **Acacia Farnesiana Extract**(스위트아카시아추출물)

☺☺☺ **Acacia Senegal Extract**(아라비아고무추출물)

☺☺☺ **Acacia Senegal Gum**(아라비아고무)

☺☺☺ **Acacia Victoriae Fruit Extract**(아카시아빅토리아에열매추출물)

☺☺☺ **Acer Saccharinum**(설탕단풍나무)

☺ **Acetamide MEA**(아세트아마이드엠이에이)

💣💣 **Acetamidoethoxybutyl Trimonium Chloride**(아세트아미도에톡시부틸트리모늄클로라이드)

💣💣 **Acetamidopropyl Trimonium Chloride**(아세트아미도프로필트리모늄클로라이드)

💣 **Acetanilid**(아세트아닐라이드)

☺☺☺ **Acetic Acid**(아세틱애씨드)

☺ **Acetone**(아세톤)

☺☺☺ **Acetum**(아세툼)

☺☺☺ **Acetyl Methionine**(아세틸메치오닌)

☺☺☺ **Acetyl Pentapeptide-1**(아세틸펜타펩타이드-1)

💣💣 **Acetyl Trifluoromethylphenyl Valylglycine**(아세틸트리플루오로메칠페닐발릴글라이신)

☺☺☺ **Acetyl Tyrosine**(아세틸타이로신)

☺☺☺ **Acetylated Castor Oil**(아세틸레이티드캐스터오일)

☺ **Acetylated Glycol Stearate**(아세틸레이티드글라이콜스테아레이트)

☺☺☺ **Acetylated Hydrogenated Cottonseed Glyceride**(아세틸레이티드 하이드로제네이티드목화씨글리세라이드)

☺☺☺ **Acetylated Hydrogenated Tallow Glyceride**(아세틸레이티드하이드로제네이티드탈로우글리세라이드)

☺☺☺ **Acetylated Lanolin**(아세틸레이티드라놀린)

☺☺☺ **Acetyldipeptide-1 Cetyl Ester**(아세틸디펩타이드-1세틸에스터)

☺☺☺ **Achillea Millefolium**(서양톱풀)

☺ **Acrylamides Copolymer**(아크릴아마이드코폴리머)

☺ **Acrylamide/Sodium Acrylate Copolymer**(아크릴아마이드/소듐아크릴레이트코폴리머)

☺ **Acrylamide/Sodium Acryloyldimethyltaurate Copolymer**(아크릴아마이드/소듐아크릴로일디메칠타우레이트코폴리머)

☺ **Acrylamidopropyltrimonium Chloride/Acrylates Copolymer**(아크릴아미도프로필트리모늄클로라이드/아그릴레이트코폴리머)

☺ **Acrylates/C10-30 Alkyl Acrylate Crosspolymer**(아크릴레이트/C10-30알킬아크릴레이트크로스폴리머)

☺ **Acrylates Copolymer**(아크릴레이트

화장품 성분 사전

코폴리머)

☺ **Acrylates/Dimethicone Copolymer**(아크릴레이트/디메치콘코폴리머)

☺ **Acrylates/Octylacrylamide Copolymer**(아크릴레이트/옥틸아크릴아마이드코폴리머)

💣💣 **Acrylates/Palmeth-25 Acrylate Copolymer**(아크릴레이트/팔메스-25 아크릴레이트코폴리머)

💣💣 **Acrylates/Steareth-20 Methacrylate Copolymer**(아크릴레이트/스테아레스-20메타크릴레이트코폴리머)

☺ **Acrylates/Vinyl Isodecanoate Crosspolymer**(아크릴레이트/비닐이소데카노에이트크로스폴리머)

☺ **Acrylic Acid/Acrylonitrogens Copolymer**(아크릴릭애씨드/아크릴로나이트로젠코폴리머)

☺☺☺ **Actinidia Chinensis**(키위)

☺☺☺ **Adansonia Digitata**(바오밥나무)

☺☺ **Adenosine**(아데노신)

☺☺ **Adenosine Phosphate**(아데노신포스페이트)

☺☺ **Adenosine Triphosphate**(아데노신트리포스페이트)

☺☺ **Adeps Bovis**(우지)

☺☺☺ **Adiantum Capillus Veneris Extract**(봉작고사리추출물)

☺☺ **Adipic Acid**(아디픽애씨드)

☺☺☺ **Aesculus Hippocastanum**(마로니에)

☺☺☺ **Agar**(아가)

☺☺☺ **Agave Americana Extract**(용설란추출물)

☺☺☺ **Agave Rigida Extract**(사이잘추출물)

☺☺☺ **Ajuga Turkestanica Extract**(아주가투르케스타니카추출물)

☺☺☺ **Alanine**(알라닌)

☺☺☺ **Albumen**(알부민)

☺☺☺ **Alchemilla Vulgaris Extract**(성모초추출물)

☺☺☺ **Alcohol**(에탄올)

☺☺/☺ **Alcohol denat.**(변성알코올)

☺☺ **Algae**(해조류)

☺☺☺ **Algin**(알진)

☺☺☺ **Alginic Acid**(알지닉애씨드)

☺☺☺ **Allantoin**(알란토인)

💣💣 **Almond Oil PEG-6 Esters**(아몬드오일피이지-6에스터)

☺☺☺ **Aloe Barbadensis Extract**(알로에베라추출물)

☺☺ **Alpha-Isomethyl Ionone**(알파-이소메칠이오논)

☺☺ **Alpha Lipoic Acid**(알파리포익애씨드)

☺☺☺ **Alpha-Glucan Oligosaccharide**(알파-글루칸올리고사카라이드)

☺☺☺ **Alteromonas Ferment Extract**(알테로모나스발효추출물)

☺☺☺ **Althea Officinalis**(서양접시꽃)

☺☺ **Alumina**(알루미나)

💣💣 **Aluminum Chloride**(알루미늄클로라이드)

💣💣 **Aluminum Chlorohydrate**(알루미늄클로로하이드레이트)

💣💣 **Aluminum Chlorohydrex**(알루미늄클로로하이드렉스)

💣💣 **Aluminum Chlorohydrex PG**(알루미늄클로로하이드렉스피지)

☺ **Aluminum Dimyristate**(알루미늄디미리스테이트)

☺ **Aluminum Distearate**(알루미늄디스테아레이트)

☺☺ **Aluminum Hydroxide**(알루미늄하이드록사이드)

☺☺ **Aluminum Lactate**(알루미늄락테이드)

☺☺☺ **Aluminum/Magnesium Hydroxide Stearate**(알루미늄/마그네슘하이드록사이드스테아레이트)

💣💣 **Aluminum Sesquichlorohydrate**(알루미늄세스퀴클로로하이드레이트)

☺☺☺ **Aluminum Starch Octenylsuccinate**(알루미늄스타치옥테닐석시네이트)

☺ **Aluminum Stearate**(알루미늄스테아레이트)

☺ **Aluminum Tristearate**(알루미늄트리스테아레이트)

💣💣 **Aluminum Zirconium Trichlorohydrex GLY**(알루미늄지르코늄트리클로로하이드렉스지엘와이)

☺☺☺ **Amaranthus Caudatus Seed Extract**(줄맨드라미씨추출물)

💣💣 **4-Amino-2-Hydroxytoluene** (4-아미노-2-하이드록시톨루엔)

☺ **Aminomethyl Propanol**(아미노메칠프로판올)

☺☺ **Aminopropyl Ascorbyl Phosphate**(아미노프로필아스코빌포스페이트)

☺☺☺ **Ammonia**(암모니아)

☺ **Ammonium Acryloyldimethyltaurate/VP Copolymer**(암모늄아크릴로일디메칠타우레이트/브이피코폴리머)

☺☺ **Ammonium Alum**(암모늄앨럼)

☺☺☺ **Ammonium Glycyrrhizate**(암모늄글리시리제이트)

☺☺ **Ammonium Hydroxide**(암모늄하이드록사이드)

☺ **Ammonium Iodide**(암모늄아이오다이드)

💣💣 **Ammonium Laureth Sulfate**(암모늄라우레스설페이트)

💣 **Ammonium Lauryl Sulfate**(암모늄라우릴설페이트)

☺ **Ammonium Polyacryldimethylauramide**(암모늄폴리아크릴디메칠라우라마이드)

☺ **Ammonium Polyacryloyldimethyl Taurate**(암모늄폴리아크릴로일디메칠타우레이트)

☺ **Ammonium Thiolactate**(암모늄치오락테이트)

💣 **Ammonium Xylenesulfonate** (암모늄자일렌설포네이트)

☺ **Amodimethicone**(아모디메치콘)

☺ **Amodimethicone Copolyol**(아모디메치콘코폴리올)

☺☺☺ **Ampelopsis Grossedentata Extract**(암펠롭시스그로세덴타타추출물)

☺☺ **Amyl Cinnamal**(아밀신남알)

☺☺ **Amylcinnamyl Alcohol**(아밀신나밀알코올)

☺☺☺ **Amyris Balsamifera Oil**(발삼아미리스오일)

☺☺☺ **Anacardium Occidentale Seed Oil**(캐슈너트오일)

☺☺☺ **Ananas Sativus Fruit Extract** (파인애플추출물)

☺☺☺ **Anatto**(아나토)

☺☺☺ **Andrographis Paniculata Leaf Extract**(칼메그잎추출물)

☺☺☺ **Anethole**(아네톨)

☺☺☺ **Angelica Acutiloba Extract** (일당귀추출물)

☺☺☺ **Angelica Archangelica Extract** (안젤리카추출물)

☺☺☺ **Angelica Dahurica Extract**(백지추출

물)

☺☺☺ **Angelica Keiskei Extract**(명일엽추출물)

☺☺☺ **Anhydroxylitol**(무수자일리톨)

☺☺☺ **Aniba Rosaeodora**(로즈우드)

☺☺ **Anise Alcohol**(아니스알코올)

☺☺☺ **Anthemis Nobilis**(캐모마일)

☺☺☺ **Anthocyanins**(안토시아닌)

☺☺☺ **Anthyllis Vulneraria Extract**(키드니베치추출물)

💣💣 **Apricot Kernel Oil PEG-6 Esters**(아프리코트커넬오일 피이자-6에스터)

☺☺☺ **Aqua**(물)

☺☺☺ **Arachidonic Acid**(아라키도닉애씨드)

☺☺☺ **Arachidyl Alcohol**(아라키딜알코올)

☺☺☺ **Arachidyl Glucoside**(아라키딜글루코사이드)

☺☺☺ **Arachidyl Palmitate**(아라키딜팔미테이트)

☺☺ **Arachidyl Propionate**(아라키딜프로피오네이트)

☺☺☺ **Arachis Hypogaea**(땅콩)

☺☺ **Arctium Lappa**(우엉)

☺☺☺ **Arctium Majus**(버독)

☺☺☺ **Arctostaphylos Uva Ursi Extract**(베어베리추출물)

☺☺☺ **Argania Spinosa Kernel Oil**(아르간트리커넬오일)

☺☺☺ **Argemone Mexicana Oil**(멕시코양귀비오일)

☺☺☺ **Arginine**(알지닌)

☺☺☺ **Arginine Aspartate**(알지닌아스퍼테이트)

☺☺☺ **Arginine Ferulate**(알지닌페룰레이트)

☺☺☺ **Arnica Montana**(아르니카)

☺☺☺ **Artemia Extract**(아르테미아추출물)

☺☺☺ **Artemisia Abrotanum Extract**(서던우드추출물)

☺☺☺ **Artemisia Absinthium Extract**(쓴쑥 추출물)

☺☺☺ **Artemisia Vulgaris Extract**(쑥추출물)

☺☺☺ **Ascophyllum Nodosum Extract**(노티드랙추출물)

☺☺☺ **Ascorbic Acid**(아스코빅애씨드)

☺☺☺ **Ascorbyl Glucoside**(아스코빌글루코사이드)

☺ **Ascorbyl Methylsilanol Pectinate**(아스코빌메칠실란올펙티네이트)

☺☺☺ **Ascorbyl Palmitate**(아스코빌팔미테이트)

☺☺☺ **Ascorbyl Stearate**(아스코빌스테아레이트)

☺☺☺ **Aspalathus Linearis Leaf Extract**(루이보스잎추출물)

☺☺☺ **Asparagine**(아스파라긴)

☺☺☺ **Asparagopsis Armata Extract**(아스파라곱시스아르마타 추출물)

☺☺☺ **Asparagus Officinalis Extract**(아스파라거스추출물)

☺☺ **Aspartic Acid**(아스파틱애씨드)

☺☺☺ **Astragalus Gummifer Gum**(트래거캔스고무)

☺☺ **Atelocollagen**(아텔로콜라겐)

☺☺☺ **Aucoumea Klaineana Resin Extract**(오쿠메수지추출물)

☺☺☺ **Avena Sativa**(귀리)

💣💣 **Avocadamide DEA**(아보카다마이드 디이에이)

💣💣 **Avocado Oil PEG-11 Esters**(아보카도 오일 피이자-11 에스터)

☺☺☺ **Azulene**(아줄렌)

B

☻ Babassuamide DEA(바바수아마이드
디이에이)

☺☺☺ Backhousia Citriodora Oil(오스트레
일리안레몬머틀오일)

☺☺☺ Bambusa Arundinacea(가시대나무)

☺☺☺ Bambusa Textilis Stem Extract
(위버대나무줄기추출물)

☺☺☺ Bambusa Vulgaris(대나무)

☺☺☺ Banksia Serrata Flower
Extract(뱅크셔나무꽃추출물)

☺☺ Barium Sulfate(바륨설페이트)

☺ Barium Sulfide(바륨설파이드)

☺☺☺ Barm Extract(효모추출물)

☺☺☺ Beer(맥주)

☺☺☺ Beeswax Acid(비즈왁스애씨드)

☻☻ Beheneth-5,-10,-20,-25(베헤네스-
5,-10,-20,-25)

☺☺☺ Behenic Acid(베헤닉애씨드)

☺ Behenic Ester Dimethicone(베헤닉
에스터디메치콘)

☺ Behenoxy Dimethicone(베헤녹시디
메치콘)

☻☻ Behenoyl PG-Trimonium
Chloride(베헤노일피지-트리모늄클로라
이드)

☺☺☺ Behenyl Beeswax(베헤닐비즈왁스)

☺ Behentrimonium Chloride(베헨트
리모늄클로라이드)

☺☺☺ Behenyl Alcohol(베헤닐알코올)

☺☺☺ Bellis Perennis Flower Extract
(데이지꽃추출물)

☺☺☺ Bentonite(벤토나이트)

☻☻☻ Benzalkonium Bromide(벤잘코늄브
로마이드)

☻☻ Benzalkonium Chloride(벤잘코늄클

로라이드)

☻☻☻ Benzethonium Chloride(벤제토늄클
로라이드)

☺☺ Benzoic Acid(벤조익애씨드)

☻☻ Benzophenone-1,-3,-4,-9(벤조페
논-1,-3,-4,-9)

☺☺ Benzyl Alcohol(벤질알코올)

☺☺ Benzyl Benzoate(벤질벤조에이트)

☺☺ Benzyl Cinnamate(벤질신나메이트)

☺☺ Benzyl Salicylate(벤질살리실레이트)

☺☺☺ Bertholletia Excelsa(브라질넛)

☺☺☺ Beta-Carotene(베타-카로틴)

☺☺☺ Beta-Glucan(베타-글루칸)

☺☺☺ Betaine(베타인)

☺☺☺ Beta Sitosterol(베타시토스테롤)

☺☺☺ Beta Vulgaris(비트)

☺☺☺ Betula Alba(자작나무)

☻☻☻ BHA(비에이치에이)

☻☻☻ BHT(비에이치티)

☺☺☺ Bifida Ferment Lysate(비피다발효
용해물)

☺☺☺ Biosaccharide Gum-1(바이오사카라
이드 검-1)

☺☺☺ Biosaccharide Gum-2(바이오사카라
이드 검-2)

☺☺☺ Biotin(바이오틴)

☺☺☺ Bisabolol(비사볼올)

☺☺☺ BIS-Diglyceryl
Caprylate/Caprate/Isostearate/H
ydroxystearate Adipate
(비스-디글리세릴카프릴레이트/카프레이
트/이소스테아레이트/하이드록시스테아
레이트아디페이트)

☺☺☺ Bis-Diglyceryl Polyacyladipate-
1(비스-디글리세릴폴리아실아디페이트-
1)

☺☺☺ Bis-Diglyceryl Polyacyladipate-
2(비스-디글리세릴폴리아실아디페이트-

2)

☺ **Bis-Ethylhexyloxyphenol Methoxyphenyl Triazine**(비스-에칠헥실옥시페놀메톡시페닐트리아진)

☺ **Bismuth Oxychloride**(비스머스옥시클로라이드)

💣💣💣 **Bis-PEG-18 Methyl Ether Dimethyl Silane**(비스-피이지-18메칠에텔디메칠실란)

☺☺☺ **Bixa Orellana Seed Extract**(빅사씨 추출물)

☺☺☺ **Borago Officinalis**(보리지)

☺ **Boron Nitride**(보론나이트라이드)

☺☺☺ **Boswellia Carterii**(유향)

☺☺☺ **Boswellia Serrata Extract**(인도유향 추출물)

☺☺☺ **Brassica Campestris**(서양유채)

☺☺☺ **Brassica Campestris/Aleurites Fordi Oil Copolymer**(서양유채/유동오일코폴리머)

☺☺☺ **Brassica Napus Extract**(유채추출물)

☺☺☺ **Brassica Oleifera**(평지)

☺☺☺ **Brassica Oleracea Italica Seed Oil**(브로콜리씨오일)

💣💣💣 **Bromochlorophene**(브로모클로로펜)

💣💣💣 **2-Bromo-2-Nitropropane-1,3-Diol**(2-브로모-2-나이트로프로판-1,3-디올)

💣💣💣 **5-Bromo-5-Nitro-1,3-Dioxane**(5-브로모-5-나이트로-1,3-디옥산)

☺☺☺ **Buddleja Davidii Extract**(브델리아 추출물)

☺☺☺ **Buddleja Axillaris Leaf Extract**(붓들레야악실라리스잎추출물)

☺☺☺ **Bupleurum Falcatum Extract**(시호 추출물)

☺☺☺ **Burnet Extract**(버넷추출물)

☺ **Butane**(부탄)

☺☺☺ **Butcherbroom Extract**(부처브룸추출물)

💣💣💣 **Butoxydiglycol**(부톡시디글라이콜)

💣💣💣 **Butoxyethanol**(부톡시에탄올)

☺☺ **Butyl Acetate**(부틸아세테이트)

☺ **Butylbenzyl Methylpropional**(부틸벤질메칠프로피오날)

☺☺ **Butylene Glycol**(부틸렌글라이콜)

☺ **Butyl Ester of PVM/MA Copolymer**(부틸에스터오브피브이엠/엠에이코폴리머)

💣 **Butyl Methoxydibenzoylmethane**(부틸메톡시디벤조일메탄)

☺ **Butylene Glycol Dicaprylate/Dicaprate**(부틸렌글라이콜디카프릴레이트/디카프레이트)

☺ **Butyloctanoic Acid**(부틸옥타노익애씨드)

☺ **Butylparaben**(부틸파라벤)

☺ **Butylphenyl Methylpropional**(부틸페닐메칠프로피오날)

☺☺ **Butyl Stearate**(부틸스테아레이트)

☺☺☺ **Butyris Lac**(버터밀크)

☺ **Butyrolactone**(부티로락톤)

☺☺☺ **Butyrospermum Parkii**(쉐어버터)

C

💣 **C9-15 Fluoroalcohol Phosphate**(C9-15플루오로알코올포스페이트)

☺ **C10-11 Isoparaffin**(C10-11이소파라핀)

☺☺☺ **C10-30 Cholesterol/Lanesterol**

Esters(C10–30콜레스테롤/라네스테롤에스터)

💣💣 **C12–13 Pareth–3**(C12–13파레스–3)

☺☺ **C12–15 Alkyl Benzoate**(C12–15알킬벤조에이트)

☺☺ **C12–15 Alkyl Lactate**(C12–15알킬락테이트)

☺☺☺ **C12–18 Alkyl Glucoside**(C12–18알킬글루코사이드)

💣💣 **C12–20 Acid PEG–8 Ester**(C12–20애씨드피이지–8에스터)

☺☺☺ **C12–20 Alkyl Glucoside**(C12–20알킬글루코사이드)

☺☺☺ **C18–36 Acid Triglyceride**(C18–36애씨드트리글리세라이드)

☺☺☺ **C12–13 Alcohols**(C12–13알코올)

☺ **C13–14 Isoparaffin**(C13–14이소파라핀)

☺ **C13–16 Isoparaffin**(C13–16이소파라핀)

☺☺☺ **C14–22 Alkyl Alcohol**(C14–22알킬알코올)

☺ **C18–36 Acid Glycol Ester**(C18–36애씨드글라이콜에스터)

💣💣 **C20–40 Pareth–10**(C20–40파레스–10)

☺ **C7–8 Isoparaffin**(C7–8이소파라핀)

☺ **C9–11 Isoparaffin**(C9–11이소파라핀)

💣💣 **C9–11 Pareth–3**(C9–11파레스–3)

💣💣 **C9–11 Pareth–6**(C9–11파레스–6)

💣💣 **C9–11 Pareth–8**(C9–11파레스–8)

☺☺☺ **Caffeine**(카페인)

☺☺☺ **Calamine**(칼라민)

☺☺☺ **Calcium Alginate**(칼슘알지네이트)

☺☺☺ **Calcium Aluminum Borosilicate**(칼슘알루미늄보로실리케이트)

☺☺☺ **Calcium Carbonate**(칼슘카보네이트)

☺☺☺ **Calcium Chloride**(칼슘클로라이드)

☺ **Calcium Fluoride**(칼슘플루오라이드)

☺ **Calcium Glycerophosphate**(칼슘글리세로포스페이트)

☺☺ **Calcium Hydroxide**(칼슘하이드록사이드)

☺ **Calcium Monofluorophosphate**(칼슘모노플루오로포스페이트)

☺☺☺ **Calcium Pantetheine Sulfonate**(칼슘판테테인설포네이트)

☺☺☺ **Calcium Pantothenate**(칼슘판토테네이트)

☺☺☺ **Calcium Phosphate**(칼슘포스페이트)

☺☺☺ **Calcium Silicate**(칼슘실리케이트)

☺☺☺ **Calcium Sodium Borosilicate**(칼슘 소듐보로실리케이트)

☺☺☺ **Calcium Stearate**(칼슘스테아레이트)

☺ **Calcium Sulfide**(칼슘설파이드)

☺☺☺ **Calendula Officinalis**(카렌둘라)

☺☺☺ **Calophylium Tacamahaca Seed Oil**(타마누씨오일)

☺☺☺ **Calophyllum Inophyllum Seed Oil**(호동씨오일)

☺☺☺ **Calophyllum Tacamahaca Seed Oil**(폴리네시안타마누트리씨오일)

☺☺☺ **Camellia Japonica Extract**(동백나무추출물)

☺☺☺ **Camellia Kissi**(카멜리아키시)

☺☺☺ **Camellia Oleifera**(유차나무)

☺☺☺ **Camellia Sinensis Leaf Extract**(녹차추출물)

☺☺☺ **Camphor**(캠퍼)

☺ **Camphor Benzalkonium Methosulfate**(캠퍼벤잘코늄메토설페이트)

☺☺☺ **Cananga Odorata**(일랑일랑꽃)

☺☺☺ **Candida**

Bombicola/Glucose/Methyl Rapeseedate Ferment(칸디다봄비콜라/글루코오스/메칠레이프씨데이트발효물)

☺☺☺ Cannabis Sativa(대마)

☺☺☺ Canola(캐놀라)

☺☺☺ Caprylic Triglyceride(카프릴릭트리글리세라이드)

☺☺☺ Caprylic/Capric Triglyceride (카프릴릭/카프릭트리글리세라이드)

☺☺☺ Caprylic/Capric/Linoleic Triglyceride(카프릴릭/카프릭/리놀레익트리글리세라이드)

☺☺☺ Caprylic/Capric/Myristic/Stearic Triglyceride(카프릴릭/카프릭/미리스틱/스테아릭트리글리세라이드)

☺☺☺ Caprylic/Capric/Stearic Triglyceride(카프릴릭/카프릭/스테아릭트리글리세라이드)

☺☺☺ Caprylic/Capric/Succinic Triglyceride(카프릴릭/카프릭/석시닉트리글리세라이드)

☺☺ Caprytoyl Glycine(카프릴로일글라이신)

☺☺ Caprytoyl Salicylic Acid(카프릴로일살리실릭애씨드)

☺☺☺ Caprylyl/Capryl Glucoside(카프릴릴/카프릴글루코사이드)

☺☺ Caprylyl Glycol(카프릴릴글라이콜)

☺☺☺ Capsanthin/Capsorubin(캡산틴/캡소루빈)

☺☺☺ Capsicum Frutescens Fruit Extract(고추추출물)

☺☺☺ Caramel(카라멜)

☺☺☺ Carapa Guaianensis Seed Oil (안디로바씨오일)

☺ Carbomer(카보머)

☺☺☺ Carboxymethyl Chitin(카복시메칠키틴)

☺☺ Carboxymethyl Hydroxypropyl Guar(카복시메칠하이드록시프로필구아)

☺☺☺ Cardiospermum Halicacabum Extract(풍선덩굴추출물)

☺☺☺ Carica Papaya Fruit Extract(파파야열매추출물)

☺☺☺ Carlina Acaulis Root Extract (은엉겅퀴뿌리추출물)

☺☺☺ Carnitine(카르니틴)

☺☺☺ Carrageenan(카라기난)

☺☺☺ Carthamus Tinctorius(잇꽃)

☺☺☺ Carum Carvi(캐러웨이)

☺☺☺ Carvone(카르본)

☺☺☺ Cassia Angustifolia Extract (센나추출물)

☺☺☺ Cassia Auriculata(태너카시아)

☺☺☺ Cassia Italica(이탈리아센나)

☺☺☺ Castanea Sativa Extract(유럽밤추출물)

☺☺☺ Cedrus Atlantica Oil(아틀라스시다오일)

☺☺☺ Cellulose(셀룰로오스)

☺☺☺ Cellulose Acetate Butyrate(셀룰로오스아세테이트부티레이트)

☺☺☺ Cellulose Gum(셀룰로오스검)

☺☺☺ Centaurea Cyanus(수레국화)

☺☺☺ Centaurium Erythraea Extract(센타우리추출물)

☺☺☺ Centella Asiatica(병풀)

☺☺☺ Cera Alba(정제비즈왁스)

☺☺☺ Cera Flava(비정제비즈왁스)

☺ Cera Microcristallina(마이크로크리스탈린왁스)

☺☺☺ Ceramide 3(세라마이드3)

☺☺☺ Ceratonia Siliqua Fruit Extract (캐럽콩추출물)

☺☺☺ Ceratonia Siliqua Gum(캐럽콩검)

☺ Ceresin(세레신)

☺☺☺ Cereus Grandiflorus Flower Extract(선인장꽃추출물)

💣💣 Ceteareth(세테아레스)

☺☺☺ Cetearyl Alcohol(세테아릴알코올)

☺☺☺ Cetearyl Candelillate(세테아릴칸데릴레이트)

☺☺☺ Cetearyl Glucoside(세테아릴글루코사이드)

☺☺ Cetearyl Isononanoate(세테아릴이소노나노에이트)

☺☺☺ Cetearyl Octanoate(세테아릴옥타노에이트)

☺☺☺ Cetearyl Olivate(세테아릴올리베이트)

☺☺☺ Cetearyl Wheat Straw Glucosides(세테아릴밀짚코사이드)

💣💣 Ceteth-1,-20(세테스-1,-20)

☺☺☺ Cetraria Islandica Extract(아이슬란드이끼 추출물)

💣💣 Cetrimonium Bromide(세트리모늄브로마이드)

💣 Cetrimonium Chloride(세트리모늄클로라이드)

☺☺☺ Cetyl Acetate(세틸아세테이트)

☺☺☺ Cetyl Alcohol(세틸알코올)

💣 Cetylamine Hydrofluoride(세틸아민하이드로플루오라이드)

☺☺☺ Cetylarachidol(세틸아라키돌)

☺☺☺ Cetyl Betaine(세틸베타인)

☺ Cetyl Dimethicone(세틸디메치콘)

☺ Cetyl Dimethicone Copolyol(세틸디메치콘코폴리올)

☺☺☺ Cetyl Esters(세틸에스터)

☺☺ Cetyl Isononanoate(세틸이소노나노에이트)

☺☺☺ Cetyl Lactate(세틸락테이트)

☺☺☺ Cetyl Laurate(세틸라우레이트)

☺☺☺ Cetyl Myristate(세틸미리스테이트)

☺☺☺ Cetyl Octanoate(세틸옥타노에이트)

☺☺☺ Cetyl Oleate(세틸올리에이트)

☺☺☺ Cetyl Palmitate(세틸팔미테이트)

💣💣 Cetyl PEG/PPG-10/1 Dimethicone(세틸 피이지/피피지-10/1디메치콘)

☺ Cetyl-PG Hydroxyethyl Decanamide(세틸-피지 하이드록시에칠데칸아마이드)

☺ Cetyl Phosphate(세틸포스페이트)

💣💣 Cetyl PPG-2 Isodeceth-7 Carboxylate(세틸피피지-2이소데세스-7카복실레이트)

💣💣 Cetylpyridinium Chloride(세틸피리디늄클로라이드)

☺☺☺ Cetyl Ricinoleate(세틸리시놀리에이트)

☺☺☺ Chaenomeles Sinensis Fruit Extract(모과추출물)

☺☺☺ Chamomilla Recutita(캐모마일)

☺☺☺ Chelidonium Majus Extract(애기똥풀추출물)

☺☺☺ Chitosan(키토산)

☺☺☺ Chitosan Glycolate(키토산글라이콜레이트)

☺☺☺ Chlorella Vulgaris Extract(클로렐라추출물)

💣💣💣 Chlorhexidine Digluconate(클로헥시딘디글루코네이트)

💣💣 Chlorhexidine Dihydrochloride(클로헥시딘디하이드로클로라이드)

💣💣 Chloroacetamide(클로로아세트아마이드)

💣💣 Chlorobutanol(클로로부탄올)

💣💣 Chlorophene(클로로펜)

☺☺☺ Chlorophyllin-Copper

Complex(클로로필린-카퍼콤플렉스)

☻☻☻ 4-Chlororesorcinol(4-클로로레조시놀)

☻☻☻ Chloroxylenol(클로로자일레놀)

☻☻☻ Chlorphenesin(클로페네신)

☺☺☺ Cholecalciferol Polypeptide(콜레칼시페롤폴리펩타이드)

☺☺☺ Cholesterol(콜레스테롤)

☺☺☺ Cholesteryl/Behenyl Octyldodecyl Lauroyl Glutamate(콜레스테릴/베헤닐옥틸도데실라우로일글루타메이트)

☺☺☺ Cholesteryl Hydroxystearate(콜레스테릴하이드록시스테아레이트)

☻☻ Choleth-10,-20,-24(콜레스-10,-20,-24)

☺☺☺ Chondrus Crispus Extract(카라기난추출물)

☺☺☺ Chrysanthellum Indicum Extract(감국추출물)

☺☺☺ Cichorium Intybus Root Extract(치커리뿌리추출물)

☺☺☺ Cinnamic Acid(신나믹애씨드)

☺☺☺ Cinnamomum Camphora Bark Oil(녹나무껍질오일)

☺☺☺ Cinnamomum Cassia(계피)

☺ Cinnamal(신남알)

☺ Cinnamyl Alcohol(신나밀알코올)

☺☺☺ Cistus Ladaniferus Leaf/Stem Extract(라다넘잎/줄기추출물)

☺☺☺ Cistus Ladaniferus Oil(라다넘오일)

☺☺ Citral(시트랄)

☺☺☺ Citric Acid(시트릭애씨드)

☺☺ Citronellol(시트로넬올)

☺☺☺ Citrulline(시트룰린)

☺☺☺ Citrullus Vulgaris(수박)

☺☺☺ Citrus Aurantium Amara(비터오렌지)

☺☺☺ Citrus Aurantifolia(라임)

☺☺☺ Citrus Aurantium Bergamia(베르가모트)

☺☺☺ Citrus Aurantium Dulcis(오렌지)

☺☺☺ Citrus Grandis(왕귤)

☺☺☺ Citrus Medica Limonum(레몬)

☺☺☺ Citrus Nobilis(만다린)

☺☺☺ Citrus Paradisi Seed Extract(자몽 씨추출물)

☺☺☺ Citrus Reticulata Leaf Oil(탄제린잎오일)

☺☺☺ Citrus Reticulata Peel Extract(탄제린껍질추출물)

☺☺☺ Clay Extract(클레이추출물)

☻☻ Climbazole(클림바졸)

☺☺ Cocamide(코카마이드)

☻☻ Cocamide DEA(코카마이드디이에이)

☺ Cocamide MEA(코카마이드엠이에이)

☺ Cocamide MIPA(코카마이드미파)

☻☻ Cocamidopropylamine Oxide(코카미도프로필아민옥사이드)

☺☺ Cocamidopropyl Betaine(코카미도프로필베타인)

☺☺ Cocamidopropyl Hydroxysultaine(코카미도프로필하이드록시설테인)

☻ Cocamine(코카민)

☻☻ Coceth-8/-10(코세스-8/-10)

☺☺☺ Cochlearia Armoracia Root Extract(겨자무뿌리추출물)

☺☺☺ Coco-Betaine(코코-베타인)

☺☺☺ Coco-Caprylate/Caprate(코코-카프릴레이트/카프레이트)

☻☻ Cocodimonium Hydroxypropyl Hydrolyzed Wheat Protein(코코디모늄하이드록시프로필하이드롤라이즈드밀단백질)

☻☻☀ **Cocodimonium Hydroxypropyl Silk Amino Acids**(코코디모늄하이드록시프로필실크아미노애씨드)

☺☺☺ **Coco-Glucoside**(코코-글루코사이드)

☺☺☺ **Cocoglycerides**(코코글리세라이드)

☺☺☺ **Coconut Acid**(코코넛애씨드)

☺☺☺ **Coconut Alcohol**(코코넛알코올)

☺☺☺ **Cocos Nucifera**(코코스야자수)

☻☀ **Cocotrimonium Chloride**(코코트리모늄클로라이드)

☺☺☺ **Cocoyl Sarcosine**(코코일사코신)

☺☺☺ **Codonopsis Tangshen Root Extract**(천당삼추출물)

☺☺☺ **Coenzyme A**(코엔자임에이)

☺☺☺ **Coffea Arabica**(커피)

☺☺☺ **Coffea Robusta Seed Extract**(로부스타커피추출물)

☺☺☺ **Cola Acuminata Seed Extract**(콜라나무씨추출물)

☺☺ **Collagen**(콜라겐)

☺☺☺ **Colloidal Oatmeal**(콜로이달오트밀)

☺☺☺ **Colloidal Sulfur**(콜로이달설퍼)

☺☺☺ **Commiphora Abyssinica Resin Extract**(몰약추출물)

☺☺☺ **Commiphora Gileadensis**(길레아드발삼나무)

☺☺☺ **Commiphora Myrrha**(몰약)

☺☺☺ **Copernicia Cerifera Wax**(카나우바왁스)

☺☺ **Copper Acetylmethionate**(카퍼아세틸메치오네이트)

☺☺ **Copper Gluconate**(카퍼글루코네이트)

☺☺☺ **Corallina Officinalis Extract**(참산호말추출물)

☺☺☺ **Coriandrum Sativum Fruit Extract**(고수열매추출물)

☻☀☻ **Corn Oil PEG-6 Esters**(옥수수오일피이자-6에스터)

☺ **Corn Starch/Acrylamide/Sodium Acrylate Copolymer**(옥수수전분/아크릴아마이드/소듐아크릴레이트코폴리머)

☺☺☺ **Corthellus Shiitake Extract**(표고버섯추출물)

☺☺☺ **Corylus Americana**(미국개암)

☺☺☺ **Corylus Avellana Nut Oil**(개암오일)

☺☺ **Coumarin**(쿠마린)

☺☺☺ **Crataegus Monogina Fruit Extract**(서양산사나무열매추출물)

☺☺☺ **Crithmum Maritimum Extract**(록샘파이어추출물)

☺☺☺ **Crystalline Cellulose**(결정셀룰로오스)

☺☺☺ **Cucumis Melo Fruit Extract**(멜론추출물)

☺☺☺ **Cucumis Sativus**(오이)

☺☺☺ **Cucurbita Pepo Fruit Extract**(호박추출물)

☺☺☺ **Cupressus Sempervirens Extract**(솔잣나무추출물)

☺☺☺ **Curcuma Longa**(강황)

☺☺ **Cyanocobalamin**(사이아노코발라민)

☺☺☺ **Cyanopsis Tetragonalba**(구아검)

☺☺☺ **Cyathea Medullaris Extract**(시아테아메둘라리스추출물)

☺☺☺ **Cyclodextrin**(사이클로덱스트린)

☺ **Cyclohexasiloxane**(사이클로헥사실록산)

☺ **Cyclomethicone**(사이클로메치콘)

☺ **Cyclomethicone/Dimethicone Crosspolymer**(사이클로메치콘/디메치콘크로스폴리머)

☺ **Cyclopentasiloxane**(사이클로펜타실록산)

☺☺☺ **Cymbopogon Nardus Oil**(시트로넬라오일)

☺☺☺ **Cymbopogon Martini Oil**(팔마로사오
일)

☺☺☺ **Cymbopogon Schoenanthus**(레몬그
라스)

☺☺☺ **Cynara Scolymus Extract**(아티초크
추출물)

☺☺☺ **Cysteine HCL**(시스테인에이치씨엘)

D

☺☺☺ **D-alpha Tocopherol**(디-알파토코페
롤)

☺☺☺ **Damar**(다마르)

☺☺☺ **Daucus Carota**(당근)

☺☺☺ **Davidsonia Pruriens Fruit
Extract**(다비드소니아열매추출물)

💣💥 **DEA-Cetyl Phosphate**(디이에이-세
틸포스페이트)

💣💥 **DEA PG Propyl PEG/PPG 18/21
Dimethicone**(디이에이피지프로필피이
지/피피지18/21디메치콘)

☺ **Decarboxy Carnosine HCL**(데카복
시카르노신에이치씨엘)

☺ **Decene/Butene Copolymer**(데센/부
텐코폴리머)

☺ **Decyloxazolidinone**(데실옥사졸리디
논)

☺☺☺ **Decyl Glucoside**(데실글루코사이드)

☺☺☺ **Decyl Oleate**(데실올리에이트)

☺☺ **Decyl Olive Esters**(데실올리브에스터)

☺☺☺ **Decyl Polyglucose**(데실폴리글루코오
스)

☺☺☺ **Dehydroacetic Acid**(데하이드로아세
틱애씨드)

☺☺☺ **Dehydroxanthan Gum**(데하이드로잔
탄검)

💣💥 **Denatonium Benzoate**(데나토늄 벤
조에이트)

☺☺ **Desamido Collagen**(데사미도콜라겐)

☺☺☺ **Dextran**(덱스트란)

☺☺☺ **Dextrin**(덱스트린)

☺☺☺ **Dextrin Palmitate**(덱스트린팔미테이
트)

💣💥💥 **2,4-Diaminophenol**(2,4-디아미노
페놀)

💣💥💥 **2,4-Diaminophenoxyethanol
HCL**(2,4-디아미노페녹시에탄올에이치
씨엘)

☺☺☺ **Diamond Powder**(다이아몬드가루)

💣💥💥 **Diazolidinyl Urea**(디아졸리디닐우레
아)

💣💥💥💥 **Dibromohexamidine
Isethionate**(디브로모헥사미딘이세치오
네이트)

☺ **Dibutyl Adipate**(디부틸아디페이트)

💣💥💥 **Dibutyl Phthalate**(디부틸프탈레이트)

☺ **Dicalcium Phosphate**(디칼슘포스페
이트)

☺ **Dicalcium Phosphate Dihydrate**
(디칼슘포스페이트디하이드레이트)

☺☺ **DI-C12-15 Alkyl Fumarate**
(디-C12-15알킬푸마레이트)

☺☺ **Dicaprylyl Carbonate**(디카프릴릴카
보네이트)

☺☺ **Dicaprylyl Ether**(디카프릴릴에텔)

☺☺☺ **Dicaprylyl Maleate**(디카프릴릴말리에
이트)

💣💥💥💥 **Dichlorobenzyl Alcohol**(디클로로벤
질알코올)

💣💥💥 **Diethanolamine Bisulfate**(디에탄올
아민바이설페이트)

☺ **Diethylhexyl 2,6-Naphthalate**
(디에칠헥실2,6-나프탈레이트)

💣💣 **Diethylhexyl Butamido Triazone**(디에칠헥실부타미도트리아존)

☺☺ **Diethylhexyl Carbonate**(디에칠헥실카보네이트)

☺☺ **Diethylhexyl Succinate**(디에칠헥실석시네이트)

💣💣 **Diethyl Phthalate**(디에칠프탈레이트)

☺☺ **Diglycerin**(디글리세린)

☺☺☺ **Diglycol/Isophthalates/SIP Copolymer**(디글라이콜/이소프탈레이트/시프코폴리머)

💣💣💣 **Dihydrogenated Tallowamidoethyl Hydroxyethylmonium Methosulfate**(디하이드로제네이티드탈로우아미도에칠하이드록시에칠모늄메토설페이트)

☺☺ **Dihydroxyacetone**(디하이드록시아세톤)

💣💣💣 **Diiodomethyltolylsulfone**(디이오도메칠톨릴설폰)

☺☺☺ **Diisopropyl Adipate**(디이소프로필아디페이트)

☺☺ **Diisopropyl Dimer Dilinoleate**(디이소프로필다이머디리놀리에이트)

☺ **Diisopropyl Sebacate**(디이소프로필세바케이트)

☺ **Diisostearoyl Trimethylolpropane Siloxy Silicate**(디이소스테아로일트리메칠올프로판실록시실리케이트)

☺☺ **Diisostearyl Malate**(디이소스테아릴말레이트)

☺ **Dilauryl Thiodipropionate**(디라우릴치오디프로피오네이트)

☺☺☺ **Dilinoleic Acid**(디리놀레익애씨드)

☺ **Dimethicone**(디메치콘)

☺ **Dimethicone Copolyol**(디메치콘코폴리올)

☺ **Dimethicone Copolyol Avocadoate**(디메치콘코폴리올아보카도에이트)

☺ **Dimethicone Copolyol Beeswax**(디메치콘코폴리올비즈왁스)

☺ **Dimethicone Copolyol Cocoa Butterate**(디메치콘코폴리올코코아버터레이트)

☺ **Dimethicone Copolyol Behenate**(디메치콘코폴리올베헤네이트)

☺ **Dimethicone Copolyol Butyl Ether**(디메치콘코폴리올부틸에텔)

☺ **Dimethicone Copolyol Hydroxystearate**(디메치콘코폴리올하이드록시스테아레이트)

☺ **Dimethicone Copolyol Isostearate**(디메치콘코폴리올이소스테아레이트)

☺ **Dimethicone Copolyol Olivate**(디메치콘코폴리올올리베이트)

☺ **Dimethicone Crosspolymer**(디메치콘크로스폴리머)

☺ **Dimethicone/Sodium PG-Propyldimethicone Thiosulfate Copolymer**(디메치콘/소듐피지-프로필디메치콘치오설페이트코폴리머)

☺ **Dimethiconol**(디메치콘올)

☺ **Dimethiconol Behenate**(디메치콘올베헤네이트)

💣💣 **Dimethylamine**(디메칠아민)

☺☺ **Dimethyl Cocamine**(디메칠코카민)

☺☺ **Dimethyl Ether**(디메칠에텔)

💣💣 **Dimethyl MEA**(디메칠엠이에이)

☺ **Dimethylsilanol Hyaluronate**(디메칠실라놀하이알루로네이트)

☺ **Dioctylcyclohexane**(디옥틸사이클로

헥산)

☺☺ **Dioctyldodecyl Dimer Dilinoleate**(디옥틸도데실다이머디리놀리에이트)

☺☺ **Dioctyl Sodium Sulfosuccinate**(디옥틸소듐설포석시네이트)

☺☺☺ **Dioscorea Villosa Extract**(야생얌추출물)

💣💣 **Dipalmitoylethyl Dimonium Chloride**(디팔미토일에칠디모늄클로라이드)

☺☺ **Dipalmitoylethyl Hydroxyethylmonium Methosulfate**(디팔미토일에칠하이드록시에칠모늄메토설페이트)

☺☺☺ **Dipalmitoyl Hydroxyproline**(디팔미토일하이드록시프롤린)

☺ **Dipentaerythrityl Hexacaprylate/Hexacaprate**(디펜타에리스리틸헥사카프릴레이트/헥사카프레이트)

☺☺ **Dipentaerythrityl Hexahydroxystearate/Hexastearate/Hexarosinate**(디펜타에리스리틸헥사하이드록시스테아레이트/헥사스테아레이트/헥사로지네이트)

☺☺ **Dipentene**(디펜텐)

☺ **Diphenyl Dimethicone**(디페닐디메치콘)

☺☺☺ **Dipotassium Glycyrrhizate**(디포타슘글리시리제이트)

☺ **Dipropylene Glycol**(디프로필렌글라이콜)

☺☺☺ **Disodium Adenosine Triphosphate**(디소듐아데노신트리포스페이트)

☺ **Disodium Azelate**(디소듐아젤레이트)

☺☺ **Disodium Cocoamphodiacetate**

(디소듐코코암포디아세테이트)

☺☺☺ **Disodium Cocoyl Glutamate**(디소듐코코일글루타메이트)

☺ **Disodium Distyrylbiphenyl Disulfonate**(디소듐디스티릴바이페닐디설포네이트)

💣💣 **Disodium EDTA**(디소듐이디티에이)

☺☺ **Disodium Hydrogenated Tallow Glutamate**(디소듐하이드로제네이티드탈로우글루타메이트)

💣💣 **Disodium Laureth Sulfosuccinate**(디소듐라우레스설포석시네이트)

☺☺☺ **Disodium Lauroamphodiacetate**(디소듐라우로암포디아세테이트)

☺☺☺ **Disodium Lauryl Sulfosuccinate**(디소듐라우릴설포석시네이트)

☺☺ **Disodium NADH**(디소듐엔에이디에이치)

💣💣 **Disodium PEG-4 Cocamido MIPA-Sulfosuccinate**(디소듐피이지-4코카미도미파-설포석시네이트)

☺ **Disodium PEG-5 Laurylcitrate Sulfosuccinate**(디소듐피이지-5라우릴시트레이트설포석시네이트)

☺☺ **Disodium Phenyl Dibenzimidazole Tetrasulfonate**(디소듐페닐디벤즈이미다졸테트라설포네이트)

☺ **Disodium Phosphate**(디소듐포스페이트)

☺ **Disodium Pyrophosphate**(디소듐파이로포스페이트)

☺☺ **Disodium Ricinoleamido MEA-Sulfosuccinate**(디소듐리시놀레아미도엠이에이-설포석시네이트)

☺☺☺ **Disodium Stearoyl Glutamate**
(디소듐스테아로일글루타메이트)

☺ **Disperse Black 9**(디스퍼스블랙9)

☺ **Disperse Blue 3**(디스퍼스블루3)

💣💣 **Disperse Violet 1**(디스퍼스바이올렛
1)

☺☺☺ **Distarch Phosphate**(디스타치포스페
이트)

☺☺☺ **Disteardimonium Hectorite**(디스테
아르디모늄헥토라이트)

☺☺ **Distearoylethyl
Hydroxyethylmonium
Methosulfate**(디스테아로일에칠하이드
록시에칠모늄메토설페이트)

💣💣 **Distearyldimonium Chloride**
(디스테아릴디모늄클로라이드)

☺☺ **Distearyl Ether**(디스테아릴에텔)

💣 **Ditallowdimonium Chloride**(디탈로
우디모늄클로라이드)

☺ **Divinyldimethicone/Dimethicone
Copolymer**(디비닐디메치콘/디메치콘
코폴리머)

💣💣 **DMDM Hydantoin**(디엠디엠하이단토
인)

💣 **Dodecane**(도데칸)

☺☺ **Dodecyl Gallate**(도데실갈레이트)

💣 **Drometrizole Trisiloxane**(드로메트
리졸트리실록산)

☺☺☺ **Durvillea Antartica Extract**(두르빌
레아안타르티카추출물)

E

☺☺☺ **Echinacea Angustifolia Extract**
(에키나세아추출물)

☺☺☺ **Echium Lycopsis Fruit Oil**(블루위드
열매오일)

☺☺☺ **Echium Plantagineum Seed Oil**
(블루위드씨오일)

☺☺☺ **Eclipta Prostrata Extract**(한련초추
출물)

☺☺☺ **Ectoin**(엑토인)

💣💣 **EDTA**(이디티에이)

☺☺☺ **Elaeis Guineensis Oil**(기름야자오일)

☺☺ **Elastin**(엘라스틴)

☺☺☺ **Elettaria Cardamomum Seed
Oil**(소두구씨오일)

☺☺☺ **Enteromorpha Compressa
Extract**(납작파래추출물)

☺☺☺ **Epilobium Angustifolium
Extract**(분홍바늘꽃추출물)

☺☺☺ **Equisetum Arvense**(쇠뜨기)

☺☺☺ **Equisetum Hiemale Extract**
(속새추출물)

☺☺☺ **Eriobotrya Japonica Leaf
Extract**(비파나무잎추출물)

☺ **Erythorbic Acid**(에리소빅애씨드)

☺☺☺ **Erythrulose**(에리스룰로오스)

☺☺☺ **Escin**(에스신)

☺☺☺ **Esculin**(에스쿨린)

☺ **Ethanolamine**(에탄올아민)

💣💣 **Ethoxydiglycol**(에톡시디글라이콜)

☺☺☺ **Ethyl Acetate**(에칠아세테이트)

☺☺ **Ethylbisiminomethylguaiacol
Manganese Chloride**(에칠비스이미노
메칠구아이아콜망가니스클로라이드)

☺☺ **Ethyl Diisopropylcinnamate**
(에칠 디이소프로필신나메이트)

☺ **Ethylene/Acrylic Acid
Copolymer**(에칠렌/아크릴릭애씨드코
폴리머)

☺ **Ethylene/VA Copolymer**(에칠렌/브
이에이코폴리머)

☺ **Ethyl Ester of PVM/MA**

Copolymer(에칠에스터오브피브이엠/엠에이코폴리머)

☺☺ **Ethylhexyl Cocoate**(에칠헥실코코에이트)

☺ **Ethylhexyl Dimethyl PABA**(에칠헥실디메칠파바)

☺☺☺ **Ethylhexyl Ethylhexanoate**(에칠헥실에칠헥사노에이트)

☺☺☺ **Ethylhexylglycerin**(에칠헥실글리세린)

☺☺☺ **Ethylhexyl Hydroxystearate**(에칠헥실하이드록시스테아레이트)

☺ **Ethylhexyl Methoxycinnamate**(에칠헥실메톡시신나메이트)

☺☺☺ **Ethylhexyl Palmitate**(에칠헥실팔미테이트)

☺☺ **Ethylhexyl Salicylate**(에칠헥실살리실레이트)

☺☺☺ **Ethylhexyl Stearate**(에칠헥실스테아레이트)

☺☺☺ **Ethylhexyl Triazone**(에칠헥실트리아존)

☺☺☺ **Ethyl Linoleate**(에칠리놀리에이트)

☺☺☺ **Ethyl Myristate**(에칠미리스테이트)

☺☺☺ **Ethyl Palmitate**(에칠팔미테이트)

☺ **Ethylparaben**(에칠파라벤)

☺☺☺ **Ethyl Stearate**(에칠스테아레이트)

☺☺ **Ethyl Urocanate**(에칠우로카네이트)

💣💣 **Etidronic Acid**(에티드로닉애씨드)

☺☺☺ **Eucalyptus Globulus**(유칼립투스)

☺☺☺ **Eucommia Ulmoides Leaf Extract**(두충나무잎추출물)

☺☺☺ **Eugenia Caryophyllus**(클로브)

☺☺ **Eugenol**(유제놀)

☺☺☺ **Euphorbia Cerifera Wax**(칸데릴라왁스)

☺☺☺ **Euphrasia Officinalis**(아이브라이트)

☺☺☺ **Euterpe Oleracea Fruit Extract** (아사이야자추출물)

☺ **Evernia Furfuracea Extract**(나무이끼추출물)

☺ **Evernia Prunastri Extract**(참나무이끼추출물)

☺☺☺ **Faex**(효모)

☺☺☺ **Fagus Sylvatica**(너도밤나무)

☺☺ **Farnesol**(파네솔)

☺☺ **Farnesyl Acetate**(파네실아세테이트)

☺☺☺ **Ferula Aassa Foetida Root Extract**(아위뿌리추출물)

☺☺☺ **Ficus Carica Fruit Extract**(무화과추출물)

☺☺☺ **Foeniculum Vulgare**(회향)

☺☺☺ **Folic Acid**(폴릭애씨드)

☺☺☺ **Fomes Officinalis Extract**(말굽잔나비버섯추출물)

💣💣💣 **Formaldehyde**(포름알데하이드)

☺☺☺ **Formic Acid**(포르믹애씨드)

☺☺☺ **Fragaria Ananassa Seed Oil** (딸기 씨오일)

☺☺☺ **Fructose**(프룩토오스)

☺☺☺ **Fucus Vesiculosus Extract**(블래더랙엘지추출물)

☺☺☺ **Fumaric Acid**(푸마릭애씨드)

☺☺☺ **Galactoarabinan**(갈락토아라비난)

☺☺☺ **Gamma Methyl Ionone**(감마메칠이오논)

☺☺☺ **Ganoderma Lucidum Stem Extract**(영지줄기추출물)

☺☺☺ **Garcinia Cambogia Fruit Extract**(가르시니아열매추출물)

☺☺☺ **Garcinia Indica Seed Butter** (코쿰 씨드버터)

☺☺☺ **Gardenia Florida Oil**(치자오일)

☺☺☺ **Gardenia Tahitensis Flower Extract**(띠아레꽃추출물)

☺☺☺ **Gaultheria Procumbens(Wintergreen) Leaf Extract**(윈터그린잎추출물)

☺☺ **Gelatin**(젤라틴)

☺☺☺ **Gelidiella Acerosa Extract**(겔리디엘라아세로사추출물)

☺☺ **Geraniol**(제라니올)

☺☺☺ **Geranium Maculatum Oil**(제라늄오일)

☺☺☺ **Geranium Robertianum Extract** (제주이질풀추출물)

☺☺☺ **Ginkgo Biloba**(은행)

☺☺☺ **Glucamine**(글루카민)

☺☺ **Glucosamine HCL**(글루코사민에이치씨엘)

☺☺☺ **Glucose**(글루코오스)

☺☺ **Glucose Glutamate**(글루코오스글루타메이트)

☺☺☺ **Glucose Oxidase**(글루코오스옥시다아제)

☺☺☺ **Glucosylrutin**(글루코실루틴)

☺☺☺ **Glutamic Acid**(글루타믹애씨드)

💣💣 **Glutaral**(글루타랄)

☺☺☺ **Glutathione**(글루타치온)

💣💣 **Glycereth-7**(글리세레스-7)

💣💣 **Glycereth-7 Benzoate**(글리세레스-7벤조에이트)

💣💣💣 **Glycereth-5 Lactate**(글리세레스-5락테이트)

💣💣💣 **Glycereth-26 Phosphate**(글리세레스-26포스페이트)

💣💣💣 **Glycereth-20 Stearate**(글리세레스-20 스테아레이트)

💣💣💣 **Glycereth-7 Triacetate**(글리세레스-7트리아세테이트)

☺☺☺ **Glycerin**(글리세린)

☺☺☺ **Glyceryl Caprate**(글리세릴카프레이트)

☺☺☺ **Glyceryl Caprylate**(글리세릴카프릴레이트)

☺☺☺ **Glyceryl Citrate/Lactate/Linoleate/Oleate** (글리세릴시트레이트/락테이트/리놀리에이트/올리에이트)

☺☺☺ **Glyceryl Cocoate**(글리세릴코코에이트)

☺☺☺ **Glyceryl Dioleate**(글리세릴디올리에이트)

☺☺☺ **Glyceryl Lactate**(글리세릴락테이트)

☺☺☺ **Glyceryl Lanolate**(글리세릴라놀레이트)

☺☺☺ **Glyceryl Laurate**(글리세릴라우레이트)

☺☺☺ **Glyceryl Linolenate**(글리세릴리놀리네이트)

☺☺☺ **Glyceryl Myristate**(글리세릴미리스테이트)

☺☺☺ **Glyceryl Oleate**(글리세릴올리에이트)

☺☺☺ **Glyceryl Oleate Citrate**(글리세릴올리에이트시트레이트)

☺☺☺ **Glyceryl Palmitate**(글리세릴팔미테이트)

☺ **Glyceryl Polymethacrylate**(글리세릴폴리메타크릴레이트)

☺☺☺ **Glyceryl Ricinoleate**(글리세릴리시놀리에이트)

☺☺☺ **Glyceryl Rosinate**(글리세릴로지네이트)

화장품 성분 사전

☺ ☺ ☺ **Glyceryl Stearate**(글리세릴스테아레이트)

☺ ☺ ☺ **Glyceryl Stearate Citrate**(글리세릴스테아레이트시트레이트)

☺ ☺ ☺ **Glyceryl Stearate SE**(글리세릴스테아레이트에스이)

☺ ☺ ☺ **Glycine**(글라이신)

☺ ☺ ☺ **Glycine Hispida Extract**(잠두콩추출물)

☺ ☺ ☺ **Glycine Soja**(글라이신소자)

☺ ☺ **Glycogen**(글리코겐)

☺ **Glycol**(글라이콜)

☺ ☺ **Glycol Distearate**(글라이콜디스테아레이트)

☺ ☺ **Glycol Montanate**(글라이콜몬타네이트)

☺ ☺ **Glycol Palmitate**(글라이콜팔미테이트)

☺ ☺ **Glycol Stearate**(글라이콜스테아레이트)

☺ ☺ ☺ **Glycolipids**(글라이코리피드)

☺ ☺ ☺ **Glycosaminoglycans**(글라이코스아미노글리칸)

☺ ☺ ☺ **Glycyrrhetinic Acid**(글리시레티닉애씨드)

☺ ☺ ☺ **Glycyrrhiza Glabra**(감초)

☺ ☺ ☺ **Glycyrrhiza Inflata Extract**(감초추출물)

☺ ☺ ☺ **Gnaphalium Leontopodium Flower Extract**(에델바이스꽃추출물)

💣💣💣 **Glyoxal**(글리옥살)

☺ ☺ ☺ **Gold Powder**(금가루)

☺ ☺ ☺ **Gossypium Herbaceum Extract**(목화추출물)

☺ ☺ ☺ **Guaiazulene**(구아이아줄렌)

☺ ☺ **Guanine**(구아닌)

☺ ☺ ☺ **Guanosine**(구아노신)

💣💣 **Guar Hydroxypropyltrimonium Chloride**(구아하이드록시프로필트리모늄클로라이드)

☺ ☺ ☺ **Hamamelis Virginiana Extract**(위치하젤추출물)

☺ ☺ ☺ **Harpagophytum Procumbens Root Extract**(악마의발톱뿌리추출물)

☺ ☺ **HDI/Trimethylol Hexyllactone Crosspolymer**(에이치디아이/트리메칠올헥실락톤크로스폴리머)

☺ ☺ ☺ **Hectorite**(헥토라이트)

☺ ☺ ☺ **Hedera Helix Extract**(서양송악추출물)

☺ ☺ ☺ **Helianthus Annuus Seed Oil**(해바라기씨오일)

☺ ☺ ☺ **Helichrysum Arenarium Extract**(에버라스팅추출물)

💣 **Hexadimethrine Chloride**(헥사디메스린클로라이드)

☺ **Hexamethyldisiloxane**(헥사메칠디실록산)

💣💣 **Hexamidine Diisethionate**(헥사미딘디이세치오네이트)

☺ **1,2-Hexanediol**(1,2-헥산디올)

💣 **Hexanediol Beeswax**(헥산디올비즈왁스)

💣 **Hexetidine**(헥세티딘)

☺ ☺ **Hexyl Cinnamal**(헥실신남알)

☺ **Hexylene Glycol**(헥실렌글라이콜)

☺ ☺ ☺ **Hexyl Laurate**(헥실라우레이트)

☺ ☺ ☺ **Hibiscus Esculentus Seed Extract**(오크라씨추출물)

☺ ☺ ☺ **Hibiscus Rosa-Sinensis Extract**(하와이무궁화추출물)

☺ ☺ ☺ **Hibiscus Sabdariffa**(히비스커스)

☺☺☺ **Hippophae Rhamnoides**(산자나무)

☺☺☺ **Histidine**(히스티딘)

☺☺ **Histidine Hydrochloride**(히스티딘 하이드로클로라이드)

☺☺ **Honey Extract**(꿀추출물)

☺☺☺ **Hordeum Vulgare Extract**(보리추출물)

☺☺☺ **Houttuynia Cordata Extract**(어성초 추출물)

☺☺☺ **Humulus Lupulus Extract**(호프추출물)

☺☺☺ **Hyaluronic Acid**(하이알루로닉애씨드)

☺☺☺ **Hydrated Silica**(하이드레이티드실리카)

☺☺ **Hydrochloric Acid**(하이드로클로릭애씨드)

☺☺ **Hydrogenated Caprylyl Olive Esters**(하이드로제네이티드카프릴릴올리브에스터)

☺☺☺ **Hydrogenated Castor Oil**(하이드로제네이티드캐스터오일)

☺☺☺ **Hydrogenated Coco-Glycerides**(하이드로제네이티드코코-글리세라이드)

☺☺☺ **Hydrogenated Coconut Oil**(하이드로제네이티드코코넛오일)

☺☺☺ **Hydrogenated Cottonseed Oil**(하이드로제네이티드목화씨오일)

☺☺☺ **Hydrogenated Glycerin**(하이드로제네이티드글리세린)

☺☺☺ **Hydrogenated Jojoba Oil**(하이드로제네이티드호호바오일)

☺☺☺ **Hydrogenated Lanolin**(하이드로제네이티드라놀린)

☺☺☺ **Hydrogenated Lecithin**(하이드로제네이티드레시틴)

☺☺☺ **Hydrogenated Palm Glyceride**(하이드로제네이티드팜글리세라이드)

☺☺☺ **Hydrogenated Palm Glycerides Citrate**(하이드로제네이티드팜글리세라이드시트레이트)

☺☺☺ **Hydrogenated Palm Kernel Glycerides**(하이드로제네이티드팜커넬글리세라이드)

☺☺☺ **Hydrogenated Palm Kernel Oil**(하이드로제네이티드팜커넬오일)

☺☺☺ **Hydrogenated Palm Oil**(하이드로제네이티드팜오일)

☺☺☺ **Hydrogenated Phosphatidylcholine**(하이드로제네이티드포스파티딜콜린)

☺☺☺ **Hydrogenated Polydecene**(하이드로제네이티드폴리데센)

☺ **Hydrogenated Polyisobutene** (하이드로제네이티드폴리이소부텐)

☺☺☺ **Hydrogenated Rapeseed Oil**(하이드로제네이티드레이프씨드오일)

☺☺ **Hydrogenated Stearyl Olive Esters**(하이드로제네이티드스테아릴올리브에스터)

☺☺ **Hydrogenated Tallow Glyceride Citrate**(하이드로제네이티드탈로우글리세라이드시트레이트)

☺☺☺ **Hydrogenated Vegetable Oil** (하이드로제네이티드식물성오일)

☺☺☺ **Hydrogen Peroxide**(하이드로젠퍼옥사이드)

☺☺☺ **Hydrolyzed Actin**(하이드롤라이즈드액틴)

☺☺☺ **Hydrolyzed Beeswax**(하이드롤라이즈드비즈왁스)

☺☺☺ **Hydrolyzed Casein**(하이드롤라이즈드카세인)

☺☺ **Hydrolyzed Collagen**(하이드롤라이즈드콜라겐)

화장품 성분 사전

☺☺☺ **Hydrolyzed Conchiolin Protein**
(하이드롤라이즈드콘키올린프로테인)

☺☺ **Hydrolyzed Elastin**(하이드롤라이즈드
엘라스틴)

☺☺☺ **Hydrolyzed Hazelnut Protein**
(하이드롤라이즈드헤이즐넛단백질)

☺☺☺ **Hydrolyzed Hibiscus Esculentus
Extract**(하이드롤라이즈드오크라추출물)

☺☺☺ **Hydrolyzed Keratin**(하이드롤라이즈
드케라틴)

☺☺☺ **Hydrolyzed Lupine Protein**(하이드
롤라이즈드루핀프로테인)

☺☺☺ **Hydrolyzed Milk Protein**(하이드롤라
이즈드밀크프로테인)

☺☺☺ **Hydrolyzed Oats**(하이드롤라이즈드귀
리)

☺☺☺ **Hydrolyzed Pearl**(하이드롤라이즈드
펄)

☺☺☺ **Hydrolyzed Potato Protein**(하이드
롤라이즈드감자단백질)

☺☺☺ **Hydrolyzed Rhizobian Gum**(하이드
롤라이즈드라이조비안검)

☺☺☺ **Hydrolyzed Rice Protein**(하이드롤라
이즈드쌀단백질)

☺☺☺ **Hydrolyzed Silk**(하이드롤라이즈드 실
크)

☺☺☺ **Hydrolyzed Soy Protein**(하이드롤라
이즈드콩단백질)

☺☺☺ **Hydrolyzed Wheat Protein**(하이드
롤라이즈드밀단백질)

☺☺☺ **Hydrolyzed Wheat Starch**(하이드롤
라이즈드밀전분)

☺☺☺ **Hydrolyzed Yeast Protein**(하이드롤
라이즈드효모단백질)

☺ **Hydroquinone**(하이드로퀴논)

💣 **4-Hydroxybenzoic Acid**(4-하이드록
시벤조익애씨드)

☺ **Hydroxycitronellal**(하이드록시시트로
넬알)

☺☺ **Hydroxyethylcellulose**(하이드록시
에칠셀룰로오스)

☺ **Hydroxyisohexyl 3-Cyclohexene
Carboxaldehyde**(하이드록시이소헥실
3-사이클로헥센카복스알데하이드)

☺☺ **Hydroxyethyl Cetyldimonium
Phosphate**(하이드록시에칠세틸디모늄
포스페이트)

☺ **1-Hydroxyethyl 4,5-Diamino
Pyrazole Sulfate**(1-하이드록시에칠
4,5-디아미노피라졸설페이트)

💣 **Hydroxylamine HCl**(하이드록실아민
에이치씨아이)

☺ **Hydroxymethylpentylcycloh
exenecarboxaldehyde**(하이드록시메
칠펜틸사이클로헥센카복스알데하이드)

☺☺ **Hydroxyoctacosanylhy
droxystearate**(하이드록시옥타코사닐
하이드록시스테아레이트)

☺☺☺ **Hydroxypalmitoyl Sphinganine**
(하이드록시팔미토일스핑가닌)

💣💣 **Hydroxypropyl BIS HCl**(하이드록시
프로필비아이에스에이치씨아이)

☺ **Hydroxypropyl Chitosan**(하이드록시
프로필키토산)

💣 **Hydroxypropyl Guar**(하이드록시프로
필구아)

💣💣 **Hydroxypropyl Guar
Hydroxypropyltrimonium
Chloride**(하이드록시프로필구아하이드
록시프로필트리모늄클로라이드)

☺ **Hydroxypropyl Methylcellulose**
(하이드록시프로필메칠셀룰로오스)

☺☺ **Hydroxypropyl Starch
Phosphate**(하이드록시프로필스타치포

스페이트)

☻ **Hydroxypropyltrimonium Hydrolyzed Collagen**(하이드록시프로필트리모늄하이드롤라이즈드콜라겐)

☻ **Hydroxypropyltrimonium Hydrolyzed Silk**(하이드록시프로필트리모늄하이드롤라이즈드실크)

☺☺☺ **Hydroxystearic Acid**(하이드록시스테아릭애씨드)

☺☺ **Hydroxystearyl Cetyl Ether**(하이드록시스테아릴세틸에텔)

☺☺☺ **Hypericum Perforatum**(서양고추나물)

☺☺☺ **Hypnea Musciformis Extract**(갈고리가시우무추출물)

☺☺☺ **Ilex Paraguariensis Leaf Extract**(마테잎추출물)

☻☻ **Imidazolidinyl Urea**(이미다졸리디닐우레아)

☺☺☺ **Imperata Cylindrica Root Extract**(모근추출물)

☺☺☺ **Indigofera Argentea**(인디고페라아르젠테아)

☺☺☺ **Indigofera Tinctoria**(인도쪽)

☺☺☺ **Inositol**(이노시톨)

☻☻☻ **Iodized Corn Protein**(아이오다이즈드옥수수단백질)

☻☻☻ **Iodized Garlic Extract**(아이오다이즈드갈릭추출물)

☻☻☻ **Iodized Hydrolyzed Zein**(아이오다이즈드하이드롤라이즈드제인)

☻☻☻ **Iodopropynyl Butylcarbamate**(아이오도프로피닐부틸카바메이트)

☺☺☺ **Iris Ensata Extract**(꽃창포추출물)

☺☺☺ **Iris Pallida Root Extract**(달마시안아이리스뿌리추출물)

☺☺☺ **Iron Hydroxide**(아이런하이드록사이드)

☺☺☺ **Irvingia Gabonensis Kernel Butter**(와일드망고커넬버터)

☺☺ **Isoamyl p-Methoxycinnamate**(이소아밀p-메톡시신나메이트)

☺ **Isobutane**(이소부탄)

☺ **Isobutylparaben**(이소부틸파라벤)

☺☺ **Isocetyl Alcohol**(이소세틸알코올)

☺☺ **Isocetyl Stearate**(이소세틸스테아레이트)

☺☺ **Isodecyl Neopentanoate**(이소데실네오펜타노에이트)

☺ **Isododecane**(이소도데칸)

☺ **Isoeugenol**(이소유제놀)

☺ **Isohexadecane**(이소헥사데칸)

☺☺ **Isononyl Isononanoate**(이소노닐이소노나노에이트)

☺☺ **Isopentyldiol**(이소펜틸디올)

☺ **Isopropane**(이소프로판)

☺☺ **Isopropyl Alcohol**(이소프로필알코올)

☺ **Isopropyl Dibenzoylmethane**(이소프로필디벤조일메탄)

☺ **Isopropyl Isostearate**(이소프로필이소스테아레이트)

☺☺ **Isopropyl Lanolate**(이소프로필라놀레이트)

☺☺ **Isopropyl Methoxycinnamate**(이소프로필메톡시신나메이트)

☺☺ **Isopropyl Myristate**(이소프로필미리스테이트)

☺☺ **Isopropyl Palmitate**(이소프로필팔미테이트)

☺ **Isopropylparaben**(이소프로필파라벤)

☺☺ **Isopropyl Stearate**(이소프로필스테아

레이트)

☺ **Isopropyl Titanium Triisostearate**(이소프로필티타늄트리이소스테아레이트)

☺☺☺ **Isoquercitrin**(이소쿼시트린)

☺☺ **Isostearic Acid**(이소스테아릭애씨드)

☺☺ **Isostearyl Alcohol**(이소스테아릴알코올)

☺☺ **Isostearyl Diglyceryl Succinate**(이소스테아릴디글리세릴석시네이트)

☺☺ **Isostearyl Isostearate**(이소스테아릴이소스테아레이트)

☺☺ **Isostearyl Neopentanoate**(이소스테아릴네오펜타노에이트)

☺☺☺ **Jasminum Officinale**(쟈스민)

☺☺☺ **Jasminum Sambac Flower Wax**(말리화꽃왁스)

☺☺ **Jojoba Esters**(호호바에스터)

☺☺☺ **Juglans Regia Shell Extract**(호두 껍질추출물)

☺ **Juniperus Oxycedrus Wood Tar**(프릭클리주니퍼목타르)

☺☺☺ **Juniperus Communis Fruit Extract**(두송열매추출물)

☺☺ **Juniperus Virginiana Oil**(연필향나무오일)

☺☺☺ **Kaempferia Galanga Root Extract**(갈랑가뿌리추출물)

☺☺☺ **Kaolin**(카올린)

☺☺ **Keratin**(케라틴)

☺☺☺ **Kigelia Africana Fruit Extract**(소시지나무열매추출물)

☺☺☺ **Kniphofia Uvaria Nectar**(트리토마넥타)

☺☺☺ **Krameria Triandra Root Extract**(라타니아뿌리추출물)

☺☺☺ **Lac**(우유)

☺☺ **Lactamide MEA**(락타마이드엠이에이)

☺☺ **Lactic Acid**(락틱애씨드)

☺☺☺ **Lactis Proteinum**(우유단백질)

☺☺ **Lactobazillus Ferment**(락토바실러스발효물)

☺☺☺ **Lactoperoxidase**(락토퍼옥시다아제)

☺☺☺ **Lactose**(락토오스)

☺☺☺ **Laminaria Digitata Extract**(호스테일켈프추출물)

☺☺☺ **Laminaria Saccharina Extract**(슈가켈프추출물)

💣💥 **Laneth-10**(라네스-10)

☺☺☺ **Lanolin**(라놀린)

☺☺☺ **Lanolin Acid**(라놀린애씨드)

☺☺☺ **Lanolin Alcohol**(라놀린알코올)

☺☺☺ **Lanolin Cera**(라놀린왁스)

☺☺☺ **Lanolin Liquida**(라놀린오일)

☺ **Lard Glycerides**(라드글리세라이드)

☺☺☺ **Larrea Divaricata Extract**(차파랄추출물)

💣💥 **Lauramide DEA**(라우라마이드디이에이)

☺☺ **Lauramidopropyl Betaine**(라우라미도프로필베타인)

☺ **Lauramine Oxide**(라우라민옥사이드)

☺ **Laurdimonium Hydroxypropyl**

Hydrolyzed Soy Protein(라우르디모늄하이드록시프로필하이드롤라이즈드콩단백질)

☺ **Laurdimonium Hydroxypropyl Hydrolyzed Wheat Protein**(라우르디모늄하이드록시프로필하이드롤라이즈드밀단백질)

💣💣💣 **Laureth-2,-3,-4,-7**(라우레스-2,-3,-4,-7)

💣💣💣 **Laureth-5 Carboxylic Acid**(라우레스-5카복실릭애씨드)

💣💣💣 **Laureth-8 Phosphate**(라우레스-8포스페이트)

☺☺☺ **Lauric Acid**(라우릭애씨드)

☺☺☺ **Lauroyl Lysine**(라우로일라이신)

☺☺☺ **Laurus Nobilis**(월계수)

☺☺ **Lauryl Aminopropylglycine**(라우릴아미노프로필글라이신)

☺☺ **Lauryl Betaine**(라우릴베타인)

☺☺ **Lauryl Diethylenediaminoglycine**(라우릴디에칠렌디아미노글라이신)

☺☺ **Lauryldimonium Hydroxypropyl Hydrolyzed Collagen**(라우릴디모늄하이드록시프로필하이드롤라이즈드콜라겐)

☺☺☺ **Lauryl Glucoside**(라우릴글루코사이드)

☺☺ **Lauryl Hydroxysultaine**(라우릴하이드록시설테인)

☺☺☺ **Lauryl Lactate**(라우릴락테이트)

☺ **Laurylmethicone Copolyol**(라우릴메치콘코폴리올)

💣💣 **Lauryl Methyl Gluceth-10 Hydroxypropyldimonium Chloride**(라우릴메칠글루세스-10하이드록시프로필디모늄클로라이드)

☺☺ **Lauryl Octanoate**(라우릴옥타노에이트)

☺☺☺ **Lauryl PCA**(라우릴피씨에이)

☺☺☺ **Lauryl Polyglucose**(라우릴폴리글루코오스)

💣💣💣 **Laurylpyridinium Chloride**(라우릴피리디늄클로라이드)

☺☺☺ **Lauryl Pyrrolidone**(라우릴피롤리돈)

☺☺☺ **Lavandula Angustifolia**(라벤더)

☺☺☺ **Lavandula Hybrida Oil**(라반딘오일)

☺☺☺ **Lawsonia Inermis**(헤나)

☺☺☺ **Lecithin**(레시틴)

☺☺☺ **Lentinus Edodes Extract**(표고버섯추출물)

☺☺☺ **Leontopodium Alpinum Flower Extract**(에델바이스추출물)

☺☺☺ **Leptospermum Scoparium**(마누카)

☺☺☺ **Leucine**(류신)

☺☺☺ **Levulinic Acid**(레불리닉애씨드)

☺ **Lilial**(릴리알)

☺☺☺ **Lilium Candidum Flower Extract**(마돈나백합꽃추출물)

☺☺☺ **Limnanthes Alba Seed Oil**(메도우폼씨오일)

☺☺ **Limonene**(리모넨)

☺☺ **Linalool**(리날룰)

💣💣 **Linoleamide DEA**(리놀레아마이드디이에이)

☺ **Linoleamide MEA**(리놀레아마이드엠이에이)

💣💣 **Linoleamidopropyl PG-Dimonium Chloride Phosphate**(리놀레아미도프로필피지-디모늄클로라이드포스페이트)

☺☺☺ **Linoleic Acid**(리놀레익애씨드)

☺☺☺ **Linum Usitatissimum Seed Extract**(아마인추출물)

☺☺☺ **Lippia Citriodora Leaf Extract**(레몬버베나잎추출물)

☺☺☺ **Litchi Chinensis Fruit Extract**(리치

열매추출물)

☺☺☺ **Lithium Magnesium Sodium Silicate**(리튬마그네슘소듐실리케이트)

☺☺☺ **Lithospermum Officinale Extract**(지치추출물)

☺☺☺ **Lithothamnium Calcarum Powder**(리토탐니움칼카룸가루)

☺☺☺ **Litsea Cubeba Oil**(메이창오일)

☺☺☺ **Loess Extract**(황토추출물)

☺☺☺ **Luffa Cylindrica Seed Oil**(수세미씨오일)

☺☺☺ **Lupinus Albus Seed Extract**(하얀루핀씨추출물)

☺☺☺ **Lycium Chinense Fruit Extract**(구기자추출물)

☺☺☺ **Lysine**(라이신)

☺☺☺ **Lysine Hydrochloride**(라이신하이드로클로라이드)

☺☺☺ **Lysolecithin**(라이소레시틴)

☺☺☺ **Lythrum Salicaria Extract**(털부처꽃추출물)

M

☺☺☺ **Macadamia Ternifolia Seed Oil**(마카다미아씨오일)

☺☺☺ **Macrocystis Pyrifera Extract**(자이언트켈프추출물)

☺☺ **Magnesium Aluminium Silicate**(마그네슘알루미늄실리케이트)

☺☺☺ **Magnesium Ascorbyl Phosphate**(마그네슘아스코빌포스페이트)

☺☺☺ **Magnesium Aspartate**(마그네슘아스파테이트)

☺☺☺ **Magnesium Carbonate**(마그네슘카보네이트)

☺☺☺ **Magnesium Chloride**(마그네슘클로라이드)

💣💣 **Magnesium Laureth Sulfate**(마그네슘라우레스설페이트)

💣💣 **Magnesium Laureth-8 Sulfate**(마그네슘라우레스-8설페이트)

☺☺ **Magnesium Lauryl Sulfate**(마그네슘라우릴설페이트)

☺☺☺ **Magnesium Myristate**(마그네슘미리스테이트)

💣💣 **Magnesium Oleth Sulfate**(마그네슘올레스설페이트)

☺☺☺ **Magnesium Stearate**(마그네슘스테아레이트)

☺☺☺ **Magnesium Sulfate**(마그네슘설페이트)

☺☺☺ **Magnolia Acuminata Flower Extract**(마그놀리아꽃추출물)

☺☺☺ **Magnolia Kobus Bark Extract**(목련나무껍질추출물)

☺☺☺ **Malic Acid**(말릭애씨드)

☺☺☺ **Malpighia Punicifolia Fruit Extract**(아세로라추출물)

☺☺☺ **Malt Extract**(맥아추출물)

☺☺☺ **Maltodextrin**(말토덱스트린)

☺☺☺ **Malva Sylvestris**(말로우)

☺☺ **Manganese Sulfate**(망가니즈설페이트)

☺☺☺ **Mangifera Indica Fruit Extract**(망고추출물)

☺☺☺ **Manihot Esculenta**(타피오카)

☺☺☺ **Mannitol**(만니톨)

☺☺☺ **Maris Limus Extract**(씨실트추출물)

☺☺☺ **Maris Sal**(바닷소금)

☺☺☺ **Marrubium Vulgare Extract**(쓴박하추출물)

💣💣 **MDM Hydantoin**(엠디엠하이단토인)

☺ **MEA-Lauryl Sulfate**(엠이에이-라우릴설페이트)

☺☺☺ **Medicago Sativa Extract**(자주개자리추출물)

☺☺☺ **Mel**(꿀)

☺☺☺ **Melaleuca Alternifolia Leaf Oil**(티트리잎오일)

☺☺☺ **Melia Azadirachta**(인도멀구슬나무)

☺☺☺ **Melilotus Officinalis Extract**(노랑스위트클로버추출물)

☺☺☺ **Melissa Officinalis**(레몬밤)

☺☺☺ **Mentha Piperita**(페퍼민트)

☺☺☺ **Mentha Spicata Extract**(양박하추출물)

☺☺☺ **Mentha Viridis Leaf Oil**(스피어민트잎오일)

☺☺☺ **Menthol**(멘톨)

☺☺☺ **Meristem**(분열조직)

☺ **Methicone**(메치콘)

☺☺☺ **Methionine**(메치오닌)

☺☺ **4-Methylbenzylidene Camphor**(4-메칠벤질리덴캠퍼)

☺☺☺ **Methylcellulose**(메칠셀룰로오스)

💣💣💣💣 **Methylchloroisothiazolinone**(메칠클로로이소치아졸리논)

☺☺ **Methyl Cocoate**(메칠코코에이트)

💣💣💣💣 **Methyldibromo Glutaronitrile**(메칠디브로모글루타로나이트릴)

☺☺ **Methylene Bis-Benzotriazolyl Tetramethylbutylphenol**(메칠렌비스-벤조트리아졸릴테트라메칠부틸페놀)

💣💣 **Methyl Gluceth-10,-20**(메칠글루세스-10,-20)

☺☺☺ **Methyl Glucose Dioleate**(메칠글루코오스디올리에이트)

☺☺ **Methyl Glucose Sesquiisostearate**(메칠글루코오스세

스퀴이소스테아레이트)

☺☺ **1-Methylhydantoin-2-Imide**(1-메칠하이단토인-2-이미드)

💣💣 **Methyl Hydroxyethylcellulose**(메칠하이드록시에칠셀룰로오스)

💣💣 **Methylisothiazolinone**(메칠이소치아졸리논)

☺☺ **Methyl Lactate**(메칠락테이트)

☺ **Methyl Methacrylate Crosspolymer**(메칠메타크릴레이트크로스폴리머)

☺ **Methyl 2-Octynoate**(메칠2-옥티노에이트)

☺ **Methylparaben**(메칠파라벤)

☺ **Methylpropanediol**(메칠프로판디올)

💣💣 **2-Methylresorcinol**(2-메칠레조시놀)

☺ **Methylsilanol Carboxymethyl Theophylline Alginate**(메칠실라놀카복시메칠테오필린알지네이트)

☺☺ **Methyl Tyrosinate HCl**(메칠타이로시네이트에이치씨엘)

☺☺☺ **Mica**(마이카)

☺☺☺ **Micrococcus Lysate**(마이크로코쿠스용해물)

☺☺☺ **Mimosa Tenuiflora**(미모사)

💣💣 **Mink Oil PEG-13 Esters**(밍크오일피이지-13에스터)

☺ **Mineral Oil**(미네랄오일)

☺☺☺ **Montmorillonite**(몬모릴로나이트)

☺☺☺ **Moringa Pterygosperma Seed Oil**(드럼스틱나무씨오일)

☺☺☺ **Moroccan Lava Clay**(모로코라바클레이)

☺☺☺ **Mortierella Isabellina**(모르티에렐라)

☺☺☺ **Morus Alba Fruit Extract**(오디추출물)

☺☺☺ **Morus Bombycis Leaf Extract**(산뽕나무잎추출물)

☺☺☺ **Morus Nigra Root Extract**(블랙멀베리뿌리추출물)

☺☺☺ **Mourera Fluviatilis Extract**(모우레라플루비아틸리스추출물)

☺☺ **Muscle Extract**(근육추출물)

💣💥💣 **Myreth-4**(미레스-4)

💣💥💣 **Myreth-3 Myristate**(미레스-3미리스테이트)

☺☺☺ **Myrica Cerifera**(베이베리)

☺☺☺ **Myristic Acid**(미리스틱애씨드)

☺☺☺ **Myristica Fragrans Kernel Oil**(육두구커넬오일)

☺☺ **Myristyl Alcohol**(미리스틸알코올)

☺☺ **Myristoyl Hydrolyzed Collagen**(미리스토일하이드롤라이즈드콜라겐)

☺☺☺ **Myristyl Lactate**(미리스틸락테이트)

☺☺☺ **Myristyl Myristate**(미리스틸미리스테이트)

☺☺☺ **Myristyl Octanoate**(미리스틸옥타노에이트)

☺☺☺ **Myrtus Communis Extract**(마텔추출물)

N

💣💥💣 **1-Naphtol, 2-Naphtol**(1-나프톨, 2-나프톨)

☺☺☺ **Narcissus Pseudo-Narcissus Flower Extract**(나팔수선화추출물)

☺☺☺ **Narcissus Tazetta Bulb Extract**(수선화비늘줄기추출물)

☺☺☺ **Nasturtium Officinale**(물냉이)

☺☺☺ **Nelumbo Nucifera Flower Extract**(연꽃추출물)

☺ **Neopentyl Glycol**(네오펜틸글라이콜)

☺ **Neopentyl Glycol Diheptanoate**(네오펜틸글라이콜디헵타노에이트)

☺☺☺ **Niacin**(나이아신)

☺☺☺ **Niacinamide**(나이아신아마이드)

☺☺☺ **Nicotiana Tabacum**(담배)

☺☺☺ **Nigella Sativa Seed Oil**(블랙커민씨오일)

💣💥💣 **Nonoxynol-2,-4,-10**(노녹시놀-2,-4,-10)

💣💥💣 **Nonoxynol-12 Iodine**(노녹시놀-12아이오딘)

💣💥💣 **Nordihydroguaiaretic Acid**(노르디하이드로구아이아레틱애씨드)

☺☺☺ **Nuphar Luteum Leaf Extract**(노랑수련잎추출물)

☺ **Nylon-6,-11,-12,-66**(나일론-6,-11,-12,-66)

☺☺☺ **Nymphaea Alba Extract**(수련추출물)

☺☺☺ **Nymphaea Coerulea Extract**(푸른연꽃추출물)

☺☺☺ **Nymphaea Odorata Root Extract**(향수련뿌리추출물)

O

☺☺☺ **Ocimum Basilicum Oil**(바실오일)

☺ **Octocrylene**(옥토크릴렌)

☺ **Octylacrylamide/Acrylates/Butylaminoethyl Methacrylate Copolymer**(옥틸아크릴아마이드/아크릴레이트/부틸아미노에칠메타크릴레이트코폴리머)

☺☺ **Octyldodecanol**(옥틸도데칸올)

☺☺☺ **Octyldodecyl Ethylhexanoate**(옥틸도데실에칠헥사노에이트)

☺☺☺ **Octyldodecyl Lanolate**(옥틸도데실라놀레이트)

☺☺☺ **Octyldodecyl Myristate**(옥틸도데실

미리스테이트)

☺☺ **Octyldodecyl Stearoyl Stearate**
(옥틸도데실스테아로일스테아레이트)

☺☺☺ **Oenothera Biennis**(달맞이꽃)

☺☺☺ **Olea Europaea**(올리브)

☺ **Oleamide DEA**(올레아마이드디이에이)

☺ **2-Oleamido-1,3-
Octadecanediol**(2-올레아미도-1,3-
옥타데칸디올)

☺☺☺ **Oleanolic Acid**(올레아놀릭애씨드)

☺☺☺ **Oleic Acid**(올레익애씨드)

☺☺☺ **Oleic/Linoleic/Linolenic
Polyglycerides**(올레익/리놀레익/리놀
레닉폴리글리세라이드)

☺☺ **Oleoyl Tyrosine**(올레오일타이로신)

💣💣 **Oleth-4**(올레스-4)

💣💣 **Oleth-3 Phosphate**(올레스-3포스페
이트)

☺☺☺ **Oleyl Alcohol**(올레일알코올)

☺☺☺ **Oleyl Erucate**(올레일에루케이트)

☺☺☺ **Oleyl Linoleate**(올레일리놀리에이트)

☺☺☺ **Oleyl Oleate**(올레일올리에이트)

☺☺ **Olivoyl Hydrolyzed Wheat
Protein**(올리보일하이드롤라이즈드밀
단백질)

☺☺☺ **Olus Vegetable Oil**(식물성오일)

☺☺☺ **Orbignya Oleifera Seed Oil**(바바수
씨오일)

☺☺☺ **Origanum Majorana**(꽃박하)

☺☺☺ **Ornithine**(오르니틴)

☺☺☺ **Orobanche Rapum Extract**(오로반
체라품추출물)

☺☺☺ **Oryza Sativa**(쌀)

☺☺☺ **Oryzanol**(오리자놀)

☺☺☺ **Ostrea Extract**(오스트레아추출물)

☺☺☺ **Ovum**(계란)

☺ **Oxidized Polyethylene**(옥시다이즈드
폴리에칠렌)

☺ **Ozokerite**(오조케라이트)

☺ **PABA**(파바)

☺☺☺ **Padina Pavonica Extract**(파디나파보
니카추출물)

☺☺☺ **Paeonia Albiflora Root Extract**
(작약추출물)

☺☺☺ **Paeonia Suffruticosa Root
Extract**(모란뿌리추출물)

☺☺☺ **Palm Glyceride**(팜글리세라이드)

☺☺☺ **Palmitic Acid**(팔미틱애씨드)

☺☺☺ **Palmitoyl Oligopeptide**(팔미토일올
리고펩타이드)

☺☺☺ **Palmitoyl Pentapeptide-3**(팔미토일
펜타펩타이드-3)

☺☺☺ **Palm Kernel Acid**(팜커넬애씨드)

☺☺☺ **Panax Ginseng Root Extract**(인삼추
출물)

☺☺☺ **Panicum Miliaceum Extract**(기장추
출물)

☺☺☺ **Pantenyl Ethyl Ether**(판테닐에칠에
텔)

☺☺ **Pantenyl Triacetate**(판테닐트리아세
테이트)

☺☺ **Pantethine**(판테친)

☺☺ **Panthenol**(판테놀)

☺☺ **Pantolactone**(판토락톤)

☺☺☺ **Papain**(파파인)

☺☺☺ **Papaver Rhoeas Extract**(개양귀비
추출물)

☺ **Paraben**(파라벤)

☺ **Paraffin**(파라핀)

☺ **Paraffinum Liquidum**(파라피눔리퀴
둠)

☺ ☺ ☺ **Passiflora Edulis Fruit Extract**(과물시계꽃열매추출물)

☺ ☺ ☺ **Passiflora Incarnata**(시계꽃)

☺ ☺ ☺ **Paullinia Cupana Seed Extract**(과라나씨추출물)

☺ ☺ ☺ **PCA**(피씨에이)

☺ **PCA Dimethicone**(피씨에이디메치콘)

☺ ☺ ☺ **PCA Ethyl Cocoyl Arginate**(피씨에이에칠코코일알지네이트)

☺ ☺ ☺ **Pectin**(펙틴)

💣💣 **PEG-4,-17,-8**(피이지-4,-17,-8)

💣💣 **PEG-32**(피이지-32)

💣💣 **PEG-350**(피이지-350)

💣💣 **PEG-8 Beeswax**(피이지-8비즈왁스)

💣💣 **PEG Castor Oil**(피이지캐스터오일)

💣💣 **PEG-2 Castor Oil**(피이지-2캐스터오일)

💣💣 **PEG-35 Castor Oil**(피이지-35캐스터오일)

💣💣 **PEG-22 Cetylstearyl Alcohol**(피이지-22세틸스테아릴알코올)

💣💣 **PEG-4 Cocoamido MIPA Sulfosuccinate**(피이지-4코코아미도미파설포석시네이트)

💣💣 **PEG-10 Cocoate**(피이지-10코코에이트)

💣💣 **PEG-3 Distearate**(피이지-3디스테아레이트)

💣💣 **PEG-150 Distearate**(피이지-150디스테아레이트)

💣💣 **PEG-22/Dodecyl Glycol Copolymer**(피이지-22/도데실글라이콜코폴리머)

💣💣 **PEG-45/Dodecyl Glycol Copolymer**(피이지-45/도데실글라이콜코폴리머)

💣💣 **PEG-20 Stearate**(피이지-20스테아레이트)

PEG-7 Glyceryl Cocoate(피이지-7글리세릴코코에이트)

💣💣 **PEG-20 Glyceryl Laurate**(피이지-20글리세릴라우레이트)

💣💣 **PEG-30 Glyceryl Monococoate**(피이지-30글리세릴모노코코에이트)

💣💣 **PEG-5 Glyceryl Stearate**(피이지-5글리세릴스테아레이트)

💣💣 **PEG-30 Glyceryl Stearate**(피이지-30글리세릴스테아레이트)

💣💣 **PEG-200 Glyceryl Tallowate**(피이지-200글리세릴탈로우에이트)

💣💣 **PEG-40 Hydrogenated Castor Oil**(피이지-40하이드로제네이티드캐스터오일)

💣💣 **PEG-200 Hydrogenated Glyceryl Palmate**(피이지-200하이드로제네이티드 글리세릴팔메이트)

💣💣 **PEG-75 Lanolin**(피이지-75라놀린)

💣💣 **PEG-2 Laurate**(피이지-2라우레이트)

💣💣 **PEG-10M**(피이지-10엠)

💣💣 **PEG-14M**(피이지-14엠)

💣💣 **PEG-45M**(피이지-45엠)

💣💣 **PEG-20 Methyl Glucose Sesquistearate**(피이지-20메칠글루코오스세스퀴스테아레이트)

💣💣 **PEG-120 Methyl Glucose Dioleate**(피이지-120메칠글루코오스디올리에이트)

💣💣 **PEG-5 Octanoate**(피이지-5옥타노에이트)

💣💣 **PEG-Oleamide**(피이지-올레아마이드)

💣💣 **PEG-25 PABA**(피이지-25파바)

💣💣 **PEG-4 Polyglyceryl-2 Stearate**(피이지-4폴리글리세릴-2스테아레이트)

💣💣 **PEG-40 Sorbitan Peroleate**(피이지-40소르비탄페롤리에이트)

💣💣💥 **PEG-60 Sorbitan Stearate**(피이지-60소르비탄스테아레이트)

💣💣💥 **PEG-160 Sorbitan Triisostearate**(피이지-160소르비탄트리이소스테아레이트)

💣💣💥 **PEG-5 Soy Sterol**(피이지-5소이스테롤)

💣💣💥 **PEG-2 Stearate**(피이지-2스테아레이트)

💣💣💥 **PEG-6 Stearate**(피이지-6스테아레이트)

💣💣💥 **PEG-8 Stearate**(피이지-8스테아레이트)

💣💣💥 **PEG-40 Stearate**(피이지-40스테아레이트)

💣💣💥 **PEG-100 Stearate**(피이지-100스테아레이트)

💣💣💥 **PEG-5 Stearyl Ammonium Lactate**(피이지-5스테아릴암모늄락테이트)

💣💣💥 **PEI-7**(피이아이-7)

☺☺☺ **Pelargonium Capitatum**(로즈제라늄)

☺☺☺ **Pelargonium Graveolens Flower Oil**(센티드제라늄꽃오일)

☺☺☺ **Pentaerythrityl Distearate**(펜타에리스리틸디스테아레이트)

☺☺☺ **Pentaerythrityl Tetracaprylate/Tetracaprate**(펜타에리스리틸테트라카프릴레이트/테트라카프레이트)

☺☺☺ **Pentaerythrityl Tetraester**(펜타에리스리틸테트라에스터)

☺☺ **Pentaerythrityl Tetraethylhexanoate**(펜타에리스리틸테트라에칠헥사노에이트)

☺☺ **Pentaerythrityl Tetraisostearate**(펜타에리스리틸테트라이소스테아레이트)

☺ **Pentane**(펜탄)

💣💣💥 **Pentasodium Ethylenediamine Tetramethylene Phosphate**(펜타소듐에칠렌디아민테트라메칠렌포스페이트)

☺ **Pentasodium Pentetate**(펜타소듐펜테테이트)

💣💣 **Pentetic Acid**(펜테틱애씨드)

☺ **Pentylene Glycol**(펜틸렌글라이콜)

💣💥 **Perfluoropolymethylisopropyl Ether**(퍼플루오로폴리메칠이소프로필에텔)

☺☺☺ **Perilla Ocymoides Leaf Extract**(들깨잎추출물)

☺☺☺ **Persea Gratissima**(아보카도)

☺ **Petrolatum**(페트롤라툼)

☺☺☺ **Pfaffia Paniculata Root Extract**(수마뿌리추출물)

☺☺☺ **Phaeodactylum Tricornutum Extract**(파에오닥틸룸트리코르누툼추출물)

☺☺☺ **Phaseolus Lunatus Seed Extract**(리마콩추출물)

☺☺☺ **Phenethyl Alcohol**(페네칠알코올)

💣💥 **Phenol**(페놀)

💣💥 **Phenoxyethanol**(페녹시에탄올)

💣💥 **Phenoxyisopropanol**(페녹시이소프로판올)

☺☺☺ **Phenylalanine**(페닐알라닌)

☺ **Phenylbenzimidazole Sulfonic Acid**(페닐벤즈이미다졸설포닉애씨드)

💣💣💣💥 **Phenyl Mercuric Acetate**(페닐머큐릭아세테이트)

💣💣💥 **Phenyl Mercuric Borate**(페닐머큐릭보레이트)

💣💣💥 **Phenyl Methyl Pyrazolone**(페닐메칠피라졸론)

☺ **Phenylparaben**(페닐파라벤)

☺ **Phenylpropanol**(페닐프로판올)

☺ **Phenyl Trimethicone**(페닐트리메치콘)

💣 **Phloroglucinol Trimethyl Ether**(플로로글루시놀트리메칠에텔)

☺☺☺ **Phoenix Dactylifera Seed Extract**(대추야자씨추출물)

☺☺☺ **Phosphatidylcholine**(포스파티딜콜린)

☺☺☺ **Phospholipids**(포스포리피드)

💣 **Phosphoric Acid**(포스포릭애씨드)

☺☺☺ **Phyllanthus Emblica Fruit Extract**(인디언구스베리열매추출물)

☺☺☺ **Phytantriol**(피탄트리올)

☺☺☺ **Phytic Acid**(파이틱애씨드)

☺☺☺ **Phytosphingosine**(피토스핑고신)

☺☺☺ **Phytostearyl/Octyldodecyl Lauroyl Glutamate**(피토스테아릴/옥틸도데실라우로일글루타메이트)

☺☺☺ **Pimpinella Anisum**(아니스)

☺☺☺ **Pinus**(소나무)

☺☺☺ **Pinus Sylvestris Bud Extract**(구주소나무싹추출물)

☺☺☺ **Piper Methysticum**(카바)

☺☺ **Piroctone Olamine**(피록톤올아민)

☺☺ **Pisces**(피시즈)

☺☺☺ **Pistacia Lentiscus**(매스틱)

☺☺☺ **Pisum Sativum**(완두콩)

☺☺ **Placental Protein**(플라센타단백질)

☺☺☺ **Plancton Extract**(플랑크톤추출물)

☺☺☺ **Plantago Major Leaf Extract**(왕질경이잎추출물)

☺☺☺ **Pogostemon Cablin Oil**(광곽향오일)

☺☺☺ **Pollen Extract**(화분추출물)

💣💣 **Poloxamer 124, Poloxamer 184, 188, Poloxamer 407**(폴록사머123, 폴록사머184, 188, 폴록사머407)

💣💣 **Poloxamine**(폴록사민)

☺ **Polyacrylamide**(폴리아크릴아마이드)

☺ **Polyacrylic Acid**(폴리아크릴릭애씨드)

☺☺ **Polyaminopropyl Biguanide**(폴리아미노프로필바이구아나이드)

☺ **Polybutene**(폴리부텐)

☺ **Polycaprolactone**(폴리카프롤락톤)

☺ **Polydecene**(폴리데센)

☺ **Polyethylene**(폴리에칠렌)

☺ **Polyethylene Terephthalate**(폴리에칠렌테레프탈레이트)

☺☺☺ **Polyglyceryl-3 Beeswax**(폴리글리세릴-3비즈왁스)

☺☺☺ **Polyglyceryl-2 Caprate**(폴리글리세릴-2카프레이트)

☺☺☺ **Polyglyceryl-3 Caprate**(폴리글리세릴-3카프레이트)

☺☺☺ **Polyglyceryl-4 Caprate**(폴리글리세릴-4카프레이트)

☺☺☺ **Polyglyceryl-6 Dicaprate**(폴리글리세릴-6디카프레이트)

☺☺☺ **Polyglyceryl-2 Diisostearate**(폴리글리세릴-2디이소스테아레이트)

☺☺☺ **Polyglyceryl-3 Diisostearate**(폴리글리세릴-3디이소스테아레이트)

☺☺☺ **Polyglyceryl-2 Dipolyhydroxystearate**(폴리글리세릴-2디폴리하이드록시스테아레이트)

☺☺☺ **Polyglyceryl-6 Esters**(폴리글리세릴-6에스터)

☺☺ **Polyglyceryl-4 Isostearate**(폴리글리세릴-4이소스테아레이트)

☺☺☺ **Polyglyceryl-2 Laurate**(폴리글리세릴-2라우레이트)

☺☺☺ **Polyglyceryl-3 Laurate**(폴리글리세릴-3라우레이트)

☺☺☺ **Polyglyceryl-5 Laurate**(폴리글리세

릴-5라우레이트)

☺☺☺ **Polyglyceryl-10 Laurate**(폴리글리세릴-10라우레이트)

☺☺☺ **Polyglyceryl-3 Methylglucose Distearate**(폴리글리세릴-3메칠글루코오스디스테아레이트)

☺☺☺ **Polyglyceryl-3 Oleate**(폴리글리세릴-3올리에이트)

☺☺☺ **Polyglyceryl-3 Palmitate**(폴리글리세릴-3팔미테이트)

💣💣 **Polyglyceryl-2-PEG-4 Stearate**(폴리글리세릴-2-피이자-4스테아레이트)

☺☺☺ **Polyglyceryl-2 Polyhydroxystearate**(폴리글리세릴-2폴리하이드록시스테아레이트)

☺☺☺ **Polyglyceryl-3 Polyricinoleate**(폴리글리세릴-3폴리리시놀리에이트)

☺☺☺ **Polyglyceryl-6 Polyricinoleate**(폴리글리세릴-6폴리리시놀리에이트)

☺☺☺ **Polyglyceryl-3 Ricinoleate**(폴리글리세릴-3리시놀리에이트)

☺☺ **Polyglyceryl-2 Sesquiisostearate**(폴리글리세릴-2세스퀴이소스테아레이트)

☺☺☺ **Polyglyceryl-2 Stearate**(폴리글리세릴-2스테아레이트)

☺☺☺ **Polygonum Bistorta Root Extract**(범꼬리뿌리추출물)

☺☺☺ **Polygonum Cuspidatum Root Extract**(호장근추출물)

☺☺☺ **Polygonum Fagopyrum Extract**(메밀추출물)

☺☺☺ **Polygonum Multiflorum Root Extract**(하수오추출물)

☺ **Polyisobutene**(폴리이소부텐)

☺☺ **Polyisoprene**(폴리이소프렌)

☺ **Polymethyl Methacrylate**(폴리메칠메타크릴레이트)

☺ **Polymethylsilsesquioxane**(폴리메칠실세스퀴옥산)

💣 **Polyperfluoromethylisopropyl Ether**(폴리퍼플루오로메칠이소프로필에텔)

☺ **Polyphosphorylcholine Glycol Acrylate**(폴리포스포릴콜린글라이콜 아크릴레이트)

💣💣 **Polyquaternium-1,-2,-4,-5,-6,-7,-8,-9,-10,-11,-12,-13,-37**(폴리쿼터늄-1,-2,-4,-5,-6,-7,-8,-9,-10,-11,-12,-13,-37)

☺ **Polysilicon-8**(폴리실리콘-8)

💣💣 **Polysorbate 20**(폴리소르베이트20)

💣💣 **Polysorbate 60**(폴리소르베이트60)

💣💣 **Polysorbate 80**(폴리소르베이트80)

☺☺ **Polyvinyl Alcohol**(폴리비닐알코올)

☺☺☺ **Pongamia Glabra Seed Oil**(인도너도밤나무열매오일)

☺☺☺ **Populus Nigra**(검은포플라)

☺☺☺ **Poria Cocos Extract**(복령추출물)

☺☺☺ **Porphyra Umbilicalis Extract**(포피라움빌리칼리스추출물)

☺ **Potassium Acesulfame**(포타슘아세설팜)

☺☺ **Potassium Ascorbyl Tocopheryl Phosphate**(포타슘아스코빌토코페릴포스페이트)

☺☺☺ **Potassium Aspartate**(포타슘아스파테이트)

☺☺☺ **Potassium Behenate**(포타슘베헤네이트)

☺☺☺ **Potassium Carbonate**(포타슘카보네이트)

☺☺ **Potassium Cetyl Phosphate**(포타슘세틸포스페이트)

☺☺ **Potassium Chlorate**(포타슘클로레이

트)

☺☺☺ **Potassium Chloride**(포타슘클로라이
드)

☺☺☺ **Potassium Cocoate**(포타슘코코에이
트)

☺☺ **Potassium Cocoyl Hydrolyzed
Collagen**(포타슘코코일하이드롤라이즈
드콜라겐)

☺☺ **Potassium Hydroxide**(포타슘하이드
록사이드)

☺☺ **Potassium Isostearate**(포타슘이소
스테아레이트)

☺☺ **Potassium Iodide**(포타슘아이오다이
드)

☺☺☺ **Potassium Laurate**(포타슘라우레이
트)

☺☺☺ **Potassium PCA**(포타슘피씨에이)

☺☺☺ **Potassium Palmitate**(포타슘팔미테
이트)

☺☺☺ **Potassium Palmitoyl Hydrolyzed
Wheat Protein**(포타슘팔미토일하이드
롤라이즈드밀단백질)

☺☺ **Potassium Persulfate**(포타슘퍼설페
이트)

☺☺☺ **Potassium Silicate**(포타슘실리케이
트)

☺☺ **Potassium Sorbate**(포타슘소르베이
트)

☺☺☺ **Potassium Stearate**(포타슘스테아레
이트)

☺☺ **Potassium Sulfide**(포타슘설파이드)

💣💣 **Potassium Troclosene**(포타슘트로클
로센)

☺☺ **Potassium Undecylenoyl
Hydrolyzed Collagen**(포타슘운데실
레노일하이드롤라이즈드콜라겐)

☺ **Potato Starch Modified**(변성감자 전
분)

☺☺☺ **Potentilla Erecta Root Extract**
(토멘틸뿌리추출물)

☺☺☺ **Poterium Officinale Root
Extract**(오이풀뿌리추출물)

💣💣 **PPG-1 Trideceth-6**(피피지-1트리데
세스-6)

💣💣 **PPG-9,-30**(피피지-9,-30)

💣💣 **PPG-5 Lanolin Wax**(피피지-5라놀린
왁스)

💣💣 **PPG-5-Laureth-5**(피피지-5-라우레
스-5)

💣💣 **PPG-3 Methyl Ether**(피피지-3메칠에
텔)

💣💣 **PPG-4 Myristyl Ether**(피피지-4미리
스틸에텔)

💣💣 **PPG-2 Myristyl Ether
Propionate**(피피지-2미리스틸에텔프로
피오네이트)

💣💣 **PPG-12/SMDI Copolymer**(피피지-
12/에스엠디아이코폴리머)

💣💣 **PPG-51/SMDI Copolymer**(피피지-
51/에스엠디아이코폴리머)

💣💣 **PPG-15 Stearyl Ether**(피피지-15스
테아릴에텔)

☺☺☺ **p-Phenylenediamine**(피-페닐렌디아
민)

☺☺☺ **Primula Veris Extract**(카우슬립추출
물)

☺☺ **Pristane**(프리스탄)

☺☺ **Prolinamidoethyl Imidazole**(프롤린
아미도에칠이미다졸)

☺☺☺ **Proline**(프롤린)

☺ **Propane**(프로판)

☺☺☺ **Propionic Acid**(프로피오닉애씨드)

☺☺☺ **Propolis Cera**(프로폴리스왁스)

☺☺ **Propyl Gallate**(프로필갈레이트)

☺ **Propylene Carbonate**(프로필렌카보

네이트)

☺ **Propylene Glycol**(프로필렌글라이콜)

☺ **Propylene Glycol Alginate**(프로필렌
글라이콜알지네이트)

☺ **Propylene Glycol Dicaprate**(프로필
렌글라이콜디카프레이트)

☺ **Propylene Glycol Dicaprylate**
(프로필렌글라이콜디카프릴레이드)

☺ **Propylene Glycol
Dicaprylate/Dicaprate**(프로필렌글라
이콜디카프릴레이트/디카프레이트)

☺ **Propylene Glycol Stearate**(프로필
렌글라이콜스테아레이트)

☺ **Propylparaben**(프로필파라벤)

☺☺☺ **Prunus Amygdalus Dulcis**(스위트아
몬드)

☺☺☺ **Prunus Armeniaca**(살구)

☺☺☺ **Prunus Cerasus Extract**(신양벚나무
추출물)

☺☺☺ **Prunus Domestica Fruit
Extract**(서양자두추출물)

☺☺☺ **Prunus Persica**(복숭아)

☺☺☺ **Psidium Guajava Fruit Extract**
(구아바추출물)

☺☺☺ **Pterocarpus Marsupium Bark
Extract**(인도키노나무껍질추출물)

● **PTFE**(피티에프이)

☺☺☺ **Pueraria Lobata Root Extract**(갈근
추출물)

☺☺☺ **Pumice**(부석)

☺☺☺ **Punica Granatum Extract**(석류나무
추출물)

☺☺☺ **Punica Granatum Seed Extract**
(석류씨추출물)

☺ **PVM/MA Copolymer**(피브이엠/엠에
이코폴리머)

☺ **PVM/MA Decadiene
Crosspolymer**(피브이엠/엠에이데카디

엔크로스폴리머)

☺ **PVP**(피브이피)

☺ **PVP/Eicosene Copolymer**(피브이피
/에이이코센코폴리머)

☺ **PVP/Hexadecene Copolymer**
(피브이피/헥사데센코폴리머)

☺ **PVP Iodine**(피브이피아이오딘)

☺ **PVP/VA Copolymer**(피브이피/브이에
이코폴리머)

☺☺☺ **Pyridinedicarboxylic Acid**(피리딘디
카복실릭애씨드)

☺☺☺ **Pyridoxine**(피리독신)

☺☺☺ **Pyridoxine HCL**(피리독신에이치씨엘)

☺☺☺ **Pyrus Communis Seed Extract**
(서양배씨추출물)

☺☺☺ **Pyrus Cydonia Seed Extract**(신당화
씨추출물)

☺☺☺ **Pyrus Malus**(사과)

● **Quaternium-8**(쿼터늄-8)

● **Quaternium-14**(쿼터늄-14)

● **Quaternium-15**(쿼터늄-15)

● **Quaternium-16**(쿼터늄-16)

● **Quaternium-18**(쿼터늄-18)

● **Quaternium-18 Bentonite**(쿼터늄-
18벤토나이트)

● **Quaternium-18 Hectorite**(쿼터늄-
18헥토라이트)

● **Quaternium-22**(쿼터늄-22)

● **Quaternium-24**(쿼터늄-24)

● **Quaternium-26**(쿼터늄-26)

● **Quaternium-27**(쿼터늄-27)

● **Quaternium-30**(쿼터늄-30)

● **Quaternium-33**(쿼터늄-33)

💣💣💣 **Quaternium-43**(쿼터늄-43)

💣💣💣 **Quaternium-45**(쿼터늄-45)

💣💣💣 **Quaternium-51**(쿼터늄-51)

💣💣💣 **Quaternium-52**(쿼터늄-52)

💣💣💣 **Quaternium-53**(쿼터늄-53)

💣💣💣 **Quaternium-56**(쿼터늄-56)

💣💣💣 **Quaternium-60**(쿼터늄-60)

💣💣💣 **Quaternium-61**(쿼터늄-61)

💣💣💣 **Quaternium-62**(쿼터늄-62)

💣💣💣 **Quaternium-63**(쿼터늄-63)

💣💣💣 **Quaternium-70**(쿼터늄-70)

💣💣💣 **Quaternium-71**(쿼터늄-71)

💣💣💣 **Quaternium-72**(쿼터늄-72)

💣💣💣 **Quaternium-73**(쿼터늄-73)

💣💣💣 **Quaternium-75**(쿼터늄-75)

💣💣💣 **Quaternium-80**(쿼터늄-80)

☺☺☺ **Quercus**(참나무)

☺☺☺ **Quercus Acutissima Fruit Extract**(도토리추출물)

☺☺☺ **Quercus Alba**(미국참나무)

☺☺☺ **Quillaia Saponaria**(퀼라야)

💣💣💣 **Quinine**(퀴닌)

R

☺☺☺ **Ranunculus Ficaria Extract**(파일워트추출물)

☺☺☺ **Ravensara Aromatica Leaf Oil**(라벤사라아로마티카잎오일)

☺☺ **Rayon**(레이온)

💣💣💣 **Resorcinal**(레조시놀)

☺☺ **Retinyl Acetate**(레티닐아세테이트)

☺☺☺ **Retinyl Palchis Hypogaea**(레티닐팔치스히포가에아)

☺☺☺ **Retinyl Palmitate**(레티닐팔미테이트)

☺☺☺ **Rhamnus Frangula**(서양산황나무)

☺☺☺ **Rhamnus Purshiana**(카스카라사그라다)

☺☺☺ **Rheum Palmatum Root Extract**(장엽대황뿌리추출물)

☺☺☺ **Rheum Undulatum Extract**(종대황추출물)

☺☺☺ **Rhus Semialata Extract**(붉나무추출물)

☺☺☺ **Rhus Succedanea Fruit Wax** (검양옻나무열매왁스)

☺☺☺ **Rhus Verniciflua Peel Wax**(옻나무껍질왁스)

☺☺☺ **Ribes Nigrum Extract**(블랙커런트추출물)

☺☺☺ **Riboflavin**(리보플라빈)

☺☺ **Ricinoleamidopropyl Betaine** (리시놀레아미도프로필베타인)

☺ **Ricinoleamidopropyltrimonium Methosulfate**(리시놀레아미도프로필트리모늄메토설페이트)

☺☺☺ **Ricinus Communis**(피마자)

☺☺☺ **RNA**(알엔에이)

☺☺☺ **Robinia Pseudacacia Flower Extract**(아까시나무꽃추출물)

☺☺☺ **Rosa Canina**(로즈힙)

☺☺☺ **Rosa Centifolia**(서양장미)

☺☺☺ **Rosa Damascena**(다마스크장미)

☺☺☺ **Rosa Gallica**(프렌치로즈)

☺☺☺ **Rosa Moschata Seed Oil**(사향장미씨오일)

☺☺☺ **Rosa Rubignosa**(들장미)

☺☺☺ **Rosmarinus Officinalis**(로즈마리)

☺☺ **Royal Jelly Extract**(로얄젤리추출물)

☺☺☺ **Rubus Fruticosus Fruit Extract** (블랙베리추출물)

☺☺☺ **Rubus Idaeus Oil**(라즈베리오일)

☺☺☺ **Rudbeckia Extract**(원추천인국추출물)

☺☺ **Rumex Acetosa**(수영)

☺☺☺ **Rutin**(루틴)

S

☺☺☺ **Saccharide Hydrolysate**(사카라이드
하이드롤리세이트)

☺☺☺ **Saccharide Isomerate**(사카라이드아
이소머레이트)

☺☺ **Saccharin**(사카린)

☺☺☺ **Saccharomyces Lysate Extract**
(효모용해추출물)

☺☺☺ **Saccharomyces/Calcium
Ferment**(효모/칼슘발효물)

☺☺☺ **Saccharomyces/Glycine Soja
Ferment**(효모/글라이신소자발효물)

☺☺☺ **Saccharomyces/Oryza Sativa
Ferment**(효모/쌀발효물)

☺☺☺ **Saccharum Officinarum**(사탕수수)

☺☺☺ **Salicylic Acid**(살리실릭 애씨드)

☺☺☺ **Salix Alba**(화이트윌로우)

☺☺☺ **Salix Nigra Bark Extract**(블랙윌로우
껍질추출물)

☺☺☺ **Salmon Egg Extract**(연어알추출물)

☺☺☺ **Salvia Officinalis**(세이지)

☺☺☺ **Salvia Sclarea Extract**(클라리추출
물)

☺☺☺ **Salvia Triloba**(그리스세이지)

☺☺☺ **Sambucus Nigra Extract**(엘더추출
물)

☺☺☺ **Sanguisorba Officinalis Root
Extract**(지유추출물)

☺☺☺ **Santalum Album Extract**(백단향추
출물)

☺☺☺ **Sapindus Mukurossi Fruit
Extract**(무환자추출물)

☺☺☺ **Satureia Montana Oil**(세이보리오일)

☺☺☺ **Saxifraga Sarmentosa Extract**
(호이초추출물)

☺☺☺ **Sclerocarya Birrea Seed Oil**(비르
씨오일)

☺☺☺ **Sclerotium Gum**(스클레로튬검)

☺☺☺ **Scutellaria Baicalensis Root
Extract**(황금추출물)

☺☺☺ **Sea Salt**(바닷소금)

☺☺☺ **Sedum Purpureum Extract**(자주꿩
의비름추출물)

💣💣💣 **Selenium Sulfide**(셀레늄설파이드)

☺☺☺ **Serenoa Serrulata Fruit
Extract**(사발팜열매추출물)

☺☺☺ **Serica**(세리카)

☺☺☺ **Sericin**(세리신)

☺☺☺ **Serine**(세린)

☺ **Serum Protein**(세럼프로테인)

☺☺☺ **Sesamum Indicum**(참깨)

☺☺ **Shellac**(쉘락)

☺☺ **Shorea Robusta Seed Butter**(샬트
리씨버터)

☺☺☺ **Shorea Stenoptera**(보르네오탈로우)

☺☺☺ **Sigesbeckia Orientalis Extract**(희
첨추출물)

☺☺☺ **Silica**(실리카)

☺ **Silica Dimethyl Silylate**(실리카디메
칠실릴레이트)

☺☺☺ **Silt**(실트)

☺☺☺ **Silver**(실버)

☺ **Silver Nitrate**(실버나이트레이트)

☺☺☺ **Silver Sulfate**(실버설페이트)

☺☺☺ **Silybum Marianum**(흰무늬엉겅퀴)

☺ **Simethicone**(시메치콘)

☺☺☺ **Simmondsia Chinensis**(호호바)

☺☺☺ **Simmondsia Chinensis Seed
Wax**(호호바씨왁스)

☺☺☺ **Simmondsia Chinensis Wax**(호호바 왁스)

☺☺☺ **Sisymbrium Irio**(런던로켓)

☺ **Sodium Acrylate/Acryloyldimethyl Taurate Copolymer**(소듐아크릴레이트/아크릴로일디메칠타우레이트코폴리머)

☺ **Sodium Acrylates/C10-30 Alkyl Acrylate Crosspolymer**(소듐아크릴레이트/C10-30알킬아크릴레이트크로스폴리머)

☺☺ **Sodium Alum**(소듐앨럼)

☺☺☺ **Sodium Ascorbyl Phosphate**(소듐 아스코빌포스페이트)

☺☺☺ **Sodium Beeswax**(소듐비즈왁스)

☺☺ **Sodium Benzoate**(소듐벤조에이트)

☺☺☺ **Sodium Beta-Sitosteryl Sulfate**(소듐베타-시토스테릴설페이트)

☺☺☺ **Sodium Bicarbonate**(소듐바이카보네이트)

☺☺ **Sodium Bisulfite**(소듐바이설파이트)

💣💣 **Sodium Borate**(소듐보레이트)

☺ **Sodium Carboxymethyl Oleyl Polypropylamine**(소듐카복시메칠올레일폴리프로필아민)

☺ **Sodium C14-16 Olefin Sulfonate**(소듐C14-16올레핀설포네이트)

☺ **Sodium Carbomer**(소듐카보머)

☺☺ **Sodium Cetearyl Sulfate**(소듐세테아릴설페이트)

☺☺☺ **Sodium Chloride**(소듐클로라이드)

☺☺ **Sodium Chondroitin Sulfate**(소듐콘드로이틴설페이트)

☺ **Sodium C8-16 Isoalkylsuccinyl Lactoglobulin Sulfonate**(소듐C8-16이소알킬석시닐락토글로불린설포네이트)

☺☺☺ **Sodium Citrate**(소듐시트레이트)

☺☺ **Sodium Cocoamphoacetate**(소듐코코암포아세테이트)

☺☺ **Sodium Cocoamphopropionate**(소듐코코암포프로피오네이트)

☺☺☺ **Sodium Cocoate**(소듐코코에이트)

☺☺☺ **Sodium Coco-Glucoside Tartrate**(소듐코코-글루코사이드타트레이트)

☺☺ **Sodium Coco-Sulfate**(소듐코코-설페이트)

☺☺☺ **Sodium Cocoyl Glutamate**(소듐코코일글루타메이트)

☺☺ **Sodium Cocoyl Isethionate**(소듐코코일이세치오네이트)

💣💣 **Sodium C12-13 Pareth Sulfate**(소듐C12-13파레스설페이트)

☺☺☺ **Sodium Dehydroacetate**(소듐데하이드로아세테이트)

💣💣 **Sodium Diethylenetriamine Pentamethylene Phosphonate**(소듐디에칠렌트리아민펜타메칠렌포스포네이트)

☺☺☺ **Sodium DNA**(소듐디엔에이)

💣💣 **Sodium Dodecylbenzenesulfonate**(소듐도데실벤젠설포네이트)

☺ **Sodium Fluoride**(소듐플루오라이드)

☺☺☺ **Sodium Formate**(소듐포메이트)

☺☺☺ **Sodium Gluconate**(소듐글루코네이트)

☺☺☺ **Sodium Glutamate**(소듐글루타메이트)

☺☺☺ **Sodium Hyaluronate**(소듐하이알루로네이트)

☺☺ **Sodium Hydrogenated Tallowoyl Glutamate**(소듐하이드로제네이티드탈로우오일글루타메이트)

☺ ☺ **Sodium Hydrosulfite**(소듐하이드로설파이트)

☺ ☺ **Sodium Hydroxide**(소듐하이드록사이드)

☺ **Sodium Hydroxymethylglycinate**(소듐하이드록시메칠글리시네이트)

💣💣 **Sodium Iodate**(소듐아이오데이트)

☺ **Sodium Iodide**(소듐아이오다이드)

☺ ☺ **Sodium Isethionate**(소듐이세치오네이트)

☺ ☺ **Sodium Isostearoyl Lactylate**(소듐이소스테아로일락틸레이트)

☺ ☺ ☺ **Sodium Lactate**(소듐락테이트)

☺ **Sodium Lactate Methylsilanol**(소듐락테이트메칠실란올)

☺ ☺ **Sodium Lanolate**(소듐라놀레이트)

💣💣 **Sodium Laureth Sulfate**(소듐라우레스설페이트)

☺ ☺ ☺ **Sodium Lauroyl Glutamate**(소듐라우로일글루타메이트)

☺ ☺ ☺ **Sodium Lauroyl Lactylate**(소듐라우로일락틸레이트)

☺ ☺ ☺ **Sodium Lauroyl Sarcosinate**(소듐라우로일사코시네이트)

💣 **Sodium Lauryl Sulfate**(소듐라우릴설페이트)

☺ ☺ **Sodium Lauryl Sulfoacetate**(소듐라우릴설포아세테이트)

☺ ☺ **Sodium Magnesium Silicate**(소듐마그네슘실리케이트)

☺ **Sodium Mannuronate Methylsilanol**(소듐만누로네이트메칠실란올)

☺ ☺ **Sodium Metabisulfite**(소듐메타바이설파이트)

☺ **Sodium Methylparaben**(소듐메칠파라벤)

☺ **Sodium Monofluorophosphate**(소듐모노플루오로포스페이트)

💣💣 **Sodium Myreth Sulfate**(소듐미레스설페이트)

☺ ☺ ☺ **Sodium Myristoyl Glutamate**(소듐미리스토일글루타메이트)

💣💣 **Sodium Oleth Sulfate**(소듐올레스설페이트)

☺ ☺ ☺ **Sodium Palmitate**(소듐팔미테이트)

☺ ☺ **Sodium Palm Kernelate**(소듐팜커넬레이트)

☺ ☺ ☺ **Sodium PCA**(소듐피씨에이)

☺ **Sodium Phosphate**(소듐포스페이트)

☺ **Sodium Polyacrylate**(소듐폴리아크릴레이트)

☺ **Sodium Polymethacrylate**(소듐폴리메타크릴레이트)

☺ ☺ ☺ **Sodium Propionate**(소듐프로피오네이트)

☺ **Sodium Propylparaben**(소듐프로필파라벤)

☺ ☺ ☺ **Sodium RNA**(소듐알엔에이)

☺ ☺ ☺ **Sodium Saccharin**(소듐사카린)

☺ ☺ ☺ **Sodium Salicylate**(소듐살리실레이트)

☺ **Sodium Shale Oil Sulfonate**(소듐셰일오일설포네이트)

☺ ☺ ☺ **Sodium Stannate**(소듐스타네이트)

☺ ☺ ☺ **Sodium Stearate**(소듐스테아레이트)

☺ ☺ ☺ **Sodium Stearoyl Glutamate**(소듐스테아로일글루타메이트)

☺ ☺ ☺ **Sodium Stearoyl Lactylate**(소듐스테아로일락틸레이트)

☺ **Sodium Styrene/Acrylates Copolymer**(소듐스타이렌/아크릴레이트코폴리머)

💣 **Sodium Styrene/MA Copolymer**(소듐스타이렌/엠에이코폴

리머)

☺ ☺ ☺ **Sodium Sulfate**(소듐설페이트)

☺ ☺ **Sodium Sulfite**(소듐설파이트)

☺ ☺ **Sodium Tallowate**(소듐탈로우에이트)

☺ **Sodium Thiosulfate**(소듐치오설페이트)

💣💣💣 **Sodium Xylenesulfonate**(소듐자일렌설포네이트)

☺ ☺ ☺ **Solanum Lycopersicum Fruit Extract**(토마토추출물)

☺ ☺ ☺ **Solidago Virgaurea Extract**(골든로드추출물)

☺ ☺ ☺ **Sophora Angustifolia Root Extract**(고삼추출물)

☺ ☺ ☺ **Sorbic Acid**(소르빅애씨드)

☺ ☺ ☺ **Sorbitan Caprylate**(소르비탄카프릴레이트)

☺ ☺ ☺ **Sorbitan Cocoate**(소르비탄코코에이트)

☺ ☺ **Sorbitan Diisostearate**(소르비탄디이소스테아레이트)

☺ ☺ ☺ **Sorbitan Dioleate**(소르비탄디올리에이트)

☺ ☺ ☺ **Sorbitan Distearate**(소르비탄디스테아레이트)

☺ ☺ **Sorbitan Isostearate**(소르비탄이소스테아레이트)

☺ ☺ ☺ **Sorbitan Laurate**(소르비탄라우레이트)

☺ ☺ ☺ **Sorbitan Oleate**(소르비탄올리에이트)

☺ ☺ ☺ **Sorbitan Palmitate**(소르비탄팔미테이트)

☺ ☺ **Sorbitan Sesquiisostearate**(소르비탄세스쿼이소스테아레이트)

☺ ☺ ☺ **Sorbitan Sesquioleate**(소르비탄세스쿼올리에이트)

☺ ☺ ☺ **Sorbitan Sesquistearate**(소르비탄세스쿼스테아레이트)

☺ ☺ ☺ **Sorbitan Stearate**(소르비탄스테아레이트)

☺ ☺ **Sorbitan Triisostearate**(소르비탄트리이소스테아레이트)

☺ ☺ ☺ **Sorbitan Trioleate**(소르비탄트리올리에이트)

☺ ☺ ☺ **Sorbitan Tristearate**(소르비탄트리스테아레이트)

☺ ☺ ☺ **Sorbitol**(소르비톨)

☺ ☺ ☺ **Soy Acid**(소이애씨드)

💣💣💣 **Soyamide DEA**(소이아마이드디이에이)

☺ ☺ ☺ **Soy Sterol**(소이스테롤)

☺ ☺ ☺ **Sphagnum Squarrosum**(피트모스)

☺ ☺ ☺ **Sphingolipids**(스핑고리피드)

☺ ☺ ☺ **Spiraea Ulmaria Leaf Extract**(매도스위트잎추출물)

☺ ☺ ☺ **Spirulina Platensis**(스피룰리나)

☺ ☺ **Spleen Extract**(스플린추출물)

☺ ☺ **Squalane**(스쿠알란)

☺ ☺ **Squalene**(스쿠알렌)

☺ **Stannous Fluoride**(불화주석)

☺ **Stannous Pyrophosphate**(피로인산염주석)

💣💣💣 **Stearalkonium Hectorite**(스테아랄코늄헥토라이트)

☺ ☺ **Stearamide AMP**(스테아라마이드에이엠피)

💣💣💣 **Stearamide MEA**(스테아라마이드엠이에이)

💣💣💣 **Stearamide MEA-Stearate**(스테아라마이드엠이에이-스테아레이트)

💣💣💣 **Stearamidopropyl Dimethylamine**(스테아라미도프로필디메칠아민)

☺ **Stearamine**(스테아라민)

💣💣💣 **Steareth-2**(스테아레스-2)

☺ ☺ ☺ **Stearic Acid**(스테아릭애씨드)

💣💣💣 **Steartrimonium Methosulfate**(스테아르트리모늄메토설페이트)

☺☺☺ **Stearyl Alcohol**(스테아릴알코올)

☺☺☺ **Stearyl Beeswax**(스테아릴비즈왁스)

☺☺☺ **Stearyl Caprylate**(스테아릴카프릴레이트)

☺☺☺ **Stearyl Citrate**(스테아릴시트레이트)

☺ **Stearyl Dimethicone**(스테아릴디메치콘)

☺☺☺ **Stearyl Glycyrrhetinate**(스테아릴글시레티네이트)

☺☺☺ **Stearyl Heptanoate**(스테아릴헵타노에이트)

☺☺☺ **Stearyl Stearate**(스테아릴스테아레이트)

☺☺☺ **Stryphnodendron Adstringens Bark Extract**(브라질자귀나무껍질추출물)

💣 **Strontium Sulfide**(스트론튬설파이드)

☺☺☺ **Styrax Benzoin Gum**(벤조인나무검)

☺ **Styrene/Acrylates Copolymer**(스타이렌/아크릴레이트 코폴리머)

☺ **Styrene/PVP Copolymer**(스타이렌/피브이피코폴리머)

☺☺ **Succinic Acid**(석시닉애씨드)

☺☺☺ **Sucrose**(슈크로오스)

☺☺☺ **Sucrose Cocoate**(슈크로오스코코에이트)

☺☺☺ **Sucrose Dilaurate**(슈크로오스디라우레이트)

☺☺☺ **Sucrose Distearate**(슈크로오스디스테아레이트)

☺☺☺ **Sucrose Laurate**(슈크로오스라우레이트)

☺☺☺ **Sucrose Myristate**(슈크로오스미리스테이트)

☺☺☺ **Sucrose Oleate**(슈크로오스올리에이트)

☺☺☺ **Sucrose Palmitate**(슈크로오스팔미테이트)

☺☺☺ **Sucrose Polylaurate**(슈크로오스폴리라우레이트)

☺☺☺ **Sucrose Polylinoleate**(슈크로오스폴리리놀리에이트)

☺☺☺ **Sucrose Polyoleate**(슈크로오스폴리올리에이트)

☺☺☺ **Sucrose Polystearate**(슈크로오스폴리스테아레이트)

☺☺☺ **Sucrose Stearate**(슈크로오스스테아레이트)

☺☺☺ **Sucrose Tetrastearate Triacetate**(슈크로오스테트라스테아레이트트리아세테이트)

☺☺☺ **Sucrose Tribehenate**(슈크로오스트리베헤네이트)

☺☺☺ **Sucrose Tristearate**(슈크로오스트리스테아레이트)

☺ **Sulfated Castor Oil**(설페이티드캐스터오일)

☺☺☺ **Sulfur**(황)

☺☺☺ **Symphytum Officinale Root Extract**(컴프리뿌리추출물)

☺☺ **Synthetic Beeswax**(합성비즈왁스)

 Synthetic Fluorphlogopite(합성플루오르플로고파이트)

☺☺ **Synthetic Jojoba Oil**(합성호호바오일)

☺ **Synthetic Wax**(합성 왁스)

T

☺ **t-Butyl Alcohol**(t-부틸알코올)

☺☺☺ **Talc**(탈크)

☺☺ **Tallow Acid**(탈로우애씨드)

☺☺ **Tallow Alcohol**(탈로우알코올)

☺ ☺ **Tallow Glyceride**(탈로우글리세라이
드)

☺ ☺ **Tallowtrimonium Chloride**(탈로우
트리모늄클로라이드)

☺ ☺ ☺ **Tamarindus Indica Extract**(타마린
드추출물)

☺ ☺ ☺ **Tannic Acid**(탄닌산)

☺ ☺ ☺ **Tapioca Starch**(타피오카전분)

☺ ☺ ☺ **Taraxacum Officinale Extract**(서양
민들레추출물)

☺ ☺ ☺ **Tartaric Acid**(타타릭애씨드)

💣💥 **TEA-Carbomer**(티이에이-카보머)

💣💥 **TEA-Cocoate**(티이에이-코코에이트)

💣💥 **TEA-Cocoyl Glutamate**(티이에이-코
코일글루타메이트)

💣💥 **TEA-Cocoyl Hydrolyzed
Collagen**(티이에이-코코일하이드롤라
이즈드콜라겐)

💣💥 **TEA-Dodecylbezenesulfonate**
(티이에이-도데실벤젠설포네이트)

💣💥 **TEA-EDTA**(티이에이-이디티에이)

💣💥 **TEA-Lactate**(티이에이-락테이트)

💣💥 **TEA-Lauryl Sulfate**(티이에이-라우릴
설페이트)

💣💥 **TEA-Stearate**(티이에이-스테아레이
트)

💣💥 **TEA-Tallate**(티이에이-탈레이트)

☺ **Terephthalylidene Dicamphor
Sulfonic Acid**(테레프탈릴리덴디캠퍼
설포닉애씨드)

☺ ☺ ☺ **Terminalia Catappa Leaf
Extract**(트로피칼아몬드잎추출물)

☺ ☺ ☺ **Terminalia Chebula Fruit
Extract**(가자추출물)

☺ ☺ ☺ **Terminalia Ferdinandiana Fruit
Extract**(카카두플럼추출물)

💣💥 **2,4,5,6-Tetraaminopyrimi dine**

(2,4,5,6-테트라아미노피리미딘)

💣💥 **Tetrahydroxypropylethylenedia-
mine**(테트라하이드록시프로필에칠렌
디아민)

☺ **Tetrapotassium
Pyrophosphate**(테트라포타슘파이로포
스페이트)

💣💥 **Tetrasodium EDTA**(테트라소듐이디티
에이)

💣💥 **Tetrasodium Etidronate**(테트라소듐
에티드로네이트)

☺ ☺ **Tetrasodium Iminodisuccinate**
(테트라소듐이미노디석시네이트)

💣 **Tetrasodium Pyrophosphate**
(테트라소듐파이로포스페이트)

☺ ☺ ☺ **Theobroma Cacao Seed Butter**
(카카오씨드버터)

☺ ☺ ☺ **Theobroma Grandiflorum Seed
Butter**(코포아수씨드버터)

☺ ☺ **Thiamine Nitrate**(티아민나이트레이
트)

☺ ☺ **Thiodiglycolic Acid**(치오디글라이콜릭
애씨드)

☺ **Thiolanediol**(치올란디올)

☺ ☺ **Thiotaurine**(치오타우린)

☺ ☺ ☺ **Threonine**(트레오닌)

☺ **Thymol**(티몰)

☺ ☺ ☺ **Thymus Mastichina Flower Oil**
(마스틱타임꽃오일)

☺ ☺ ☺ **Thymus Serpillum Extract**(와일드
타임추출물)

☺ ☺ ☺ **Thymus Vulgaris**(선백리향)

☺ ☺ ☺ **Tilia Americana Flower Extract**(베
스우드꽃추출물)

☺ ☺ ☺ **Tilia Cordata**(피나무)

☺ ☺ ☺ **Tilia Platyphyllos Flower
Extract**(큰잎유럽피나무꽃추출물)

☺ ☺ ☺ **Tilia Tomentosa Extract**(실버라임

추출물)

☺☺☺ **Tilia Vulgaris Flower Extract** (유럽라임트리꽃추출물)

☺☺☺ **Tiliroside**(틸리로사이드)

☺☺ **Tin Oxide**(틴옥사이드)

☺☺☺ **Titanium Dioxide**(티타늄디옥사이드)

☺☺☺ **Tocopherol**(토코페롤)

☺☺☺ **Tocopheryl Acetate**(토코페릴아세테이트)

☺☺☺ **Tocopheryl Glucoside**(토코페릴글루코사이드)

☺☺☺ **Tocopheryl Linoleate**(토코페릴리놀리에이트)

☺☺☺ **Tocopheryl Nicotinate**(토코페릴니코티네이트)

☀☀ **Toluene**(톨루엔)

☀☀ **Toluene-2,5-Diamine**(톨루엔-2,5-디아민)

☺ **Tranexamic Acid**(트라넥사믹애씨드)

☺☺☺ **Trehalose**(트레할로스)

☺☺ **Triacetin**(트리아세틴)

☺☺☺ **Tricalcium Phosphate**(트리칼슘포스페이트)

☺☺ **Tricaprylin**(트리카프릴린)

☀☀ **Triceteareth-4 Phosphate**(트리세테아레스-4포스페이트)

☀☀☀ **Trichloro Ethane**(트리클로로에탄)

☺☺☺ **Tricholoma Matsutake Extract**(송이버섯추출물)

☀☀ **Triclosan**(트리클로산)

☺ **Tricontanyl PVP**(트리콘타닐피브이피)

☺☺☺ **Tridecyl Stearate**(트리데실스테아레이트)

☺ **Tridecyl Trimellitate**(트리데실트리멜리테이트)

☀☀ **Trideceth-12**(트리데세스-12)

☀☀ **Triethanolamine**(트리에탄올아민)

☺☺☺ **Triethyl Citrate**(트리에칠시트레이트)

☺☺ **Triethylene Glycol**(트리에칠렌글라이콜)

☺☺☺ **Triethylhexanoin**(트리에칠헥사노인)

☺☺☺ **Trifolium Pratense Extract**(붉은토끼풀추출물)

☺☺☺ **Trigonella Foenum-Graecum Seed Extract**(호로파씨추출물)

☺☺ **Trihydroxypalmitamidohydroxypropyl Myristyl Ether**(트리하이드록시팔미타미도하이드록시프로필미리스틸에텔)

☺☺☺ **Trihydroxystearin**(트리하이드록시스테아린)

☺☺ **Triisostearin**(트리이소스테아린)

☀☀ **Trilaureth-4 Phosphate**(트리라우레스-4포스페이트)

☺☺☺ **Trilaurin**(트리라우린)

☺☺ **Trilinoleic Acid**(트리리놀레익애씨드)

☺☺☺ **Trilinolein**(트리리놀레인)

☺ **Trimethoxycaprylylsilane**(트리메톡시카프릴릴실란)

☺☺ **Trimethylolpropane Tricaprylate/Tricaprate**(트리메칠올프로판트리카프릴레이트/트리카프레이트)

☺ **Trimethylsiloxyamodimethicone**(트리메칠실록시아모디메치콘)

☀ **Trimethylsiloxysilicate**(트리메칠실록시실리케이트)

☺☺☺ **Trimyristin**(트리미리스틴)

☺☺☺ **Trioctanion**(트리옥타니온)

☺☺☺ **Tripalmitin**(트리팔미틴)

☀☀ **Trisodium EDTA**(트리소듐이디티에이)

☀ **Trisodium NTA**(트리소듐엔티에이)

☺ **Trisodium Phosphate**(트리소듐포스페이트)

☺☺☺ **Tristearin**(트리스테아린)

☺☺☺ **Triticum Vulgare**(밀)

💣💣 **Tromethamine**(트로메타민)
☺☺☺ **Tropaeolum Majus Extract**(한련추출물)
☺☺☺ **Tyrosine**(타이로신)

U

☺☺☺ **Ubiquinone**(유비퀴논)
☺☺☺ **Uncaria Gambir Extract**(아선약추출물)
☺☺☺ **Uncaria Tomentosa Extract**(캣츠클로추출물)
☺☺☺ **Undaria Pinnatifida Extract**(참미역추출물)
💣💣 **Undeceth-3**(운데세스-3)
☺ **Undecylenamide DEA**(운데실렌아마이드디이에이)
☺☺☺ **Undecylenic Acid**(운데실레닉애씨드)
☺☺☺ **Undecylenoyl Glycine**(운데실레노일글라이신)
☺☺☺ **Undecylenoyl Phenylalanine**(운데실레노일페닐알라닌)
☺☺☺ **Urea**(우레아)
☺☺☺ **Urocanic Acid**(우로카닉애씨드)
☺☺☺ **Urtica Dioica**(쐐기풀)
☺☺☺ **Usnea Barbata Extract**(어스니어추출물)
☺☺☺ **Usnic Acid**(우스닉애씨드)

V

☺ **VA/Crotonates/Vinyl Neodecanoate Copolymer**(브이에이/크로토네이트/비닐네오데카노에이트코폴리머)

☺☺☺ **Vaccinium Angustifolium Fruit Extract**(블루베리추출물)
☺☺☺ **Vaccinium Macrocarpon Fruit Extract**(덩굴월귤추출물)
☺☺☺ **Vaccinium Myrtillus**(빌베리)
☺☺☺ **Valeriana Fauriei Root Extract**(길초근추출물)
☺☺☺ **Valine**(발린)
☺☺☺ **Vanilla Planifolia**(바닐라)
☺ **VA/Vinyl Butyl Benzoate/Crotonates Copolymer**(브이에이/비닐부틸벤조에이트/크로토네이트코폴리머)
☺☺☺ **Vegetable Glycerin**(식물성글리세린)
☺☺☺ **Verbascum Thapsus Extract**(멀런추출물)
☺☺☺ **Verbena Officinalis Leaf Extract**(마편초추출물)
☺☺☺ **Veronica Officinalis Extract**(꼬리풀추출물)
☺☺☺ **Vetiveria Zizanoides Root Oil**(베티버뿌리오일)
☺ **Vinyl Caprolactam/VP/Dimethylaminoethyl Methacrylate Copolymer**(비닐 카프롤락탐/브이피/디메칠아미노에칠메타크릴레이트코폴리머)
☺ **Vinyl Dimethicone/Methicone Silsesquioxane Crosspolymer**(비닐디메치콘/메치콘실세스퀴옥산크로스폴리머)
☺☺☺ **Viola Tricolor Extract**(삼색제비꽃추출물)
☺☺☺ **Vitis Vinifera**(포도)
☺☺☺ **Vitreoscilla Ferment**(비트레오실라발효물)
☺ **VP/Eicosene Copolymer**(브이피/에

이코센코폴리머)

☺ **VP/Hexadecene Copolymer**(브이피/헥사데센코폴리머)

☺ **VP/VA Copolymer**(브이피/브이에이코폴리머)

☺☺☺ **Wheat Germ Acid**(밀배아애씨드)

☺☺☺ **Wheat Germ Glycerides**(밀배아글리세라이드)

☺☺☺ **Withania Somnifera Root Extract**(윈터체리뿌리추출물)

☺☺☺ **Wisteria Sinensis Extract**(등나무추출물)

X

☺☺☺ **Xanthan Gum**(잔탄검)

☺☺☺ **Ximenia Americana Seed Oil**(폴스산달우드씨오일)

☺☺☺ **Xylene**(자일렌)

☺☺☺ **Xylitol**(자일리톨)

☺☺☺ **Xylitylglucoside**(자일리틸글루코사이드)

Y

☺☺☺ **Yeast Beta-Glucan**(효모베타-글루칸)

☺☺☺ **Yogurt**(요구르트)

☺☺☺ **Zanthoxylum Alatum Fruit**

Extract(개산초열매추출물)

☺☺☺ **Zea Mays**(옥수수)

☺☺☺ **Zein**(제인)

☺☺☺ **Zinc Acetate**(징크아세테이트)

☺☺☺ **Zinc Acetylmethionate**(징크아세틸메치오네이트)

💣💥💣 **Zinc Borate**(징크보레이트)

💣💥💣 **Zinc Chloride**(징크클로라이드)

☺☺ **Zinc Gluconate**(징크글루코네이트)

☺☺ **Zinc Glutamate**(징크글루타메이트)

☺☺☺ **Zinc Lactate**(징크락테이트)

☺☺☺ **Zinc Laurate**(징크라우레이트)

☺☺☺ **Zinc Oxide**(징크옥사이드)

☺☺☺ **Zinc Palmitate**(징크팔미테이트)

☺☺☺ **Zinc PCA**(징크피씨에이)

☺ **Zinc Phenolsulfonate**(징크페놀설포네이트)

☺ **Zinc Pyrithione**(징크피리치온)

☺☺☺ **Zinc Ricinoleate**(징크리시놀리에이트)

☺☺☺ **Zinc Stearate**(징크스테아레이트)

💣💥💣 **Zinc Sulfate**(징크설페이트)

☺ **Zinc Sulfide**(징크설파이드)

☺ **Zinc Undecylenate**(징크운데실레네이트)

☺☺☺ **Zingiber Officinale**(생강)

☺☺☺ **Zizyphus Jujuba Fruit Extract**(대추추출물)

착색제

💣💥 **CI 10006** : 녹색 염료

💣💥 **CI 10020** : 녹색 염료

💣💥 **CI 10316** : 노란색 염료

☺☺☺ **CI 40800** : 오렌지색 염료

☺☺☺ **CI 40820** : 오렌지색 염료

☺☺☺ **CI 40825** : 오렌지색 염료

☺☺☺ CI **40850** : 노란색-오렌지색/붉은색 염료

☺ CI **42045** : 파란색 염료

☺ CI **42051** : 파란색 염료

☺ CI **42053** : 파란색-녹색 염료

☺ CI **42080** : 파란색 염료

☺☺ CI **42090** : 파란색 염료

☺ CI **42100** : 녹색 염료

☺ CI **42170** : 녹색 염료

☺ CI **42510** : 붉은색-보라색 염료

☺ CI **42520** : 붉은색-보라색 염료

☺ CI **42735** : 파란색 염료

☺ CI **44045** : 파란색 염료

☺ CI **44090** : 파란색-녹색 염료

☺ CI **45100** : 붉은색 염료

☺ CI **45190** : 붉은색-보라색 염료

☺ CI **45220** : 붉은색 염료

☺☺ CI **45350** : 노란색 염료

☺☺ CI **45370** : 오렌지색 염료

☺☺ CI **45380** : 붉은색 염료

☺ CI **45396** : 오렌지색 염료

☺ CI **45405** : 붉은색 염료

☺ CI **45410** : 파란색-붉은색 염료

☺☺ CI **45425** : 붉은색 염료

☺ CI **45430** : 붉은색 염료

☺☺ CI **47000** : 노란색 염료

☺☺ CI **47005** : 노란색 염료

💣💣 CI **50325** : 붉은색-보라색 염료

💣💣 CI **50420** : 파란색-보라색 염료

💣💥 CI **51319** : 보라색 염료

☺ CI **58000** : 붉은색 염료

☺☺ CI **59040** : 노란색-녹색 염료

☺ CI **60724** : 보라색 염료

☺☺ CI **60725** : 파란색-보라색 염료

☺☺ CI **60730** : 보라색 염료

☺☺ CI **61565** : 파란색-녹색 염료

☺☺ CI **61570** : 녹색 염료

☺ CI **61585** : 파란색 염료

☺ CI **62045** : 파란색 염료

☺☺ CI **69800** : 파란색 염료

☺ CI **69825** : 파란색 염료

☺ CI **71105** : 오렌지색 염료

☺☺☺ CI **73000** : 파란색 염료

☺☺☺ CI **73015** : 파란색 염료

☺☺ CI **73360** : 붉은색 염료

☺ CI **73385** : 붉은색-보라색 염료

☺ CI **73915** : 붉은색 염료

☺ CI **74100** : 파란색 염료

☺ CI **74160** : 파란색 염료

☺ CI **74180** : 파란색 염료

☺ CI **74260** : 녹색 염료

아조염료

💣💥💣 CI 11680 : 노란색

💣💣💥 CI 11710 : 노란색

💣💣💥 CI 11725 : 오렌지색

💣💣💥 CI 11920 : 오렌지색

💣💣💥 CI 12010 : 밤색

💣 CI 12085 : 붉은색

💣💣💥 CI 12120 : 붉은색

💣💣💥 CI 12150 : 붉은색

💣💣💥 CI 12370 : 붉은색

💣💣💥 CI 12420 : 붉은색

💣💣💥 CI 12480 : 밤색

💣💣💣 CI 12490 : 붉은색

💣💣💥 CI 12700 : 노란색

💣💣💥 CI 13015 : 노란색

💣💣💥 CI 14270 : 노란색

💣💥 CI 14700 : 노란색-붉은색

💣💣💥 CI 14720 : 붉은색

💣💣💥 CI 14815 : 붉은색

CI 15510 : 오렌지색

CI 15525 : 붉은색

CI 15580 : 붉은색

CI 15620 : 붉은색

CI 15630 : 붉은색

CI 15800 : 붉은색

CI 15850 : 붉은색

CI 15865 : 붉은색

CI 15880 : 붉은색

CI 15980 : 노란색–오렌지색

CI 15985 : 노란색–오렌지색

CI 16035 : 붉은색

CI 16185 : 붉은색

CI 16230 : 오렌지색

CI 16255 : 붉은색

CI 16290 : 붉은색

CI 17200 : 파란색–붉은색

CI 18050 : 붉은색

CI 18130 : 붉은색

CI 18690 : 노란색

CI 18736 : 붉은색

CI 18820 : 노란색

CI 18965 : 노란색

CI 19140 : 노란색

CI 20040 : 노란색

CI 20170 : 노란색–밤색

CI 20470 : 짙은 청색

CI 21100 : 노란색

CI 21108 : 노란색

CI 21230 : 노란색

CI 24790 : 붉은색

CI 26100 : 붉은색

CI 27290 : 붉은색

CI 27755 : 파란색–검은색

CI 28440 : 파란색–보라색

CI 40215 : 오렌지색

천연염료

CI 75100 : 노란색

CI 75120 : 노란색–오렌지색

CI 75125 : 노란색–오렌지색

CI 75130 : 노란색–오렌지색

CI 75170 : 흰색–노란색

CI 75300 : 노란색

CI 75470 : 붉은색

CI 75810 : 녹색–붉은색

CI 77000 : 은색

CI 77002 : 흰색

CI 77004 : 흰색

CI 77007 : 파란색–보라색, 분홍색, 붉은색, 녹색

CI 75015 : 붉은색

CI 77120 : 흰색

CI 77163 : 흰색

CI 77220 : 흰색

CI 77231 : 흰색

CI 77266 : 검은색

CI 77267 : 검은색

CI 77268 : 검은색

CI 77288 : 녹색

CI 77289 : 녹색

CI 77346 : 파란색/녹색

CI 77400 : 구리색

CI 77480 : 금색

CI 77947 : 흰색

CI 77492 : 노란색

CI 77499 : 검은색

CI 77510 : 파란색

CI 77713 : 흰색

CI 77742 : 보라색

CI 77745 : 붉은색

CI 77820 : 은색

CI 77891 : 흰색

CI 77491 : 붉은색–밤색

옮긴이 _ 신 경 완

화장품 관련 업계에서 일하는 그는 2008년 10월부터 국내에서도 〈화장품 전성분 표시제도〉가 시행됨에 따라 화장품 성분을 알기 쉽게 설명한 책의 필요성을 느껴 적합한 책을 찾기 시작했다. 기존에 출판된 화장품 책들은 화장품회사의 마케팅이나 제품의 폐해에 대한 고발만을 담고 있거나 화장품의 사용을 단순히 제한하는 방법만을 제시할 뿐이었다.

이에 대한 근본적인 해결방안은 독자들이 스스로 화장품의 품질을 판단할 수 있는 기준을 갖는 것이라고 판단했다. 이런 기준을 제시할 수 있는 책을 찾던 중 2,000여 개의 화장품 성분에 대한 친절한 설명과 피부적합성 평가가 포함되어 있는 『깐깐한 화장품 사용설명서』를 만났고, 일하면서 틈틈이 번역해 세상에 내놓았다.

경북대 불문학과를 졸업하고 프랑스 낭트대학에서 프랑스 시를 연구하여 박사학위를 취득한 그는 현재 프랑스 화장품을 수입·판매하는 〈쉐르보떼 코스메틱〉 대표이며 화장품 컨설턴트로 활동하고 있다.
'화장품의 효능을 소비자에게, 진실하게 알려주는 최선의 방법은 제품에 포함된 성분 정보를 알려 주는 것'이라는 철학으로 우수한 성분을 사용한 해외의 제품을 한국에 소개하고 있다

깐깐한 화장품 사용설명서

개정판 1쇄 발행 ∣ 2018년 8월 24일
개정판 4쇄 발행 ∣ 2021년 10월 7일

지은이   ∣ 리타 슈티엔스
옮긴이   ∣ 신경완
펴낸이   ∣ 강효림

편집   ∣ 이남훈 · 김자영
디자인   ∣ 채지연
일러스트 ∣ 신혜림
마케팅   ∣ 김용우

종이   ∣ 한서지업㈜
인쇄   ∣ 한영문화사

펴낸곳   ∣ 도서출판 전나무숲 檜林
출판등록 ∣ 1994년 7월 15일 · 제10-1008호
주소   ∣ 03961 서울시 마포구 방울내로 75, 2층
전화   ∣ 02-322-7128
팩스   ∣ 02-325-0944
홈페이지 ∣ www.firforest.co.kr
이메일   ∣ forest@firforest.co.kr

ISBN ∣ 979-11-88544-15-8 (13570)

전나무숲 건강편지를
매일 아침, e-mail로 만나세요!

전나무숲 건강편지는 매일 아침 유익한 건강 정보를 담아 회원들의 이메일로
배달됩니다. 매일 아침 30초 투자로 하루의 건강 비타민을 톡톡히 챙기세요.
도서출판 전나무숲의 네이버 블로그에는 전나무숲 건강편지 전편이 차곡차곡
정리되어 있어 언제든 필요한 내용을 찾아볼 수 있습니다.

http://blog.naver.com/firforest

 '전나무숲 건강편지'를 메일로 받는 방법 forest@firforest.co.kr로 이름과 이메일 주소를
보내주세요. 다음 날부터 매일 아침 건강편지가 배달됩니다.

유익한 건강 정보,
이젠 쉽고 재미있게 읽으세요!

도서출판 전나무숲의 티스토리에서는 스토리텔링 방식으로 건강 정보를
제공합니다. 누구나 쉽고 재미있게 읽을 수 있도록 구성해, 읽다 보면 자연스럽게
소중한 건강 정보를 얻을 수 있습니다.

http://firforest.tistory.com

스마트폰으로 전나무숲을 만나는 방법

네이버 블로그   다음 블로그